DIE NEUE BREHM-BÜCHEREI

327

Tiere im Boden

4., unveränderte Auflage von 1983

Wolfram Dunger

Die Neue Brehm-Bücherei Bd. 327

mit 184 Abbildungen

ISSN: 0138-1423
ISBN: 978-3-89432-424-7

Druck und Bindung: Klick-Verlag Media und Consulting GmbH

Aus dem Vorwort zur 1. Auflage

Mit seinen „Untersuchungen zur Ökologie der bodenbewohnenden Mikroorganismen", die er „Edaphon" nannte, erweckte erstmals Raoul Francé in der Zeit um den ersten Weltkrieg das allgemeine Interesse am Leben im Boden. Seit diesen Anfangsjahren der Bodenbiologie hat sich eine so große Fülle von Einzeltatsachen über die Bodenorganismen angehäuft, daß ein vollständiger Überblick für einen einzelnen Wissenschaftler nicht mehr möglich ist. Allein über Lebensweise und Tätigkeit, Bau und Systematik, Anzahl und soziologisches Verhalten der Tiere im Boden liegt heute eine derart umfangreiche und verzweigte Literatur vor, daß sich der Nichtspezialist mangels eines leicht erreichbaren zusammenfassenden Schrifttums kaum mehr ein Bild vom augenblicklichen Wissensstand verschaffen kann.

Diesem Mangel sucht der vorliegende Band abzuhelfen. Die der Besprechung der einzelnen Tiergruppen beigefügten methodischen Hinweise und eine Bestimmungstabelle der wichtigsten Tiergruppen im Boden nach einfachen Merkmalen zielen besonders darauf ab, dem Praktiker, Lehrer oder interessierten Laien die selbständige Beschäftigung mit den Tieren zu erleichtern. Für das Literaturverzeichnis wurden vor allem solche Schriften ausgewählt, die grundlegende oder zusammenfassende Darstellungen bieten und den Leser mit weiterer Spezialliteratur bekannt machen.

Vorwort zur 3. Auflage

Zwanzig Jahre nach der Erstfassung sollte ein Buch neu geschrieben werden, insbesondere für ein Wissensgebiet, das sich wie die Bodenbiologie in rascher Entwicklung befindet. Die erste und die unverändert nachgedruckte zweite Auflage haben jedoch im Kreis meiner Kollegen und Freunde eine derart freundliche Aufnahme gefunden, daß ich es für richtig hielt, den Charakter dieses Büchleins möglichst wenig zu verändern. So habe ich besonders solche Abschnitte, die dem Eindenken in die ökologische Situation im Boden gewidmet sind, weitestgehend belassen und bei der Neuschrift der meisten speziellen Abschnitte wiederum die aktuelle Kenntnis über Verhalten, Anpassung und Bedeutung der Bodentiere im Bodenökosystem in den Vordergrund gestellt. Allgemeine ökologische und bodenkundliche Gesetzmäßigkeiten, die auch in Lehr- und Handbüchern nachgeschlagen werden können, habe ich bewußt nicht aufgenommen oder nur soweit angedeutet, wie es für das Verständnis nötig erschien. Wie bereits in der ersten Auflage habe ich im Interesse der Lesbarkeit des Textes Literaturzitate möglichst sparsam verwendet. Autorennamen mit Jahreszahl weisen auf im Verzeichnis genannte Literatur hin. Sammelwerke und Tagungsberichte werden mit römischen Zahlen gekennzeichnet. Ich bin jederzeit gern bereit, weitere Literatur nachzuweisen.

Eine wesentliche Grundlage für die völlige Neubearbeitung dieses Buches war die freundliche Hilfe vieler Freunde und Kollegen im In- und Ausland, die mir in großzügiger Weise Separate ihrer Arbeiten zur Verfügung stellten. Besonderen Dank für die Beratung in speziellen Fragen schulde ich den Herren H. Ansorge, Görlitz, H.-D. Engelmann, Görlitz, O. Graff, Braunschweig, W. Kaczmarek, Warschau, W. Karg, Kleinmachnow, J. Nosek, Bratislava, J. Rusek, Budejovice, W. Schönborn, Jena, B. Seifert, Görlitz und A. Zicsi, Budapest sowie Frau Gisela Vater, Görlitz. Ihnen allen sowie meiner Frau, meiner Tochter Birgit Dunger (Grafik) und dem Ziemsen Verlag sage ich meinen herzlichsten Dank.

Görlitz, im März 1983

Wolfram Dunger

Inhalt

1. Einleitung

> ...es ist tatsächlich verblüffend, wie viele Bodenuntersuchungen unter Nichtbeachtung – oder in Unkenntnis – der Existenz von Bodentieren angestellt wurden und werden.
>
> D. Keith McE. Kevan, 1962

Das „einförmige Wurmgewimmel" im undurchsichtigen, „schmutzigen" Erdboden scheint von sich aus wenig Anziehungskraft auf frühere Zoologengenerationen ausgeübt zu haben. Viel leichter war nach der Entwicklung der optischen Hilfsmittel die „Wunderwelt im Wassertropfen" zugängig. So erhielt die Hydrobiologie vom Anfang an eine stärkere Förderung als ihre „junge Schwester", die Bodenbiologie. Nach dem Bestehen einer eigenen Fachzeitschrift geurteilt hat die Bodenbiologie erst 1961 mit dem Erscheinen der „Pedobiologia" das Stadium erreicht, in das die Hydrobiologie bereits 1906 mit der Herausgabe des „Archiv für Hydrobiologie" eintrat.

Die Gründe für die Herausbildung dieser beiden angewandt-ökologischen Forschungsrichtungen als selbständige Wissenschaftszweige waren sinngemäß die gleichen. Für die Hydrobiologie waren es der Niedergang der Fischwirtschaft und das Knappwerden brauchbaren Wassers durch Gewässerverschmutzung, für die Bodenbiologie das Absinken der Bodenfruchtbarkeit und die durch rücksichtslose Monokultur zunehmende Verseuchung der Böden mit Schädlingen.

Solange der land- und forstwirtschaftlichen Produktion noch genügend große Flächen zur Verfügung standen, konnte der Boden bei Erlahmen seiner Fruchtbarkeit brach liegen gelassen werden, bis sich die „geheimnisvolle Lebenskraft" der Fruchtbarkeit von selbst wieder einstellte. Als aber mit Beginn der Industrialisierung die Bevölkerungsziffern ständig stiegen und die nutzbaren Flächen durch Anlage von Bauten, Gruben, Straßen und Schutthalden zusätzlich verringert wurden, war ernstlich zu befürchten, daß die landwirtschaftliche Erzeugung mit der raschen Steigerung des Bedarfes nicht mehr Schritt halten konnte. Die Fortschritte auf dem Gebiet der Pflanzenernährung und der Bodenchemie brachten hier zunächst Abhilfe. Die sich hieraus entwickelnde Auffassung des Bodens als ein chemisch-physikalisch voll erfaßbares Substrat führte aber in konsequenter Anwendung bald zu Mißerfolgen. So drängte wiederum wirtschaftliche Notwendigkeit um die Jahrhundertwende zunächst zu einer intensiveren Beschäftigung mit den Mikroorganismen des Bodens (Bodenmikrobiologie). Diese mehr chemisch-physiologisch ausgerichteten Untersuchungen brachten bereits einige Anregungen für den Zoologen. In den Jahren nach dem ersten Weltkrieg wiesen besonders die österreichischen Bodenkundler F. Sekera und W. Kubiena die starke Beteiligung von Bodentieren am Prozeß der Bodenbildung nach. Sie festigten damit die bereits von V. Dokučaev gegen Ende des 19. Jh. vertretene Auffassung, daß Entwicklung und Zustand eines Bodens nicht nur von Muttergestein, Klima und anderen chemisch-physikalisch erfaßbaren Eigenschaften abhängen, sondern ganz wesentlich auch von den ihn besiedelnden Pflanzen und Tieren.

Die ersten bodenzoologischen Arbeiten fallen in die gleiche Zeit, die auch der Hydrobiologie den Ursprung gab. Zu den Pionieren der Bodenzoologie zählt kein Geringerer als Charles Darwin. Er formulierte erstmals 1837 seine Beobachtungen und Gedanken über die Bildung von Humus durch Regenwürmer, die er später (1881) in seinem klassischen Werk „Die Bildung von pflanzlichem Humus durch die Tätigkeit der Würmer" auf 326 Seiten darlegte. Von den wenig über 20 bodenzoologischen Veröffentlichungen vor 1900 behandelten über die Hälfte das gleiche Thema, darunter die hervorragende Arbeit des Schweden Hampus von Post (1862). Der deutsche Forscher V. Hensen (1877 und 1882) und der dänische Pionier der Bodenkunde P. E. Müller (1879 und 1884) betrachteten die Bedeutung der Tierexkremente für die Humusbildung allgemeiner und bereits unter Berücksichtigung auch der Gliederfüßer. Den ersten Versuch zur Erfassung der gesamten Bodenfauna lieferte der Schweizer K. Diehm (1903) in seiner ausführlichen Arbeit über die Bodenfauna in den Alpen. Er legte auch bereits Einteilungsprinzipien der Bodenfauna fest, die großenteils heute noch Gültigkeit haben. Methodisch eröffnete wenig später die Beschreibung eines automatischen Auslesegerätes für Milben durch den Italiener A. Berlese (1905) den Weg zu einer systematischen Erfassung auch der kleinen Bodenarthropoden.

Diese Pioniertaten eröffneten neue Wege, die zunächst nur von Wenigen beschritten wurden. Erst nach Überwindung der Auswirkungen des ersten Weltkrieges machte sich in Verbindung mit den bereits erwähnten Fortschritten in der Bodenkunde ein Aufschwung bemerkbar. Zu den bedeutendsten Werken dieser Frühperiode der Bodenzoologie, die sich bereits sowohl um das Erfassen der Mannigfaltigkeit als auch um das Verständnis von Funktion und Leistung der Bodenfauna bemühte, zählen die Arbeiten von Bornebusch (1930) über die Fauna dänischer Waldböden, von Soudek (1928) über die Streubewohner tschechoslowakischer Waldböden und von Frenzel (1936) über Bodentiere in deutschen Wiesenböden. Diese Arbeiten regten Untersuchungen zur Taxonomie, Ökologie und Faunistik der Bodentierwelt und darüber hinaus zur anatomisch-physiologischen Grundlage der Leistungen der Bodentiere für Struktur und Fruchtbarkeit des Bodens in breitem Umfang an. So begründeten schließlich die ersten zusammenfassenden Publikationen von Ghilarov (1949), Kühnelt (1950), Franz (1950) und Delamare-Deboutteville (1951) in der Mitte des 20. Jh. die Bodenzoologie als einen eigenständigen Forschungszweig. Seit 1958 hat sich die Fachwelt in den Internationalen Bodenzoologischen Kolloquien, deren VIII. 1982 in Louvain-la-Neuve (Belgien) stattfand, ein Forum des Austausches geschaffen, das zusammen mit den internationalen Fachzeitschriften „Pedobiologia", „Revue d'Ecologie et de Biologie du Sol" und „Soil Biology and Biochemistry" einen Überblick über die aktuellen Arbeitsrichtungen der Bodenzoologie ermöglicht.

Grundaufgabe des Bodenzoologen bleibt es auch heute noch, die unglaubliche Artenvielfalt der bodenbewohnenden Tiergruppen aufzuklären. Seit dem ersten Erscheinen dieses Buches mögen an die Zehntausend bodenlebende Arten neu beschrieben worden sein, davon wohl die Hälfte von Kleinarthropoden. Fortschritte in der Taxonomie dieser Tiergruppen stehen in Zusammenhang mit neuen Erkenntnissen zur

Evolution, Genetik, Bionomie, Ökologie und Individualentwicklung der Bodentiere. Um ihr Leistungsvermögen für die Bodenfruchtbarkeit richtig einschätzen zu können, bedarf es eines gesicherten Wissens über die Populationsdynamik, die ökologische und Sinnes-Physiologie, die Nahrungswahl und -verarbeitung und die endo- und ektosymbiontischen (oder antibiotischen) Beziehungen zu Mikroorganismen wenigstens der jeweils dominanten Bodentierarten. Auf diesen Gebieten erbrachten die letzten Jahrzehnte die interessantesten Fortschritte, hier ist jedoch auch weiterhin noch viel Grundlagenarbeit nötig, um die Tiere im Boden als das zu nutzen, was sie für den Menschen sein können: sichere Indikatoren und natürliche Steuerglieder aller Vorgänge, die Fruchtbarkeit und Stabilität der Böden beeinflussen.

2. Die Organismenwelt des Bodens

Wenn wir heute auch über die Einzelheiten des Verknüpfungsgefüges zwischen Bodenmikroflora und Bodentieren noch immer nicht genügend unterrichtet sind, so zweifelt doch kein Bodenbiologe daran, daß die Organismenwelt des Bodens als eine untrennbare Einheit aufgefaßt werden muß. Francé hat für sie die Bezeichnung Edaphon geprägt.

Die Lebenstätigkeit des Edaphons hat sich im Verlauf der bodenbiologischen Forschungen als mitbestimmend, ja geradezu ausschlaggebend für diejenigen Eigenschaften des Bodens erwiesen, die dem Landwirt, Forstwirt oder Gärtner die wesentlichsten sind: für die Gare, die Struktur und die Fruchtbarkeit des Bodens. Die wichtigsten Einwirkungen gehen dabei von den Stoffwechselleistungen der Bodenorganismen aus: die Umwandlung toter organischer Substanz zu stabilen strukturbildenden Elementen (Humifikation) und zu labilen, reaktionsfreudigen und schließlich anorganischen Stoffen, die den Pflanzen als Nährstoffe dienen (Mineralisation). Zur Bereicherung der Nährstoffbasis zählen z. B. die verschiedenen Formen der Stickstoffbindung und -umbildung durch die Bodenorganismen. Die Stoffwechselprodukte des Edaphons tragen weiter zum Lösen des Ausgangsgesteins bei (Biologische Verwitterung). Fädige oder gallertige Mikroorganismen verfestigen die Bodenteilchen und erhöhen die Krümelstabilität (Lebendverbauung). Größere Bodenorganismen mischen ständig organische Teile des Bestandesabfalles mit anorganischen Teilen aus dem Unterboden und bilden stabile Ton-Humus-Komplexe (Krümelbildung). Diese grabenden Arten lockern und lüften den Boden gleichzeitig.

Die Lebensäußerungen und Wirkungen der vielfältigen Gruppen, aus denen sich das Edaphon zusammensetzt, bedingen sich gegenseitig und bauen aufeinander auf. So schaffen grabende Bodentiere durch ihre lockernde, lüftende und krümelbildende Tätigkeit beste Entwicklungsbedingungen für viele Mikroorganismen, während diese ihrerseits für das Vorbereiten und Aufschließen der organischen Substanz als Nahrung für die Tiere wesentlich sind. Nur in diesem eng verzahnten Wirkungsgefüge bringt die Organismenwelt des Bodens als Einheit die eben grob umrissenen, für die Praxis der Bodenpflege und schließlich für die menschliche Ernährung so wichtigen Leistungen hervor. Wenn in den folgenden Abschnitten versucht wird, Einzelvorgänge zu isolieren und für sich zu betrachten, so möge sich der Leser dieser Voraussetzung bewußt bleiben.

Dem Gewichtsanteil nach erscheint das Edaphon als verschwindend kleiner Teil der Bodensubstanz. Schon die Gesamtheit aller organischen Stoffe beträgt im Durchschnitt ja nur 3 %, höchstens 10 % des Bodens. Hiervon entfallen aber wenigstens 80 % auf tote organische Substanz und etwa 10 % auf lebende Pflanzenwurzeln. Das Edaphon bestreitet also höchstens 10 % der organischen Substanz oder im Maximalfall 1 % des Bodengewichtes. Normalerweise dürfte dieser Wert aber 10- bis 100mal niedriger liegen. Eine mögliche Gewichtsverteilung zeigt Fig. 1.

Einen ganz anderen Eindruck vermittelt das Studium der Individuenzahlen der Bodenorganismen (s. Tabelle 1). Schon die Zahl der Organismen, die in einem Bodenblock von 1 m^2 Oberfläche und etwa 30 cm Tiefe (wobei die Hauptmenge des Edaphons in den oberen 5–10 cm zu finden ist) wohnen, nimmt für manche Gruppen astronomische Größen an. Um sich nur einigermaßen zutreffende Vorstellungen von den tatsächlichen Verhältnissen machen zu können, muß daher neben den Individuenzahlen der Gewichtsanteil berücksichtigt werden, den diese Organismenmengen bestreiten. So wird deutlich, daß (3. Kreis in Fig. 1) die Boden t i e r e lediglich etwa 20 % des Gesamtgewichtes des Edaphons ausmachen. Diese Zahlen sind zur Kennzeichnung der Gesamtsituation sehr nützlich. Sie können jedoch – wie die

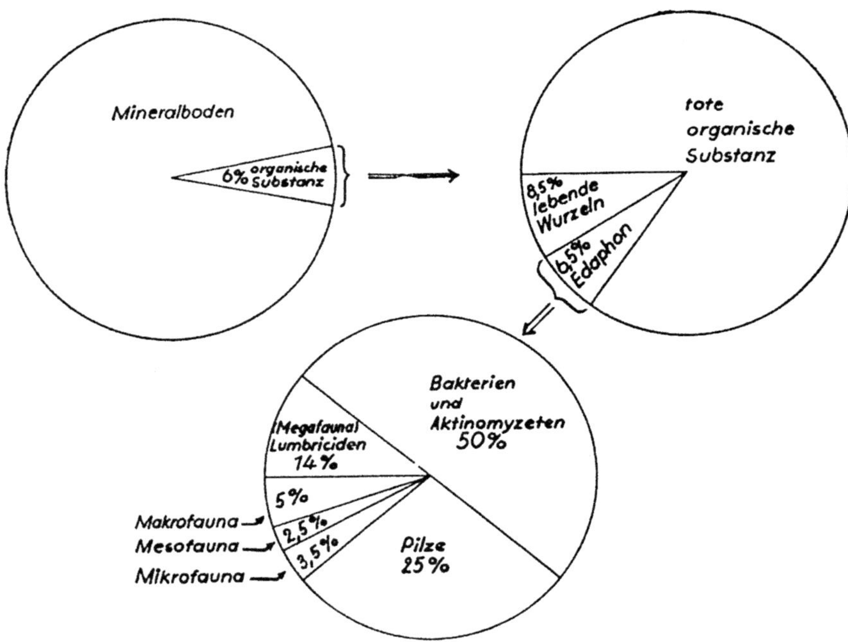

Fig. 1. Gewichtsverteilung der Bodenlebewesen in der oberen, belebten Bodenschicht eines frischen Laub-Mischwaldes mit Mullhumus. Nach Angaben verschiedener Autoren, kombiniert

Tabelle 1. Individuenzahlen und Lebendgewichte wichtiger Gruppen der Bodenorganismen unter jeweils für sie durchschnittlichen und optimalen Lebensbedingungen in Böden der temperierten Klimazone. Positive und negative Extreme sind nicht berücksichtigt. Alle Angaben gelten für einen beliebig tiefen Bodenblock von 1 m² Oberfläche

Gruppe	Individuen/m²		Lebendgewicht in g/m²	
	Durchschnitt	Optimum	Durchschnitt	Optimum
Mikroflora				
Bakterien	10^{14}	10^{16}	100	700
Strahlenpilze (Aktinomyzeten)	10^{13}	10^{15}	100	500
Pilze	10^{11}	10^{14}	100	1 000
Algen	10^{8}	10^{11}	20	150
Mikrofauna				
Geißeltierchen (Flagellaten)	10^{8}	10^{10}		
Wurzelfüßer (Rhizopoden)	10^{7}	10^{10}	5	150
Wimpertierchen (Ciliaten)	10^{6}	10^{8}		
Mesofauna				
Rädertiere (Rotatorien)	10^{4}	10^{6}	0,01	0,3
Fadenwürmer (Nematoden)	10^{6}	10^{8}	5	50
Bärtierchen (Tardigraden)	10^{3}	10^{5}	0,01	0,5
Milben (Acarinen)	$7 \cdot 10^{4}$	$4 \cdot 10^{5}$	0,6	4
Urinsekten (Apterygoten)	$5 \cdot 10^{4}$	$4 \cdot 10^{5}$	0,5	4
Makrofauna				
Enchytraeiden	30 000	300 000	5	50
Regenwürmer (Lumbriciden)	100	500	30	200
Schnecken (Gastropoden)	50	1 000	1	30
Spinnen (Araneen)	50	200	0,2	1
Asseln (Isopoden)	30	200	0,4	1,5
Doppelfüßer (Diplopoden)	100	500	4	10
Hundertfüßer (Chilopoden)	30	300	0,4	2
übrige Vielfüßer (Myriapoden)	100	2 000	0,05	1
Käfer, -larven (Coelopteren)	100	600	1,5	20
Zweiflüglerlarven (Dipteren)	100	1 000	1	15
übrige Insekten (-larven)	150	15 000	1	15
Megafauna				
Wirbeltiere (Vertebraten)	0,01	0,1	0,1	10

späteren Abschnitte zeigen werden – noch zu keinem Urteil über die Bedeutung des Edaphons führen.

In diesem Zusammenhang muß auf eine grundlegende Schwierigkeit in der Berechnung solcher Zahlen, wie sie in der Tabelle 1 zusammengestellt sind, hingewiesen werden. Die im Boden ständig wechselnden Lebensbedingungen nötigen einerseits dazu, möglichst große Flächen zu untersuchen, wenn ein Durchschnittswert gewonnen werden soll. Andererseits zwingen die hohen Besatzzahlen von Millionen, ja sogar Milliarden auf 1 g Erde dazu, möglichst kleine Proben auszuzählen. Es liegt auf der Hand, daß bei der Umrechnung auf größere Flächeneinheiten (etwa 1 ha, für Mikroorganismen bereits 1 m^2!) Fehler in der Größenordnung von mehreren Zehnerpotenzen auftreten müssen. Es können also in jedem Fall nur Näherungswerte gefunden werden, die sehr stark von der angewandten Auslesetechnik abhängen.

3. Die Bodentierwelt und ihre Gliederung

Vom Aufenthaltsort her gesehen müßten alle Tierarten, die im Boden (oder seinen Anhangsgebilden) anzutreffen sind, als Bodentiere bezeichnet werden. Damit wäre aber eine große Zahl von Insekten und andere Tiere in die Betrachtung einzubeziehen, die z. B. den Boden lediglich als Überwinterungsort, zur Verpuppung oder während einer Dürreperiode aufsuchen. Man kann diese unnütze Erweiterung des Betrachtungskreises einzuschränken suchen, indem bestimmte Tätigkeitsmerkmale als ausschlaggebend angenommen werden. Danach wären alle Tiere zur Bodenfauna zu rechnen, die den Bodenzustand direkt (durch Verarbeiten toter organischer Substanz oder durch Graben) oder indirekt (durch Fressen anderer Bodenorganismen oder lebender Pflanzenwurzeln) beeinflussen. Außerhalb des Bodens lebende Tiere können hierbei nicht berücksichtigt werden, auch wenn sie – wie z. B. der Elefant durch seinen Tritt, die Eichenwicklerraupe durch den ständig nach unten rieselnden Kot – unzweifelhaft den Boden „beeinflussen". Eine Veränderung des Bodenzustandes verursachen allerdings auch kurzfristige Gäste im Boden, da sie doch wenigstens atmen, also Sauerstoff entziehen und CO_2 ausscheiden. Meist ist aber in Ruhestadien die Atmung herabgesetzt, so daß es sich nicht lohnt, diese Tiere deswegen zeitweilig zu den Bodentieren zu rechnen.

Zur epedaphischen, d. h. unmittelbar auf der Bodenoberfläche aktiven Bodenfauna zählen z. B. die meisten Laufkäfer (Carabiden). Sie halten sich tagsüber meist in oberen Bodenhohlräumen, unter Steinen und Rinde u. ä. versteckt und jagen nachts an der Oberfläche und in groben Spaltenräumen des Bodens. Ihre Beute besteht oft aus echten Bodentieren wie Regenwürmern, Urinsekten oder Schnecken, und ihre Stoffwechselprodukte verbleiben stets im Boden. Sie werden deshalb hier als Bodentiere betrachtet, im Gegensatz etwa zu den Vögeln, die auch Regenwürmer suchen können, im übrigen aber nicht an den Boden gebunden sind. Nach der Bindung des Lebensablaufes an den Boden unterscheidet Kevan 1962:

permanente Bodentiere = alle Lebensstadien im Boden, echte Bodentiere
temporäre Bodentiere = während eines ganzen Lebensabschnittes im Boden, z. B. Insektenlarven
periodische Bodentiere = der Boden wird öfter verlassen und wieder aufgesucht; z. B. bodenlebende Säugetiere
partielle Bodentiere = temporäre Bodentiere, die auch in der „Luftphase" ihres Lebens den Boden periodisch aufsuchen; z. B. Mistkäfer
alternierende Bodentiere = eine oder mehrere bodenlebende Generationen wechseln mit einer oder mehreren oberirdisch lebenden ab; z. B. Gallwespen, Reblaus
transitorische Bodentiere = im Boden nur inaktive Stadien wie Eier oder Puppen.

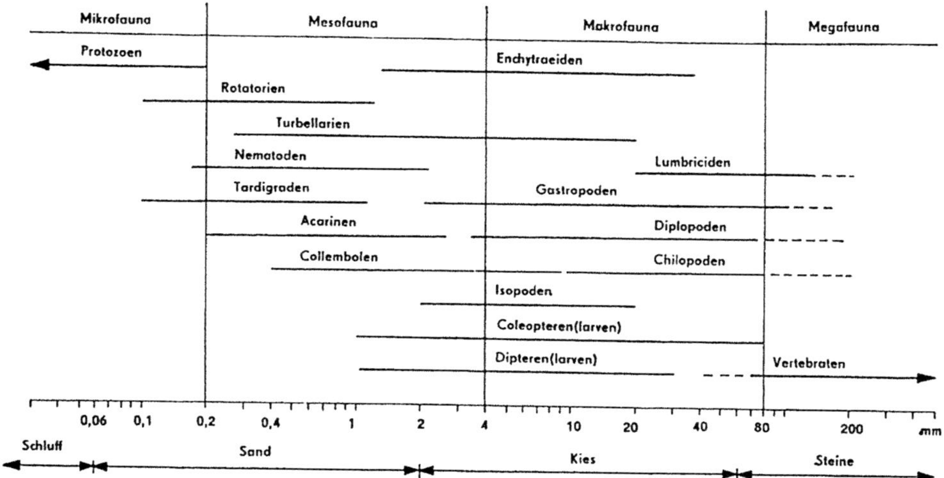

Fig. 2. Gliederung der Bodenfauna nach Größenklassen im Vergleich zu den Korngrößen der Mineralteile des Bodens. Z. T. nach Bachelier, verändert

Die Einteilung der Bodenfauna nach Größenklassen (Längenklassen) hat sich als sehr praktisch erwiesen. Ein naturgegebenes Gliederungsprinzip gibt es dabei nicht. Leider werden die sehr häufig verwendeten Begriffe wie Nannofauna, Mikrofauna, Mesofauna, Makrofauna, Megafauna in der Literatur in sehr unterschiedlichem Sinn gebraucht, da zu viele Autoren ihren Ehrgeiz in eine eigene Klassifizierung gesetzt haben. Den besten Mittelweg trifft wohl die von Bachelier 1978 benutzte Gliederung (Fig. 2).

4. Lebensbedingungen und Lebensformen im Boden

Die hervortretende Eigenschaft des Bodens im Vergleich zu anderen Lebensräumen erblickt Kühnelt in einer „Hemmung des Austausches". Im Boden gibt es nur eine langsame träge Zirkulation und Diffusion von Wasser und Luft, einen geringen Wärme- und Feuchtigkeitsaustausch und eine ungleichmäßige, oft herdähnliche Verteilung der Nahrung. So kommt es, daß der Boden gewöhnlich ein Mosaik von Kleinstlebensräumen von sehr unterschiedlichen Umweltbedingungen schon auf wenigen Zentimetern bildet, ohne daß ein rascher Ausgleich erfolgt. Viele Bodentiere sind infolge ihrer Grabunfähigkeit diesen kleinräumigen Bedingungen voll unterworfen, während sich andere, grabende Arten aktiv „selbst einrichten". So wird verständlich, daß es kaum einen allgemeinen, für die gesamte Bodenfauna verbindlichen Wesenszug, einen „Bodentierhabitus" gibt.

Zur Kennzeichnung der Lebensformen der Bodentiere wird es also nötig, den Faktorenkomplex der Umweltbedingungen, die der Boden seinen Bewohnern bietet, aufzugliedern und einzeln zu betrachten. Wir müssen uns nur von vornherein darüber im klaren sein, daß die Gültigkeit solcher Lebensformen auf einen bestimmten Umweltfaktor beschränkt bleibt, daß also beispielsweise Bodentiere desselben Ernährungstyps verschiedenen Bewegungstypen angehören können.

4.1. Lebensraum Boden

Der Bodenkundler beschreibt den Boden als Umwandlungsprodukt der Gesteine an der Erdoberfläche, das sich etwa zur Hälfte aus mineralischen Bestandteilen, zur anderen Hälfte aus organischen Stoffen, Wasser und Luft zusammensetzt. Allgemein gebräuchlich ist die Bezeichnung von Bodenarten nach der vorwiegenden Korngröße der Mineralteile: Steine, Kies, Sand, Schluff, Ton. Deren Größen liegen durchaus in den für Bodenorganismen wesentlichen Dimensionen (Fig. 2), bis auf die feinen Tonteilchen ($<$ 0,002 mm). Die chemische Qualität der Mineralteile kann bereits aus der Benennung der Böden nach ihrer Substratherkunft erkennbar werden: Kalk-, Granit-, Basalt-, Löß-, Schwemmsandböden u. a. Nur selten ist das Substrat so reich an organischer Substanz, daß von anmoorigen ($>$ 15 %) oder von Moor-Böden ($>$ 30 %) gesprochen wird.

Böden haben aber auch ihre Geschichte. Sie entwickeln sich unter dem Einfluß von Klima, Organismen (und menschlicher Kultur) über Jahrtausende. Das Profil eines Bodens (d. h. ein senkrechter Schnitt durch die oberen 1–2 m) zeigt einen für seine Entwicklung charakteristischen Aufbau. Nach diesem Profil unterscheidet der Bodenkundler Bodentypen wie Schwarzerden, Braunerden, Rendzinen, Gleye, Podsole u. a.

Die Gliederung jedes Bodenprofils ist teilweise ein Produkt des Bodenlebens. Hier setzt also das spezielle Interesse des Bodenbiologen ein. Am Profil eines natürlichen Waldbodens (Fig. 3) unterscheiden wir zunächst eine frische, nur wenig veränderte Schicht des Bestandsabfalls (Förna), die in ausgesprochenen Rohhumusböden mehrere Zentimeter mächtig werden kann. Sie ist den Temperatur- und Feuchtigkeitsschwankungen am stärksten ausgesetzt und noch wenig besiedelt. Darunter folgt häufig eine Vermoderungsschicht, die deutliche Spuren der Veränderung durch Mikroorganismen und Bodentiere zeigt, aber ihrer Herkunft nach (z. B. Buchenblätter, Fichtennadeln) noch klar erkennbar ist. Förna und Vermoderungsschicht sind rein organische Bildungen (Auflagehumus). Der Mineralboden beginnt erst mit der Humusschicht (A_1). Hier sind die Pflanzenteilchen bereits so zersetzt und mit mineralischen Teilchen vermengt, daß ihre Herkunft wenigstens makroskopisch (= mit dem bloßen Auge) nicht mehr erkennbar ist; sie bilden dunklen amorphen Humus. Einige Böden, die sich unter der Einwirkung hoher Niederschlagsmengen gebildet haben (Podsole), zeigen darunter eine Auswaschungs- oder Bleichzone (A_2). Die bisher beschriebenen Schichten bilden zusammen den Oberboden. Auf ihn ist die bei weitem überwiegende Mehrzahl der Bodentiere beschränkt; hierin befinden sich auch wenigstens 95 % der Wurzelmasse der Gräser und Kräuter. Einige Bodentiere dringen jedoch auch in tiefere, meist nahrungsärmere Schichten ein, entweder aktiv grabend, wie die Regenwürmer, oder in Gängen abgestorbener Wurzeln. Oft ist

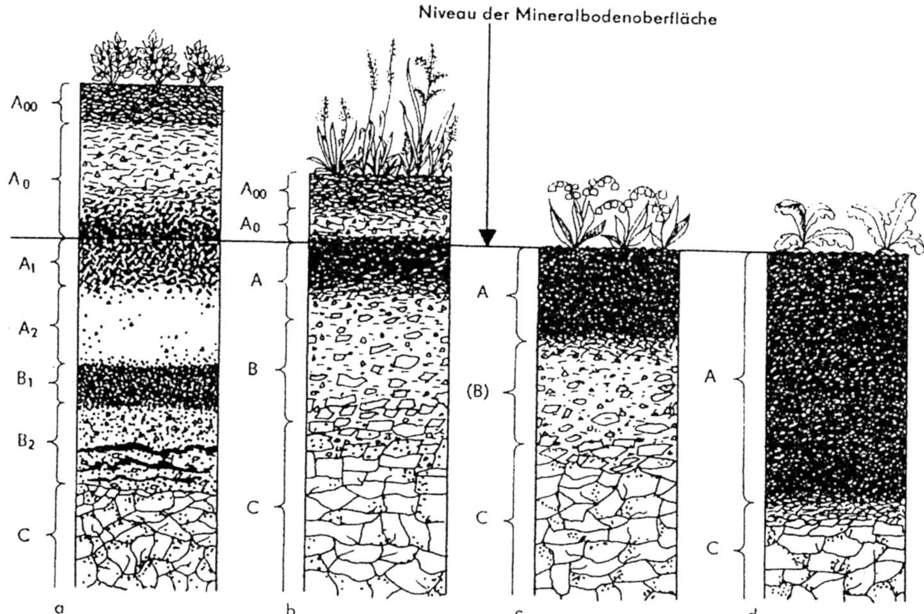

Fig. 3. Profile einiger Bodentypen: a Podsol mit Rohhumusauflage (Nadelwaldboden), b Parabraunerde mit Moderauflage (unter Hartlaubwald), c Braunerde und d Schwarzerde, beide mit Mullhumus. Horizontbezeichnungen: Humusauflage: A_{00} kaum veränderte Streu (Förna), A_0 Moder- oder Rohhumusschicht; Mineralboden: A_1 Humusschicht, A_2 ausgewaschene Bleichzone des Oberbodens, B Anreicherungshorizont oder Unterboden, z. T. mit Humusortstein (B_1) oder Eisenortstein (B_2), (B) verbraunter Verwitterungshorizont, C Untergrund, Ausgangsgestein. Aus Dunger 1970

dabei eine harte Ortsteinschicht zu überwinden. Dieser „Unterboden" (B-Horizont) unterscheidet sich vom unveränderten geologischen Untergrund (C-Horizont) dadurch, daß er im Bereich der chemischen, physikalischen und biologischen Verwitterungsprozesse liegt und entsprechende Veränderungen erleidet. In den Untergrund dringen Bodentiere nur ganz ausnahmsweise vor, z. B. um zum Grundwasserspiegel zu gelangen. Eine größere Anzahl von Bodentieren ist aber dort im Untergrund zu entdecken, wo künstlich Nahrungsstoffe in ihn eingelagert sind (z. B. „Friedhofsfauna").

Die Verteilung des Humus gibt auch den Ausschlag für die Verteilung der Tierwelt im Boden. Andere Faktoren wie Porenvolumen, Temperatur, Feuchtigkeit und Bodenluft greifen – im ganzen gesehen – mehr sekundär und differenzierend ein.

Entgegen der üblichen bodenkundlichen Auffassung zwingt uns die tatsächliche Verbreitung der Bodentiere zu einer Erweiterung des Begriffes „Boden" als Lebensraum. An jedem Baumstubben ist zu beobachten, daß er – vor allem in fortgeschrit-

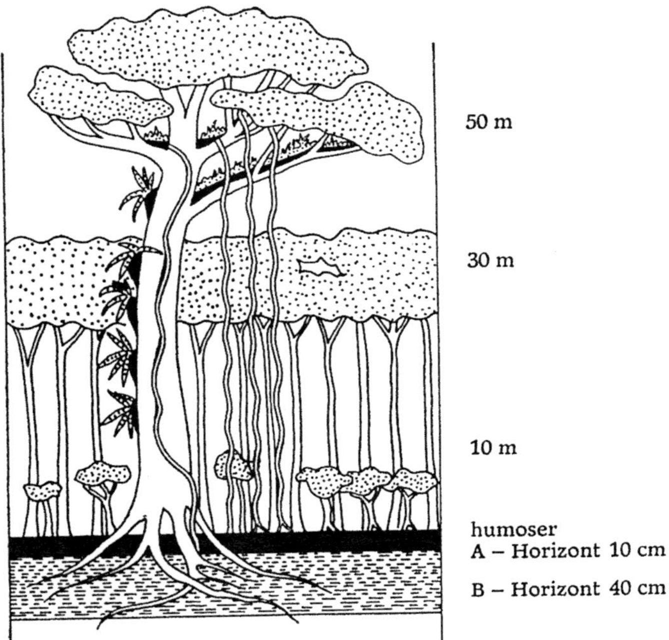

Fig. 4. Bodenbildungen in den oberen Vegetationsschichten (bes. in Epiphytennestern) im tropischen Regenwald. Nach Delamare-Deboutteville

tenem Zersetzungsstadium – nicht nur in seinen unterirdischen Teilen, sondern auch oberhalb der Erde dicht mit typischen Bodentieren besiedelt ist. Ähnliche „bodenartige" Lebensbedingungen finden sich in Felsnischen, Baumhöhlen, Vogelnestern, unter loser Rinde und – vor allem in tropischen Regionen – in Epiphytennestern selbst auf 80 m hohen Bäumen (Fig. 4). Man kann solche „Nischen" als Bodenanhangsgebilde bezeichnen (sols suspendus nach Delamare-Deboutteville). Sie bieten ihren Bewohnern vor allem hinsichtlich Feuchtigkeit und Temperatur oft extreme Bedingungen, die aber bei näherer Untersuchung der Verhältnisse grundsätzlich auch im Boden selbst eintreten können. Wir sind also nicht nur von der Seite des Objektes, des Bodentieres, sondern auch von der Seite der Lebensbedingungen her berechtigt, die Anhangsgebilde des Bodens in unsere weiteren Betrachtungen mit einzubeziehen.

4.2. Bodenstruktur und Hohlraumvolumen

In biologisch tätigen, humosen Böden haben sich die kleinsten Einzelteilchen, mineralische oder organische Bruchstücke der verschiedensten Herkunft, zu Aggregaten von etwa 0,3–3 mm Durchmesser verklebt oder verkittet (Fig. 5). Wir nennen diese

Aggregate meist Krümel und sprechen von einer K r ü m e l s t r u k t u r des Bodens. Regellos gestaltete Krümel lassen mit Luft gefüllte Zwischenräume frei. An den Berührungsstellen verkitten sich die Krümel auch untereinander – es entsteht ein Schwammgefüge.

Sind die Einzelteile nicht in dieser Weise zu Krümeln verbunden, so befindet sich der Boden in E i n z e l k o r n s t r u k t u r. Wir kennen diesen schlechten Strukturzustand im Extrem vom Dünensand (bei relativ großen Einzelkörnchen) und vom Lehm- oder Tonboden (mit ultrafeinen Einzelteilchen; Fig. 5).

In den luftgefüllten groben Hohlräumen oder „M a k r o p o r e n" – sie haben eine Größenordnung von etwa 3–0,03 mm Durchmesser – lebt ein großer Teil der Bodentiere. Hiermit ist aber das Hohlraumvolumen des Bodens und damit sein natürlicher Lebensraum noch nicht erschöpft. Zwischen den einzelnen Strukturteilchen der Krümel und zwischen kleinen Krümeln bleiben mittlere Poren von der Größenordnung 0,03–0,003 mm („M i k r o p o r e n") bestehen. Sie sind in einem „frischen" Boden stets mit Wasser gefüllt und nehmen trotz ihrer Kleinheit doch wenigstens so viel Gesamtraum ein wie die groben Makroporen. Das gesamte wasser- und luftgefüllte Hohlraumsystem eines guten Krümelbodens kann über 60 %, meist jedoch zwischen 40 und 60 % des Bodenvolumens betragen. Der Lebensraum, den ein solcher Boden bietet, besteht also aus einem feinverzweigten Porensystem von sehr unterschiedlichem Öffnungsdurchmesser, das etwa zur Hälfte mit Luft, zur Hälfte mit Wasser gefüllt ist (Fig. 5). Der Anteil luftgefüllter Makroporen ist in Sandböden am größten, in Tonböden am geringsten.

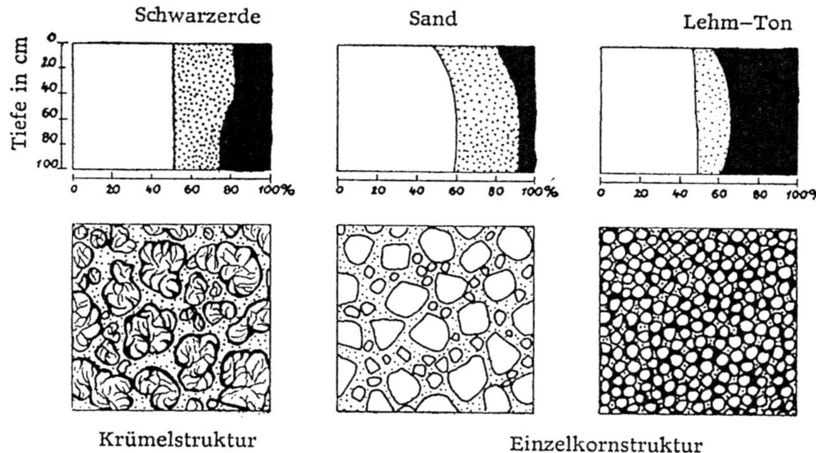

Fig. 5. Der Lebensraum der Bodentiere in Böden mit verschiedener Struktur; oben Verteilungsschema im Profil, unten Strukturbild (Schwarzerde nat. Größe, Sand 10 fach, Lehm 100fach vergr.). Schwarz: Bodenwasser (in Mikroporen und als Filme um die Partikel), Lebensraum für die Bodenmikrofauna; punktiert: Bodenluft (in Makroporen), Lebensraum für die Mesofauna; weiß: feste Bodensubstanz. Nach Angaben verschiedener Autoren, kombiniert

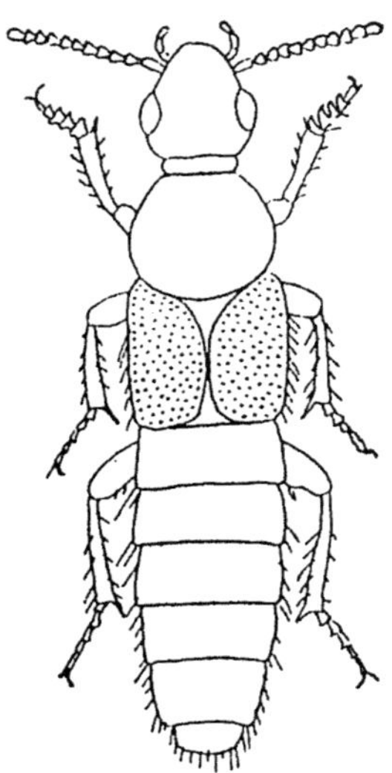

Fig. 6. Beweglicher Zylindertyp: Kurzflügelkäfer *(Quedius cruentus)* aus der Waldstreu; verkürzte Deckflügel geben freie Beweglichkeit. Länge 8 mm. Nach Reitter, verändert

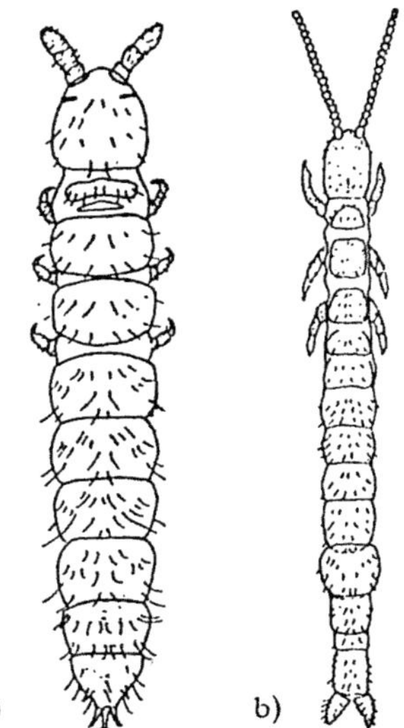

Fig. 7. Funktioneller Wurmtyp bei Urinsekten: a Collembole *(Tullbergiine)* aus europäischen Humusböden, b Diplure *(Japygide)* aus zentralafrikanischen Böden. Länge a 1,2 mm, b 4 mm. a Original, b nach Delamare-Deboutteville

Die luftatmende Mesofauna ist im wesentlichen auf die größeren Makroporen über 0,1 mm Durchmesser („Kleinhöhlen des Bodens") angewiesen. Ihr Vermögen, in diese einzudringen, hängt u. a. von ihrer Körperbreite ab. Haarløv fand in einem dänischen Wiesenboden, daß in 0–1 cm Bodentiefe die Makroporen Durchmesser von 3 mm erreichten, in 2–3 cm Tiefe aber nur 1 mm. Entsprechend war der oberste Bodenzentimeter von einem breiten Spektrum an Kleinarthropoden besetzt, die zu je etwa 10 % 0,7–0,3 mm Körperbreite aufwiesen, auf die schmalsten Arten (0,1 mm Breite) entfielen nur 35 %. In 2–3 cm Tiefe gab es dagegen fast nur noch Tiere mit 0,1 mm Breite (> 90 %).

Bei den Kleinhöhlenbewohnern sind alle möglichen Stufen der Größenreduktion verwirklicht. Bei Kleinarthropoden geht damit gewöhnlich eine Verkürzung der Beine und Körperanhänge und eine Erhöhung der Beweglichkeit des Hinterleibes einher („beweglicher Zylindertyp"). Sie ermöglicht auch solchen Tieren, deren Länge ein Mehrfaches des Durchmessers der verwinkelten Porengänge beträgt, das Durchschlüpfen. Bei Käfern (Pselaphiden, Staphyliniden, Fig. 6), die in die Hohlräume eindringen, ist die Verkürzung der Flügeldecken auffällig. Bei Urinsekten kann diese Ausprägung so weit gehen, daß ein funktioneller Wurmtyp erreicht wird (Fig. 7). Die Wurmfauna selbst ist unter den luftatmenden Kleinhöhlenbewohnern kaum vertreten (junge Enchytraeiden), da die meisten

Würmer wenigstens in nicht zu schweren Böden zum Wühlen befähigt sind. Gegensätzlich zu dieser Ausbildungsrichtung verhalten sich viele Milben. Sie verkörpern mehr oder weniger einen Kugeltyp (Oribatiden) und zeigen dementsprechend eine sehr ausgeprägte Abhängigkeit vom Durchmesser der Hohlräume. Große Arten sind in groben Poren der oberen Bodenschichten zu finden. Aus Größe und Gestalt der Mesofauna sind oft Rückschlüsse auf den Zustand der Bodenhohlräume in der jeweiligen Bodentiefe zu ziehen. Es ist durchaus möglich, dies als willkommenes Hilfsmittel für die bodenkundliche Forschung auszunutzen.

Die grabenden Bodentiere gehören gewöhnlich zur Makro- oder Megafauna. Mannigfaltig sind die Grabemethoden. Würmer und Dipterenlarven bohren sich zwischen die Bodenpartikel und drücken diese anschließend durch Verdicken ihres Vorderkörpers beiseite; teilweise fressen sie sich regelrecht durch den Boden. Die zu den Diplopoden gehörenden Juliden stemmen sich mit Hilfe ihrer extrem hohen Zahl sehr kurzer Beine durch den Boden, den Nackenschild als „Ramme" benutzend. Auch Formen mit ausgesprochenen Grabbeinen, wie z. B. die Maulwurfsgrille, zeigen häufig bei sonst weichem Körper eine besonders kräftige Oberkopf-Nacken-Halsschildpartie. Schließlich graben sich etliche Arten mit Hilfe der Mundwerkzeuge durch den Boden, wie dies Drahtwürmer (= Elateridenlarven), Termiten und einige erwachsene Käfer *(Bledius, Cicindela)* mit ihren kräftigen Mandibeln oder die Wühlmäuse mit den großen Nagezähnen tun.

Auch die Fauna der Streuschicht läßt Anpassungen an die Struktureigenheiten ihres Lebensraumes erkennen. Arten, die in der Streu oder unter Steinen und Rinde leben, zeigen einen Schildtyp (Schnecken: *Discus;* Asseln: *Oniscus* u. a.) oder Keiltyp (Diplopoden: Nematophoren und Polydesmiden). Lange Beine kennzeichnen viele Arten als rasch laufende Oberflächentiere (Chilopoden: Lithobiiden; Käfer: Carabiden). In große Bodengänge dringen von der nichtgrabenden Makrofauna nicht nur die biegsamen Staphyliniden, Lithobiiden u. a. ein, sondern auch Schnecken mit kugeligem Gehäuse (*Vitrina;* Kugeltyp) und mit langgestrecktem Gehäuse (*Ena, Abida;* starrer Zylindertyp, hierzu auch Käfer mit vollen Flügeldecken).

4.3. Bodenfeuchtigkeit

Nach dem Mikrohabitat der Bodentiere unterscheiden wir Wassertiere (aquatische Bodentiere) und Feuchtlufttiere. Diese stellen recht unterschiedliche Ansprüche. Einige sind eng an fast 100%ige Luftfeuchtigkeit gebunden (hygrophil). Sie vertrocknen in Zimmerluft nach wenigen Minuten. Andere vertragen Feuchtigkeitsschwankungen zwischen 90 und 100 % ohne Schaden (mesophil). In trockener Luft können sie wenige Stunden ausdauern. Arten, die sich selbst starker Austrocknung gegenüber als widerstandsfähig erweisen, können als xeroresistente Feuchtlufttiere bezeichnet werden. Erst wenn diese Trockenheitsresistenz in eine Vorliebe für Trockenheit umschlägt, können wir von Trockenlufttieren sprechen. Welche Feuchtigkeitsbedingungen ein Boden den Tieren bietet, läßt sich nicht am Gewichts- oder Volumenanteil des Wassers ablesen.

In Abhängigkeit von der Porosität (beziehungsweise der Körnungsart) des Bodens treten charakteristische Saugspannungs-Verhältnisse auf (Fig. 8). Quantitative An-

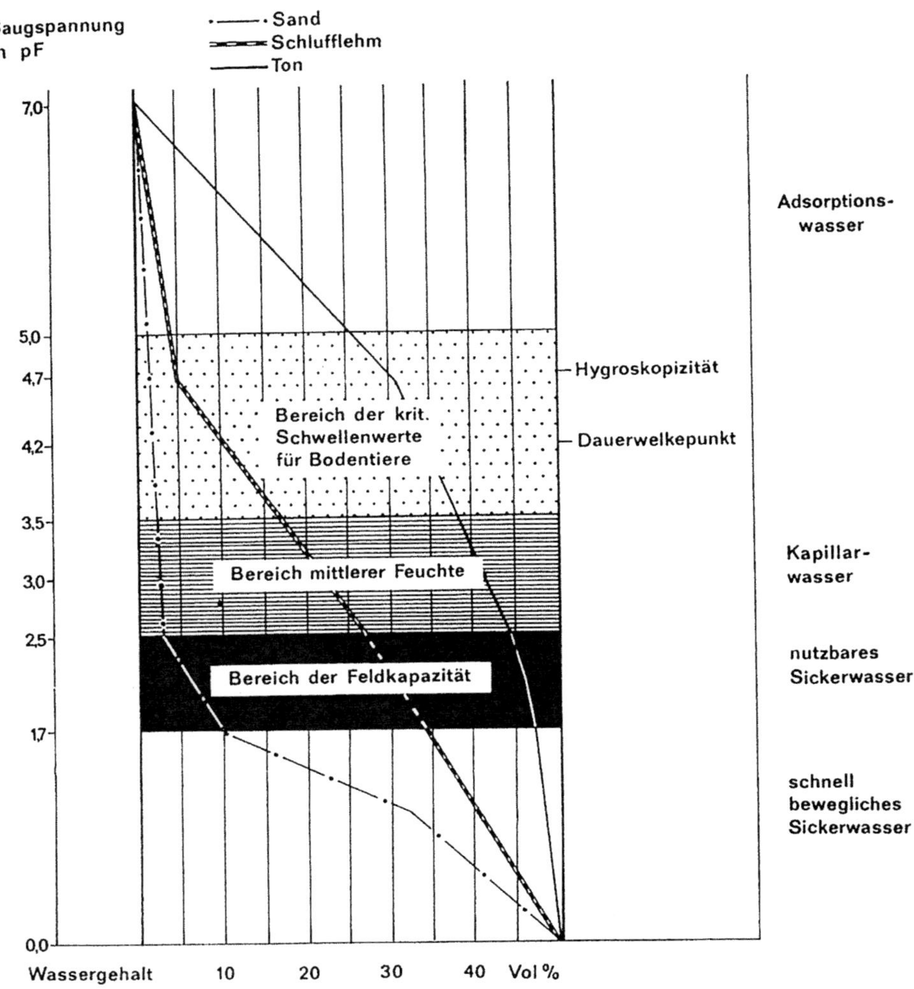

Fig. 8. Bodenwasser als Umweltfaktor für Bodentiere. Ist nach intensivem Regen das Sickerwasser vollständig abgeflossen (= obere Grenze der Feldkapazität), so enthalten Sandböden etwa 3, Schlufflehmböden etwa 27 und Tonböden etwa 44 Volumen-% Wasser. Alle halten dieses Wasser mit derselben Saugspannung von 346 mm Wassersäule oder log 346 = 2,5 (pF) fest. Bei pF = 4,2 können Pflanzenwurzeln die Saugspannung des Bodens nicht mehr überwinden (Dauerwelkepunkt), ab pF = 4,7 reagiert der Boden hygroskopisch. Bodentiere ohne Zystenbildung (besonders Kleinarthropoden) können durchschnittlich mindestens gleiche Saugspannungen überwinden wie Pflanzenwurzeln; Bodenbereiche mit höheren Saugspannungen suchen sie zu verlassen („kritischer Schwellenwert"). Nach Angaben von Lieberoth und Vannier, verändert

gaben über das Bodenwasser als Umweltfaktor für Bodentiere werden daher erst in Relation zu der Größe des Porenvolumens bzw. der Saugspannung deutbar. Im Gegensatz zur bodenkundlichen Praxis ist weiter ein möglichst exakter Bezug auf das Mikrohabitat der untersuchten Tiergruppe herzustellen. Von bodenzoologischer Bedeutung sind zunächst die ökologischen Grenzwerte des Bodenwassers, die einerseits – für luftatmende Bodentiere – an der Überstauungsgrenze liegen, andererseits als „Austrocknungs- oder Fluchtpunkt" sich erstaunlich weit dem permanenten Welkepunkt nähern oder diesen sogar unterschreiten. Vannier (1970) bewies, daß Bodentiere genau wie Pflanzenwurzeln ein unterschiedliches artspezifisches Vermögen haben, Wasser aus der Umwelt aufzunehmen. Für einige Collembolen (Isotomidae) fand er die kritische Schwelle, jenseits der die Saugspannung des Bodens nicht mehr überwunden werden kann, bei pF 4,2, für einige Oribatiden sogar erst bei pF 5,0.

Als modifizierender Faktor ist die gleichzeitig herrschende Temperatur zu berücksichtigen. Allgemein ist zu sagen, daß mit steigender Temperatur dem Wassergehalt immer höhere Bedeutung zukommt. Von besonderer biologischer Relevanz ist schließlich die Kenntnis der relativen Feuchte der Bodenluft als derjenige Faktor, der auf luftatmende Bodentiere unmittelbar einwirkt.

Interessant ist das Verhalten der Bodenfauna bei extremen Feuchtigkeitsbedingungen, d. h. bei Überschwemmung und bei Austrocknung des Bodens. Bei einer vorübergehenden Überschwemmung, wie sie z. B. in Auböden regelmäßig vorkommt, leidet die aquatische Bodenfauna nicht. Auch die Feuchtlufttiere können diese Zeit meist ohne nachhaltige Schädigung überstehen, wobei sich aber benetzbare Tiere anders verhalten als unbenetzbare. Die Benetzung bedeutet eine Gefahr, da auf osmotischem Weg eindringendes Wasser zu einer Quellung führt, falls es nicht durch osmoregulatorische Organe (Nephridien, Nierenkanälchen) wieder ausgeschieden werden kann. Solche Organe haben die Enchytraeiden, Lumbriciden und Schnecken. Besonders die Regenwürmer suchen sich dennoch selbst sauerstoffreichem Wasser möglichst schnell zu entziehen, obwohl die meisten Arten nachweislich mehrere Wochen unter Wasser aushalten können. Die Beobachtung, daß sich Regenwürmer bis zu einem gewissen Grad an den Wasseraufenthalt gewöhnen lassen, läßt darauf schließen, daß normalerweise die Funktionsfähigkeit der osmoregulatorischen Organe nur schwach entwickelt ist. Benetzbare Gliederfüßer verhalten sich verschieden: große Tiere der Oberfläche, wie die Steinläufer (Lithobiiden), entziehen sich durch die Flucht. Werden sie daran gehindert, so gehen sie meist durch Quellung zugrunde. Benetzbare Kleinarthropoden mit glatter dünner Haut (besonders Jugendstadien) und Larven von höheren Insekten (z. B. Käfern), die feuchte Böden bewohnen, können durch Herabsetzen der Konzentration der Körpersäfte quellungsresistent sein oder werden. So bewegen sich einige Collembolen- und Milbenarten unter Wasser aktiv fort. Insektenlarven trockener Böden weisen zur Einschränkung der Verdunstung eine starke Konzentration der Körpersäfte auf. Sie quellen bei Überschwemmung stark. Nimmt die Feuchtigkeit jedoch langsam zu, so erniedrigen sie ihre Körpersaftdichte und quellen schließlich nicht mehr (Poikilosmose). Die Quellkraft des Wassers ist in solchen Böden am stärksten, die arm an löslichen Salzen, besonders Kalkverbindungen, sind.

Die Mehrzahl der erwachsenen Arthropoden des Bodens ist allerdings schwer

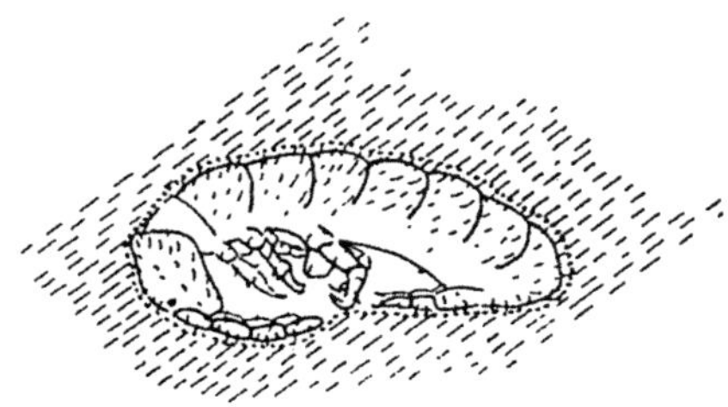

Fig. 9. Vom Bodenwasser eingeschlossener Collembole *(Isotoma bipunctata)* mit Luftblase zwischen den Extremitäten („physikalische Kieme"). Länge 0,6 mm. Original

benetzbar, entweder infolge eines wachsartigen Überzuges (Lipoidschicht) auf der Cuticula oder infolge kräftiger Behaarung. Besonders zwischen den Haaren und Borsten, bei Kleinarthropoden auch zwischen den Extremitäten, bleiben Luftblasen hängen, die zwar kleine Tiere bewegungsunfähig machen und sogar völlig einschließen können, aber andererseits als physikalische Kieme wirken und so die Atmung sicherstellen (Fig. 9). Bei langdauernder Überschwemmung kann in solch einem Fall der Hungertod eintreten. Es ist jedoch bekannt, daß Collembolen auf diese Weise wenigstens 2 Monate überdauern können. Größere unbenetzbare Tiere versuchen, das Wasser zu verlassen.

Eine schwerwiegende Schädigung tritt in der Regel bei Staunässe auf. Hier macht sich vor allem eine starke Sauerstoffzehrung durch Bakterien bemerkbar. Die Geschwindigkeit dieses Prozesses hängt von der Aktivität der Bakterien, diese ihrerseits wiederum von der Temperatur ab. So ist es erklärlich, daß Überschwemmungen in der kalten Jahreszeit viel weniger Schaden anrichten. Im Sommer werden durch Staunässe nicht nur die Lufttiere, sondern auch die aquatischen Tiere des Bodens getötet. Hierzu kommt noch, daß die Benetzbarkeit vieler Insektenlarven von der Temperatur abhängig ist. So quellen einige Dipterenlarven in warmem Wasser auf, in kaltem werden sie dagegen nicht geschädigt.

Gegen Austrocknung des Bodens sind naturgemäß die Wassertiere am meisten empfindlich. Die Protozoen-, Rotatorien- und Nematoden-Fauna der meisten Böden setzt sich dementsprechend aus solchen Arten zusammen, die Dauerstadien bilden können. Das Auftreten von Arten ohne solche Stadien läßt auf dauerfeuchte Böden schließen. Die Feuchtluftfauna hat beim Sinken der Bodenfeuchtigkeit meist zwei Möglichkeiten: Ausweichen oder Überdauern der Trockenheit. Kleine, nicht grabende Arten, die in tiefere Bodenhohlräume einzudringen vermögen, und größere grabfähige Arten führen in der Regel in den trockenen Sommermonaten Vertikalwanderungen aus. Die größeren Bewohner der Bodenstreu, die kein genügendes Grabvermögen aufweisen, können sich teilweise horizontal auf feuchtere Gebiete (Bodensenken, Baumstubben) zurückziehen. In den ausgetrockneten oberen Bodenschichten können nur trockenresistente Stadien von Feuchtlufttieren (hierher bestimmte Eistadien von Kleinarthropoden) und echte Trockenlufttiere überleben.

Für die Bewohner tieferer Bodenschichten scheint ein bestimmter Feuchtigkeitsgrad besonders bedeutungsvoll zu sein. Sie haben komplizierte, wahrscheinlich feuchtigkeitsanzeigende Sinnesorgane, wie z. B. das Postantennalorgan bei Collembolen (vgl. Fig. 86).

4.4. Bodenluft

Als Kennwert des Luftgehalts eines Bodens verwendet man die Luftkapazität. Sie ist definiert als Gesamtporenvolumen minus Feldkapazität. Der tatsächliche Luftgehalt übersteigt daher die Luftkapazität des Bodens, wenn der Wassergehalt unter die Feldkapazität sinkt. Durchschnittlich weisen Tonböden eine Luftkapazität von 5 bis 15 %, Lehmböden von 10 bis 25 % und Sandböden von 30–40 % auf. Bei Luftkapazitäten um 25 % können Böden als gut durchlüftet bezeichnet werden. Sie weisen dann auch einen normalen Lebensraum für luftatmende Bodentiere auf.

Die Bodenluft weicht in ihrer Zusammensetzung von atmosphärischer Luft besonders durch den höheren Kohlensäuregehalt ab. Sie wird meist ausschließlich durch Diffusion, nur nach Regenfällen durch Nachsaugen atmosphärischer Luft erneuert. Die Kohlensäurekonzentration hängt einmal vom Diffusionswiderstand, zum anderen von der Atmungsintensität besonders der Wurzeln und Mikroorganismen ab. Die Zunahme der Konzentration mit der Tiefe in Zusammenhang mit Bodenstruktur und Bodenlüftung zeigen die folgenden Messungen verschiedener Autoren:

Sandböden	15 cm 0,25 % CO_2	30 cm 0,31 % CO_2	
Ackerböden	15 cm 0,34 % CO_2	45 cm 0,45 % CO_2	1–4 m 4–8 % CO_2
Grünlandböden	15 cm 1,46 % CO_2	45 cm 1,64 % CO_2	
Fichtenwaldböden	15 cm 1,13 % CO_2	70 cm 9,39 % CO_2	

Der Kohlensäuregehalt der Bodenluft schwankt auch mit der Jahreszeit und der Temperatur. Im Frühjahr und Herbst ergeben sich bei größter Feuchtigkeit und relativ hoher Temperatur Maximalwerte. Mit zunehmendem Kohlensäuregehalt sinkt auch die Sauerstoffkonzentration.

Die Widerstandsfähigkeit der Bodentiere gegen Sauerstoffmangel zeigt, soweit bislang untersucht, interessante Abhängigkeiten von der Lebensweise. Nur gelegentlich im Boden grabende Tiere, wie die Maulwurfsgrille, zeigen volle Sauerstoffbedürftigkeit. Regenwürmer haben dagegen wesentlich geringere Ansprüche. Noch deutlicher ist dies bei Drahtwürmern und Engerlingen. Für diese reicht zur Deckung des Stoffwechsels die Annahme einer normalen Sauerstoffatmung (Oxybiose) nicht aus. Sie werden deshalb als fakultative Anoxybionten bezeichnet, d. h. als Tiere, die nicht unbedingt auf Luftsauerstoff angewiesen sind. Auch kleine Bodenarthropoden haben sich im Versuch als außerordentlich widerstandsfähig erwiesen.

Der geringe Sauerstoffbedarf der Bodentiere scheint noch in einer anderen Beziehung bedeutungsvoll zu sein. Da das Seh- und Tastvermögen zur Fernorientierung im Boden ausscheidet, wurde mehrfach eine Geruchsorientierung angenommen. Es läßt sich beobachten, daß viele Bodentiere ihre Nahrungsquellen gerichtet – also nicht zufällig – aufsuchen. Solche Stellen, z. B. Pflanzenwurzeln, zeichnen sich durch erhöhte CO_2-Konzentration aus. Klingler (1975) hat beweisen können, daß nicht nur phytophage Rüsselkäfer und pflanzenparasitische Nematodenarten, sondern auch saprophage Collembolen durch CO_2-Quellen angelockt werden. Auch

Methangas, das sich unter anaeroben Bedingungen beim Zelluloseabbau bildet, kann attraktiv wirken. Die Hypothese von M o u r s i , wonach allgemein eine reduzierte O_2-Spannung die phyto- und saprophagen Bodentiere zur Nahrungsquelle leitet, scheint wenigstens nicht allgemein zu gelten. Wie hoch der Wert der Geruchsorientierung allgemein für Bodentiere eingeschätzt werden darf, ist heute noch unklar. Mit einem symmetrischen Konzentrationsgefälle, wie es sich in der Luft oder im Wasser ausbildet, kann jedenfalls im Boden nicht gerechnet werden.

In der Umgebung faulender Stoffe treten im Boden auch andere giftige Gase auf, besonders Schwefelwasserstoff (H_2S) und Ammoniak (NH_3). Gegen H_2S sind manche Arten, besonders die typischen Kompostbewohner, nach Untersuchungen von M o u r s i relativ wenig empfindlich und ertragen eine Beimischung von 2–6 % H_2S zur Bodenluft etwa eine Woche lang. NH_3 wirkt dagegen noch in Konzentrationen von $^1/_{100}$ % absolut giftig, selbst auf Arten der Dungfauna.

4.5. B o d e n t e m p e r a t u r

Besonders im Bereich der Bodenoberfläche treten in geringem räumlichen und zeitlichen Abstand sehr hohe Temperaturdifferenzen auf. Die Mehrzahl der Bodentiere lebt also unter sehr differenzierten, z. T. auch enorm variablen Temperaturbedingungen, deren Feinstrukturen noch kaum bekannt sind. Im Inneren des Erdbodens fällt jedoch die nivellierende Wirkung der Bodenschichten auf den Temperaturgang stark ins Gewicht. Endogäische Bodentiere bevorzugen in Übereinstimmung hiermit kühle ausgeglichene Temperaturen. Für eine nicht geringe Anzahl der Collembolen und Milben wurden Vorzugstemperaturen zwischen 5 und 10 °C festgestellt.

Das Vermögen, starke Temperaturdifferenzen zu ertragen, ist sehr unterschiedlich ausgebildet. Die größten Temperaturschwankungen treten in trockenen, sandigkalkigen, südexponierten und freiliegenden Rohböden auf, die geringsten in feuchten, gut bewachsenen, lehmigen Böden. Mit der Tiefe nehmen die Temperaturschwankungen aber allgemein rasch ab, so daß in den meisten Böden für die Tierwelt die Möglichkeit besteht, sich durch Vertikalwanderung der Temperatureinwirkung zu entziehen. Solche Wanderungen sind auch bei vielen Gruppen in tages- und jahreszeitlichen Rhythmen festgestellt worden.

Gegen hohe Temperaturen sind Bodentiere allgemein sehr empfindlich. Nur wenige resistente Arten (*Cryptopygus thermophilus* u. a.) vermögen längere Zeit bei Temperaturen bis 50 °C zu existieren. Eine eigentliche Wärmeliebe (Thermophilie) können wir nur bei wenigen Arten (z. B. Felsenspringer) feststellen. Diese haben ihr Hauptverbreitungsgebiet gewöhnlich in südlichen Regionen und bewohnen in Mitteleuropa die Oberfläche trockenwarmer Kalkböden. Die meisten Bodentiere meiden bereits Erwärmung auf mehr als 15–20 °C.

Die Erscheinung der Kälteresistenz ist dagegen in der Bodenfauna weit verbreitet. Die größeren grabfähigen Arten ziehen sich im Winter meist in frostfreie Lagen zurück. Ein wesentlicher Teil der Kleinarthropoden läßt sich jedoch im Boden einfrieren, ohne Schaden zu leiden. Diese Arten, aber auch Lumbriciden, können im Winter unter der Schneedecke bei Temperaturen um den Nullpunkt aktiv angetroffen werden.

4.6. Lichtfaktor

Für die meisten Bewohner der tieferen Bodenschichten bedeutet das Tages-, besonders das Sonnenlicht einen Sperrfaktor, der das Verlassen des Bodens verhindert. Bei diesen Tierformen sind Pigmentreduktion bis zur völligen Pigmentlosigkeit und – damit meist in Verbindung – Reduktion der Augen zu finden. Solche Bodentiere werden besonders durch Einwirkung ultravioletter Strahlen schnell geschädigt. Die Mehrzahl der Bewohner des Bodeninneren ist also lichtscheu (photophob).

Im Gegensatz hierzu verhalten sich einige Bewohner der oberen Bodenschichten, der Streu, der Wasseroberfläche von Kleintümpeln, der Felsen- und Rohböden photophil. Bei ihnen wird stets eine kräftige Pigmentierung und in der Regel volle Ausbildung der Augen (soweit nicht auf einer früheren phylogenetischen Entwicklungsstufe verloren wie bei den Oribatiden) festzustellen sein.

4.7. Chemische Eigenschaften des Bodens

Die chemischen Eigenschaften des Bodens sind nur zu einem geringen Teil als direkte Einflußfaktoren für die Bodenfauna bekannt. Sie zählen dagegen zu den wichtigsten Faktoren mit indirekter Einwirkung. Auch werden sie durch die Lebenstätigkeit der Bodentiere teils unmittelbar (Verdauungstätigkeit), teils mittelbar verändert (mechanische bzw. katalytische Wirkung). Zur basalen Kennzeichnung der chemischen Eigenschaften des Bodens verwendet der Bodenkundler die Austauschkapazität (T-Wert, Sorptionskapazität), d.h. die Menge der von den Ton- und Humuskolloiden gebundenen Kationen sowie die absolute Bestimmung der vorhandenen Kationen und Anionen des Bodens. Im Hinblick auf die Bodenfauna wird dem Kalkgehalt eine besondere Rolle zugebilligt, da er für eine Reihe von Tiergruppen (Schnecken, Diplopoden, Isopoden) zum Aufbau der Schale bzw. des Hautpanzers wichtig ist. Auch hier sind direkte Abhängigkeiten nur an solchen Standorten sicher nachweisbar, an denen Kalk die Rolle eines Mangelfaktors spielt. Meist aber ist im Boden für diese Ansprüche genügend Austauschkalk vorhanden, und die oft geschilderte vermeintliche Kalkabhängigkeit entpuppt sich bei näherer Untersuchung als temperatur- oder feuchtigkeitsbedingt. Um so nachhaltiger beeinflußt der Chemismus der Böden indirekt – auf dem Weg über die Bodenstruktur, die physikalischen und mikroklimatischen Eigenschaften und den Mikroorganismenbesatz – die Ausbildung der Bodenfauna.

Interessant ist in diesem Zusammenhang die Frage nach der Reaktion der Bodentiere auf die Bodenazidität. Der optimale Ablauf der Lebensfunktionen liegt meist in Nähe des Neutralpunktes. Viele Tiergruppen zeigen aber keine direkte Abhängigkeit vom pH-Wert. Dies gilt besonders für Insektenlarven, Collembolen, Milben u. a. Wenn im Schrifttum z. B. eine Reihe „azidophiler" oder „basophiler" Collembolen beschrieben wurde, so kann sich dies durchaus auf eine Vorliebe dieser Arten für bestimmte Humusformen oder Mikroorganismen als Nahrung beziehen, die ihrerseits eine pH-Bindung zeigen. Es gibt jedoch auch echte Reaktionen von Collembolen auf Änderungen der Bodenazidität.

Eindeutige Reaktionen auf den Säurezustand des Bodens kennen wir von den Regenwürmern. Sie können besonders an den Grenzen ihres Toleranzbereiches (z. B. pH 2,8–4,0) geringe Säureabstufungen sehr genau unterscheiden. Übermäßig basische Böden sind selten, so daß wir uns hier auf eine Besprechung der Säureempfindlichkeit beschränken können. Eine direkte Einwirkung der Bodensäure wäre auf drei Wegen denkbar:

1. Durch Fehlen der Kohlensäurebindung könnte eine hohe CO_2-Konzentration als Atembehinderung auftreten.
2. Durch Aufnahme saurer Nahrungsstoffe könnten die Verdauungsfermente in ihrer Wirkung beeinträchtigt werden. Exakte Nachweise, die für diese Annahme sprechen könnten, fehlen aber.
3. Auf weiche drüsenreiche Haut (wie bei Regenwürmern) könnten Säuren schädigend einwirken. Hierdurch kann für Hautatmer gleichfalls eine Atembehinderung resultieren.

Die bei Regenwürmern zu beobachtende Säureempfindlichkeit scheint besonders auf den dritten Faktor zurückzuführen zu sein.

4.8. Ernährungsbedingungen

Die Hauptmasse der Nahrung im Boden bilden zerfallende, abgestorbene pflanzliche Stoffe (Humus). Für die Bodentiere kommen als wenigstens ebenso wichtige Nahrungsquelle die Mikrophyten – Pilze, Bakterien, Aktinomyzeten und Algen – in Betracht. Auf der Grundlage der Humus- und Mikrophytenfresser können sich Räuber (Zoophagen) entwickeln. An lebenden Teilen höherer Pflanzen (Wurzeln) fressende Arten gewinnen bei gehäuftem Auftreten eine hohe Bedeutung als Schädlinge der Kulturen. Sie sind als eigentliche Pflanzenfresser (Phytophagen oder Makrophytophagen) zu bezeichnen. Die ausschlaggebende Ernährungsbasis für die Bodentierwelt bleibt letztlich stets der Humus, besonders der Bestandsabfall und die absterbende Wurzelmasse. Je nach dem Reichtum an solchen Substanzen kann der Boden nach Kühnelt als eutroph, mesotroph, oligotroph oder atroph (mit guter, mittlerer, schwacher oder ohne Ernährungsbasis für die Bodenorganismen) bezeichnet werden (in Analogie zu der in der Hydrobiologie üblichen Ausdrucksweise).

Eine scharfe Abgrenzung der Ernährungsgruppen der Bodentiere ist nur in wenigen Fällen im Sinn einer strengen Nahrungsspezialisation möglich. Es sind nicht wenige Arten, z. B. unter den Milben und Collembolen, bekannt, die bald Humus-, bald Mikrophytenfresser sind und sogar auch als Räuber oder als fakultative Schädlinge an jungen grünen Pflanzenteilen beobachtet wurden. Besonders eng scheinen die Beziehungen zwischen Humus- und Mikrophytenfresser zu sein.

Viele Insektenlarven, Diplopoden, Isopoden, Regenwürmer und Schnecken fressen große Humusteile (Streureste u. a.) samt den ihnen anhaftenden Mikroorganismen entweder nach Art der Weidegänger oder zusammen mit Bodenteilchen (Makrohumiphagen). Sie gehen oft als erste tierische Zersetzer die Streu an (Erst- oder Primärzersetzer). Die Mehrzahl der Oribatiden, Collembolen, Enchytraeiden, aber auch einige Insektenlarven wählen dagegen vorwiegend bereits stärker zersetzte Substanzen, kleine Humusteile, Kotballen von Erstzersetzern, nicht selten aber auch bestimmte Ansammlungen von Mikroorganismen aus (Mikrohumiphagen). Unter ihnen sind auch Substratfresser und einige saugende Arten (z. B. die zu den Collembolen gehörenden Neanurinen) zu finden. Da die Mikrohumiphagen gewöhnlich erst in die späteren Zersetzungsstufen des Pflanzenabfalls eingreifen, werden sie als Folge- oder Sekundärzersetzer bezeichnet. Die Protozoen, Rotatorien und Nematoden sind teils echte Mikrohumiphagen, teils mehr Mikrophytenfresser oder auch Räuber. In diesen Gruppen herrscht die saugende oder strudelnde Ernährungsform vor.

Räuber treten in sehr verschiedenen Gruppen auf (Protozoen, Nematoden, Gamasiden, Pseudoskorpione, Spinnen, viele geflügelte Insekten und ihre Larven, insektivore Säugetiere u. a.). Dementsprechend ist auch die Jagd- und Fangweise grundverschieden (Strudler, Sauger, Jäger, Fallensteller u. a.).

Das Hervortreten phytophager Bodentiere wurde besonders in Böden mit Monokulturen beobachtet. Diese Gruppe wird dann vorwiegend durch Wurzelsauger (Nematoden, Schild- und Blattläuse, Zikadenlarven) und Wurzelnager (Drahtwürmer, Erdeulenraupen, Engerlinge, Symphylen und andere Gliederfüßer sowie erdlebende Nagetiere) vertreten.

Wie in späteren Kapiteln noch ausführlicher darzulegen ist, kann das Vorherrschen der einen oder anderen Ernährungsgruppe im Boden als Zeiger für den Boden- und besonders Humuszustand diagnostisch verwendet werden.

4.9. Wechselbeziehungen zwischen den Einzelgliedern der Bodenfauna

Zu den Umweltfaktoren im Boden gehört nicht zuletzt für jedes Individuum auch die Gesamtheit der übrigen Bodenorganismen. Am wichtigsten sind ohne Zweifel die Nahrungsbeziehungen zwischen den pflanzlichen Mikroorganismen und der Bodenfauna. In vielen Fällen ist das Vorhandensein bestimmter Pilz- oder Bakterienkolonien für die Entwicklung von Bodentieren wesentlicher als die Erfüllung gewisser physikalisch-chemischer Bedingungen. So erlangen die abiotischen Faktoren (Temperatur, Feuchtigkeit u. a.) offensichtlich nicht nur direkt, sondern häufig auch indirekt über die Beeinflussung mikrobiologischer Prozesse für die Bodentiere Bedeutung. Die pflanzlichen Mikroorganismen stellen hierbei fast durchweg die Beute dar. Nur im Fall der nematodenfressenden Pilze (s. Fig. 28) liegt eine bemerkenswerte Ausnahme vor.

Zwischen den Bodentieren selbst haben sich in vieler Richtung interessante Jäger-Beute-Beziehungen herausgebildet. Im Bodeninneren finden besonders die kleineren Räuber (Gamasiden u. a. Milben) ihre Beute durch zufälliges direktes Berühren. Lange Fühler sind hinderlich. Der Geruchssinn ist offenbar infolge des Fehlens gleichmäßiger Konzentrationsgefälle im inhomogenen Substrat des Bodens oft nicht brauchbar. Die Beutetiere können sich der Enge der Hohlräume wegen kaum durch die Flucht entziehen. Als Schutzeinrichtungen finden wir hier die Abscheidung giftiger bzw. zähflüssiger Sekrete (z. B. Onychiuriden) oder schleimiger Substanzen (z. B. Oligochaeten), die den Angreifer abschrecken oder seine Mundwerkzeuge verkleben. Durch Körperpanzerung und schlagartige Abdeckung gefährdeter Körperteile schützen sich vor allem die Oribatiden. Optisch wirkende Einrichtungen (Ver-

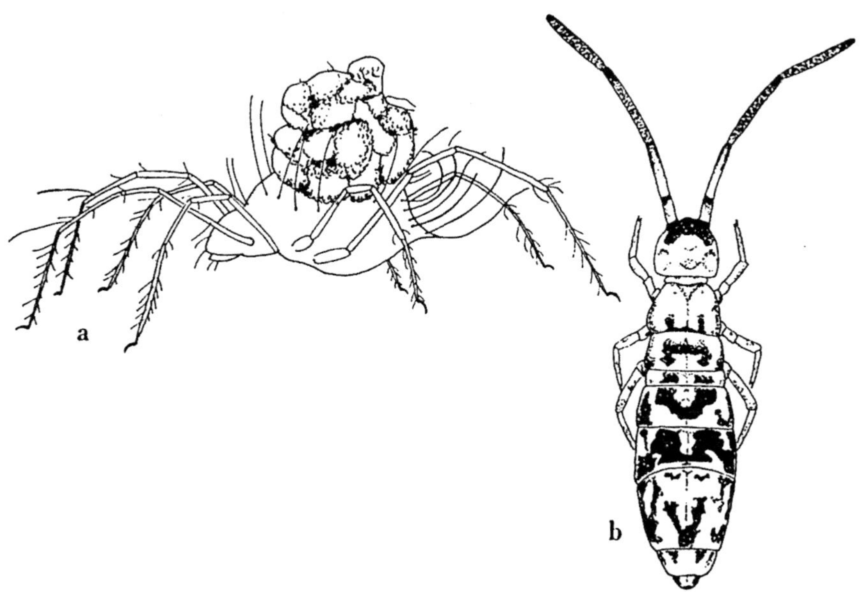

Fig. 10. Tarnung bei Bewohnern der Bodenoberfläche: a Hornmilbe *(Damaeus clavipes)* mit Larven- bzw. Nymphenhäuten und Detritus auf dem Rücken, b Collembole *(Orchesella alticola)* aus der Moosschicht mit Tarnzeichnung. Länge a 1 mm, b 3,5 mm. a nach Michael aus Vitzthum, b nach Stach

bergtrachten) haben hier keine Bedeutung. Bei ungeschützten Arten ist häufig eine hohe Vermehrungsrate (Nematoden, einige Isotomiden) festzustellen.

Bei der Streufauna finden wir andere Verhältnisse. Die Fluchtreaktion durch zielloses Springen ist bei Springschwänzen (Collembolen) und Felsenspringern (Machiliden) sehr auffällig, obwohl auch in anderen Gruppen nicht ganz fehlend (z. B. Oribatiden: *Zetorchestes micronychus*). Optische Mittel bestehen einerseits in einer Tarnung („Verbergtracht") durch Erdpartikel, Larvenhäute usw., die auf dem Rükken herumgetragen werden (*Damaeus* u. a. Oribatiden, Fig. 10). Die Färbung vieler Arten (z. B. Entomobryiden) ist geeignet, den Körper mit seiner Umgebung optisch zu verschmelzen oder in Teile aufzulösen. Schließlich finden sich aber auch auffällige Farben (Warntracht) bei einigen Diplopoden, die durch ihren Kalkpanzer geschützt und dazu durch ihr giftiges Wehrdrüsensekret auch für größere Räuber (Vögel!) nicht genießbar sind (*Ommatoiulus* u. a.). Weit verbreitet ist auch der Schutz durch einen harten Körperpanzer (Schnecken, Diplopoden, Isopoden, Oribatiden). Diese Schutzeinrichtung wird sehr häufig durch Einrollungsvermögen ergänzt. Glomeriden, Isopoden, Oribatiden bilden eine Kugel (Fig. 11), Juliden dagegen eine Scheibe, ähnlich einer flachen Schneckenschale (s. Fig. 80 b). Für Schnecken ist die starke Schleimabsonderung ein besonderer Schutz. Bei Regenwürmern kommen hierzu noch starke Kontraktionen und kräftige Bewegungen.

Die Räuber zeigen entsprechend der Beute ihrerseits verschiedene Typen. Sehr rasche Bewegung (ruckartiges Laufen oder Sprung) zum Beutefang vollführen die meisten Oberflächenformen (Springspinnen, Carabiden, Lithobiiden). Ausgesprochene Fallensteller sind Spinnen und Ameisenlöwen. Andere folgen der Beute in die groben Hohlräume (Lithobiiden, Staphyliniden) oder sogar in die tiefsten Regenwurmgänge (Geophiliden). Selbstgrabende Räuber finden sich vor allem unter den Säugern (Maulwurf). Für die größeren Bodentiere bilden die Vögel als „Sammler" wichtige Feinde.

Außer durch die Nahrungsbeziehungen beeinflussen sich die Bodenorganismen gegenseitig durch ihre Ausscheidungen – eine fast völlig unerforschte Seite –, durch

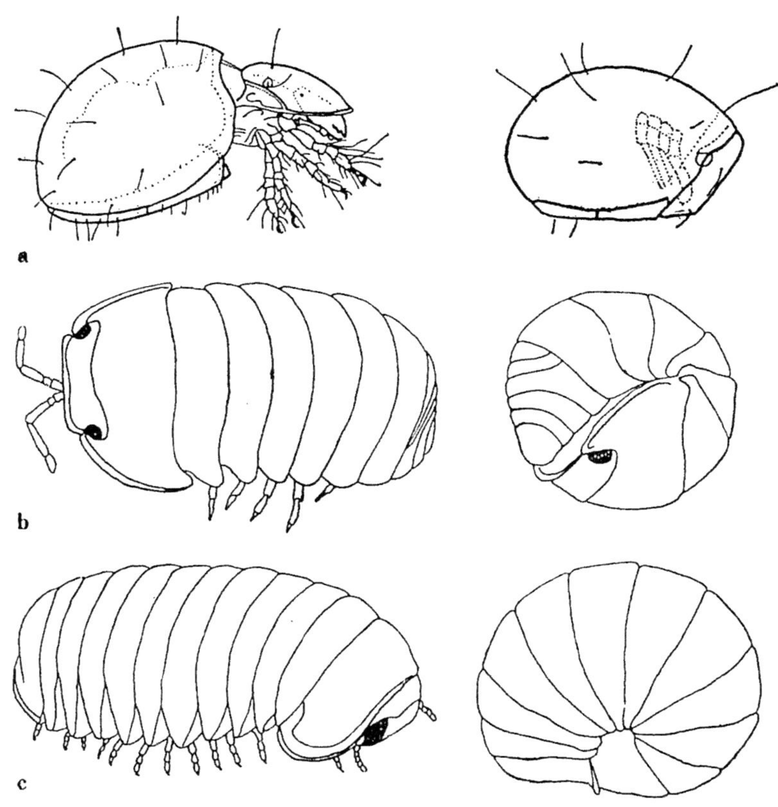

Fig. 11. Abkugelung bei Bodentieren: a bei Hornmilben (*Pseudotritia ardua*, laufend, und *Phthiracarus setosellum*, abgekugelt); b bei Landasseln (*Cubaris* spec.); c bei Doppelfüßern (*Sphaerotherium* spec.). Länge a 0,6 mm, b und c 2 cm. a nach Jacot aus Baker und Wharton, b und c nach Lawrence

Nahrungskonkurrenz und durch Raumkonkurrenz. Nahrungskonkurrenz dürfte sich hauptsächlich bei räuberischen Formen auswirken. Sie hat aber auch bei vom pflanzlichen Abfall lebenden Arten Bedeutung. Räuberische Bodentiere der Streu behaupten in der Regel gegen ihre Artgenossen ein bestimmtes „Jagdareal", wie dies in ähnlicher Form von Wirbeltieren bekannt ist.

Reine Raumkonkurrenz scheint vor allem bei den Bewohnern der kleinsten Bodenhohlräume gelegentlich aufzutreten. So konnte verschiedentlich gezeigt werden, daß die Gesamtsiedlungsdichte der Kleinarthropoden (Milben und Collembolen) in hohlraumarmen Böden einen vom Porenvolumen abhängigen Maximalwert nicht überschreitet. Der Grund dieser Erscheinung kann nicht in einer Überfüllung der Kleinhöhlen im körperlichen Sinn liegen. Untersuchungen an Bodendünnschliffen durch Haarløv ergaben, daß durchschnittlich nur $^{1}/_{1000}$ der inneren Oberfläche der Bodenhohlräume von Tieren der Mesofauna bedeckt wird. Hier sind vielleicht die eben erwähnten Ausscheidungen und andere Faktoren wirksam.

4.10. Verbreitung im Bodenprofil

Eine Gliederungsmöglichkeit der Lebensformen, die möglichst viele Umweltfaktoren gleichsinnig erfaßt, bietet sich für solche luftatmenden Bodentiergruppen an, die Vertreter in allen Lebensschichten (Biostrata) von der Krautschicht über die Streuauflage bis in die unteren Bodenschichten umfassen. Dies ist z. B. bei Milben und Collembolen der Fall. So ist es möglich, bei diesen Gruppen den in den meisten Böden von der Oberfläche nach unten parallel laufenden Veränderungen der Feuchtigkeit, Temperatur, des Porenvolumens, des Lichtklimas und der Bodenluft Lebensformen zuzuordnen. Gisin, der dieses System ausführlich dargelegt hat, teilt in drei große Gruppen: das Euedaphon umfaßt die Bewohner der unteren Bodenschichten, das Hemiedaphon die der oberen Bodenschicht und der Streu und das Atmobios schließlich die nicht mehr der Bodenfauna zugehörigen Bewohner der höheren Pflanzen bis zu solchen Tieren, die lediglich auf dem Boden laufen. Vom Atmobios zum Euedaphon fortschreitende Merkmale, wie Größenreduktion, Verkürzung der Extremitäten, Rückbildung der Augen und des Pigments, Erhöhung der Austrocknungsempfindlichkeit und der Kohlensäureresistenz, sind nicht nur bei Collembolen und Milben, sondern auch bei anderen Vertretern der Mesofauna (z. B. Dipterenlarven) mehr oder weniger deutlich nachzuweisen (vgl. diese Abschnitte).

Dieses Schema ist jedoch nur für Kleinhöhlenbewohner geeignet, es paßt weder für die aquatischen noch für die größeren grabenden Bodentiere. Letztere (Regenwürmer, Maulwürfe, viele Arthropoden) schaffen gewissermaßen hemiedaphische Bedingungen auch in tieferen Bodenschichten. Große Arthropoden wie die Laufkäfer (Carabiden) oder Wolfsspinnen (Lycosiden), die zwar meist auf der Oberfläche des Bodens jagen, aber doch ab und zu in die Streu eindringen, ihrem Verhalten nach also auf der Grenze zwischen Bodenfauna und Epigaion (oberirdischer Fauna) stehen, können (van der Drift nach Krausse) unter dem Namen Epedaphon (= auf dem Boden lebende Bodentiere) als besondere Lebensform zwischen Hemiedaphon und Atmobios (= „Hyperedaphon") aufgefaßt werden. Es ergibt sich dann folgende Gliederung der Bodenfauna in Lebensformen nach der Verteilung im Bodenprofil:

Euedaphon: Fauna der unteren Bodenschichten; hierzu die ganze aquatische Bodenfauna und ein Teil der Mesofauna

Hemiedaphon: Fauna der oberen Bodenschicht und der Streu; hierzu ein großer Teil der Mesofauna, Makrofauna und Megafauna, wobei die letzteren besonders mit grabenden Formen vertreten sind; hierzu auch die Bewohner der „Bodenanhangsgebilde"

Epedaphon: Bodengebundene, wenigstens gelegentlich in die oberste Boden- oder Streuschicht eindringende Fauna der Bodenoberfläche; hierzu vorwiegend Arten der Makrofauna

Atmobios: Nicht bodengebundene Fauna der Bodenoberfläche und der höheren Pflanzen (nicht mehr zur Bodenfauna gehörig).

Diese Bezeichnungen können selbstverständlich nur generalisierend verwendet werden; denn hemiedaphische Arten dringen z. B. bei der sommerlichen Tiefenwanderung in euedaphisches Bereich ein usw.

So unsicher im einzelnen die Anwendung der obigen Begriffe ist, so hat sie sich doch in der praktischen Verwendung als vorteilhaft zur kurzen Kennzeichnung einer grundsätzlichen Verhaltensweise erwiesen. Nur muß man sich des oft provisorischen Charakters dieser Benennung bewußt bleiben.

5. Die Tiergruppen und ihre Beziehungen zum Boden

5.1. Einzeller, Protozoen

Protozoen oder Einzeller *(Protozoa)* sind mikroskopisch kleine Tiere, die aus einem Zellkörper (Protoplasma) mit einem oder mehreren Kernen bestehen. Sie sind zur Betätigung ihrer Lebensfunktionen auf das Vorhandensein flüssigen Wassers angewiesen. Ihre Kleinheit ermöglicht es ihnen jedoch, selbst die dünnen Säume von Adhäsionswasser, die die Bodenpartikel überziehen, oder die wassergefüllten Kapillarräume in den Bodenaggregaten auszunützen.

Es läßt sich leicht nachweisen, daß Protozoen aus Gewässern in die benachbarten Bodenräume eindringen. Hierbei handelt es sich nicht nur um Formen, die auf Wasserpflanzen und am Grund des Gewässers kriechen (Rhizopoden) oder festsitzen (einige Ciliaten), sondern auch um freischwimmende Arten. Sie finden im Boden grundsätzlich die gleiche Nahrung wie im Wasser: Bakterien, kleine Algen, andere Protozoen, kleine Rotatorien, zerfallende organische Stoffe (Detritus). Nach alledem ist es nicht verwunderlich, daß sich im Boden im wesentlichen die gleichen Arten wie im Süßwasser vorfinden. So waren von über 300 Protozoenarten, die Koffmann aus verschiedenen Böden beschrieb, lediglich 21 nicht schon vorher als Süßwasserbewohner bekannt!

Charakteristisch für bodenbewohnende Protozoen sind zwei Merkmale:

1. Größe. Den geringen Dimensionen des zur Verfügung stehenden Lebensraumes entsprechend sind die Bodenprotozoen wesentlich kleiner als die Süßwasserformen. Dies läßt sich gut bei Arten zeigen, die in beiden Lebensbereichen vorkommen. So erreicht z. B. der holotriche Ciliat *Colpoda steini*, der im Süßwasser 30–60 µm lang wird, im Boden lediglich eine Durchschnittsgröße von 18 µm (= 0,018 mm).

2. Bildung von Dauerstadien. Die „Kleinstgewässer" im Boden trocknen häufig und unter Umständen rasch aus. Dies gilt besonders für die oberste Bodenschicht, die wegen der dort reichlich vorhandenen Nahrung vorwiegend besiedelt wird. Deshalb ist für Bodenprotozoen die allerdings auch bei Bewohnern zeitweilig austrocknender Süßwassertümpel gut bekannte Fähigkeit zur Enzystierung besonders wichtig. Hierbei wird unter Wasserabgabe und Einkugelung der Zelle eine oft mehrschichtige Zystenhülle aus mit Chitin, Zellulosen u. a. Stoffen verfestigten Eiweißen abgeschieden. In diesem enzystierten Zustand können Protozoen Jahrzehnte überdauern, Hitze, Kälte und chemische Noxen überstehen und vom Wind verweht werden. Bei Wiedereintreten günstiger Lebensbedingungen, d. h. bei Anwesenheit von Wasser, von Nahrung (Bakterien) und von Temperaturen über 15 °C, kann die Zystenhülle mehr oder weniger rasch rückgebildet werden. Testaceen, die bereits 5 Stunden nach der Enzystierung wieder befeuchtet wurden, benötigten 1 Stunde zur Exzystierung, bei 5 Monate alten Zysten dauerte dieser Vorgang aber 3 Wochen (Volz).

5.1.1. *Geißeltierchen, Flagellaten (Mastigophora)*

Neben den zahlreichen mit grünem Farbstoff ausgerüsteten und deshalb zu den Pflanzen gezählten „Phytoflagellaten" – die allerdings wegen ihrer Abhängigkeit vom Sonnenlicht nur die oberste Bodenschicht besiedeln – leben eine Vielzahl von Zooflagellaten im Boden. Sie bewegen sich meist schwimmend fort; nur wenige Arten (z. B. *Bodo* spec.) heften sich mit einer Schleppgeißel am Substrat an. Hinsichtlich ihrer Ernährung sind sie nicht – wie bisher häufig angenommen wurde – allein auf Bakterien angewiesen, sondern sie nehmen auch geformte Detritus-Partikel und gelöste organische Stoffe auf. Singh hält es sogar für möglich, daß sich alle Flagellaten in der letztgenannten Form (osmotroph) ernähren.

Am häufigsten vertreten ist die Ordnung der Protomonadina, und zwar besonders durch Angehörige der Familie Bodonidae (Fig. 12). Die hierzu gehörenden Bodenflagellaten der Gattungen *Bodo, Cercomonas* und *Oicomonas* (letztere heute meist zu den „pflanzlichen" Chrysomonadinen gestellt) sind dem Limnologen als Bewohner stark bis sehr stark verschmutzter Gewässer (mesosaprobe oder polysaprobe Organismen), dem Hygieniker als gelegentliche oder regelmäßige Fäkalienbewohner bekannt. Dies weist bereits darauf hin, daß die meisten Bodenflagellaten – wie übrigens die Mehrzahl aller Bodenprotozoen – als euryöke und saprophage Arten besonders in Böden bzw. Bodenschichten mit hohem Anteil an organischen Substanzen, z. B. in der Laubstreu des Waldbodens, zu finden sind und sich hier an Zersetzungsprozessen beteiligen. Trotz ihrer strikten Bindung an das Bodenwasser sind einige Arten auch noch in relativ trockenen Böden aktiv. So fand sich *Cercomonas crassicauda* noch bei etwa 17 % relativer Bodenfeuchtigkeit in Aktion. Sinkt die Feuchtigkeit jedoch zu stark ab, so tritt die Enzystierung ein.

5.1.2. *Wurzelfüßer, Rhizopoden (Rhizopoda)*

Die Rhizopoden zeichnen sich durch das Fehlen von festen Körpermembranen und von Dauerorganellen zur Bewegung und Nahrungsaufnahme aus. Im Boden sind lediglich solche Gruppen von Rhizopoden vertreten, die den Mangel einer Membran

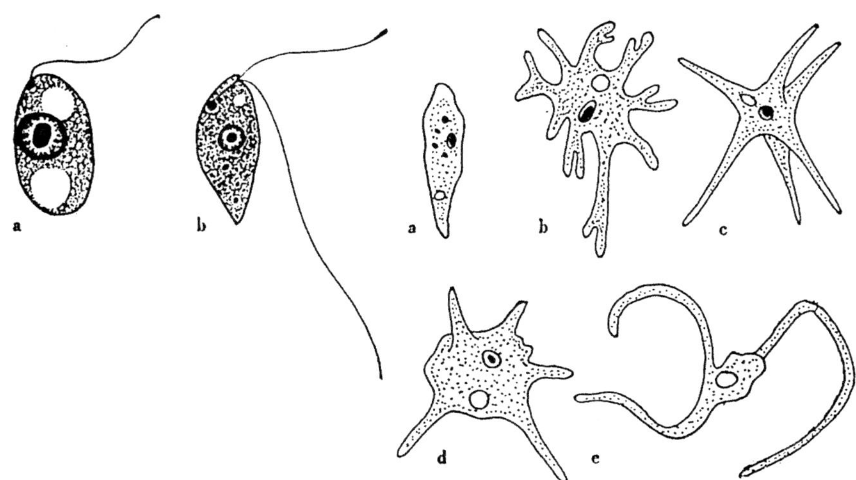

Fig. 12. Farblose Bodenflagellaten. a *Oicomonas termo*, Bewegungsform, b *Bodo saltans*. Länge a und b 0,01 mm. a nach Martin, b nach Alexejeff, aus Doflein-Reichenow

Fig. 13. Bodenbewohnende Schalenlose Amöben. a *Vahlkampfia limax*, b *Amoeba proteus*, c *Astramoeba radiosa*, d *Dactylosphaerium polypodium*, e *Dactylosphaerium radiosum*. Größe a 0,04 mm, b 0,5 mm, c–e 0,1–0,2 mm. Nach Doflein und Varga aus Varga

durch Verfestigung des Ektoplasmas oder durch das Vorhandensein von Gehäusen auszugleichen vermögen.

Die Schalenlosen Amöben *(Amoebina)* sind als regelmäßige Bodenbewohner weit verbreitet (Fig. 13). Vorwiegend werden kleine Amöben der Limaxgruppe, aber nicht selten auch große Arten der Gattung *Amoeba* gefunden. Hinsichtlich der Bodenart scheinen sie relativ geringe Ansprüche zu stellen. Singh fand sie sowohl in gedüngten als in ungedüngten Böden; auch pH-Schwankungen wurden in weiten Grenzen vertragen.

Die Nahrung besteht, besonders bei den kleinen Arten, wohl fast ausschließlich aus Bakterien und Algen. Beobachtungen einiger Autoren deuten darauf hin, daß spezifische Verhältnisse zwischen den Schalenlosen Amöben und ihren Beute-Bakterien bestehen. So wiesen mit Stallmist gedüngte Böden trotz höherer Bakterienzahl den gleichen Amöbenbesatz auf wie mineralisch gedüngte. Durch die Stallmistzugabe scheinen sich besonders solche Bakterienarten entwickelt zu haben, die als Nahrung für die Schalenlosen Amöben nicht in Frage kamen. Es konnte auch beobachtet werden, daß die Anwesenheit bestimmter Bakterien das Ausschlüpfen von enzystierten Amöben verhinderte. Nach Beobachtungen von Chang entwickelten sich Kulturen von kleinen freilebenden Amöben der Gattungen *Hartmannella* und *Naegleria* bei Ernährung mit *Aerobacter* sofort, bei Ernährung mit *Flavobacterium* erst nach Gewöhnung an dessen gelbes Ferment, das anfangs toxisch wirkte. *Pseudomonas pyocyanea* hemmte dagegen das Wachstum durch Ausscheidung von Pyocyanin. Nach Heals Feststellungen fressen einige Amöben auch Pilzhyphen, besonders von Saccharomyzeten, und Kryptokokken. Pilzsporen werden zwar ebenfalls aufgenommen, aber nur selten verdaut.

Einige größere Arten, so die in feuchtem Moos und in verrottender Laubstreu häufige *Thecamoeba terricola*, ernähren sich vorwiegend räuberisch von anderen Amöben, Rotatorien und Tardigraden. Die genannte Art zeichnet sich durch besondere Widerstandsfähigkeit gegen Austrocknung aus. Sie vermag eine starke Schicht verfestigten Ektoplasmas auszubilden und kann dadurch eine gewisse Zeit auch dann noch aktiv bleiben, wenn flüssiges Wasser fehlt. Außer *Thecamoeba terricola* sind nach Varga *Thecamoeba verrucosa, Amoeba fluida, Astramoeba radiosa* und *Vahlkampfia limax* die häufigsten Bewohner der Laubstreu. Von den insgesamt 23 Arten, die dieser Autor in Laubstreuproben beobachtete, kommen jedoch wohl alle auch im darunterliegenden Waldboden regelmäßig aktiv vor.

Die Beschalten Amöben oder Testaceen, auch „Thekamöben" genannt *(Testacea)* sind mit Hilfe ihrer Hüllbildungen besser in der Lage, sich gegen Austrocknung zu schützen. Auf der Grundlage der stets vorhandenen, membranartigen, pseudochitinigen oder gallertigen Hülle werden teilweise komplizierte Gehäuse gebildet, indem entweder Fremdkörper angeklebt oder vom Tier selbst ausgeschiedene Kieselsäureteile in spezifischen Formen eingelagert werden. Einige Arten schützen sich bei eintretender Trockenheit durch Anabiose, indem sie sich in das Innere der Schale zurückziehen und die Schalenöffnung durch ein Häutchen verschließen (z. B. *Trinema complanatum*). Neben diesen „Kapselstadien" bilden die Testaceen

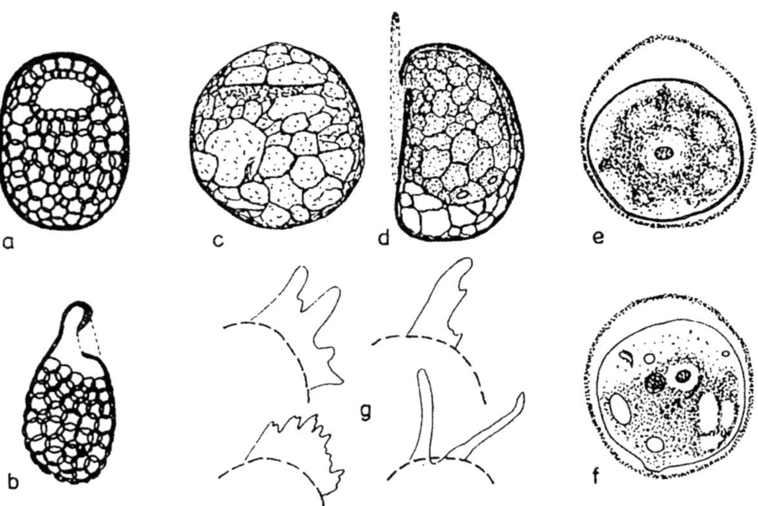

Fig. 14. Bodenbewohnende Testaceen. a, b *Trinema complanatum* mit Idiosomenschale (selbst abgeschiedene Siliziumplättchen), Ventralansicht (a) und Seitenansicht im optischen Schnitt (b); c–f *Plagiopyxis minuta* mit Xenosomen- (Fremdkörper-) Schale, a Ventralansicht, b Seitenansicht mit Cytoplasmakörper und Pseudopodium, e Ruhezyste, f beginnende Exzystierung mit Epipodium und pulsierenden Vakuolen, g Formen der Pseudopodien; im Boden meist einlappig (monopodial). Nach Bonnet

Fig. 15. Schema der Verlagerung der Mundöffnung auf die Seite (Plagiostomie, b bis d) und in das Innere der Schale (Kryptostomie, e bis h) bei bodenbewohnenden Thekamöben der Familie Centropyxidae. a *Cyclopyxis eurystoma*, b *Centropyxis plagiostoma*, c *C. p. var. terricola*, d *C. aerophila*, e *C. cryptostoma*, f *C. vandeli*, g *C. sylvatica*, h *Paracentropyxis mimetica*. Nach Bonnet

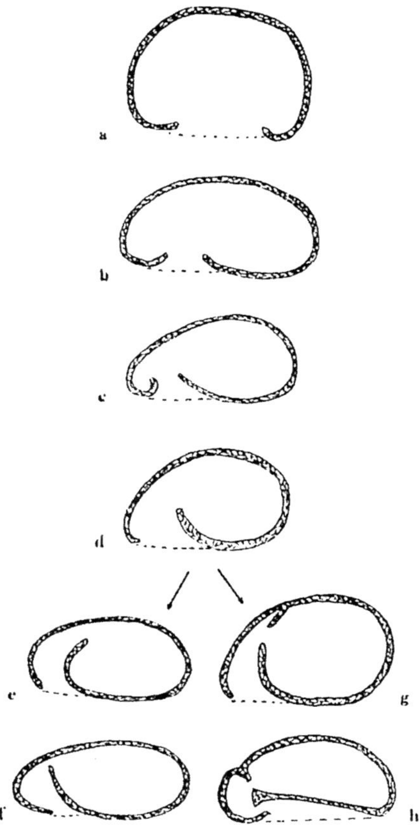

aber auch regelrechte Zysten, deren Hüllen sich oft durch auffällige Oberflächenstrukturen auszeichnen (z. B. *Nebela collaris*). Volz fand in Mullböden vorwiegend Kieselschalenträger, wie *Euglypha laevis*, *Trinema enchelys* und andere, während in Rohhumusböden Formen häufig sind, die ihren Körper mit Humusteilchen bedecken (z. B. *Trigonopyxis*, *Plagiopyxis* (Fig. 14).

Die bodenbewohnenden Testaceen leitet Schönborn von Bewohnern des Algenaufwuchses in Gewässern ab. Diese zeigen bereits Eigenschaften und Tendenzen, die sie zur Bodenbesiedlung besonders befähigen. Hierzu gehört ihre Neigung zu keilförmigen, komprimierten oder diskusförmigen und oft sehr kleinen Schalen und die Möglichkeit, ihre zur Verankerung im Algengewirr nützlichen Schalenstacheln zurückzubilden. Hiermit verbunden ist oft eine Verlagerung der Mundöffnung (Pseudostom) zur Seite (Plagiostomie) oder ins Innere (Kryptostomie) unter gleichzeitiger Verengung des Spaltes. Dies alles fördert die Fähigkeit, in dünnen Wasserfilmen auf oder zwischen Blättern zu leben. Raschen Wechsel von Feuchte und Trockenheit können sie leicht ertragen, indem sie den engen Mundspalt schnell verstopfen und so zur Anabiose übergeben, ohne erst den aufwendigen Vorgang der

Zystenbildung und -rückbildung durchlaufen zu müssen. Wesentliche weitere Fähigkeiten der Testaceen für das Bodenleben sind ihre Polyphagie, insbesondere die Ernährungsmöglichkeit durch Humuspartikel, ihre osmotische Anpassungsfähigkeit, ihre pH-Toleranz und ihre unkomplizierte (mindestens vorwiegend asexuelle) Vermehrungsfähigkeit durch einfache Zweiteilung. Die reiche Testaceen-Besiedlung des Auflagehumus (Förna) setzt sich aus solchen Formen zusammen, die wenigstens 9 verschiedenen Familien angehören. Auf das gröbere Porensystem des mineralischen Humushorizontes haben sich dagegen vorwiegend größere halbkugelige Formen spezialisiert, die nur 2 Familien (Centropyxidae, Phryganellidae; Fig. 14 c) entstammen. Das macht verständlich, daß die Siedlungsdichte der Boden-Testaceen von Ackerböden (10^4 Ind./m^2) über Mullhumus-Laubwälder (10^5 Ind./m^2) bis zu Waldböden mit starkem Auflagehumus (10^6 Ind./m^2) ansteigt. Dies gilt aber nicht unbedingt für die Artendichte: Schönborn gibt für Böden mit Mullhumus 52 Testaceenarten an, von denen aber nur 19 Arten spezifisch sind, und für Böden mit Rohhumus fast die gleiche Artenzahl (56 Arten), darunter allerdings 31 hierfür spezifische und sogar 38 xeromorphe Arten.

Testaceen sind wohl wie die Schalenlosen Amöben grundsätzlich polyphag. Die Ernährung der Boden-Testaceen wird aber in höherem Maß von (sogar ligninreichen) Humuspartikeln bestimmt. Nur so ist erklärbar, daß sie in Bodenhabitaten mit geringster Bakteriendichte ihre optimale Besiedlungsdichte erreichen. Nur wenige Testaceen-Arten *(Difflugia, Nebela)* ernähren sich von anderen Protozoen und lebenden Algen. Die Thekamöben bewegen sich durchweg kriechend auf dem Substrat fort. Diese langsame eigene Ortsveränderung reicht nicht aus, um zu erklären, wie die Thekamöben oft so rasch geeignete Substrate, wie Fallaub, besiedeln können. Chardez fand Thekamöben an Hornmilben, die in solche Substrate einwandern, angeheftet, und vermutet, daß sie diesem Transport ihre rasche Verbreitung verdanken. Noch bedeutungsvoller dürfte die Verwehung oder Einschwemmung von Zysten sein. Leere Schalen zerfallen in Mullböden im Verlauf eines Jahres, in Rohhumus bedeutend langsamer. Hier sind daher 10- bis 30mal so viele leere Gehäuse wie lebende Testaceen zu finden.

Die Verteilung der Testaceen im Bodenprofil geben Matic und Bunescu von rumänischen Gebirgsböden wie folgt an:

Boden	Horizont	Tiefe (cm)	Humus (%)	Testaceen Ind./g	Ind./m^2	g/m^2
Braunerde unter	0	3— 0	?	1 468		
Abieto-Fagetum,	A	0— 8	11,2	4 120		
1 070 m	(B)	8—22	3,3	70	$3 \cdot 10^8$	20,2
	(B) C	22—34	1,1	12		
	C	34—	—	0		
Eisen-Humus-	0	5— 0	76,6	88		
Podsol unter	A_1	0— 4	47,8	44		
Pinetum mugi	A_2	4—10	8,8	22	$1 \cdot 10^7$	1,2
1 980 m	B	10—18	19,8	36		
	(B) C	18—32	2,4	0		

Diese Böden sind aber überdurchschnittlich besiedelt. In mitteleuropäischen Moderhumus-Böden sind kaum höhere Dichten als 50 Millionen Individuen mit einem Lebendgewicht von 0,2 g je m² zu erwarten.

5.1.3. *Wimpertierchen, Ciliaten (Ciliata)*

Die Ciliaten benötigen größere Wasseransammlungen als die meisten der bisher besprochenen Protozoen. Wenn auch die bodenbewohnenden Formen meist bedeutend kleiner als die zur gleichen Art gehörigen Süßwasserformen sind, so fordert schon ihre vorwiegend schwimmende Fortbewegungsweise sowie die Ernährung durch Einstrudeln von Organismen und organischen Teilchen größere Lebensräume. Außerdem liegt die Körpergröße der Bodenciliaten im Durchschnitt bedeutend über derjenigen der Flagellaten und Rhizopoden. Somit ist es erklärlich, daß die Ciliaten besonders in feuchter Laub- und Nadelstreu sowie in Moospolstern ausgesprochen häufig auftreten. Wie die anderen Bodenprotozoen sind die Ciliaten in der Lage, bei Austrocknung des Substrates Zysten zu bilden. In feuchten Böden kann die Temperatur über die Aktivität der Ciliaten entscheiden. Buitenkamp fand in mitteleuropäischen Böden bei 5 °C nur 1 bis 3 Arten und erst bei 15–20 °C alle Arten in voller Lebenstätigkeit. In tropischen Böden liegt das Optimum erst bei 25 °C, für einige Arten sogar um 40 °C. Nach Untersuchungen an *Colpoda maupasii* vermutet Nikoljuk, daß in Anpassung an das Bodenmilieu auch die Fähigkeit zu anaerober Atmung auftritt.

In Laubstreu fand Varga vorwiegend schwimmende Arten, die zu den holotrichen Ciliaten gehören und sich hauptsächlich von Bakterien ernähren *(Colpidium colpoda, Colpoda inflata, Cyclidium glaucoma)*. Nicht selten sind auch peritriche Ciliaten *(Vorticella microstoma, Pyxicola affinis, Vaginicola doliolum)* vertreten (Fig. 16). Diese Formen schwimmen nicht, sondern heften sich fest an kleine Substratteilchen und strudeln durch kräftigen Wimperschlag ihre Nahrung in die Mundöffnung. Die stark dorsoventral abgeplatteten hypotrichen Ciliaten schließlich laufen

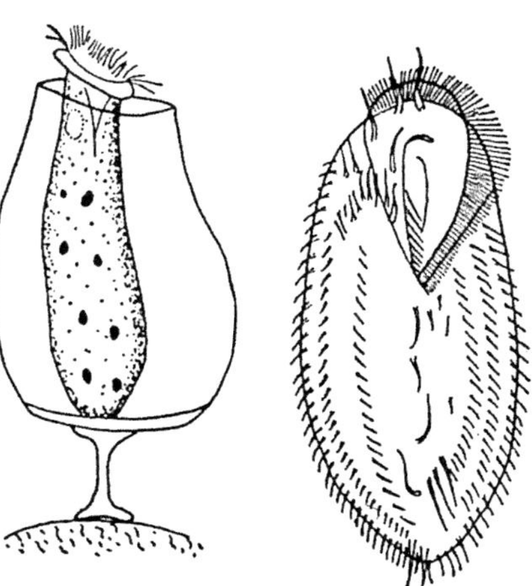

Fig. 16 (links). *Pyxicola affinis*, ein peritricher Ciliat aus der Streuschicht eines Buchenwaldes, auf einem Detritusklümpchen festsitzend. Länge 0,06 mm. Nach Varga

Fig. 17 (rechts). *Pleurotricha grandis*, ein bodenbewohnender hypotricher Ciliat. Länge 0,25 mm. Nach Stein aus Doflein-Reichenow

regelrecht mit den zu Cirren verklebten Wimpern der Bauchseite auf dem Substrat (Fig. 17). Hierbei „weiden" sie den Untergrund (Detritusklümpchen u. a.) nach Mikroorganismen ab, oder sie bleiben längere Zeit an einer günstigen Stelle stehen, um durch energische Bewegungen ihrer Mundorganellen Nahrung herbeizustrudeln. Als ausgesprochen räuberische Formen sind in der Laubstreu Vertreter der *Prostomata* zu nennen. Häufig kommen *Spathidium spathula, Spathidium muscicola* und *Spathidium amphoriforme* vor. Sie zeichnen sich durch eine mehr oder weniger langgestreckte Gestalt, eine am Vorderende gelegene Mundöffnung und das Vorhandensein tentakelartiger, mit Trichozysten versehener Gebilde, die zum Beutefang dienen, aus. Ihre Nahrung besteht aus anderen Protozoen, besonders Testaceen.

5.1.4. *Häufigkeit und Bedeutung*

Die Ermittlung der Besatzdichte eines Bodens mit Protozoen ist mit hohen Unsicherheiten behaftet, die sich aus ihrer Kurzlebigkeit (0,5 bis 3 Tage), saisonalen Entwicklung und ungleicher Verteilung im Boden ergeben. Zusätzliche methodische Probleme werden durch die schwierige Unterscheidung zwischen echt aktiven und erst nach der Probennahme exzystierten Tieren oder (bei Testaceen) zwischen lebenden Tieren und leeren Schalen verursacht. Nach Pussard, Detcheva u. a. Autoren können die folgenden Siedlungsdichten erwartet werden:

Gruppe	Individuen je g Trockenboden	Optimum des Gewichtes je m²
Flagellaten	10^2—10^6	100 g/m²
Schalenlose Amöben	10^1—10^6	40 g/m²
Testaceen	10^1—10^4	20 g/m²
Ciliaten	10^1—10^5	10 g/m²

In bakterienreichen Kulturböden (Böden mit Mullhumus) dominieren Flagellaten, Schalenlose Amöben und Ciliaten, in sauren Rohhumusböden Testaceen.

Die mögliche Bedeutung der Protozoen kann nicht nach der momentan vorhandenen Biomasse, sondern nur nach der Jahresproduktion richtig eingeschätzt werden. Schönborn ermittelte an einer Population der Euglyphidae (Testaceen) eines Thüringer Kalk-Buchenwaldes eine Jahresproduktion von 39 g/m² Lebendgewicht bei 43 Generationen im Jahr; die durchschnittliche momentane Biomasse dieser Population liegt bei 0,3 g/m². In einem benachbarten Nadelwaldboden zeigte diese Population nur 18 Generationen mit einer Jahresproduktion von 6 g/m² (durchschnittliche momentane Biomasse 0,06 g/m²). Von der Schalenlosen Amöbe *Naegleria gruberi* gaben Cutler u. a. 190 Generationen je Jahr an. Erst weitere derartige Untersuchungen im Verein mit der Klärung der Biologie der Protozoen können ein richtiges Bild von der bodenbiologischen Bedeutung dieser Gruppe entwerfen.

Sicher ist heute, daß die vieldiskutierte „Protozoentheorie" von Russel, Hutchinson und Cutler nicht zutrifft, nach der die Protozoen soviel Bakterien vertilgen sollen, daß die positive Einwirkung der Bakterien auf die Bodenfruchtbarkeit zum Erliegen kommt. Gestützt wurden diese Ansichten vor allem durch die Beobachtungen Cutlers, der eine wechselweise Vermehrung der Bakterien und Protozoen feststellte und daraus folgerte, daß die Protozoen jede stärkere Vermehrung der Mikroorganismen verhindern. Nach Chudjakow haben die Schwankungen der Bakterienzahlen (in Perioden von 2 bis 3 Tagen) andere Gründe. Die Bakterien scheiden bei rascher Vermehrung Stoffwechselprodukte aus, die für sie selbst giftig sind und teilweise (CO_2) wohl auch die Protozoen hemmen. Eine Überschlagsrechnung ergibt auch, daß die Besatzdichte der bakteriophagen Protozoen zu gering ist, um die Bakterienzahlen einschneidend zu dezimieren, wohl aber ausreicht, um auf biologischem Weg einen (offensichtlich positiven) Effekt auf die Bakterien auszuüben. Die Bedeutung der Humuspartikel fressenden Protozoen (besonders Testaceen) für Streuabbau und Stoffkreislauf im Boden ist heute ebenfalls noch nicht klar einschätzbar.

Daß bakterienfressende Protozoen die Entfaltung ihrer Nahrungsorganismen nicht hemmen, geht z. B. aus Versuchen von Nikoljuk an luftstickstoffbindenden Bakterien (*Azotobacter*) hervor. Er stellte zwar in *Azobacter*-Kulturen, denen Protozoen zugegeben waren, eine geringere Bakterienzahl fest als in Kulturen ohne Protozoen, dafür aber auch eine viel höhere Teilungsfreudigkeit und Vitalität der Bakterienzellen und eine höhere Stickstoffbindung. Eine andere positive Einwirkung der Protozoen stellt nach Nikoljuk die Erhöhung der Keimfreudigkeit von Samen, z. B. der Baumwolle, durch organische Ausscheidungen der Protozoen dar. Hierfür kommt u. a. die Bildung von Heteroauxin (β-Indolyl-3-Essigsäure) durch Amöben oder von Gibberellinähnlichen Stoffen durch Ciliaten in Betracht. Solche Produkte sind auch insofern von Bedeutung, als sie u. a. phytopathogene Pilze nachweislich hemmen. Andererseits ist bekannt, daß Ausscheidungen von Aktinomyzeten besonders die bakteriophagen Protozoen schädigen. Sicher scheint, daß Protozoen eine beachtliche Rolle bei der Ausprägung der Bakteriostasis und Mykostasis im Boden spielen können.

Die Entwicklung der Protozoen im Boden wird allgemein stark durch Temperatur und Feuchtigkeit beeinflußt, so daß sich Maxima der Besiedlungsdichte gewöhnlich im Frühjahr oder Herbst ergeben. Durch organische oder mineralische Düngung wird der Protozoenbestand deutlich erhöht. In den meisten Böden sammeln sich die Protozoen in Zonen größter Nährstoff- und Bakteriendichte, wie vor allem im Wurzelbereich der höheren Pflanzen, an. Bei hohem allgemeinen Nährstoffgehalt des Bodens scheinen besonders die zur osmotischen Nahrungsaufnahme befähigten Flagellaten relativ gleichmäßig in der obersten Bodenschicht verbreitet zu sein. Pestizide, so phosphorhaltige Insektizide wie auch Herbizide, wirken konzentrationsabhängig schwach bis absolut toxisch auf Bodenprotozoen ein.

5.1.5. *Technik*

Unter dem Mikroskop können Protozoen (wie auch Rotatorien, Turbellarien, Gastrotrichen, Nematoden und Tardigraden) direkt ausgezählt und bestimmt werden, indem man eine kleine Erdprobe (etwa 0,01 ml) mit so viel Wasser aufschwemmt, daß die Suspension genügend durchsichtig wird. Viele Methoden sind beschrieben worden, um dieses mühsame Vorgehen unter Ausnutzung spezifischer Eigenschaften einzelner Protozoen-Gruppen zu erleichtern. Besonders freischwimmende Ciliaten lassen sich durch ihre positive Aerotaxis, Elektromigration oder thermische Reaktion anreichern.

Die quantitative Einschätzung der Protozoenbesiedlung stützt sich auf die Möglichkeit der Direktmikroskopie oder der Verdünnungskultur. Die erstgenannte Methode arbeitet mit Bodensuspension-Agar-Mischungen, die fixiert, gefärbt und auf Objektträgern ausgestrichen werden. Sie erlauben eine erleichterte Auszählung, aber nicht immer eine gute Bestimmbarkeit der Protozoen. Die Verdünnungskultur arbeitet mit verschiedenen Nährböden, die mit verschiedenen Konzentrationsstufen protozoenhaltiger Suspensionen beimpft werden. Die höchste Verdünnungsstufe, die durchschnittlich noch zu positiven Kulturen führt, ist für die quantitative Berechnung ausschlaggebend. In solchen Kulturen wachsen aber auch für Protozoen toxische Bakterien. Singh schlägt deshalb vor, mit Kulturen von bekannten, als Nahrung für die Protozoen geeigneten Bakterien (kleine Kokken und kleine, nicht sporenbildende Stäbchen) zu arbeiten, die auf die Oberfläche von nährstofffreiem Agar ringförmig aufgetragen werden. In die Mitte wird dann die Protozoensuspension geimpft (Fig. 18). Zur Ermittlung der nicht bakteriophagen Flagellaten müssen allerdings parallel Kulturen mit Bodenextrakt-Agar und Heuextrakt-Agar angesetzt werden. Zur Bestimmung des Verhältnisses von aktiven zu enzystierten Formen wird die verwendete Protozoensuspension für 24 Stunden mit 2%iger Salzsäure be-

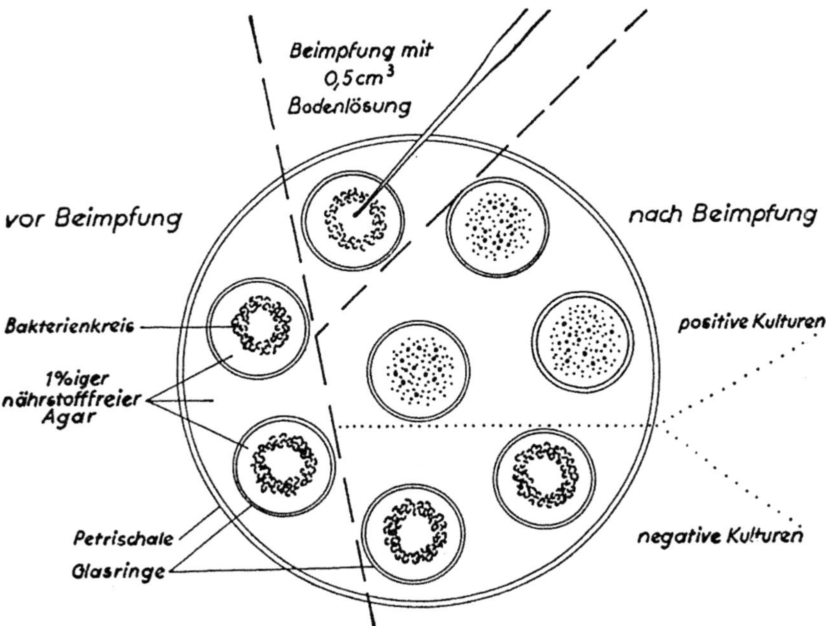

Fig. 18. Kulturmethode zur Bestimmung der Protozoendichte im Boden nach Singh. Nähere Angaben s. Text

handelt. Hierbei sterben die aktiven Formen ab. Kulturen mit diesen Suspensionen ergeben Zahlenwerte für die während der Probenentnahme enzystierten Formen. Übersichten zur Methodik geben Heal (XI), Laminger 1980 und Gel'cer et al. 1980.

5.2. Strudelwürmer, Turbellarien

Von den Plattwürmern gehören lediglich einige Vertreter der Strudelwürmer (Turbellaria) der Bodenfauna an. Diese Gruppe ist, wie die Protozoen, hauptsächlich im Meer und im Süßwasser verbreitet und hat erst sekundär die Landböden besiedelt. Sie stimmt mit den Protozoen auch in der Hinsicht überein, daß ihre Körperoberfläche keinen hinreichenden Verdunstungsschutz zu bieten vermag und daß ihre Verbreitung im Boden infolgedessen mehr oder weniger an das Bodenwasser gebunden ist. Im Gegensatz zu den Protozoen kennen wir jedoch lediglich eine einzige Art, die sowohl im Süßwasser als auch im Boden zu leben vermag, den zu den Lecitoepitheliata gehörenden Ubiquisten *Prorhynchus stagnalis*. (Auf Sumpfwiesen stellte Reisinger allerdings Mischpopulationen zwischen Süßwasser- und Landplanarien fest!) Alle anderen „Landplanarien" sterben früher oder später ab, wenn sie ins Wasser gebracht werden. Dies zeigt, daß hier bereits eine weitgehende Anpassung an das Landleben erfolgt ist. Bei Eintreten von Bodenvernässung, besonders aber bei Trockenheit, enzystieren sich die Landplanarien. Einer längeren Austrocknung vermögen sie jedoch auch in diesem Zustand nicht zu widerstehen.

Die Anpassung an das Landleben ist an einer Reihe morphologischer Merkmale sichtbar. So haben einige Landplanarien keine platte, sondern eine gewölbte bis runde Körperform. Die meisten landlebenden Turbellarien sind sehr klein, zwischen 0,2 und 1 mm, so daß mit Recht von einer „Kleinturbellarienfauna des Bodens" gesprochen werden kann. Besonders tropische Landplanarien sind häufig nicht nur stark dunkel-pigmentiert, sondern ausgesprochen bunt (Fig. 19). Während Turbellarien normalerweise 1 bis 2 Paar Augen am Vorderende haben, zeigen Landbewohner z. T. über die ganze Rückenfläche hin bis zu 1 000 Augen.

Die Fortbewegung geschieht schneckenähnlich durch wellenförmige Kontraktion der Fußsohle (Bauchseite), unterstützt durch den Cilienschlag des Flimmerepithels (z. B. im Wasserhäutchen eines Laubblattes) und durch Schleimausscheidung aus den hier verstärkten Schleimdrüsen an der Körperkante. Einige Turbellarien (z. B. *Geocentrophora*-Arten) können auch nach Art der Spannerraupen kriechen. Bodenteilchen ohne Wasserhaut können allein die großen (5–15 mm) *Rhynchodemus*-Arten überwinden, indem sie ein Schleimband ausscheiden. Die Geschwindigkeit beträgt bis zu 15 cm je min. Entsprechend der abweichenden Bewegungsart sind bei Landplanarien die ventralen Längsnervenstränge und Kommissuren vervielfacht und bilden fast eine geschlossene Platte.

Wie alle Turbellarien sind die Landplanarien Räuber. Die weit verbreitete, bis 15 mm lange Tricladide *Rhynchodemus terrestris* fängt selbst flüchtige Beutetiere (z. B. kleine Fliegen), indem sie die Beute mit dem drüsenreichen Vorderende berührt und festklebt. Sodann wird die Beute umschlungen und mit dem ausgestülpten Pharynx ausgesaugt. Am häufigsten wurden Protozoen, Nematoden, Rotatorien

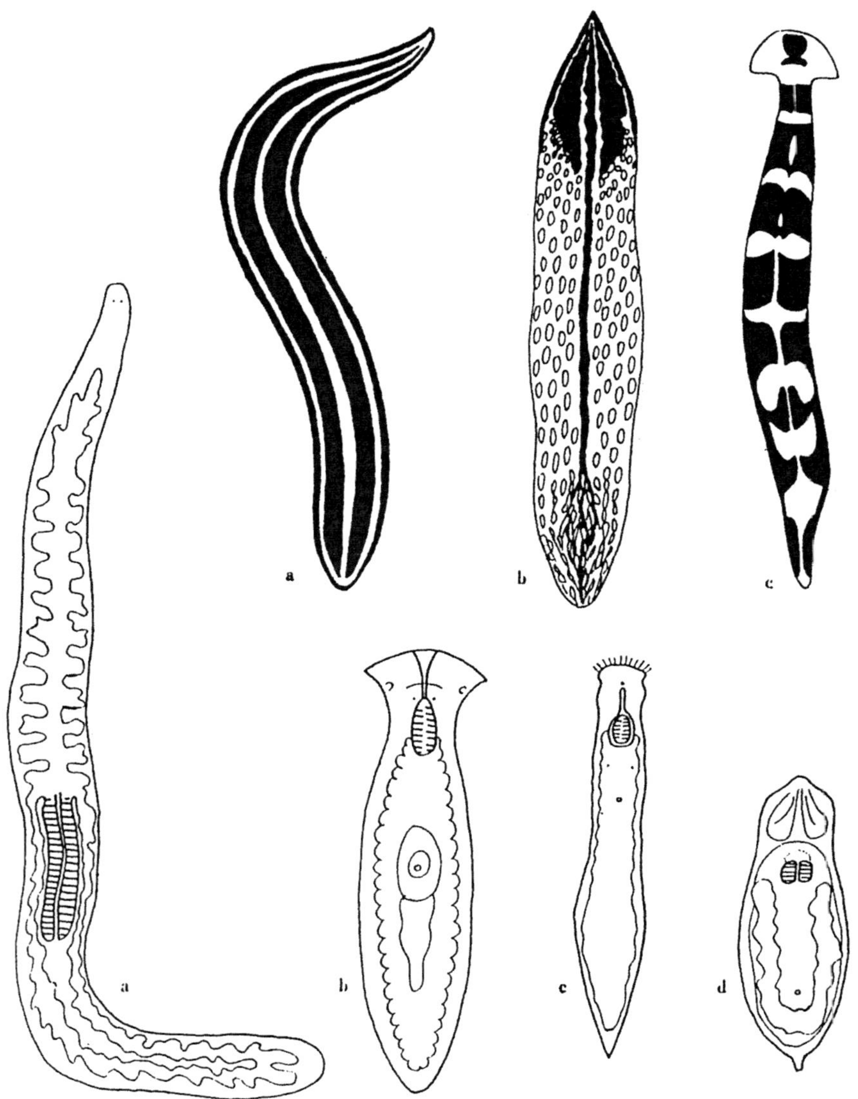

Fig. 19 (oben). Tropische Landplanarien (Tricladiden). a *Pelmatoplana güntheri*, Rücken schwarz mit drei blaßgelblichen Linien, Bauch bräunlich, Sri Lanka; b *Geoplana argus*, Rücken lebhaft gelb mit schwarzbrauner Zeichnung und graugelben oder bläulichen Flekken, Bauch haselnußbraun, Brasilien; c *Bipalium rauchi*, Rücken lebhaft gelb, Kopfplatte und Schwanz braun, Fleckenzeichnung schwarz-braun, Bauch lichtgelb, Sri Lanka. Länge a 50 mm, b 40–60 mm, c 42 mm. Nach v. Graff aus Bresslau und Reisinger

Fig. 20 (unten). Weißlich-gelbliche Kleinturbellarien aus Kärntner Böden in natürlicher Kriechstellung. a *Rhynchodemus humicola*, 2,8–3,6 mm; b *Geocentrophora sphyrocephala*, 0,6–3 mm; c *Carcharodopharynx arcanus*, 0,8–1,3 mm; d *Bockia deses*, 1 mm. Nach Reisinger

und Oligochaeten als Nahrungstiere beobachtet. Einige Arten nehmen aber auch Kiesel- und Zieralgen (Diatomeen und Desmidiaceen) auf.

Neben den tricladen Turbellarien (Gattungen *Rhynchodemus, Geoplana, Bipalium)* sind rhabdocoele Planarien im Boden häufiger als allgemein bekannt. Reisinger beschrieb allein für Steiermark 26 Arten (Fig. 20)! Aus der Familie Graffilidae tritt *Archivortex silvestris* häufig in feuchtem Humus auf. *Adenoplea inermis* (Typhloplanidae) zeichnet sich durch Drüsenreichtum und Größe (1,2 mm) aus; sie ist in den verschiedensten Böden weit verbreitet.

Eine bodenbiologische Bedeutung kommt den Bodenturbellarien infolge ihrer geringen Häufigkeit nicht zu. Am regelmäßigsten treten sie in tieferen Laublagen gleichmäßig feuchter Laubwaldböden auf. Für den Kenner dieser systematisch schwierigen und noch schlecht erforschten Gruppe bieten sich interessante Leitformen. Allgemein zeigen Turbellarien hohe gleichmäßige Feuchtigkeit und gute Durchlüftung des Bodens an. In staunassen Böden und in verpilzten Substraten sind bislang keine Turbellarien gefunden worden. Isoliert werden sie aus Boden- oder Streuaufschwemmungen. Vorteilhaft ist es, die Probe in einem Gazebeutel unter Wasser zu bringen. Die Planarien verlassen dann die Probe und sind leicht aufzusammeln.

5.3. Schnurwürmer, Nemertinen

Von den vorwiegend marinen räuberischen Nemertinen (Nemertini) sind nur sehr wenige Arten im Boden zu finden. In tropischen und subtropischen Böden leben die bis 7 cm langen Arten der Gattung *Geonemertes* in feuchtem Laub und Holz in Strandnähe. *Geonemertes dendyi* wurde von Pantin 1944 auch in England nachgewiesen. Gelegentlich ist auch die Süßwasserart *Stichostemma graecense* in feuchtem Laub gefunden worden.

5.4. Schlauchwürmer, Nemathelminthen

Der Stamm der Schlauchwürmer (Nemathelminthes) ist im Boden vor allem durch die Nematoden und die Rotatorien vertreten. Daneben kommen selten oder bislang noch zu wenig beachtet auch Angehörige der Gastrotrichen im Boden vor. Als Irrgäste finden sich gelegentlich in sehr feuchten Böden die erwachsenen Stadien der als Larven in Arthropoden schmarotzenden Saitenwürmer (Nematomorpha). Sie leben normalerweise in Süßwassergräben u. ä. und sind durch ihre Gestalt – in Größe und Form einem hellen Pferdehaar gleichend – leicht erkennbar. Bodenbiologische Bedeutung kommt ihnen nicht zu.

5.4.1. *Rädertiere, Rotatorien*

Nach den Protozoen und Nematoden sind die Rotatorien (Rotatoria) in der aquatischen Mikrofauna des Bodens am häufigsten vertreten. Die Bodenrotatorien übertreffen die Protozoen teilweise nur unwesentlich an Größe (kriechend meist 200 bis 500 μm; einige auch nur 40–80 μm lang), benötigen jedoch einen beträchtlich größeren Wasserraum als diese. Genau wie die Protozoen sind die Rotatorien als in den Boden eingedrungene Wassertiere aufzufassen. Viele Arten sind sowohl aus Gewäs-

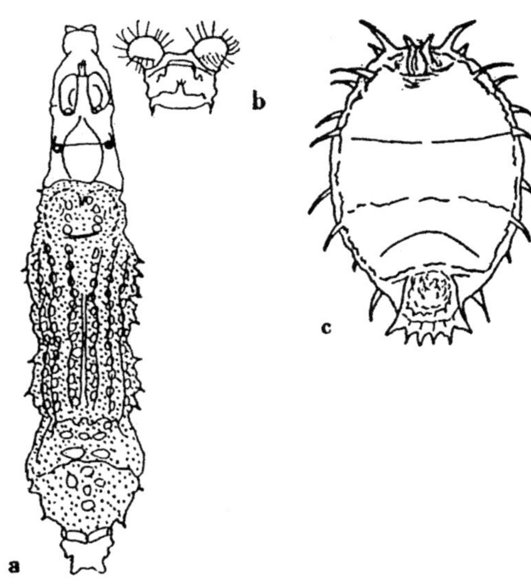

Fig. 21. a Kriechender Bodenrotator (*Macrotrachela ornata*), Haut versteift und mit Dornen und Körnchen besetzt; b Kopfende desselben Tieres beim Rädern („Weiden"); c *Macrotrachela multispinosa* in Trockenstarre zusammengezogen, von der Ventralseite gesehen. Länge 0,1 bis 0,2 mm. a und b nach Donner, c nach Varga

sern als auch aus Böden oder Moosen bekannt. Oft sind die Bodenformen kleiner als Wasserformen der gleichen Art.

Der Körper der Rotatorien gliedert sich gewöhnlich in den Kopfabschnitt, den Rumpf und den Fuß. Der Kopfabschnitt trägt das meist aus zwei Wimperzonen bestehende Räderorgan, welches zur schwimmenden Fortbewegung und zum Herbeistrudeln von Nahrung dient. Der im Rumpf liegende Kaumagen kann bei manchen Arten so weit hervorgestreckt werden, daß er als Greifzange zum Beutefang benutzt wird. Der Fuß ist mit Klebdrüsen zum Anheften ausgerüstet und kann meist wie auch der Kopfabschnitt in den Rumpf eingezogen werden.

Im Boden können lediglich zwei Ordnungen der Rotatorien auftreten: Die Monogononta bewegen sich vorwiegend schwimmend. Neben parthenogenetischen Generationen treten bisexuelle Generationen mit stets kleineren Männchen auf. Nur ihre bisexuell erzeugten Dauereier können Austrocknung, Hitze und Kälte überstehen. Bei den Bdelloidea dagegen sind Männchen unbekannt; die Vermehrung ist also wohl stets parthenogenetisch. Auf Austrocknung des Mediums können sie rascher als die Monogononta reagieren, indem sie sich kontrahieren oder unter Wasserabgabe und Abkugelung in einen anabiotischen Zustand übergehen. Echte Zysten, wie von *Macrotrachela insulana* beschrieben, überleben mehrere Jahre Trokkenheit und einige Stunden sogar Temperaturen von −270 °C und +150 °C! Die Cuticula der Bdelloidea ist in etwa 16 fernrohrartig ineinander schiebbare Ringe gegliedert. Die Fortbewegung geht entweder schwimmend oder egel- bzw. spannerraupenartig kriechend vor sich. Als Nahrung dienen bei beiden Ordnungen kleine Detritusteilchen, Bakterien, Algen, Protozoen, bei größeren Formen auch kleine Rotatorien. Nach Donner gehören 90 % der Bodenrotatorien zu den Bdelloidea und nur 10 % zu den Monogononta. In feuchter Laubstreu fand Varga ein Verhältnis von etwa 87 % zu 13 %. Ausschlaggebend für das Überwiegen der Bdelloidea ist offensichtlich deren Fähigkeit zur Anabiose bei Wassermangel.

Im Gegensatz zu den Süßwasserformen ist für die Bodenrotatorien die Neigung zur Ausbildung eines sehr schmalen Räderorgans, zur Vergrößerung der Oberlippe, zur Reduktion der Zehenzahl und zur Bildung von Hüllen und Gehäusen kennzeichnend (Fig. 21). Letzteres dürfte in Beziehung zum Feuchtigkeitsgehalt des Bodens stehen. Einige Arten beziehen lediglich fremde Gehäuse, z. B. von Thekamöben *(Habrotrocha annulata)*. Andere verkleben Pflanzenreste u. a. Fremdkörper zu einem Schutzgehäuse (einige *Habrotrocha*- und *Rotaria*-Arten; Fig. 22). *Mnobia incrassata* bildet schließlich einen regelrechten Panzer aus plattenartig angelegten Sekretschichten (Fig. 23). Eine weitere Besonderheit berichtet Varga von *Adineta*-Arten aus Laubstreu. Ihr Körper ist sehr stark abgeplattet, so daß sie sich mit einer sehr dünnen Schicht von Adhäsionswasser begnügen können, obwohl *Adineta barbata* zu den größten streubewohnenden Rädertieren zählt. Diese Arten weiden ihre Nahrung ab, indem sie stoßweise auf der Unterlage vorwärtsgleiten.

Allgemein sind drei Lebensweisen der Rotatorien in den wassergefüllten Bodenhohlräumen zu beobachten: im sessilen Zustand wird das Räderorgan entfaltet und die Nahrung hiermit eingestrudelt. Dies ist nur in relativ großen Wasseransammlungen möglich. Beim Kriechen nach Art der Spannerraupen oder Egel können einige Arten ihre Nahrung von der Unterlage aufnehmen *(Adineta)*. Meist wird jedoch die Nahrung beim Schwimmen mit entfaltetem Räderorgan durch Strudeln erbeutet.

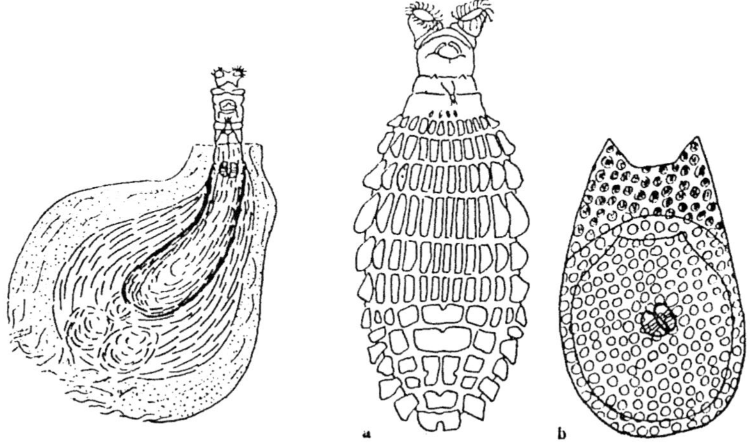

Fig. 22 (links). Gehäusebildender Bodenrotator *(Habrotrocha pusilla textrix)*. Die äußere farblose Gehäuseschicht besteht aus länglichen Schleimflöckchen und winzigen Körnchen, die innere, grünlichgelbe, wird aus länglich gedrückten Kotkügelchen gebildet. Im Inneren zwei Eier. Länge 0,2 mm. Nach Donner

Fig. 23 (rechts). Bodenrotatorien mit selbst erzeugtem Plattenpanzer. a *Mnobia incrassata*, weidend, in Dorsalansicht; b Zyste einer verwandten Art *(M. tetraodon)*. Länge 0,1 mm. Nach Bartoš

Für die Verteilung der Rotatorien im Boden sind wiederum die Feuchtigkeitsverhältnisse ausschlaggebend. So kommen die Arten der Monogononta nur an Orten mit konstanterer Feuchtigkeit vor. An wechselfeuchten Stellen finden sich häufig *Habrotrocha tridens, H. pusilla* und *H. puella, Scepanotrocha*-Arten u. a. Lediglich rasch eintrocknendes Material bewohnen die *Mnobia*-Arten. Es zeigen sich auch charakteristische Unterschiede zwischen der Rotatorienfauna der Wald- und Wiesenböden, des Ackers und Stapelmistes. Moospolster haben eine hinsichtlich Arten- und Individuenzahl wesentlich reichere Fauna und einen höheren Anteil von Monogononta. Als durchschnittliche Individuendichte sind etwa 25 000 Exemplare/m^2 Bodenoberfläche anzunehmen, wobei lediglich die obere Bodenschicht dicht besiedelt zu sein scheint. Unter besonders günstigen Verhältnissen wurden aber auch mehr als 600 000 Individuen/m^2 ermittelt.

Die bodenbiologische Bedeutung ist z. Z. noch schwer einzuschätzen. In Anbetracht ihrer großen Anzahl dürften die Rotatorien als Saprophagen bei der Endzersetzung von Abfallstoffen eine Rolle spielen. Einige Formen könnten nach näherer Prüfung vielleicht als Bodenindikatoren in Betracht kommen, obwohl die Artenerkennung sehr kompliziert ist (Donner 1965).

Technik

Untersucht werden am besten frische Boden- oder Streuproben auf Rotatorien, die besonders dann ergiebig sind, wenn sie nach einem auf eine Trockenzeit folgenden Regen entnommen werden. Kann die Probe nicht sofort bearbeitet werden, so soll sie ganz eintrocknen und vor der Untersuchung mit ausgekochtem Wasser befeuchtet werden. Aus der zerkleinerten und gut mit Wasser verrührten Probe werden einige Tropfen mit der Pipette auf ein Uhrschälchen entnommen. Von hier können die Tiere mit einer feinen Pipette auf einen Objektträger isoliert werden, wobei aber stets einige Bodenpartikel mit übertragen werden sollen. Viele Arten rädern dann besser bzw. bauen hieraus Gehäuse. Diese Präparate werden in einer feuchten Kammer aufbewahrt. Fütterung ist nur bei wochenlanger Gefangenschaft oder Züchtung nötig und erfolgt durch einige Tropfen aus der Bodenlösung. Wichtig ist es, die Tiere stets kühl zu halten. Auch für quantitative Arbeiten ist die direkte Beobachtung unter dem Mikroskop besser, da automatische Ausleseverfahren (ähnlich den bei Nematoden angewandten) mit sehr großen Fehlern behaftet sind.

5.4.2. *Bauchhärlinge, Gastrotrichen*

Die Gastrotrichen (Gastrotricha) sind meist unter 1 mm lange Schlauchwürmer, deren Cuticula oft Schuppen oder Stacheln trägt (s. Fig. 149). Die Tiere sind räuberisch und kriechen mit Hilfe der auf der Ventralseite gelegenen Wimperstreifen auf der Unterlage. Es ist bisher kaum bekannt, daß die Gastrotrichen neben ihren ursprünglichen Lebensräumen Meer und Süßwasser auch feuchte Böden besiedeln. Daß sie dennoch in relativ hoher Anzahl vorkommen können, zeigt die Beobachtung von Varga, der im Boden eines *Asperula*-Buchenwaldes 18 Individuen in 0,1 cm^3 Bodenaufschwemmung fand. Sie gehörten den auch im Süßwasser lebenden Arten *Chaetonotus hystrix, Ch. larus* und *Ch. maximus* sowie einer noch nicht beschriebenen Art an. Varga nimmt an, daß die Gastrotrichen die Trockenheitsperiode in einer

Trockenstarre überdauern, wobei ihr Körper nicht so stark abgerundet wird wie bei Rotatorien.

5.4.3. *Fadenwürmer, Nematoden*

Die Fadenwürmer (Nematodes) besiedeln – obwohl ausgesprochene Wassertiere – die Böden mit einem derartigen Individuenreichtum, daß sie nach den Protozoen als absolut häufigste Bodentiere angesehen werden müssen. Die Grundorganisation der Nematoden ist so gut für das Leben in dünnen Filmen des Adhäsionswassers geeignet, daß generelle morphologische Unterschiede zwischen in Gewässern lebenden Arten und Bodennematoden kaum nachzuweisen sind. Allerdings ist die Größe der freilebenden Bodennematoden oft geringer. Bis zu 50 % der Arten besonders feuchter Böden können sowohl im Boden als auch im Süßwasser leben. Eine scharfe Grenze besteht dagegen zwischen den Süßwasser-Boden-Formen einerseits und den marinen Formen andererseits, wenn von der Besiedlung brackiger, unter Salzwasser-

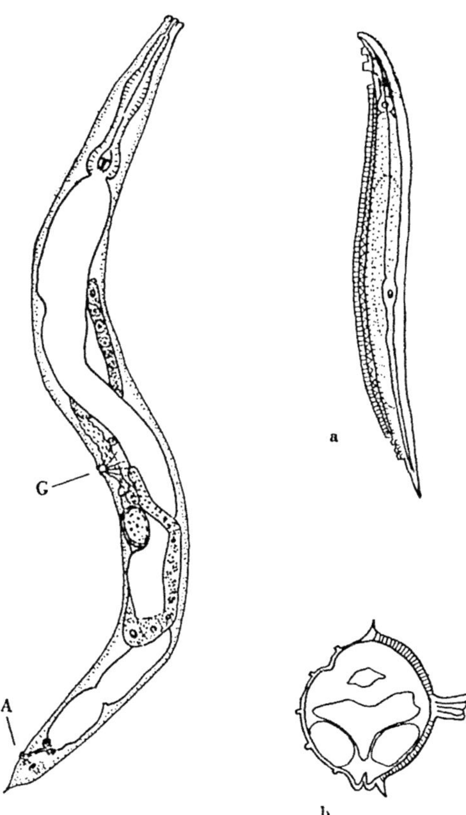

Fig. 24. Weibchen eines freilebenden Nematoden *(Rhabditis strongyloides)*. A After, G Geschlechtsöffnung. Länge 0,6 mm. Nach Chitwood u. Chitwood, vereinfacht

Fig. 25. Nematoden mit auffälliger Kutikula-Struktur. a Weibchen von *Bunonema stoeckherti* aus Kuhfladen, ganzes Tier (Länge 0,4 mm); b Querschnitt durch *Bunonema goffarti*, links 5 Kriechleisten, rechts Ornamentbildungen, im Innern dorsal der Darm, darunter Geschlechtsorgane. Nach Sachs

einfluß stehender Böden an der Küste und im Binnenland durch marine Nematodenarten abgesehen wird.

Die Größe der freilebenden Nematoden schwankt zwischen 0,5 und 2 mm im Durchschnitt, wobei die kleineren Formen im Boden häufiger sind. Das Gewicht beträgt etwa 1,6 μg = 0,0016 mg (von 15 μg bei *Dorylaimus* bis 0,03 μg bei *Wilsonema* oder *Monhystera*). Die langgestreckt-fadenförmige Wurmgestalt ist in Verbindung mit der glatten Cuticula für die Bewegung im Boden außerordentlich günstig (Fig. 24). Nur wenige Formen, z. B. die meist in Moos vorkommende Gattung *Bunonema*, haben eine stark strukturierte Cuticula (Fig. 25). Da die Nematoden lediglich eine Längsmuskulatur haben, erfolgt die Bewegung vorwiegend schlängelnd. Hierbei werden die vorhandenen wassergefüllten Kapillarräume und Adhäsionsfilme benützt; zum Graben sind die Nematoden nicht befähigt. Die günstigsten Bedingungen zur Fortbewegung finden Bodennematoden in zusammenhängenden dünnen Wasserfilmen, die an Luftschichten angrenzen (W a l l a c e).

Sinkt der Wassergehalt des Bodens unter pF 3 bis 4 ab, so stellen die Nematoden ihre Aktivität ein und können in Anabiose verfallen. Dabei rollen sie sich in der Regel unter Wasserabgabe ein und vermögen so, Trockenheit und extreme Temperaturen über lange Zeit auszuhalten. Tiere, die so über Tage an der Hygroskopizitätsgrenze (pF 4 bis 5) gehalten werden, können etwa eine Stunde nach Befeuchtung wieder aktiv sein. Die Trockenresistenz ist artspezifisch ausgebildet. N i e l s e n (1967) fand in häufig austrocknenden Bodenüberzügen auf Steinen z. B. vorwiegend den widerstandsfähigen *Plectus rhizophilus*. Eine Austrocknung bis zu pF 6 über 34 Tage überstanden 90 % einer Population von *Ditylenchus dipsaci* (W a l l a c e).

Einige Arten (*Rhabditis, Caenorhabditis*) bilden Dauerlarven aus, die widerstandsfähiger sind als adulte Tiere; im übrigen scheinen Eier und Jungtiere oft empfindlicher zu sein als anabiotische adulte Nematoden. Als Höchstwert der Resistenz gilt die Wiederbelebung von *Tylenchus polyhypnus* nach 39 Jahren. Die bekannten Zysten der rein parasitischen *Heterodera*-Arten (Rübenälchen u. a.) bilden sich dagegen auf eine andere Weise. Mit der Eireifung degenerieren die inneren Organe des Weibchens. Das Weibchen schwillt dabei zitronenförmig an und stirbt schließlich ab, wobei es sich in eine braune Zyste verwandelt. In ihrem Innern können die meist über 100 Eier bzw. die sich daraus entwickelnden Junglarven ebenfalls sehr lange Zeit ungünstigen Umweltbedingungen standhalten.

Die E r n ä h r u n g s a r t ist für viele Nematoden noch immer ungenügend bekannt. Strittig ist besonders, ob sich einige freilebende Nematoden im Boden von Detritus oder gar ganz oder teilweise osmotisch ernähren können. Y e a t e s nennt als weitere Ernährungstypen die Räuber, die Tiere ganz oder teilweise fressen, die Bakterienfresser, die Mikrobenfresser, die sich von Algen, Hefen und Pilzen ernähren und die Pflanzenfresser. Letztere umfassen eine weite Palette von Arten, die Wurzelhaare oder abgestoßene Wurzelhauben fressen, im Inneren oder an der Oberfläche von Wurzeln „weiden" oder schließlich festsitzende Wurzel- oder Gewebeparasiten sind. Nur die Weibchen dieser sedentären Wurzelnematoden (Heteroderidae, Tylenchulidae, Naccobinae) stellen Pflanzenparasiten im strengsten Sinn dar. Der früher häufig gebrauchte Begriff der „Semiparasiten" trägt der noch heute bestehenden Unklarheit Rechnung, ob und in welchem Maße einige Nematodenarten durch Nahrungsmangel oder andere Umstände zu pflanzenschädigenden Ernährungsformen übergehen können. Solche Arten werden häufig als omnivor bezeichnet. Schließlich können auch rein tierparasitische Nematoden Bodenbewohner sein, und zwar als Jugendstadien oder (bei *Mermis*) auch im Reifestadium. Nielsen (IX) unterscheidet drei Formen der Nahrungsaufnahme:

1. Von flüssiger Nahrung leben solche Arten, die mit einem aus der Mundhöhle vorstreckbaren Stilett ausgerüstet sind (Fig. 26 a). Sie saugen Säfte aus den Wurzeln höherer Pflanzen, aber auch aus Pilzen und Algen. Hierzu gehören Arten der rein parasitischen Gattung *Heterodera* und vorwiegend semiparasitische Arten der Gattungen *Tylenchus, Aphelenchoides, Dorylaimus* u. a. Einige Arten dieser Gattungen sind jedoch zu ausgesprochenen Räubern an anderen Kleintierarten geworden. Sie stechen ihre Beute an und pressen ein aus der dorsalen Pharynxdrüse stammendes Sekret durch die Höhlung des Stiletts in das Opfer. Das Sekret lähmt die Beute nicht nur augenblicklich, sondern führt gleichzeitig eine proteolytische (eiweißlösende) Vorverdauung herbei, so daß schließlich der verflüssigte Nahrungsbrei eingesogen werden kann. Es ist wahrscheinlich, daß auch die große Mehrzahl der parasitischen Nematoden eine solche Vorverdauung ihrer Nahrung mittels Verdauungsfermente enthaltender Sekrete vornimmt.
2. Durch Verschlingen ganzer Mikroorganismen (Bakterien, Algen) ernährt sich eine große Zahl von freilebenden Nematoden. Diese Arten zeichnen sich durch das Vorhandensein von Zerkleinerungsvorrichtungen aus: die Mundhöhle – nicht selten auch der Oesophagus – trägt Zähne, oder im Bulbus des Oesophagus sind Valven entwickelt, die wie der Kaumagen der Rädertierchen zum Zerreiben der Nahrung dienen können. Die hierher gehörenden Gattungen sind im Boden oft sehr individuenreich vertreten: *Plectus, Rhabditis, Teratocephalus, Acrobeles, Cephalobus, Panagrolaimus* u. a. (Fig. 26 b).
3. Räuberisch von größeren Tieren (Protozoen, Nematoden oder Rotatorien) leben z. B. Arten der Gatttungen *Tripyla, Mononchus, Choanolaimus* u. a. Ihre Mundhöhle ist mit Zähnen und teilweise mit Reibplatten ausgerüstet (Fig. 26 c). Der Oesophagus hat keinen Bulbus, z. T. aber gleichfalls Zähne. Es wurde beobachtet,

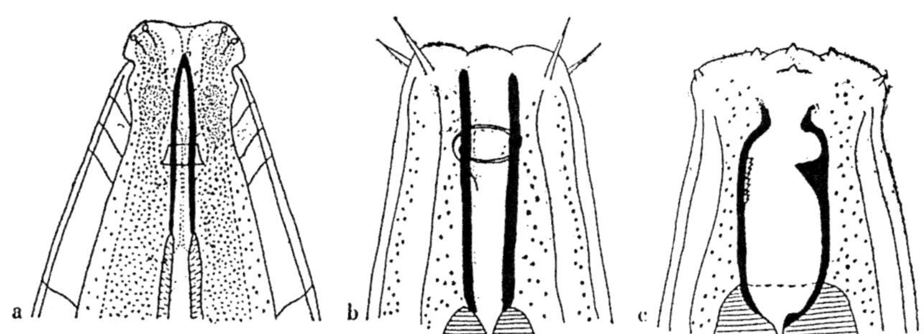

Fig. 26. Mundhöhlenbewaffnung bei Nematoden. a *Dorylaimus stagnalis*, mit vorstreckbarem Stilett (flüssige Nahrung), b *Rhabditis* spec. mit glatter Mundhöhlenauskleidung (Nahrung: ganze Mikroorganismen), c *Mononchus muscorum* mit großem Dorsalzahn und ventraler Zahnplatte (Räuber: Mikrofauna). Nach Andrassy

4*

daß ein *Mononchus papillatus* an einem Tag 83 Larven von *Heterodera radicicola* fraß.

Für das Nahrungswahlvermögen spricht z. B. die Beobachtung, daß Bakterienfresser bestimmte Arten bevorzugen, andere als Nahrung ablehnen. Immerhin scheint der mögliche Speisezettel oft recht weit zu sein. So konnten Faulkner u. Darling eine Population von *Ditylenchus destructor* mit 64 verschiedenen Pilzarten als jeweils einziger Nahrung optimal vermehren (20 Generationen in 9 Wochen), mit weiteren 24 Pilzarten noch immer ausreichend. Zur Orientierung und Nahrungssuche können Nematoden nachweislich tigmotaktisch, chemotaktisch, thermotaktisch und galvanotaktisch reagieren. Eine Vielzahl von Sinnesorganen ist – meist nur morphologisch, kaum aber funktionell – bekannt, u. a. die Seitenorgane (Amphidialorgane), die am Vorderende des Wurmes gelegenen chemischen Sinnesorgane, die poren-, spiral- oder becherförmig eingesenkt am Ende eines offenen Kanals liegen. Parasiten (z. B. *Heterodera*) reagieren bereits aus größerer Entfernung auf die Wurzelausscheidungen ihrer Wirtspflanze. Bei der Fortbewegung werden mechanische Hindernisse mit Hilfe von Papillen wahrgenommen, die oft auf vorstehenden Lippen liegen, Räuber scheinen vorwiegend so ihre Beute zu finden. Als Lockstoffe für Pflanzen- und Mikrobenfresser wurden Ammonium, CO_2 und Sexualpheromone nachgewiesen (oder vermutet). Croll meint, daß mikrobenfressende *Panagrellus* oder *Turbatrix* sogar von der Temperaturerhöhung im Aktivitätszentrum der Mikrobenpopulation angelockt werden.

Die meisten freilebenden Nematoden fallen unter anaeroben Bedingungen in Quieszenz oder Anabiose. Hierbei bauen die Tiere ihre Glykogenreserven ab (Kämpfe 1978), woraus sich auch die Grenzen der Widerstandsfähigkeit gegenüber Sauerstoffmangel ergeben. Die meisten bodenbewohnenden Nematoden vermögen jedoch bereits bei O_2-Anteilen von nur 5–10 % ihren normalen Stoffwechsel aufrecht zu erhalten und auch drastische Erhöhungen der CO_2-Spannung zu tolerieren.

Die Lebensdauer der Bodennematoden (im aktiven Zustand) schwankt in weiten Grenzen. So wird *Rhabditis elegans* bei einer Larvenzeit von 5 Tagen nur 12 Tage, *Mononchus papillatus* dagegen 4,5 Monate alt. Die Eizahl, zwischen etwa 40 und 400 je Weibchen schwankend, liegt um mehrere Zehnerpotenzen niedriger als bei tierparasitischen Nematoden. Dafür sind hier die Eier relativ größer: ein Weibchen von *Cephalobus elongatus* legt in 22 Tagen 209 Eier, die 500 % ihres Körpergewichtes ausmachen. Die Larven schlüpfen bei manchen Arten bereits im Uterus des Muttertieres aus. Sie häuten sich im typischen Fall viermal; das fünfte Stadium stellt also das erwachsene Tier dar. Die Generationsdauer von *Cephalobus persegnis* betrug im Labor 12 bis 13 Tage, die Lebensdauer etwa 48 Tage (Popovici). Die Entwicklungszeit ist feuchtigkeits- und temperaturabhängig. Für *Heterodera* fand Jones eine enge Beziehung zur Temperatursumme unterhalb 4,4 °C in 10 cm Tiefe. Die hohe Vermehrungsrate der Nematoden ist allgemein eine Anpassung an das Leben in Böden, die ein zeitlich und räumlich sehr unausgeglichenes Nahrungsangebot für Nematoden haben.

Zur Verbreitung der Nematoden vermag ihre aktive Fortbewegung wenig beizutragen. Eine Vertikalwanderung im Boden wird von vielen Autoren bezweifelt. Rössner fand aber, daß *Trichodorus*-Arten sich im Sommer unterhalb von 40 cm

Bodentiefe, im Herbst an der Bodenoberfläche aufhielten und innerhalb von 2 Wochen bis in 2 m Tiefe wandern können. Auch in Moosen beobachtete Nielsen (IX) eine beachtliche feuchteabhängige Vertikalwanderung. Horizontal werden die meisten Arten vom Mensch und Tier mit Erde und Pflanzen verschleppt, vom Wasser transportiert oder im anabiotischen Zustand vom Winde weggetragen. Auf Fäulnisherde spezialisierte Arten, z. B. aus der Gattung *Rhabditis*, lassen sich auf interessante Weise von Insekten, häufig von Mistkäfern, verschleppen. Sie bilden eine Zyste, indem sie bei der Häutung zum dritten Larvenstadium die alte Cuticula nicht abwerfen (Fig. 27). In diesem Stadium heften sie sich an verschiedene Körperteile (Beine, Flügeldecken) der Mistkäfer an. Oft werden „winkende" Suchbewegungen nach „Transportinsekten" ausgeführt. Die Insekten erleiden bei dieser als Phoresie bekannten Erscheinung keine Einbuße. Sudhaus beobachtete, daß 34 verschiedene Nematodenarten teils durch Phoresie, teils aus dem Boden in einen frischen Kuhfladen einwanderten und dabei in einer deutlichen Sukzession insgesamt 15 ökologische Planstellen ausfüllten. Spezifische, auf bestimmter Zersetzungsstufe des Fladens entstehende organische Stoffe lösten teils die Weiterentwicklung der eingeschleppten Dauerlarven, teils den Abschluß der Generationenfolge einer Art und damit die rechtzeitige Bildung neuer Dauerlarven aus.

Kaum eine terrestrische Tiergruppe ist frei von parasitierenden Nematoden, einschließlich der Nematoden selbst. Die Zahl der nur transportierten Arten scheint aber meist größer als die echter Parasiten. An amerikanischen Borkenkäfern fand Massey 112 phoretische und 32 parasitierende Nematodenarten. Als Vorstufe zum Parasitismus kann dagegen die Lebensweise von *Rhabditis pellio* bezeichnet

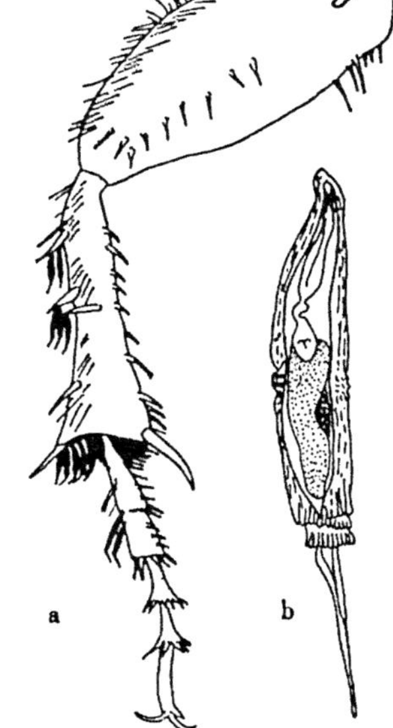

Fig. 27. a Bein eines Dungkäfers *(Aphodius fimetarius)* mit angehefteten Zysten eines Nematoden *(Rhabditis coarctata;* schwarz!), die sich vom Dungkäfer auf günstige Nahrung transportieren lassen. b Zyste stärker vergrößert (Länge 3 mm). Im Innern der abgelösten und eingefalteten 2. Larvenhaut ist das 3. Larvenstadium erkennbar. a verändert nach Steiner aus Kühnelt, b nach Triffitt und Oldham aus Rauther

werden. Dessen Larven dringen in Regenwürmer ein und setzen sich, ohne den Wurm zu schädigen, in den Dissepimenten als Dauerlarven fest. Die Häutung zur Dauerlarve zeichnet sich dadurch aus, daß die alte Cuticula nicht abgeworfen wird und die Mund- und Afteröffnung verschlossen bleibt. Erst nach dem Tod des Regenwurms entwickeln sich die Nematoden weiter und beschleunigen die Zersetzung des Regenwurmkörpers („Aasnematode").

Von den etwa 2 000 bislang aus Böden beschriebenen Arten der freilebenden Nematoden sind viele weit verbreitet oder kosmopolitisch. Die methodisch und taxonomisch schwierige Bearbeitung der Nematodenfauna eines Standortes wird meist dadurch erleichtert, daß nur wenige eurytope Arten die Hauptmasse bilden. Die höchste Individuenzahl findet sich in nicht dauerfeuchten bakterienreichen Mineralböden. Hier sind im Durchschnitt 5–50 Millionen Nematoden/m^2 zu erwarten; Wassilewska nennt als Maximum 380 Millionen/m^2. Selbst in extrem trockenem Sandboden unter *Corynephorus* fand Nielsen noch 175 000/m^2, darunter stenotope Sandbewohner wie *Acrobeles ciliatus* oder *Tylencholaimus mirabilis.* Vorherrschend war aber auch hier eine eurytope, auch im Süßwasser lebende Art, *Dorylaimus obtusicaudatus* (40 %). In Böden mit Moder- oder Rohhumusauflage wurden 1–10 Millionen/m^2 festgestellt; Bassus fand in einem Kiefernforst 119 Arten. Als typische Rohhumusbewohner können *Cervidellus vexilliger* oder *Wilsonema otophorum* gelten. Moorböden und dauerfeuchte Sand- oder Rohhumusböden haben stets einen geringeren Nematodenbesatz. Die Fauna setzt sich nur etwa zur Hälfte aus eurytopen Bodenbewohnern zusammen. Die andere Hälfte bilden stenotope Süßwasserformen, wie *Monhystera filiformis, Dorylaimus limnophilus, D. stagnalis, Mononchus macrostoma, Tripyla glomerans.*

Die Fauna landwirtschaftlich bearbeiteter Böden unterscheidet sich abgesehen von der Häufigkeit von Phytonematoden kaum von der anderer Böden. Bodenbearbeitungsmaßnahmen beeinflussen die Nematoden in der Regel nur vorübergehend. Nach dem Einbringen von Stallmist ist in Höhe dieser Lage eine ausgesprochene Dungfauna zu beobachten, die aber bald wieder verschwindet (*Rhabditis* spec. *Diplogaster* spec., *Cephalobus elongatus, Panagrolaimus rigidus*).

Die Hauptmenge der Nematodenfauna findet sich meist in den oberen 0–5 cm; unterhalb 20 cm Bodentiefe gibt es gewöhnlich nur sehr geringe Siedlungsdichten. In trockenen Sandböden liegt die maximale Nematodendichte allerdings oft tiefer (5–10 cm). Einige Arten zeigen eine deutliche Vertikalschichtung. So fand Yeates in neuseeländischen Wiesenböden *Tylenchus* und *Anaplectus* in 0–2,5 cm, *Helicotylenchus* und *Cephalobus* in 2,5–5,0 cm Tiefe. Auch für die Vertikalverteilung scheint nicht die Bodenfeuchtigkeit, sondern das Nahrungsangebot der Nematoden entscheidend zu sein.

Häufig begrenzen die Populationsdichten von Bakterien und Pilzen die Nematodenzahl im Boden. Sohlenius fand, daß Freilandpopulationen von *Rhabditis* sp. und *Acrobeloides nanus* der Struktur alter hungernder Laborpopulationen glichen (nach der Größe der Tiere, der Zahl eitragender Weibchen, der Bildung von Dauerlarven u. a.). Der Humusgehalt kann, wie Stöckli nachwies, in verschiedenen Böden von 1–20 % schwanken, ohne daß sich die Gesamtdichte der Nematoden ändert. Mineraldüngung führt in Rohhumusböden (Kiefernwald) nach Bassus nicht zu höheren Siedlungsdichten, aber zu einem erhöhten Anteil bakterienfressender

Nematoden. Eine ebensolche Wirkung kann die Schädigung der Nadelwälder durch SO_2 (sekundär) haben.

In einseitig genutzten Böden vergrößert sich der Anteil an omnivoren Arten, die bei Mangel an anderer Nahrung in der Lage sind, sich phytophag zu ernähren („Semiparasiten"). In Monokulturen werden diese Arten und vor allem die echten Pflanzenparasiten zu einem Hauptproblem für die Praxis. Thorne beobachtete in einem Zuckerrübenfeld etwa 2 Millionen Nematoden/m^2, wovon 93 % auf *Heterodera schachtii* (Rübenzystenälchen) entfielen. In einem anderen Fall bewirkte die Inkulturnahme des Bodens das Ansteigen des Anteils von *Rotylenchulus parvus* von 16 auf 96 %. Gegenteilige Wirkungen kann der Anbau von Pflanzen wie *Tagetes* oder *Asparagus* haben, die nematizide Stoffe ausscheiden. Das Überdauerungsvermögen parasitischer Arten, besonders von Wurzelnematoden der Gattung *Pratylenchus*, ist eine wesentliche Ursache der „Bodenmüdigkeit". Die Schadschwelle liegt z. B. für Baumschulen bei 50 *Pratylenchus penetrans*/100 cm^3 im Boden. In geschädigten Baumschulen ist die 40fache Siedlungsdichte dieser Art zu finden (Decker 1969).

Über die Wirkung weiterer Umweltfaktoren auf Nematoden ist noch immer zu wenig bekannt. Viele Arten scheinen kaum auf den Säurezustand des Bodens zu reagieren. Norton u. Hoffman nennen allerdings Arten, die sie nur bei pH 4,5 bis 6,4 *(Xiphinema chambersi)* oder nur oberhalb pH 6 fanden *(Helicotylenchus platyurus, H. pseudorobustus, Xiphinema americanum)*. Hier wie auch bei Angaben der Bevorzugung leichter oder schwerer Böden bleibt zu klären, ob nicht andere, hiermit korrelierte Schlüsselfaktoren (Nahrung?) wirksam sind.

Als Feinde der Nematoden kommen räuberische Kleinarthropoden (Milben, Collembolen), Tardigraden, Amöben (Jungnematoden!) und vor allem räuberische Nematoden der Familien Diplogasteridae, Tylenchidae, Dorylaimidae und Mononchidae in Betracht. Hinzu kommen nematodenfressende Pilze, die hauptsächlich zu

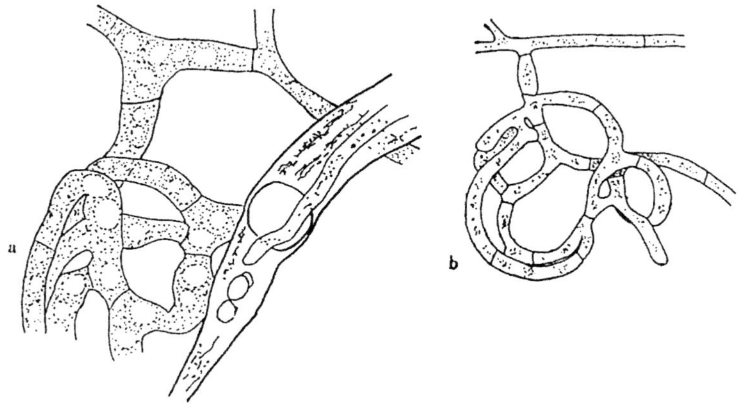

Fig. 28. Nematodenfressende Bodenpilze *(Arthrobothrys robusta)*. a gefangener Nematode mit eindringenden Pilzhyphen; b dreidimensionales Fangnetz des Pilzes. Nach Duddington

den Hyphomycetes (Fungi imperfecti) gehören. Einige von ihnen leben endozoisch, also im Inneren der tierischen Beute. Andere werden durch Ausscheidungen von Nematoden veranlaßt, klebrige Schlingen und Knoten oder kontrahierbare Fangschlingen (Fig. 28) zu bilden und – wenigstens bei obligat nematophagen Raubpilzen – nematodenwirksame Lockstoffe zu produzieren. Die mechanische Fangwirkung ist z. B. bei *Arthrobotrys oligospora* oder *Dactylaria scaphoides* gering. Wirksamer ist eine rasche Auflösung der Cuticula an den Berührungsstellen, die Nordbring-Hertz auf eine komplementäre Molekularkonfiguration beider Oberflächen zurückführt. Eine Bekämpfung schädlicher Nematodenarten durch Förderung der oft zahlreich und verbreitet auftretenden Raubpilze ist bislang nur unter Versuchsbedingungen gelungen. So konnte Dowe eine *Pratylenchus penetrans*-Population durch Gründüngung auf 21,2 % und durch zusätzliche Impfung mit *Arthrobotrys conoides* auf 2,3 % reduzieren.

Die Bedeutung der Nematodenfauna für den Boden läßt sich weder aus deren Dichte (1–50 Millionen/m²), noch aus deren Gewicht (1–50 g/m²) abschätzen. Wird davon ausgegangen, daß in normalen Mullhumus-Böden 1/3 bis 2/3 der Nematoden Bakterienfresser sind, so steht diese Aktivität zunächst im Vordergrund. Wasilewska hat für die Nematodenpopulation eines aufgeforsteten Dünenbodens eine

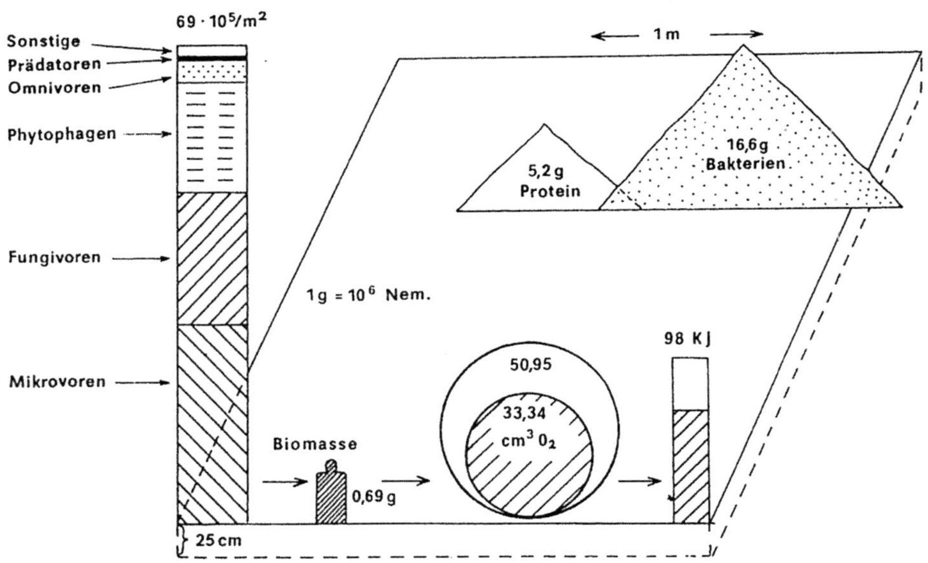

Fig. 29. Bestand und Leistung der Nematodenfauna in einem aufgeforsteten polnischen Dünenboden, bezogen auf 1 m² Boden in 0–25 cm Tiefe. Links Individuendichte und Anteile der Ernährungstypen, unten Jahresdurchschnitt der Biomasse, des O_2-Verbrauches und der Energieumsetzung (weiß ganzjährig, schraffiert nur Vegetationsperiode), oben vermutlicher Verbauch an Bakterienmasse bzw. Protein. Nach Wasilewska und Kämpfe, verändert

durchschnittliche Individuendichte von 6,9 Millionen Individuen bzw. 0,7 g/m^2 errechnet, die im Jahr etwa 50 cm^3 O_2 bzw. 98 kJ umsetzt. Bei einem Anteil von 42 % Bakterienfressern ergibt sich ein jährlicher Konsum von 16,6 g Bakterien = 5,2 g Protein/m^2 (Fig. 29). Nicholas (1975) und Kämpfe (1978) fassen weitere Befunde zuammen und kommen auf Werte, die zwischen 0,3 und 25 g/m^2 als jährlicher Proteinumsatz variieren. Im Durchschnitt ist zu erwarten, daß Nematoden etwa 10 % derjenigen Bakterienmenge vertilgen, die jährlich von Protozoen umgesetzt wird. Hinzu kommen ähnlich hohe Stoffwechselleistungen der Pilzfresser und der Pflanzenfresser sowie unterschiedliche Anteile anderer Ernährungsgruppen der Nematoden. Insgesamt können Nematoden infolge ihrer hohen Stoffwechselleistung (durchschnittlicher O_2-Verbrauch bei 20 °C 1 000 µl/g/h; Nicholas 1975) einen bedeutenden Beitrag zum Stoffabbau und Nährstoffkreislauf im Boden leisten.

Zur Bedeutung der das Pflanzenwachstum direkt beeinflussenden Phytonematoden muß auf das Werk von Decker 1969 verwiesen werden. Aber auch deren Rolle ist nicht leicht generell einzuschätzen. Es sind sowohl Fälle bekannt, in denen Phytonematoden synergistisch mit pathogenen Pilzen zur Schädigung der Pflanze führen, als auch antagonistisch das Wachstum pathogener Pilze behindern. Viele dieser Probleme wie auch die oft diskutierte Virusübertragung durch Nematoden bedürfen noch der weiteren Aufklärung.

Technik

Einzelne Nematoden sind leicht mit der für Protozoen und Rotatorien beschriebenen Technik zu erhalten. Für quantitative Untersuchungen ist das Verfahren der Direktmikroskopie weitaus zu aufwendig. Sehr leicht sind freilebende Bodennematoden mit einem Baermann-Trichter anzureichern (Fig. 30 a). Ein Glastrichter wird unten mit einem Gummischlauch mit Klemme verschlossen, mit Wasser gefüllt und an einem Stativ befestigt. Die Bodenprobe kommt in einem Gazebeutel so in den Trichter, daß sie gerade mit Wasser bedeckt ist. Nach 3 Tagen hat sich die Mehrzahl der aktiven Nematoden im unteren Ende des Trichters angesammelt und man kann 5 oder 10 cm^3 in einer Zählschale (kleine Petrischale mit Rasterteilung) auffangen. Ähnlich arbeiten Oostenbrink-Siebschalen: ein Metallsieb (1 mm) wird mit Filterwatte belegt, flach mit einer Bodenprobe beschichtet und bis zur Benetzung des Bodens in eine flache Schale mit Wasser gestellt. Bereits nach einem Tag sind die meisten Nematoden in die Wasserschale gewandert. Effektiver arbeiten Auswaschungsverfahren, die nicht von der aktiven Wanderung der Nematoden abhängen.

Der Spülapparat nach Oostenbrink (Fig. 30 b) besteht aus einem Probentrichter mit 1-mm-Sieb, der die Probe (100–500 cm^3 Boden) aufnimmt. Dessen Auslauf ragt in den Spültrichter (S), dem von unten ein Wasserstrom (anfangs bis 800 cm/min^3, zuletzt 400 cm^3/min) zugeführt wird. Bei Spülbeginn wäscht man die Bodenprobe aus einer Brause (mit 700 cm^3/min) in die Spülkanne und wirbelt das Material im Gegenstrom auf, bis die obere Wasserstandsgrenze (B) erreicht ist. Die absinkenden Nematoden können dann mit feinen Bodenteilchen über den Auslauf auf einen Siebsatz mit Maschenweiten von 50 und 40 µm geleitet werden. Von den Sieben lassen sich die Nematoden leicht abspülen und die aktiven Tiere gegebenenfalls nochmals über ein Wattefilter von Bodenteilchen abtrennen.

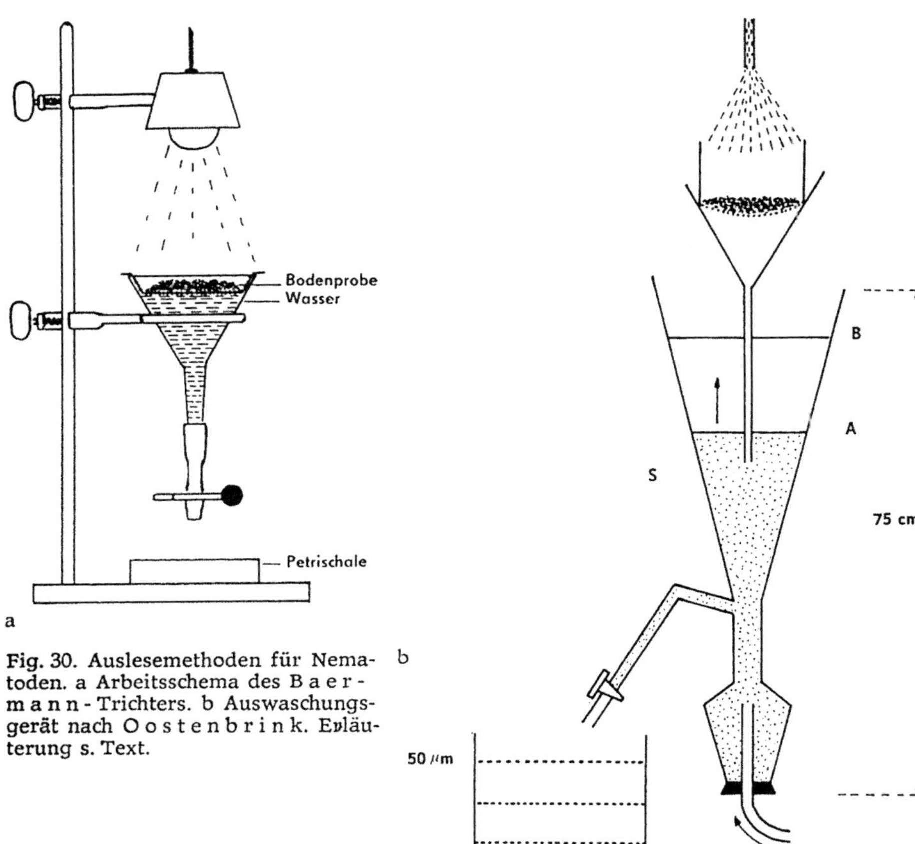

Fig. 30. Auslesemethoden für Nematoden. a Arbeitsschema des B a e r m a n n - Trichters. b Auswaschungsgerät nach O o s t e n b r i n k. Erläuterung s. Text.

Weitere Methoden benutzen das spezifische Gewicht der Nematoden zur Abtrennung. Hinsichtlich der Details wird auf D e c k e r 1969 und B a c h e l i e r 1978 verwiesen. Zum Auszählen ist ein Binokular, zum Bestimmen der lebenden (in Wärmestarre) oder fixierten und in Präparaten eingebetteten (z. B. in Glyzerin-Gelatine) Tiere ein gutes Mikroskop erforderlich.

5.5. S c h n e c k e n , G a s t r o p o d e n

Unter den Weichtieren (Mollusken) haben lediglich die Schnecken (Gastropoden) landlebende Formen ausgebildet. Viele Landschnecken bewohnen wenigstens zeitweise den Boden und die Förna, beteiligen sich an Zersetzungsvorgängen im Boden und können wohl auch als Bodenindikatoren dienen. Fast alle Landschnecken gehören zu den Lungenschnecken (Euthyneura), die anstelle der Kiemen eine zum

Fig. 31. Schale der Bodenschnecke *Cecilioides acicula*. Länge 4–5 mm. Original

Fig. 32. Glasschnecke *(Vitrinobrachium breve)* mit schwach entwickeltem Gehäuse, die sich tagsüber in der Streuschicht oder im lockeren Oberboden aufhält. a Tier kriechend, b Gehäuse von unten (stärker vergrößert). Größter Gehäusedurchmesser 5,6 mm. a nach K ü n k e l, b nach E h r m a n n

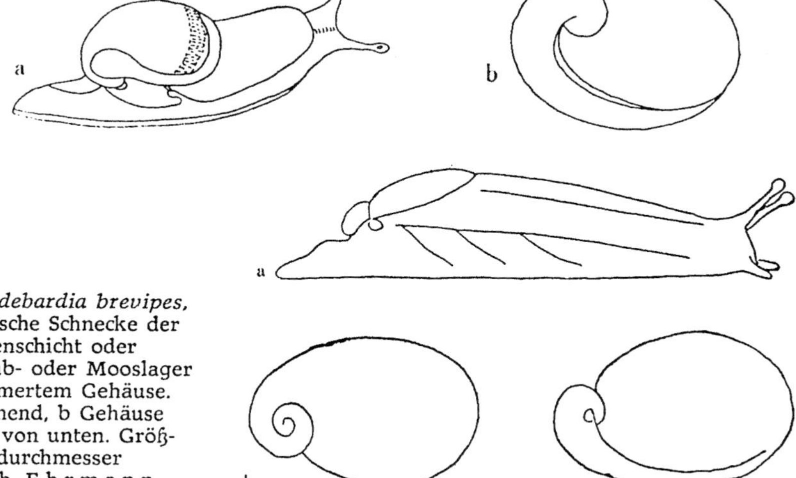

Fig. 33. *Daudebardia brevipes*, eine räuberische Schnecke der oberen Bodenschicht oder feuchter Laub- oder Mooslager mit verkümmertem Gehäuse. a Tier kriechend, b Gehäuse von oben, c von unten. Größter Gehäusedurchmesser 4,6 mm. Nach E h r m a n n

Luftatmen geeignete Lunge, interne Befruchtung, große und dotterreiche Eier und einen speziellen Wasserhaushalt ausgebildet haben. Am artenreichsten sind die Landlungenschnecken (Stylommatophora), deren Augen am Ende eines einstülpbaren Fühlerpaares sitzen. Als Vertreter der Wasserlungenschnecken (Basommatophora) kann man in feuchten Wald- und Wiesenböden Mitteleuropas *Carychium minimum* (mit einem 1,5 bis reichlich 2 mm langen turmförmigen Gehäuse) oft in großer Menge finden. Die engverwandte *C. tridentatum* bevorzugt mehr warm-trockene Böden. In Gewässernähe wird auch die amphibische *Galba truncatula* zum Bodenbewohner.

In tropischen Böden leben auch Vertreter der vorwiegend als Meeresbewohner bekannten Vorderkiemer (Prosobranchia) in großer Artenzahl. Sie haben wie die Lungenschnecken ihre Kiemen verloren und Lungen ausgebildet. Wie ihre marinen Verwandten tragen sie jedoch einen festen Deckel zum Verschließen des Gehäuses und werden deshalb – obwohl systematisch nicht einheitlich – als „Landdeckelschnecken" bezeichnet. Von ihnen bewohnen die Cyclophoridae fast ausschließlich tropische und subtropische Böden, während einige Arten der Aciculidae auch in europäischen, besonders in Alpenböden zu finden sind. Sehr zahlreich ist schließlich *Pomatias elegans* in der Streuschicht besonders warmer Kalkhänge anzutreffen.

Von den Landlungenschnecken ist wohl *Cecilioides acicula* am engsten an den Boden gebunden (Fig. 31). Ihr nadelförmiges, dünnwandiges, durchsichtiges Gehäuse wird nur 4–5 mm hoch und 1–1,3 mm breit. Das Tier ist völlig farblos und blind. Es lebt ausschließlich im Boden, und zwar in Tiefen bis zu 40 cm, ja sogar 1 m. Da es nicht graben kann, ist es auf große Bodenporen oder Regenwurmgänge angewiesen. Seine Vorliebe für Kalkböden dürfte auf deren Hohlraumreichtum, weniger auf den Kalkgehalt zurückzuführen sein. Die Nahrung besteht vorwiegend aus Schimmelpilzen. Eine Reihe weiterer Arten scheint nur während der warmen Jahreszeit an den Boden gebunden zu sein, so die räuberischen Daudebardiiden und die nach Frömming vorwiegend saprophagen Glasschnecken (Vitrinidae) (Fig. 32 und 33). Es handelt sich hier um kaltstenotherme Tiere, die eine stärkere Erwärmung nicht vertragen. Die sich den Sommer über entwickelnden Jungtiere verlassen nur nachts die schützenden Boden- und Streuschichten. Weit mehr an der Bodenoberfläche aktiv sind im Herbst und Frühjahr, aber auch an milden Wintertagen die Reifetiere.

Mit *Cecilioides* haben diese Arten die dünnwandige Schale gemeinsam. Während *Cecilioides* aber eine extrem turmförmige Schale hat, die beim Kriechen in den engen Bodengängen wenig hinderlich ist, kann bei den Daudebardiiden und Vitriniden eine ursprünglich kugelförmige Schale festgestellt werden. Im Laufe der ontogenetischen Entwicklung werden diese jedoch ohren- oder mützenförmig ausgebildet und bleiben hinter der Größenentwicklung des Tierkörpers stark zurück, so daß sich die Schnecke nicht mehr in das Gehäuse zurückziehen kann. Durch die Kleinheit des Gehäuses wird eine Erhöhung der Beweglichkeit erzielt, was sicher einen Vorteil beim Eindringen in den Boden gewährt. Es ist indessen fraglich, ob hierin eine direkte Anpassung an das Leben in den oberen Bodenhohlräumen zu erblicken ist. Bei den Daudebardiiden (wie auch den Testacelliden des Mittelmeergebietes) ist die Vergrößerung des Vorderkörpers mit der Entwicklung eines riesigen Schlundkopfes verbunden, der für die räuberische Lebensweise (sie fressen vorwiegend Enchytraeiden und Schnecken) nötig ist. Wahrscheinlicher ist der Anpassungscharakter der Schalenreduktion bei den Glasschnecken. Dort ist der Mantel wesentlich größer und stärker ausgebildet, so daß von einem Funktionsaustausch zwischen Mantel und Schale als Bedeckungsorgan für den Körper gesprochen werden kann. Auch Nacktschnecken dringen regelmäßig in den Boden ein. Hier sind vor allem die Gattungen *Deroceras, Arion, Limax, Boettgerilla* und *Milax* zu nennen. Sie erweisen sich als außerordentlich flexibel und sind in der Lage, ihren Körper durch erstaunlich enge Bodenöffnungen zu zwängen. Raubfeinde der Landschnecken können Igel, Spitzmäuse, Vögel oder Käfer (Carabiden, Lampyriden) sein, aber auch spezialisierte Dipteren *(Sciomyzidae)*.

Vorwiegend oberirdisch lebende Schneckenarten können besonders durch die Zersetzung der Laubstreudecke im Wald eine hohe bodenbiologische Bedeutung erlangen; denn viele Arten nehmen als Nahrung verwelkte oder abgestorbene Pflanzensubstanz auf. Ein echter „Moderfresser" (Frömming) ist wahrscheinlich *Perforatella bidentata*, viele andere Arten befressen neben dem „Humus" auch lebende Pflanzenteile, z. B. *Cochlicopa, Discus, Zonitoides, Euomphalia, Helicigona, Cepaea* u. a. Hier wären auch die nebenher fleischliche Nahrung aufnehmenden Schließmundschnecken (Clausiliidae) und halb räuberisch lebende *Aegopinella*-Arten zu nennen.

Zejfert fand, daß Jungtiere mehr lebende Pflanzen angehen, während z. B. erwachsene *Cepaea nemoralis* 80 % tote Pflanzenteile aufnehmen. In Waldböden können 300–500 Schnecken/m^2 vorhanden sein. Ihre Bedeutung für die Zersetzungsprozesse ist dennoch meist gering, weil kleine Arten vorherrschen und ein Lebendgewicht (ohne Schale) von 1–2 g/m^2 oft nicht überschritten wird. Nach Zejfert kann eine Population von 1,7 g/m^2 *Bradybaena fruticum* nur etwa 2 % der Streuproduktion in einem Laubmischwald im Süduralgebiet umsetzen. Zu beachten ist jedoch die ungewöhnlich hohe Assimilimationsrate von 50–60 %, die durch die reiche Enzymausstattung der Schnecken (Karbohydrasen, Zellulasen, Pektinasen, Xylanasen, Chitinasen u. a.) ermöglicht wird.

In sauren Waldböden mit pilzreichem Rohhumus werden fast ausschließlich Nacktschnecken angetroffen, die vorwiegend Algen und Pilze befressen (*Arion, Limax* u. a.). Ist die Versauerung noch nicht so weit fortgeschritten, daß der Waldboden eine Krautvegetation tragen kann, so entscheidet deren Ausbildung in starkem Maß über die Bevölkerung mit Gehäuseschnecken. An dänischen Laubholzstubben fand Fog 31 Schneckenarten, darunter vor allem *Cochlodina, Clausilia, Iphigenia, Discus, Punctum* und *Vitrina* mit einer Höchstdichte auf 6jährigen Stubben. Ihre Anzahl war mit der Holzbesiedlung durch Grünalgen, Hefen und anderen Pilzhyphen nicht oder schwach korreliert, dagegen stärker mit der Bakteriendichte. Einige Schneckenarten wirken nach Kühnelt auch an der Erstbesiedlung von Felsen mit. Wichtig sind hierbei *Chondrina avenacea, Ch. clienta* und *Pyramidula rupestris*, die sich von endolithischen (im Stein wachsenden) Flechten ernähren.

Die bisher besprochenen Landschnecken sind vorwiegend in Wäldern anzutreffen. In Grünlandböden ist die Besiedlung meist geringer, vor allem hinsichtlich des Lebendgewichtes der Schneckenfauna. Hier dominieren sehr kleine Formen, wie *Pupilla, Vertigo, Vallonia, Orcula, Abida, Cochlicopa* u. a. In sehr feuchten Wiesenböden kommen häufig in großer Anzahl Arten der Gattung *Succinea* (Bernsteinschnecke) hinzu. Ständig bearbeitete Ackerböden haben praktisch keine eigenständige Schneckenfauna. Die dort anzutreffenden Formen wandern meist vom Feldrain aus in das Feld ein. Nicht selten handelt es sich dabei um Schädlinge, vor allem Nacktschneckenarten. Besonders in feuchten Klimaanlagen ist die Bekämpfung solcher Schneckenarten eine wichtige phytopathologische Aufgabe. Der Parasitologe hat sich dagegen mit der Schneckenfauna feuchter Weiden zu beschäftigen, da viele Arten als Zwischenwirte der verschiedensten Wurmparasiten der Haustiere eine negative Bedeutung haben.

Als Schadschnecken (Godan) sind vor allem Nacktschnecken der Familien Limacidae und Arionidae zu nennen, in wärmeren Böden auch die Milacidae. Die größeren dieser Arten fressen nachts, an feuchten Tagen auch am Tag an der Bodenoberfläche große Mengen (täglich 30–40 % des Körpergewichts) lebender Pflanzenteile. Bei Trockenheit und Frost ziehen sie sich tiefer (bis zu 20–30 cm) in den Boden zurück. Erlaubt dies die Bodendichte nicht, werden die Tiere geschädigt. Mäßigen Frost (–8 °C) können sie mehrere Stunden schadlos an der Bodenoberfläche überstehen. Unter etwa 5 °C verhalten sich die meisten Arten träge und fraßunlustig, bei *Deroceras reticulatum* wurde aber noch bei 0,8 °C beobachtet, daß sie recht aktiv an Getreidekörnern fraß. Die Vorzugstemperatur beträgt gewöhnlich 17–18 °C, es ist allerdings ein ausgeprägtes Vermögen zur Temperaturadaption des Stoffwechsels zu finden. Als mehr wärmeliebend gelten „Sommerschnecken" wie *Arion rufus*, meist auch *Deroceras reticulatum*, die als Ei oder Jungtier überwintern (Godan), wogegen die aktiven Reifetiere der „Winterschnecken", z. B. *Arion distinctus*, während der kühlen Jahreszeit auftreten und sich im Frühjahr fortpflanzen. Da solche Winterschnecken oft Mangel an frischen Pflanzen haben, sind sie gelegentlich oder ausgesprochen räuberisch, wie *Arion subfuscus*, die nicht selten beim Verzehr von Insekten und Regenwürmern angetroffen wurde. Empfindlich reagieren Nacktschnecken gegen Wasserverlust. Als maximale Toleranz nennt Newell (IX) eine Wasserabgabe von 25 % des Körpergewichtes bei *Deroceras reticulatum*. Beregnung von Feldern und Gärten fördert daher die Gesamtaktivität der Nacktschnecken wie auch die Schlupfrate ihrer gegen Trockenheit besonders empfindlichen Eigelege. *Limax maximus* erreicht 3 Jahre, *Arion-Arten* nur 1 Jahr Lebensdauer. Die erst männlich, später weiblich fungierenden Tiere legen (bei *Arion* sp.) in 12 Monaten 100 bis über 300 Eier ab, also etwa so viel wie die Weinbergschnecke, *Helix pomatia*, in ihren 6 bis 7 Lebensjahren. Dementsprechend können Vermehrung und Populationsdichte der Nacktschnecken unter günstigen Bedingungen sehr hoch sein. Allein die Ackerschnecken (*Deroceras* sp.) werden nicht selten zu 200 Exemplaren/m^2 angetroffen. Eine solche Population vertilgt in einer einzigen Nacht 40–60 g Pflanzensubstanz je m^2. Hierdurch können Totalschäden an austreibenden Kulturen entstehen, ebenso, wenn Saaten (Möhre, Luzerne, Getreide) während aktiver Phasen der Nacktschnecken in den Boden gebracht werden. Hierbei sind vor allem kleine *Arion*- oder *Milax*-Arten schädlich, die allgemein die Bodenoberfläche meiden und im Boden Samen, Keime, Zwiebeln, Wurzeln und Knollen fressen.

Die Bindung der Schnecken an verschiedene Bodentypen oder -arten ist nach Ložek, Brunnacker u. a. auf die Faktoren Kalkgehalt, mechanische Beschaffenheit und Mikroklima des Bodens zurückzuführen. Gehäuselose Nacktschnecken besiedeln oft als einzige Schnecken kalkfreie Rohhumusböden. Die Gehäuseschneckenfauna erreicht ihre höchste Entwicklung in Kalkböden (Rendsinen). Sie geht in Böden vom Braunerdetyp bei Fehlen von freiem Kalziumkarbonat und neutraler bis saurer Reaktion stark zurück. Die hier lebenden Gehäuseschnecken tragen dünnere Schalen. Sie sind zum Aufbau des Gehäuses auf die Aufnahme von Ca-Ionen mit der Nahrung angewiesen. Der Kalkgehalt der Nahrung steht seinerseits in Abhängigkeit von der Gesamtmenge der Ca-Ionen, die im Boden – für die Pflanze aufnehmbar – an tonige und humose Teile adsorbiert ist (Austauschkalk). Tatsächlich wurde nachgewiesen, daß in Braunerdeböden gleicher Bodenart (Lehm) und gleicher saurer Reaktion dort eine starke Besiedlung mit Gehäuseschnecken zu verzeichnen ist, wo ein hoher Gehalt an Austauschkalk vorliegt und umgekehrt. Da die Bestimmung des Austauschkalks umständliche Laborarbeit erfordert, können hier bodenzoologische Beobachtungen auch dem erfahrenen Bodenkundler wertvolle Hinweise geben.

Die mechanische Beschaffenheit des Bodens ist für die Schnecken beim Verkriechen bedeutungsvoll. In dichte, tonige oder schluffige Böden vermögen sie sich nicht einzugraben. Meist bietet die Oberfläche solcher Böden auch keine anderen Unterschlupfmöglichkeiten. Derartige dichte Böden werden deshalb auch dann nur sehr schwach besiedelt, wenn sie genügend Kalk aufweisen. Zu lockere, grusige bis kiesige Böden mit sehr geringem Feinkornanteil werden gleichfalls von den meisten Arten gemieden. Hier liegt der Grund wohl in den mikroklimatischen Eigenschaften (trocken-warm) solcher Böden. Ausnahmen bestätigen jedoch auch hier die Regel. So bevorzugen an Trockenheit und Wärme angepaßte Arten, wie *Helicella obvia*, in feuchten Klimalagen (Alpennordrand) deutlich Kalkschotterböden, da nur diese in der genannten Region ein genügend trockenes Eigenklima hervorbringen. Auch Nacktschnecken bevorzugen grobporige bis grobschollige Böden, die ihrer Bewegungsaktivität und ihrem Schutzbedürfnis am besten entsprechen. Zur Eiablage suchen die meisten Arten aber feinerdige Böden mit möglichst konstantem Wassergehalt zwischen 60 und 85 % auf. *Deroceras agreste* legt seine Eier in wassergesättigten Böden auf die Bodenoberfläche, in frischen Böden etwa 1–3 cm tief im Bodeninneren ab. In trockenen Böden erfolgt überhaupt keine Eiablage.

Technik

Zur Bestimmung werden Landschnecken lebend eingesammelt und je nach Erfordernis betäubt, fixiert und der Weichkörper getrennt von der Schale präpariert oder durch Kochen von der Schale entfernt. Quantitative Werte werden durch genaues und wiederholtes Absuchen von Probequadraten von (je nach Art und Siedlungsdichte) 0,5–10 m^2 erhalten. Besonders Nacktschnecken können in Köderfallen gefangen werden; so gewonnene Zahlen sind u. a. temperaturabhängig. Kleine Schnecken des Bodeninneren können nach einer geeigneten Auswaschungsmethode (z. B. nach Vágvölgyi) isoliert werden. Hierbei ist die Trennung leerer Schalen von lebenden Tieren zusätzlich aufwendig. Oft liefert nur das mühsame Auslesen von Bodenproben mit der Hand unter dem Binokular verläßliche Werte.

5.6. Ringelwürmer, Anneliden

Die Ringelwürmer (Annelida) lassen sich von den bisher besprochenen Tiergruppen mit wurmförmiger Gestalt in der Regel schon dadurch leicht unterscheiden, daß ihre Körper aus einer Vielzahl einzelner, meist völlig gleichförmiger Segmente besteht, die sich äußerlich als Körperringel abzeichnen. Ihre Muskulatur – zusammen mit der Haut einen Hautmuskelschlauch bildend – ist sehr stark entwickelt und besteht aus Schichten von Ring-, Diagonal- und Längsmuskelfasern. Ein Skelett fehlt den Ringelwürmern; als Widerlager für die Muskulatur dient hier der Turgordruck der in den Segmenten kammerartig eingeschlossenen Coelomflüssigkeit. Das sich hieraus

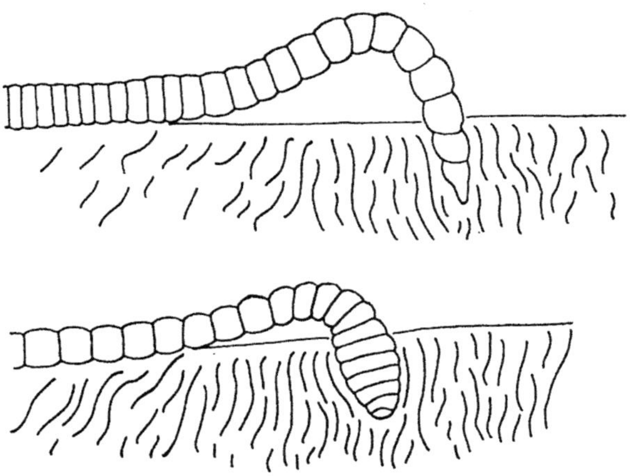

Fig. 34. Regenwurm beim Eingraben. Erläuterungen s. Text. Nach Focke

ergebende Fortbewegungssystem versetzt besonders die großen Formen (Regenwürmer) in die Lage, aktiv im Boden zu graben. Hierbei ist eine glatte Körperoberfläche von Vorteil. Körperanhänge, wie die Parapodien der Meeresringelwürmer (Polychaeten), oder starre, nicht einziehbare Borstenbündel (wie bei vielen Süßwasser-Oligochaeten) fehlen daher den bodenbewohnenden Ringelwürmern. Die auch hier stets vorhandenen Borstenbündel sind in Taschen versenkbar.

Die Fortbewegung vollzieht sich im typischen Fall (z. B. bei Regenwürmern) in einem abwechselnden Strecken und Verkürzen einzelner Körperabschnitte, ist also z. B. vom Schlängeln der Nematoden deutlich verschieden. Die nähere Beobachtung zeigt, daß zunächst ein Körperabschnitt unter Erschlaffung der Ringmuskulatur und kräftiger Kontraktion der Längsmuskulatur stark verkürzt und damit verdickt wird. Hierbei werden die Borsten aus den Taschen herausgedrückt und verankern – schräg nach hinten stehend – diesen Körperabschnitt im umgebenden Boden. Gleichzeitig wird aber der davor liegende Teil des Wurmes unter Erschlaffung der Längsmuskulatur und Kontraktion der Ringmuskulatur stark gedehnt und somit verdünnt. Das bei Regenwürmern außerordentlich muskulöse und zugespitzte Vorderende (s. Abb. 3, S. 96) preßt sich dabei unter erhöhtem Druck (in der Coelomflüssigkeit wurde ein Überdruck von 11,7 Torr gemessen) in kleine Hohlräume zwischen den Erdpartikeln (Fig. 34). Nunmehr läuft eine Verkürzungs- und Verdickungswelle von vorn nach hinten über den ganzen Wurmkörper, der dabei durch den auf diese Weise erweiterten Bodengang nachgezogen wird. Bei rascher Bewegung folgen diese Kontraktionswellen in Abständen von etwa einem Drittel der gesamten Wurmlänge aufeinander.

Die gesamte Körperoberfläche dient zur Atmung und weist daher lediglich eine dünne Cuticula aus Eiweißverbindungen auf. Diese ist bei den bodenbewohnenden Ringelwürmern nicht in der Lage, den Wurm vor Austrocknung zu schützen. Sie wird aus Gründen der Atmung von den Drüsenzellen der Epidermis sowie von Coelomflüssigkeit, die aus dorsal gelegenen „Rückenporen" austritt, stets etwas feucht gehalten. Somit sind diese Tiere an das Leben in der feuchten Luft des Bodens gebunden.

Eine weitere Anpassung an das Leben im Boden ist in der Tätigkeit der Exkretionsorgane zu beobachten. Diese bestehen aus paarig-segmentalen Metanephridien, deren offene Wimpertrichter in die mit Coelomflüssigkeit gefüllte Leibeshöhle hineinragen. Von diesen führen Kanäle die mit Exkretstoffen angereicherte Coelomflüssigkeit durch die Körperwand direkt nach außen. Mit fortschreitender Anpassung an das Landleben kann eine vermehrte Rückresorption von Flüssigkeit (und verschiedenen Salzen) in dem Nephridialkanal beobachtet werden. Bei einigen großen tropischen Erdwurmarten (Gattung *Pheretima*) münden schließlich die meisten

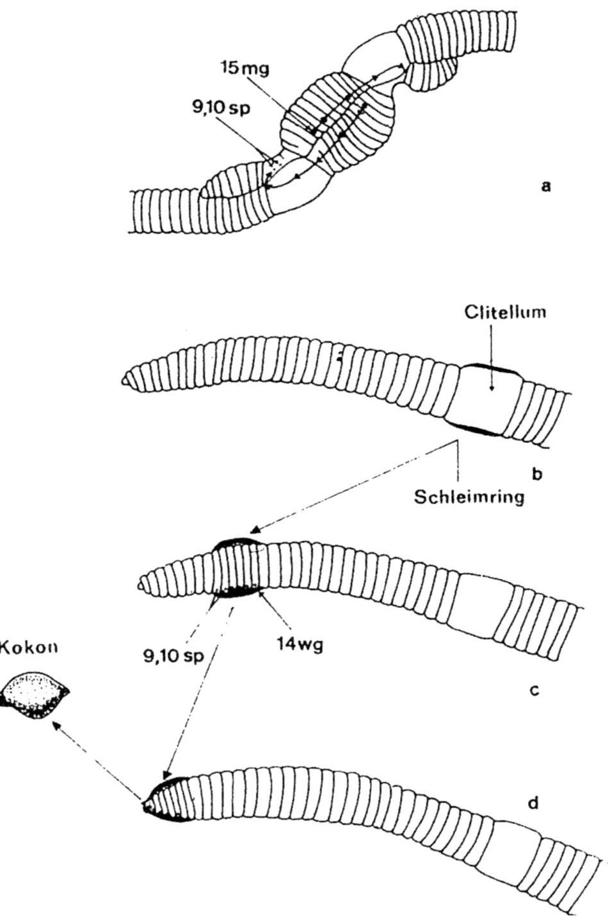

Fig. 35. Kopulation und Kokonbildung bei *Eisenia foetida*. a Kopulation. Aus der männlichen Geschlechtsöffnung am 15. Segment (mg) beider Partner tritt Samen aus, der über seitliche Rinnen zu den Samenbehältern (Spermathecen, sp) auf dem 9. und 10. Segment des Partners geleitet wird; b später bildet der Gürtel (Clitellum) einen Schleimring, der sich elastisch verfestigt und nach vorn über den Körper gestreift wird; c hierbei passiert der Ring erst die weibliche Geschlechtsöffnung (wg) am 14. Segment und nimmt Eier auf, die beim Passieren des 9. und 10. Segments aus den Spermathecen besamt werden; d der Wurm zieht auch das Vorderende aus dem Schleimring, der elastisch über den Eiern zusammenschrumpft und den Kokon bildet. Aus Edwards u. Lofty, verändert

Kanäle nicht mehr nach außen, sondern in den Darm, wo eine besonders starke Rückresorption des Wassers erfolgt. Die restlichen, nach außen mündenden Kanäle beginnen hier nicht mit offenem Wimpertrichter, sondern mit einer geschlossenen Blase in der Leibeshöhle. Tatsächlich werden diese Arten auch in besonders trockenen Böden beobachtet.

Für das Leben im Boden sehr wesentlich ist weiterhin die Fähigkeit, die Eier mit Kokons zu versehen und so vor Trockenheit zu schützen. Diese Eigenschaft kommt allgemein der im Süßwasser und im Boden lebenden Gruppe der Clitellaten (Gürtelwürmer) zu und hat für Bewohner austrocknender Gewässer die gleiche Bedeutung. Die Vertreter dieser Gruppe – zu denen die bodenlebenden Ringelwürmer fast ausschließlich gehören – zeichnen sich durch das Vorhandensein besonders kräftiger Hautdrüsen aus, die etwa am Ende des vorderen Körperdrittels den Wurm ring- oder gürtelförmig umgeben (Clitellum). Diese Drüsen scheiden nach der Begattung (die Arten sind Zwitter) eine ringförmige Sekretschicht ab, die über den Wurmkörper gestreift wird, Eier und Sperma aufnimmt und dann als Kokonhülle über den Eiern zusammentrocknet (Fig. 35). Die Eier und die sich darin entwickelnden Larven können in den Kokons Wärme, Kälte und Trockenheit längere Zeit überstehen.

Systematisch gesehen gehören fast alle bodenlebenden Anneliden zu den Oligochaeten (Wenigborstern). Die mit ihnen die Gruppe der Clitellaten bildenden Egel (Hirudinea) haben jedoch gleichfalls einige bodenbewohnende Arten hervorgebracht. So leben die Erdegel der Gattung *Lumbricobdella* (Fam. Herpobdellidae) in der Streu und den oberen Bodenschichten südamerikanischer feuchter Böden, wo sie nach anderen Bodenkleintieren jagen.

Bodenbiologische Bedeutung haben nur die opisthoporen Oligochaeten, die sich durch die Lage der männlichen Poren hinter den Hodensegment(en) auszeichnen. Bouché 1972 trennt diese in die Monotesticulata (mit 1 Hodenpaar), von denen hier nur die Enchytraeiden interessieren, und die Diplotesticulata (mit 2 und mehr Hodenpaaren), die deutsch am besten „Erdwürmer" genannt werden. Von den hierzu gehörenden 15 Familien sind die Regenwürmer (Lumbricidae) allgemein bekannt, jedoch haben mindestens 7 weitere Familien wenigstens einen oder einige Vertreter in europäischen Böden. Obwohl diese, wie vor allem die vielfältige Erdwurmfauna subtropischer und tropischer Böden, hohes bodenbiologisches Interesse beanspruchen, sollen die folgenden Ausführungen vorwiegend auf die Lumbriciden konzentriert werden. Zu den auffälligsten Merkmalen tropischer Erdwürmer zählt die Größe einiger Arten: *Rhinodrilus fafner* (Glossoscolecidae; Südamerika) erreicht 2 m Länge, *Megascolides australis* (Megascolecidae; Australien) kann mehr als 3 m Länge bei 4 cm Dicke aufweisen, *Microchaetus* sp. (Microchaetidae; Südafrika) wurde mit maximal 105 cm Länge im kontrahierten Zustand vermessen. Meldungen von südafrikanischen Erdwürmern mit 6–7 m Länge von 7,6 cm Durchmesser sind nicht gesichert. Wichtiger als solche „Rekorde" sind die Beobachtungen, daß die Erdwurmfauna an solchen Orten jährlich 10–27 kg/m^2 an Kotballen produzieren kann (Ljungström u. Reinecke).

Als interessanten Ausnahmefall entdeckte Harms auf Sumatera und den Maluku auch einige Polychaeten (Meeresringelwürmer), die zum Landleben übergegangen sind. Diese zu den Nereiden gehörenden Arten unterscheiden sich kaum von ihren nahen meeresbewohnenden Verwandten, leben aber in Bodengängen in normal feuchter Erde in Tiefen bis zu 30 cm. Als Abweichung wurde bei *Lycastis terrestris* beobachtet, daß die Parapodien (sonst zum Schwimmen und als Träger von Kiemen dienende Anhänge) wie Beine nach unten gerichtet und auch zum Laufen benützt werden, so daß die Fortbewegung etwa der eines Stummelfüßers *(Peripatus)* entspricht.

5.6.1. *Enchytraeiden*

Von etwa 500 bisher beschriebenen Arten der Enchytraeiden (Enchytraeidae) sind nach Nielsen u. Christensen (1959) lediglich knapp 300 anzuerkennen, hierunter 112 europäische Arten, die sich auf 16 Gattungen verteilen. Da die Artbestimmung (nach der inneren Anatomie) sowie Aufsammlung und Beobachtung recht kompliziert sind, ist unsere Kenntnis dieser Familie noch immer lückenhaft. Am besten ist gegenwärtig die Enchytraeidenfauna der nordeuropäischen Länder untersucht. Die Familie ist jedoch weltweit verbreitet.

Die Enchytraeiden sind kleine, etwa 1–50 mm lange, schlanke Würmer. Sie sind im Leben meist farblos bis gelblich und fast völlig durchsichtig. Seltener kommen grüne *(Lumbricillus viridis)* oder gelbe Arten *(Mesenchytraeus flavus)* vor. Einige *Lumbricillus*-Arten erhalten eine Färbung durch ihr Blut, das hier nicht wie normal farblos, sondern gelblich bis rot gefärbt ist.

Die Mehrzahl der Enchytraeiden lebt im Erdboden; nur wenige Arten sind ausschließlich Süßwasserbewohner. Noch seltener finden sich Meeresbewohner unter ihnen. Viele Arten haben die Fähigkeit, sich sehr variablen Umweltbedingungen anzupassen. So kann *Enchytraeus albidus* in nicht zu trockenen Böden, im Kompost, in Dünger, in verschmutzten Süßgewässern (besonders im Bodenschlamm), aber auch am Meeresstrand unter dem Strandanwurf gefunden werden.

Als Nahrung der Enchytraeiden dürften allgemein Mikroorganismen dienen. Dougherti u. Solberg konnten *Enchytraeus fragmentosus* allein mit einer *Escherichia coli*-Kultur vermehren. In der Laubstreu und im Humus lebende Enchytraeiden haben den Darm meist zu gleichen Teilen mit Pflanzenresten, Pilzen und Mineralteilchen gefüllt, Tiere aus dem Mineralboden enthalten dagegen bis zu 80 % Mineralteile. Im Auflagehumus nehmen Enchytraeiden bevorzugt Kotballen von Collembolen und anderen Streuzersetzern auf (Zachariae). Nach alledem sind Enchytraeiden als Substratfresser anzusehen. Wie ausgeprägt ihr Nahrungswahlvermögen ist, suchten Dash u. Cragg durch Absammeln der Tiere zu klären, die sich an ausgelegten Pilzködern einfanden. Die Enchytraeiden bevorzugten deutlich *Cladosporium*- und *Ceuthospora*-Köder gegenüber *Penicillium* und *Paecilomyces.*

Dozsa-Farkas fand, daß *Fridericia galba* und *Stercutus niveus* sich im Laubwaldboden besonders an der Mündung von Röhren großer Regenwürmer konzentrieren, vermutlich weil die zusammengetragenen und halb eingezogenen Blätter eine geeignete, bereits mikrobiell vorzersetzte Nahrung darstellen. Die geringe Ausstattung mit Verdauungsfermenten bei einigen untersuchten Enchytraeiden (Nielsen) läßt vermuten, daß sie Struktur-Polysaccharide der Pflanzen nicht verdauen können, d. h. daß mikrobiotisch aufgeschlossene Pflanzensubstanzen und die Mikroben selbst die eigentliche Nahrung der Enchytraeiden darstellen.

Von einigen Arten ist bekannt, daß sie ihre Pharynxplatte mit den Öffnungen der Septaldrüsen vor der Nahrungsaufnahme ausstülpen. Vermutlich wird die Nahrung hierbei nur eingeschleimt (O'C o n n o r IX). Verdauungsfermente wurden bislang in diesem Drüsensekret nicht nachgewiesen. Gelegentlich scheinen Enchytraeiden auch räuberisch zu leben. Nicht selten finden sich Nematoden im Darmkanal, die jedoch zufällig mit aufgenommen sein könnten. J e g e n teilt aber mit, daß Jungtiere der Gattungen *Enchytraeus* und *Fridericia* mit Hilfe ihrer Mundwerkzeuge in Wurzeln eindringen, die von Nematoden parasitiert werden, dort die Nematoden durch Sekrete zum Absterben bringen und sich von diesen ernähren. Bei Massenvermehrungen in einer Fichten-Baumschule wurde *Fridericia galba* (durch Fraß von Wurzelhaaren?) zum Schädling (K u r i r).

Die F o r t p f l a n z u n g der Enchytraeiden wird gewöhnlich (wie bei Lumbriciden) durch gegenseitiges Befruchten der zwittrigen Partner eingeleitet. Einige Gattungen enthalten neben normalen amphimiktischen diploiden Typen auch polyploide parthenogenetische (und nicht-parthenogenetische) Typen. Dies weist auf eine aktuelle Evolution der Enchytraeiden durch Polyploidie hin und erklärt z. T. die bedeutenden taxonomischen Schwierigkeiten. Einige Arten, wie *Cognettia glandulosa* oder *Buchholzia appendiculata*, können sich sowohl normal durch Eier als auch durch einfache Teilung vermehren. Hierbei zerbricht der Wurmkörper in 3 bis 11 Fragmente von mindestens 5 Segmenten, die einen vollen Körper regenerieren. Von *Enchytraeus fragmentosus* ist nur diese Vermehrungsform bekannt. Die meisten der bislang untersuchten amphimiktischen Enchytraeiden legen in der Fortpflanzungsperiode bei etwa 18 °C etwa aller 2 bis 8 Tage einen Kokon mit 5 bis 10 (30) Eiern ab, die nach 2 bis 3 Wochen schlüpfen. Nach weiteren 3 bis 4 Wochen werden die Jungtiere reif. Die Lebensdauer kann 2 bis 9 Monate betragen (I v l e v a).

In einem ungarischen Eichenwald zeigt *Stercutus niveus* nach D o z s a - F a r k a s folgende Saisondynamik: je Tier wird nur 1 Kokon mit 1 bis 15 Eiern abgelegt. Die Jungtiere schlüpfen im November, die Adulten „verjüngen" sich in dieser Zeit wieder unter Rückbildung der Geschlechtsorgane. Beide Generationen leben im Winter vorwiegend in der Laubstreu. Bei Trockenwerden im Frühjahr wandert die Population in die Tiefe (3–15 cm). Dort gehen die Tiere in ein Ruhestadium über (das auf Sammelmethoden durch „Austreiben" nicht reagiert!). Diese Inaktivität kann bis Oktober dauern. Für nordeuropäische Böden nehmen N i e l s e n u. O'C o n n o r (IX) an, daß die Enchytraeiden die Sommertrockenheit nur in Kokons überdauern, und zwar am besten solche Arten, die ihre Kokons mit einer zusätzlichen Hülle aus mineralischen und organischen Teilchen versehen (*Enchytraeus, Henlea, Fridericia*). Hier besteht die September-Population nur aus frisch geschlüpften Larven.

Die P o p u l a t i o n s d i c h t e der Enchytraeiden unterliegt einer starken Saisondynamik. Als Einflußfaktoren sind neben dem Nahrungsangebot die Temperatur, die Feuchtigkeit und der pH-Wert bekannt; unbekannt ist dagegen die Einwirkung von Freßfeinden. Einige Arten haben ihren Aktivitätsrhythmus offensichtlich an niedere Temperaturen angepaßt (um 5 °C), die meisten aber bevorzugen, insbesondere für die Fortpflanzung, höhere Temperaturen. So erhielt A b r a h a m s e n aus je 10 *Cognettia sphagnetorum* nach 5 Monaten bei 6 °C 19, bei 12 °C 86 und bei 18 °C 406 Tiere. Für diese wie auch viele andere Arten wird eine optimale Feuchtigkeit zwischen pF 0,6 und 1,5 (≈ 95–50 % der Wasserhaltekapazität des Bodens) angegeben, während zwischen pF 3 und 4 (≈ 25–10 %) die absolute Schädigungsgrenze für aktive Tiere liegt. In braunen Waldböden überstand *Fridericia galba* nach Dozsa-Farkas pF 3,9 (hier etwa = 40 % Wasserkapazität) bei Temperaturen um 11 °C relativ gut, bei Temperaturen um 20 °C jedoch nicht. Überflutungen wirken ebenfalls temperaturabhängig. Möller beobachtete nach 3½monatiger Überflutung von Auewiesen bei durchschnittlich 5 °C einen drastischen Rückgang, aber keine Vernichtung der Enchytraeidenpopulation. Er vermutet, daß einige Arten zu fakultativer Anaerobiose befähigt sind. Nach der Verbreitung in Irland nennt Healy (1980) z. B. *Mesenchytraeus sanguineus, Marionina riparia* oder *Cernosvitoviella sphaerotheca* als Spezialisten für sehr nasse Böden und *Henlea ventriculosa, Enchytraeus buchholzi* oder *Buchholzia fallax* als Arten, die auch noch in sehr trockenen Böden leben können (20 bis zu 1 Gewichts-% Wasser in Sanddünen: die Saugspannung liegt wohl auch hier nicht höher als pF = 4). Aus den gleichen Untersuchungen leitet Healy (1980) azidophile Arten ab, die vorwiegend bei pH 3–4,5 (nie über 5,5) leben *(Achaeta aberrans, Mesenchytraeus sanguineus, Marionina clavata)* und neutro-basophile, die nur in Böden über pH 6 angetroffen wurden *(Fridericia connata, Marionina riparia).*

Nur für wenige Arten scheinen diese Faktoren absolut über Anwesenheit oder Fehlen in einem bestimmten Boden zu entscheiden. Meist beeinflussen sie relativ die Dominanzverhältnisse, den jahreszeitlichen Dominanzwechsel oder die (gewöhnlich aggregierte) Verteilung im Boden. Gesichert ist inzwischen, daß Änderungen der Feuchtigkeit (Springett) und der Temperatur (Nurminen) Vertikalwanderungen hervorrufen können, die aber oft (Dash u. Cragg) auf die oberen 5 Profilzentimeter beschränkt bleiben. In einem Heideboden fand Nielsen im März fast die Hälfte der Gesamtpopulation in 0–5 cm, in der Trockenzeit (Juli) aber keine Besiedlung oberhalb 15 cm Tiefe. Andererseits scheinen (in mehr dauerfeuchten Böden) einige Arten eine spezifische Schichtung einzuhalten. So fand O'Connor (IX) in englischen Forsten auf Sedimentböden in der Streu *Cognettia,* im Humushorizont *Marionina* und im Mineralboden *Achaeta* dominierend.

Die absolute Besiedlungsdichte der Enchytraeiden läßt eine Tendenz zu Höchstwerten in nährstoffarmen, feuchten und z. T. sauren Böden erkennen:

Individuen · $10^3/m^2$	Biomasse g/m^2	Standort	Autor
130—290	53	Feuchtheide mit *Juncus,* Nordengland	Peachey
134	11	Nadelwald, Nordwales	O'Connor
23— 35	5— 9	Nadelwald, Norwegen	Abrahamsen
30— 74	3—10	Dauerweide, Dänemark	Nielsen
10— 25	15	Alluvialwiesen, Nordengland	Peachey
30— 90	5—15	Alluvialwiesen, Umgebung Potsdam	Möller

Diese Absolutzahlen sind oft schwierig zu interpretieren. Sie stellen sicher keine Höchstwerte dar; Healy (1980) fand allein für *Marionina clavata* in irischen Böden

Siedlungsdichten zwischen 20 000 und 240 000/m². In Ackerböden ohne organische Düngung fanden Sauerland u. Marzusch-Trappmann 1 000 bis 17 000 Enchytraeiden/m², mit organischer Düngung aber 35 000/m². Starke Mineraldüngung in Wäldern kann die Population primär stark reduzieren, nach 3 bis 5 Jahren jedoch effektiv erhöhen (Marshall, Heungens). Die in einem Boden vorhandene Zahl von Arten schwankt wohl zwischen 5 und 50. Möller fand auf Wiesen bei Potsdam 43 Arten, Abrahamsen in 6 norwegischen Nadelwaldtypen nur 23 Arten. Healy (1980) nennt aus Irland insgesamt 81 Enchytraeidenarten.

Um die Bedeutung der Enchytraeiden für den Stoffkreislauf im Boden abzuschätzen, muß die relativ hohe Biomasse im Zusammenhang mit der beachtlichen Aktivität gesehen werden. Durchschnittlich liegt der Sauerstoffverbrauch bei 20 °C bei 300 µl/g/h, also weit unter demjenigen der Nematoden, aber deutlich über der Aktivität der Regenwürmer. Abrahamsen hat dies an folgendem Vergleich verdeutlicht: in norwegischen Podsol-Fichtenwäldern erreichen die Enchytraeiden eine Biomasse von 8,9 g/m², aber eine gesamte Körperoberfläche von 15,7 dm²/m²; für die Lumbriciden liegen diese Werte bei 50,8 g/m² und nur 7,1 dm²/m². In solchen Böden kommt den Enchytraeiden höhere Bedeutung für die Dekomposition zu als den Lumbriciden. Allgemein scheinen die Enchytraeiden zu konkurrenzschwach zu sein, um sich in Böden mit starkem Lumbricidenbesatz voll entfalten zu können.

Auch für die mechanischen Eigenschaften des Bodens können Enchytraeiden eine bedeutende Rolle spielen. In nicht zu dichten Böden graben bzw. fressen sie feine Gänge, die günstig auf die Wasser- und Luftführung des Bodens wirken. In ihren feinen Kotkrümeln sind die Bodenteilchen durch Mikrobenschleim verkittet. Nach Trappmann können Enchytraeiden-Krümel die mechanischen Bodenaggregate um 50 % an Stabilität übertreffen, eine Eigenschaft, die in leicht verschlämmenden Böden hohe Bedeutung erlangt. An Bodenschnitten läßt sich machweisen (Kubiena, Zachariae), daß die Tätigkeit der Enchytraeidae in geeigneten Böden eine hohe Bedeutung für die Ausbildung einer stabilen schwammigporösen Mikrostruktur hat.

Technik. Es bereitet keine Schwierigkeiten, Enchytraeiden mit einer feinen Pinzette aus dem Boden oder der Streu auszulesen. Hierbei werden jedoch nur die größeren Arten erhalten. Kleinere müssen in Aufschwemmungen unter dem Binokular herausgesucht werden. Für quantitative Untersuchungen ist dieses Verfahren zu zeitraubend. O'Connor empfiehlt folgende Auslesemethode für aktiv wanderfähige Enchytraeiden (Fig. 36): eine Bodenprobe von etwa 50 cm³ bei etwa 2 cm Schichtstärke wird auf ein 0,5–1 mm-Sieb von etwa 8–10 cm Durchmesser gelegt. Am besten wird eine mit einem Probenehmer ausgestochene, nicht zerkrümelte, in situ in 2 cm-Scheiben zerlegte Probe genommen, deren Oberseite nach unten auf das Sieb gelegt wird. Das Sieb kommt so in einen Wassertrichter, der unten mit Gummischlauch und Klemme verschlossen ist, daß die Unterseite der Bodenprobe benetzt wird. Eine durch ein reflektierendes Gehäuse abgeschlossene 60-Watt-Lampe wird etwa 15 cm darüber angeordnet und über einen Regelwiderstand so betrieben, daß die Oberfläche der Bodenprobe im Verlauf von 150 Min. bis auf 45 °C erwärmt wird. Nach insgesamt 3 Stunden haben sich die Enchytraeiden im Trichterende ge-

Fig. 36. Auslesetrichter für Enchytraeiden nach O'Connor. Erläuterung s. Text

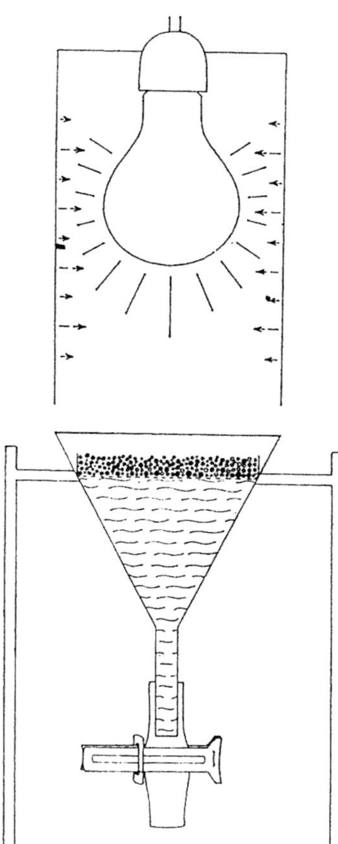

sammelt. Ordnet man diese Trichter in Serien an, so können größere Probenmengen in relativ kurzer Zeit ausgelesen werden (O'Connor XI). Nach der etwas komplizierteren Methode von Nielsen werden die Enchytraeiden durch Wasserdampf vorsichtig aus der Bodenprobe in eine darübergebreitete und gekühlte Sandschicht getrieben. Aus dem Sand müssen sie dann ausgewaschen werden. Die Bestimmung der Arten erfolgt am besten im lebenden Zustand unter einem starken Mikroskop und ist nur dem eingearbeiteten Spezialisten möglich.

5.6.2. *Regenwürmer, Lumbriciden*

Die Regenwürmer (Lumbricidae) sind mit etwa 230 Arten über die gesamte nördliche gemäßigte Zone, einige Arten durch Verschleppung auch weltweit verbreitet. Im nördlichen Mitteleuropa sind etwa 40 Arten nachgewiesen, wovon allerdings nur die Hälfte häufig und verbreitet ist. Nach Südeuropa nimmt die Artenzahl der Regenwürmer zu. Dies erklärt sich dadurch, daß nach der Eiszeit nur bestimmte (peregrine) Arten in das nördliche Gebiet vordrangen, wogegen sich in den unvereist gebliebenen Regionen endemische Arten erhalten haben, die oft nur ein begrenztes Verbreitungsgebiet aufweisen. Die Erdwurm-Faunen der UdSSR (Perel 1979) und Frankreichs (Bouché 1972) umfassen je etwa 100 Arten, von denen in der UdSSR 9, in Frankreich 14 Arten nicht zu der Familie Lumbricidae gehören, aus Österreich sind 52 Lumbricidae bekannt (Zicsi).

Das ökologische Verhalten der Regenwürmer ist überraschend vielfältig. Es läßt sich in groben Zügen in 3 Lebensformtypen gliedern: Die Streuformen (epigäischer Typ) halten sich in der Humusauflage der Böden oder anderen Anhäufungen organischer Substanz bzw. in sich zersetzendem Holz auf. Die Tiefgräber (anözischer Typ) fressen nur an der Bodenoberfläche, graben jedoch tiefe Gänge. Die Mineralbodenformen (endogäischer Typ) beschränken sich auf ihre flachen Gangsysteme bis 30 oder auch 50 cm Tiefe. Die wichtigsten Merkmale dieser Lebensformen mit einigen zugehörigen Arten sind in der *nachfolgenden Tabelle* zusammengestellt. Zwischen diesen Grundtypen gibt es gleitende Übergänge mit vielen Sonderanpassungen. Selbst innerhalb der gleichen Art fand Bouché (VI) Populationen, die mehr dem einen oder anderen Typ zuneigen. Dennoch ist diese Typisierung nützlich und erleichtert das Verständnis der folgenden Besprechung.

Das Pigment ist in Form von Körnchen oder Pigmentzellen in die Muskelschicht eingelagert. Epigäische und anözische Arten sind gewöhnlich wenigstens dorsal intensiv dunkel rötlich oder bräunlich gefärbt. Dies ist ein für sie notwendiger Strahlungsschutz, auch wenn sie meist nur in der Dämmerung und nachts frei an der Bodenoberfläche kriechen. So ist auch erklärlich, warum der Schwanz bei Tiefgräbern, die sich hiermit meist im Gang sichern, oft pigmentfrei ist *(Lumbricus terrestris)*. Die Mineralbodenformen weisen oft keinerlei Pigment auf. Hier wird die Körperfarbe von durchschimmernden Gefäßen und anderen Organen bestimmt. Auffällige Zeichnungen kommen durch abwechselnde Pigmentierung der Segmente (Streifenzeichnung bei *Eisenia foetida*), Irisieren der Haut *(Lumbricus castaneus)* oder unterschiedliche Blutversorgung zustande (rosafarbenes Clitellum bei manchen *Allolobophora*).

Für die Atmung der Regenwürmer muß als erste Voraussetzung stets die Haut durch Ausscheidungen der feinverteilten Schleimzellen, der unpaaren, an den Segmentgrenzen liegenden Rückenporen (Coelomporen) und der Nephridioporen feucht gehalten werden. In diesem Film kann sich der Sauerstoff lösen, die weiche Cuticula durchdringen und in die subepidermalen Blutgefäße gelangen. Einige Arten haben stark durchblutete Hautpartien, in denen Blutkapillaren sogar in die Epidermis eindringen (z. B. *Lumbricus terrestris)*. Eine weitere Voraussetzung für die Atmung bei den großen Regenwurmarten ist das Vorhandensein von Hämoglobin. Dessen O_2-Affinität ist bei echten Tiefgräbern größer als bei anderen Arten (Byzova V). Stets aktive epigäische Arten weisen eine gleichbleibende Hämoglobinkonzentration auf. Bewohner der tieferen Bodenschichten haben nach sommerlichen oder winterlichen Ruhepausen weniger Hämoglobin; Byzova vermutet, daß dieses als Energiequelle mit verbraucht wird. Die Atmungsintensität der Regen-

Tabelle 2. Lebensformen der Regenwürmer. Nach Wilcke, Perel' 1979, Bouché VI

Lebensform/ Merkmal	Streuform epigäisch	Tiefgräber anözisch	Mineralbodenform endogäisch
Pigment	homochrom (bräunl.-rot)	dunkel (Vorderrücken schwärzlich-rotbraun)	ohne Pigment
Größe	klein (10–30 mm)	oft groß (200–450 mm)	klein bis groß (150 mm)
Grabmuskulatur	verkümmert	stark entwickelt	entwickelt
Hautbefeuchtung	Schleimhülle, Nephridioporen variabel gelagert	Schleimhülle stark, Nephridioporen variabel gelagert	wenig ausgeprägt, Nephridioporen in gleicher Höhe
Nahrungsaufnahme	an Oberfläche; kleine organische Teilchen	an Oberfläche; große organische Objekte	im Boden; Mineralboden + organische Teilchen
Darmpassage	langsam	variabel	schnell
Atmung	intensiv	mittel	schwach
Lichtscheu	schwach	mäßig	stark
Reproduktion	stark	begrenzt	begrenzt
Reifung	schnell	mäßig langsam	mäßig schnell
Lebensdauer	kurz	lang	mittel
Gefährdung durch Räuber	sehr groß	geringer: Rückzug in Gänge	schwach
Überdauerung ungünstiger Perioden	Enzystierung im Kokon	z. T. echte Diapause; z. T. ohne Ruhestadien	oft Quieszenz
Reaktion auf Störungen	hohe Beweglichkeit	mäßig bis hohe Beweglichkeit	schwache Beweglichkeit, Coelomausscheidungen
Milieu/Habitat	Humusauflage, Streu, Mist; Rinden-Phloem	Ganzes Profil, Gänge bis 6 m tief	Mineralboden; obere Wurzelzone = epiendogäisch
häufige mitteleuropäische Arten	*Lumbricus castaneus,* *Dendrobaena rubida,* *D. octaedra,* *D. illyrica,* *D. attemsi,* *Eisenia foetida,* *Eiseniella tetraedra,* *Lumbricus rubellus,* → *L. festivus* → ←	*Allolobophora longa* ← *Dendrobaena platyura,* *Lumbricus* ← *polyphemus,* *L. terrestris*	*Allolobophora icterica,* *A. chlorotica,* *Octolasium lacteum,* *O. cyaneum,* *A. caliginosa* *A. rosea,* *A. oculata*

würmer variiert in Abhängigkeit von der Größe der Arten, der Aktivität und äußeren Faktoren in der Größenordnung von 50–100 mm³/g/h bei 20 °C.

Epigäische Arten, z. B. *Dendrobaena octaedra,* sind offenbar nicht in der Lage, bei einem höheren Sauerstoffdefizit (75–50 % des Normaldruckes) zu atmen (Byzova). Die Ansprüche der endogäischen oder anözischen Formen an die Sauerstoffspannung ist dagegen sehr gering. Für einige Arten ist wahrscheinlich, daß sie zeitweise anaerob leben können. Auch gegen erhöhte CO_2-Konzentrationen sind sie weitgehend unempfindlich, solange diese nicht 25 % übersteigt. Das Austreiben der „Regenwürmer" durch Regen aus dem Boden ist daher nicht durch Sauerstoffmangel erklärbar, sondern durch das Auslösen eines erhöhten Bewegungsreizes (Finck). Geraten endogäische und anözische Arten durch das Austreiben unter Lichteinfluß, den sie mit den auf der (vorderen) Rückenseite verstreuten Lichtsinneszellen wahrnehmen, so reagieren sie nicht wie normal sofort negativ. Besonders unpigmentierte Arten werden hierbei relativ schnell durch ultraviolette Strahlen getötet.

Die Regenwürmer sind in höherem Maße Feuchtlufttiere als die Enchytraeiden, indem sie nur in Ausnahmefällen und auch dann nicht für dauernd das Wasser aufsuchen. Nur wenige Arten, z. B. *Eiseniella tetraedra,* leben amphibisch am Rande von Flüssen, Bächen und stehenden Gewässern. Aber nicht nur diese können lange im Wasser ausdauern. So überlebten Exemplare von *Lumbricus rubellus* und *L. terristris* eine 50 Wochen anhaltende Überschwemmung und hielten 72 bis 137 Tage in Leitungswasser aus. Junge *Allolobophora chlorotica* entwickelten sich normal in Leitungswasser, dem etwas Boden und organische Stoffe beigefügt waren. Dennoch meiden alle Arten Überschwemmungen soweit möglich. Einige Arten sind allerdings durch Gewöhnung zum freiwilligen Aufsuchen von höheren Feuchtigkeitsgraden zu bringen.

Andererseits sind Regenwürmer gegen Trockenheit sehr empfindlich und kommen in regelmäßig austrocknenden Böden nur spärlich oder nicht vor. Beginnende Austrocknung des Bodens kann Fluchtverhalten (Tiefgraben: *Eisenia foetida*) oder Zusammenrollen (Quieszenz: *Allolobophora rosea, A. caliginosa*) erzeugen. Die meisten Regenwurmarten können eine lange Trockenperiode unterhalb des Dauerwelkepunktes (pF 4,2) nicht überstehen (Gerard). Wie Regenwürmer ihren relativ konstanten inneren osmotischen Wert unter normal günstigen Bedingungen erhalten, ist nicht ausreichend bekannt (Edwards u. Lofty 1977). Sie scheiden täglich hypotonischen Urin von etwa 1 % ihres Körpergewichtes aus (Piearce), dazu beträchtliche Mengen an Schleim. Diesen sowie den durch Evaporation entstehenden Verlust müssen sie aus dem Boden decken. Im Extrem fand Roots, daß ein Gewichts(=Wasser-)Verlust von 70–75 % ertragen wird, ohne das Tier zu töten. Andererseits können in Wasser verbrachte Tiere mindestens über einige Zeit das Wasser so schnell ausscheiden, wie es über die ganze Körperoberfläche eindringt, d. h., bis zu einer Wassermenge von täglich 60 % des Körpergewichtes. Allerdings beobachtete Laverack eine Gewichtserhöhung durch Wasseraufnahme unter solchen Bedingungen um bis zu 15 %.

Für die Verbreitung der Regenwürmer hat weiter der pH-Wert eine ausschlaggebende Bedeutung (Satchell, IX). Laverack fand, daß *Allolobophora longa* schon bei pH 4,6–4,4, *Lumbricus terrestris* bei pH 4,3–4,1 und *Lumbricus*

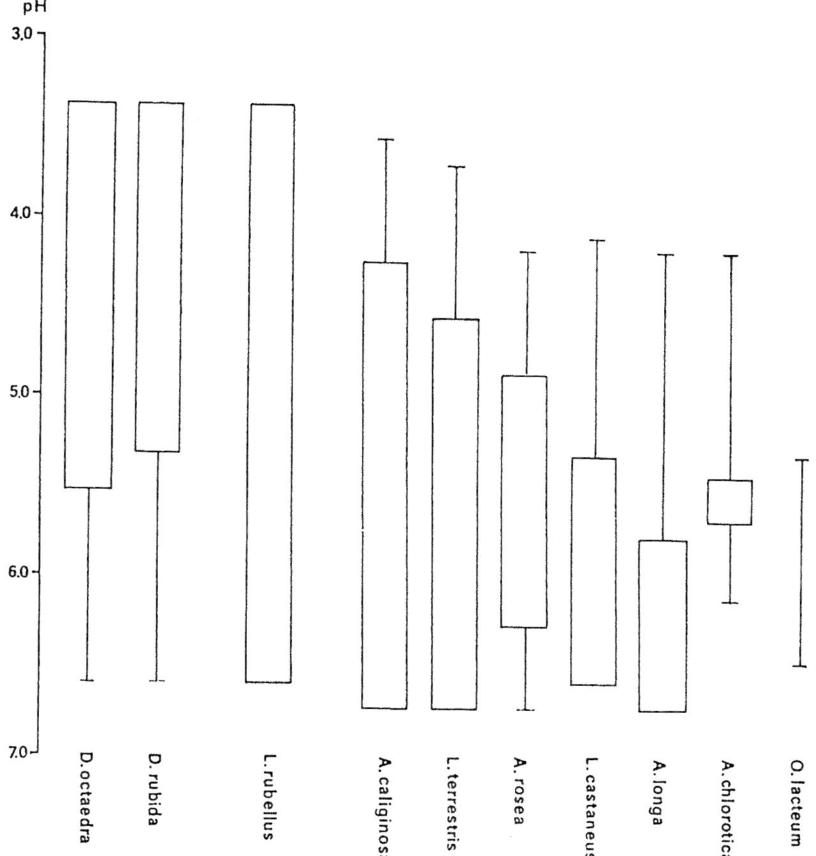

Fig. 37. pH-Abhängigkeit von Regenwurmarten. Durchschnittliche Verbreitung von 10 Lumbricidenarten in 20 Standorten (Nadel-, Laubwald, Wiese, Acker) Südschwedens mit pH-Werten zwischen 3,5 und 6,6. Breite Säulen $= > 5$ Ind./m², Linien < 5 Ind./m². Nach Nordström u. Rundgren

rubellus erst bei pH 3,8 mit einer säurebedingten Fluchtreaktion ansprechen. Die Verbreitung einiger häufiger Arten in südschwedischen Wäldern (Fig. 37) zeigt, daß einige Streuarten in Böden oberhalb pH 5,5 immer seltener werden *(Dendrobaena octaedra, D. rubida)*, wogegen andere Streuarten wie *Lumbricus rubellus* alle Böden besiedeln können. Ob erstere richtig als azidophile Arten eingestuft werden oder nur azidotolerant mit starker Bindung an bestimmte Gegebenheiten saurer Habitate (Rohhumus mit bestimmten Pilzarten o. ä.) sind oder ob sie in weniger sauren Böden nur nicht mehr ausreichend konkurrenzfähig sind, kann nicht gesagt werden. Nach letztgenannter Auffassung wäre *L. rubellus* eine azidotolerante konkurrenzkräftige

Streuart. Die übrigen, endogäischen oder anözischen Arten der südschwedischen Wälder erweisen sich als mehr oder weniger azidophob. Für diese Arten der südschwedischen Wälder scheint die pH-Schwelle durchschnittlich bei pH 4,5 zu liegen, jedoch zeigt Fig. 37, daß dies keine Absolutgrenzen sind. Hierbei ist zu bedenken, daß pH-Zustände in Böden horizontal ungleichmäßig und fleckenhaft und vertikal mit Differenzen bis 1,5 pH verteilt sein können. Die Regenwürmer nehmen die Wasserstoffionenkonzentration nicht nur mit dem Prostomium (Kopflappen), sondern mit säureempfindlichen Fasern an der gesamten Körperoberfläche wahr (L a v e r a c k). Für europäische Regenwurmarten scheinen alkalische Böden allgemein wenig zusagend zu sein. In Ägypten fanden El D u w e i n i u. G h a b b o u r aber bei pH 9,1 noch eine gute Aktivität. In Böden oberhalb pH 10 (wie auch unterhalb pH 2,8) scheinen Regenwürmer nicht lebensfähig zu sein (B h a t t i).

Die für die Aktivitätsphase bevorzugten T e m p e r a t u r e n liegen wenigstens in temperierten und kühlen Klimaten um 10 °C. S a t c h e l l (IX) beobachtete dann eine intensive Tätigkeit, wenn die Nachttemperaturen zwischen 2 und 10,5 °C lagen und es genügend feucht war. Die Zahl der Blätter, die *Lumbricus terrestris* je Nacht in den Gang zieht, erwies sich nach Beobachtungen in England zwischen Dezember und März in Nächten mit 5°, 10° und 15 °C etwa gleich, sank aber bei 0 °C auf Null (E d w a r d s u. L o f t y 1977). Einige Arten können sich bei ausreichender Feuchtigkeit zeitweise auch an etwas höhere Temperaturen gewöhnen. Die obere Letaltemperatur liegt jedoch für die meisten mittel- und nordeuropäischen Arten bereits bei etwa 25 °C. Von tropischen und subtropischen Erdwürmern werden dagegen Präferenztemperaturen zwischen 24 und 35 °C genannt, mit Letaltemperaturen von 37–38 °C (D u w e i n i u. G h a b b o u r). Das Einfrieren kann offensichtlich kein Regenwurm lebend überstehen. Daraus ergibt sich mindestens für die temperierte Zone ein überraschend schmaler Temperaturbereich zwischen 0 und 25 °C, den die Regenwürmer entweder durch Tiefgraben einhalten oder im Kokon in den Minusbereich erweitern können (epigäische Formen).

Die F o r t p f l a n z u n g und E n t w i c k l u n g der Regenwürmer beginnt in der Regel mit dem „Kopulieren", d. h. dem Samenaustausch zwischen zwei zwittrigen Partnern (Fig. 35). Die Kopulation kann ein- oder mehrmals jährlich erfolgen und innerhalb des Bodens oder auf der Oberfläche *(Lumbricus terrestris)* ablaufen. Einige Arten bilden jedoch abweichend Spermatophoren und heften sich diese gegenseitg an *(Dendrobaena illyrica)*. Schließlich entwickeln sich die Eier einiger Arten bzw. Gattungen teils fakultativ, teils obligatorisch parthenogenetisch (*Dendrobaena octaedra, D. rubida, Eisenia foetida, Eiseniella tetraedra, Octolasium lacteum, O. cyaneum*). In jedem Fall wird ein Kokon gebildet (Fig. 35), der 1 bis 20 Eier umfassen kann, aus dem jedoch meist nur eine Larve schlüpft.

Bei optimaler Haltung in Mist-Kompost hat der Mistwurm, *Eisenia foetida,* nicht nur die kürzeste Entwicklungszeit – 3 Wochen nach Kokonablage schlüpfen die Jungtiere („Brutzeit"), und nach weiteren 9 Wochen („Jugendzeit") sind sie geschlechtsreif –, sondern auch die höchste Kokonzahl je Jahr und Tier (etwa 140) unter den heimischen Arten (R a m m n e r). Darüber hinaus kommen in seinen Kokons durchschnittlich 2 bis 3 Larven zur Entwicklung. So weist der Mistwurm eine Nachkommenschaft von rund 350 Individuen in der ersten Generation auf, während diese Zahl für die meisten Arten der häufigen Gattungen *Allolobophora* und

Lumbricus zwischen 20 und 60 liegt. Andere epigäische Arten produzieren unter Normalbedingungen ebenfalls hohe Kokonzahlen (40 bis 106 je Tier und Jahr), wogegen endogäische Arten 3 bis 27 Kokons, anözische Arten sogar nur 3 bis 8 Kokons je Tier und Jahr ablegen (Evans u. Guild, Wilcke). Hierbei spielt wohl die ganzjährige Aktivität der epigäischen und die Quieszenz bzw. Diapause der endogäischen und anözischen Arten eine Rolle.

Die Brutzeit ist einerseits artspezifisch – es werden 10 bis 20 Wochen angegeben –, andererseits temperaturabhängig: *Allolobophora chlorotica* schlüpfte bei 20 °C nach 36 Tagen, bei 15 °C nach 50 Tagen und bei 10 °C nach 112 Tagen (Gerard). Bei Temperaturen unter 5,6 °C stoppt *Eisenia foetida* die Eientwicklung (Tsukamoto u. Watanabe). Bei *Dendrobaena subrubicunda* nimmt die juvenile Phase bis zur Entwicklung des Clitellums etwa 100 Tage, die adulte Phase weitere 220 Tage und die Seneszenz (nach Verschwinden des Clitellums) noch einmal etwa 200 Tage in Anspruch, wenn die Tiere im Labor bei 18 °C gehalten werden (Michon). In der Natur sterben wohl alle diese epigäischen Arten, wenn sie sich nicht in die Tiefe graben können, bei Wintereinbruch ab.

Für endogäische Arten kann die Beobachtung von Phillipson u. Bolton an *Allolobophora rosea* gelten: in einer englischen Population legte durchschnittlich

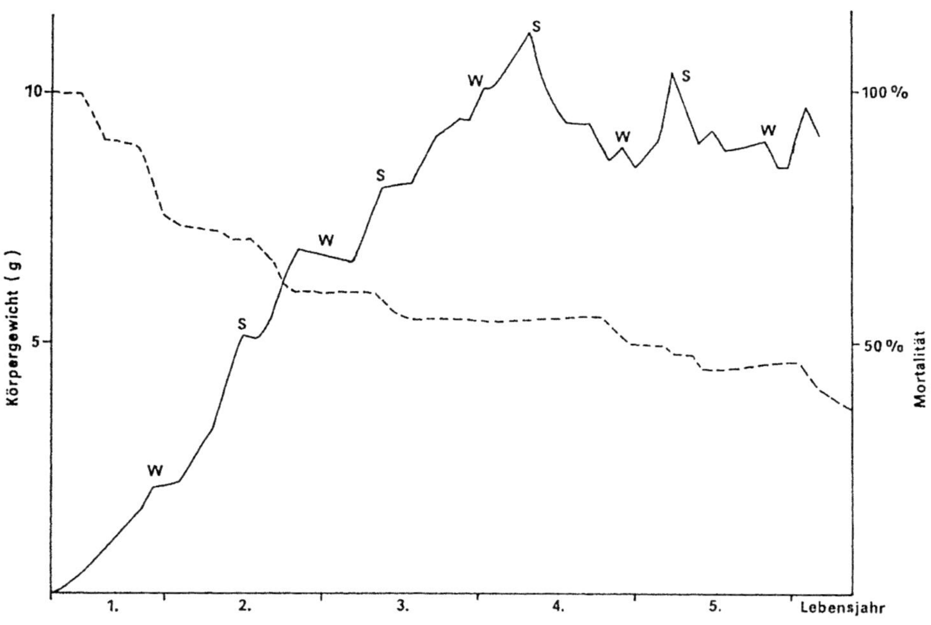

Fig. 38. Wachstum (Individuen-Gewicht, volle Linie) und Mortalität (gestrichelte Linie) einer im Freiland gehaltenen Population von *Lumbricus terrestris*. W Winter, S Sommer. Nach Satchell

jedes Tier 3,1 Kokons im Jahr ab. Mit 1,5 Jahren (= 100 mg) wurden die Geschlechtsmerkmale sichtbar, mit 2 Jahren (= 180 mg) trat die Reife ein. Das durchschnittliche Lebensalter scheint 5 bis 6 Jahre zu betragen (350 mg), ausnahmsweise wurden wahrscheinlich 8 Jahre alte Tiere von 439 mg Gewicht gefunden. Das Wachstum einer anözischen Art, *Lumbricus terrestris*, hat Satchell (IX) verfolgt (Fig. 38). Es zeigt sich, daß die Entwicklungspausen im Sommer und Winter zu Gewichtsverlusten führen und daß die Tiere nach Erreichen des Optimums im 4. Jahr in eine Seneszenzphase mit verringertem Gewicht übergehen. In der Natur wird diese Phase allerdings wohl selten erreicht. Als „Altersrekord" gilt die Beobachtung von *Allolobophora longa* über 10 Jahre und 3 Monate (Korschelt).

Mit dem Erlangen der Geschlechtsreife ist die Größen- und Gewichtszunahme der Regenwürmer im wesentlichen abgeschlossen. Unter schlechten Ernährungsbedingungen in der Jugendzeit tritt die Geschlechtsreife oft verspätet ein, so daß die Wachstumsperiode verlängert wird. Dies führt zu der zunächst verwunderlichen Erscheinung, daß in schlechten Böden nur wenige, aber oft sehr große Regenwürmer zu finden sind. Ein vorzeitiges Reifen kann unter sehr günstigen Bedingungen beobachtet werden. So berichtet Kollmannsperger, daß in einer Oase in der Zentralsahara in 2 000 m Höhe je m^2 1 026 *Allolobophora caliginosa* zu finden waren, deren Einzelindividuen jedoch nur 50–65 % der Länger normaler mitteleuropäischer Tiere dieser Art erreichten.

Das Überdauern ungünstiger Bedingungen (Temperatur, Feuchtigkeit) ist den Regenwürmern auf 4 verschiedenen Wegen möglich (Edwards u. Lofty 1977). Sie können diese Zeiten entweder im Eistadium, geschützt durch den Kokon (die meisten epigäischen Formen), überstehen, oder in ein Ruhestadium, meist in größerer Bodentiefe, übergehen. Wird dieses Ruhestadium aktuell durch den Eintritt der ungünstigen Witterung ausgelöst und auch wieder durch adäquate Bedingungen aufgehoben, so liegt eine Quieszenz vor, die bei *Allolobophora rosea, A. caliginosa* oder *A. chlorotica* regelmäßig beobachtet werden kann. Seltener erweist sich, daß die Ruheperiode, obwohl durch Umweltfaktoren (Temperatur oder Trockenheit) ausgelöst, durch Aufheben der ungünstigen Bedingungen nicht beendet werden kann, bevor eine kritische Periode verstrichen ist. Dann handelt es sich um eine fakultative Diapause *(Dendrobaena egglestoni)*. Obligatorische Diapausen sind von anözischen Arten der Gattung *Allolobophora (A. longa, A. nocturna)* bekannt (Satchell IX), die unabhängig von aktuellen Änderungen der Umweltbedingungen eine Ruhepause einlegen und beenden, wobei eine Akkumulation vorangehender Umweltreize offensichtlich eine (noch nicht hinreichend bekannte) Rolle spielt. Rotpigmentierte Gattungen wie *Lumbricus* oder *Dendrobaena* scheinen keine Diapausen zu haben (Michon).

Die Nahrung der Regenwürmer besteht vorwiegend aus abgestorbenen organischen Stoffen und Mikroorganismen. Nur selten fressen sie grüne oberirdische Pflanzenteile an; Zicsi hält dies für den Ausdruck eines Vitamin A-Mangels. Die anözischen Arten ziehen nachts Streuteile von der Bodenoberfläche in ihr Gangsystem ein. Sie verlassen dabei ihre Röhre gewöhnlich nicht ganz, sondern sichern sich mit dem Hinterende im Röhreneingang. In Waldböden ist oft zu beobachten, daß z. B. *Lumbricus terrestris* Laubblätter mit dem Stiel nach unten in die Mündung seiner Gänge gebracht hat. Ob hierbei die Blätter erst abgetastet und dann die Stiele als geeignet zum Anpacken gewählt werden, oder ob hierbei Versuch und Irrtum entscheiden, ist nicht geklärt.

Während des Einziehens saugt sich der Wurm an einem Blatt fest und gibt hierbei ein Sekret aus der Pharynxdrüse ab. Dieses enthält mindestens eine Amylase (van Gansen), fördert also den Rotteprozeß nicht nur durch Befeuchten. Oft werden die Blätter lange in dieser Position belassen, bis der Regenwurm mit seinem als Saugpumpe benutzten Pharynx beginnt, bereits angerottetes Blattparenchym einzusaugen und kleine Gewebestücke herauszureißen, so daß schließlich nur noch die widerstandsfähige Blattnervatur als Skelett übrigbleibt. Kleinere organische Teile werden im ganzen aufgenommen. Entsprechend dieser Ernährung produzieren Tiefgräber im intakten Gangsystem wie auch nichtgrabende (epigäische) Streuformen stark humose, nur schwach mit mineralischen Stoffen durchsetzte Kotballen. Dagegen nehmen endogäische Arten oder auch anözische Arten beim Anlegen der Gänge die gesamte Bodensubstanz auf, verdauen daraus die organischen Bestandteile und die nicht geschützten (aktiven) Formen der Mikroorganismen und scheiden dementsprechend sehr mineralreiche Kotballen aus.

Im muskulösen hartwandigen Magen der Regenwürmer wird die Nahrung zerrieben, wobei der Mineralanteil sicher eine Rolle spielt. Im Darm wurden Proteasen, Lipasen, Saccharasen, Amylasen, Chitinasen und Zellulasen nachgewiesen, wobei heute als wahrscheinlich gilt (Parle, Arthur), daß diese Enzyme alle vom Regenwurm selbst produziert werden. Früher wurde in Analogie zu Arthropoden eine Beteiligung der Darmflora hieran für wahrscheinlich gehalten. Ob Regenwürmer allgemein eine spezifische Darmflora aufweisen, wird heute bezweifelt (Satchell IX), da manche Untersuchungen nur quantitative Unterschiede zur Mikroflora des Bodens ergaben. An einer holzbewohnenden Art *(Eisenia lucens)* haben aber kürzlich Márialigeti und Contreras eine sehr spezifische Zusammensetzung der Darmflora aus einer *Vibrio*-Art (70 %) und Aktinomyzeten, worunter wiederum nur eine Art, *Streptomyces limanii*, mit 90 % dominiert, festgestellt. Über die Leistung dieser Darmflora gibt es keine exakten Kenntnisse.

Die Ernährungsweise der Arten (nicht nur der Ökotypen) der Regenwürmer kann sehr verschieden sein. Piearce untersuchte die 6 in einem englischen Wiesenboden zusammenlebenden Regenwurmarten und fand, daß sie 5 verschiedene Ernährungsarten repräsentieren. Die Mineralbodenbewohner bevorzugen im allgemeinen abgestorbene Pflanzenwurzeln und weitgehend angerottete organische Substanz *(Allolobophora rosea)*. Wichtig ist für sie auch der Anteil an lebenden Mikroorganismen. *Allolobophora caliginosa* erwies sich als intensiver Verzehrer von Bodenalgen (Atlavinyte). Andere Arten sind vorwiegend auf Mist spezialisiert. Von den Streubewohnern bevorzugen *Lumbricus rubellus* und *L. castaneus* meist Fallaub, *Dendrobaena*-Arten sind häufiger in sich zersetzendem Holz anzutreffen. Besonders an den hauptsächlich von der Laubstreu lebenden anözischen Arten wurde das Wahlvermögen gegenüber den häufigen Laubarten geprüft (Zicsi u. Pobozsny VI): bevorzugt werden N-reiche, gerbstoffarme Blätter wie Linde, Esche oder Bergahorn, andere Arten werden erst in fortschreitendem Rottegrad angenommen, so Hainbuche, Eichenarten oder Rotbuche. Nadelstreu kommt nur in basenreichen Böden und in einem gewissen Zersetzungsgrad als Nahrung für Regenwürmer in Betracht. Zicsi berechnete für ungarische Laubwälder die Streumenge, die große Arten wie *Lumbricus polyphemus* potentiell fressen können, und fand im Vergleich zur tatsächlich zur Verfügung stehenden Nahrungsmenge, daß offensichtlich Hungerzeiten durch Nahrungsmangel überstanden werden müssen. *L. polyphemus* konnte hierbei bis zu 40 % des Körpergewichtes verlieren, ohne Schaden zu nehmen.

Für die laufende Dezimierung der Regenwürmer sorgen neben Hitze, Frost und Trockenheit ihre zahlreichen Feinde. Hier sind vor allem Maulwürfe, Spitzmäuse, Vögel, Amphibien, Reptilien und verschiedene Insekten, die auf Regenwürmer spezialisierten Erdläufer (Geophiliden) unter den Hundertfüßern und eine Reihe von Parasiten zu nennen. Ein wirksamer Schutz vor ihren Feinden fehlt den Regenwürmern. Ihr außerordentlich feiner Erschütterungssinn ermöglicht ihnen häufig eine rechtzeitige Flucht. Werden sie ergriffen, so scheiden sie reichlich Schleim und Leibeshöhlenflüssigkeit aus den Rückensporen aus, wodurch sich jedoch nur wenige Räuber abhalten lassen. Die tropische Gattung Pheretima spritzt allerdings meterweit eine ätzende Flüssigkeit. Besonders größere gangbildende Arten, die in Gefahr stehen, von Feinden regelrecht „abgerissen" zu werden, zeigen eine hohe Regenerationsfähigkeit. Diese nimmt mit zunehmendem Alter der Tiere oder mit der Zahl der abgerissenen Segmente ab, auch wird das Vorderende weniger leicht regeneriert als das Hinterende; eine Regeneration der Geschlechtsregion ist nur von Einzelfällen bekannt.

Die Besiedlungsdichte der Regenwürmer zeigt je nach Bodenart, Vege-

Tabelle 3. Beispiele zur Besiedlung verschiedener Böden mit Regenwürmern

Boden	Arten	Individuen/m²	g/m²	Autor
Silbergras *(Corynephorus-)* Heiden, Südschweden	2	9	3	Nordström Rundgren
Fichtenforst, Südschweden	3	20	2	dgl.
Kiefernforst, Südschweden	4	66	8	dgl.
Ulmenwald, Südschweden	11	226	79	dgl.
Fraxino-Ulmetum, Görlitz, DDR	7	91	31	Dunger
Fraxino-Ulmetum Leipzig, DDR	6	392	39	Dunger
Robinia-Populus-Alnus-Pflanzung auf Braunkohlenhalde, Görlitz, DDR	5	137	49	Dunger
Dauerweide, Südschweden	6	109	59	Nordström Rundgren
Mähwiese auf Kalk, Jena, DDR	4	149	30	Dunger
Wiese, sandiger Lehm, Irland	11	516	196	Cotton Curry
Acker, Lehm, Mineraldüngung, Irland	10	310	129	dgl.
Acker, Lehm, Schweinegülle, Irland	10	406	178	dgl.
Kompost	3	3 000	1 000	Rammner
Stapelmist *(Eisenia foetida)*	1	110 000/m³	25 kg/m³	dgl.

tation und anderen Umweltverhältnissen wesentliche Unterschiede, wie die Tabelle 3 ausweist. Kollmannsperger fand auf lehmig-kalkigen Wiesen 119 g/m², auf Überschwemmungswiesen 80 g/m² und auf Magerwiesen 35,5 g/m². Da die Regenwürmer im Boden nicht gleichmäßig, sondern mehr oder weniger horstweise verteilt sind, lassen sich diese Zahlen nur mit großer Unsicherheit auf größere Flächeneinheiten umrechnen. Im vorliegenden Beispiel würden sich Regenwurmgewichte je Hektar von 1 190, 800 und 350 kg ergeben. Wird bedacht, daß auf einem Hektar Grünfläche nur etwa 500 kg Großvieh ernährt werden können, so wird die ungeheure Bedeutung der Regenwürmer verständlich.

In Ackerböden ist die Zahl der Regenwürmer in Abhängigkeit von Bodenart und -typ, Klima, Düngung, angebauter Pflanzenart und Bearbeitungssystem besonders großen Schwankungen unterworfen. Infolge ihrer Grabefähigkeit und ihres Regenerationsvermögens reagieren die Acker-Regenwürmer auf die üblichen Bodenbearbeitungsmaßnahmen nur wenig.

Der Einfluß der bestandsbildenden Pflanzenart auf die Regenwurmpopulation läßt sich am besten in Waldböden nachweisen. Hier spielt die Zersetzbarkeit der anfalleden Streu eine ausschlaggebende Rolle. Derartige Vergleiche können jedoch nur in relativ jungen Waldanpflanzungen angestellt werden, weil fortdauernder Waldbestand den Boden in charakteristischer Weise verändert und die Einwirkung dieser Sekundärfaktoren nicht leicht von der direkten Einwirkung der Pflanzenart zu trennen ist. In 30- bis 60jährigen Waldanpflanzungen auf Schwarzerdeboden fand Perel auf engem Raum und unter bodenkundlich noch weitgehend gleichen Bedingungen (pH nicht tiefer als 5,6) die folgenden Populationsunterschiede:

Baumart	Fichte	Fichte	Kiefer	Eiche	Eiche	Birke
Alter in Jahren	28	60	31	28	60	28
Zahl der Regenwürmer je m²	10 ± 2	85 ± 6	72 ± 7	190 ± 13	210 ± 19	269 ± 14

Es zeigt sich, daß die schlecht zersetzbare Streu der Nadelhölzer eine starke Dezimierung der Regenwürmer bewirkt, obwohl eine hemmende Versauerung des Bodens noch nicht oder erst schwach vorliegt. Die Erhöhung der Population in der 60jährigen Fichtenanpflanzung hängt mit der hier stärkeren Unterholzentwicklung von Holunder und anderen Arten, die leicht zersetzbare Streu erzeugen, zusammen. Auch in der lichteren Kiefernanpflanzung war Holunder als Unterholz vorhanden.

In sehr flachgründigen Böden fehlen Regenwürmer, so vor allem in primären Felsböden. Hier haben sie keine Möglichkeit, sich der Einwirkung des Frostes im Winter und der oft beträchtlichen Einstrahlungshitze im Sommer durch Graben zu entziehen. Auf ihr Fehlen in stark versauerten und vernäßten Böden wurde bereits hingewiesen.

Die praktische Bedeutung der Regenwürmer für die Bodenfruchtbarkeit ergibt sich einmal aus ihrer Nahrungsaufnahme und der Verdauungstätigkeit, zum anderen aus ihrer Grabetätigkeit bzw. dem Anlegen von Röhrensystemen.

6 (327)

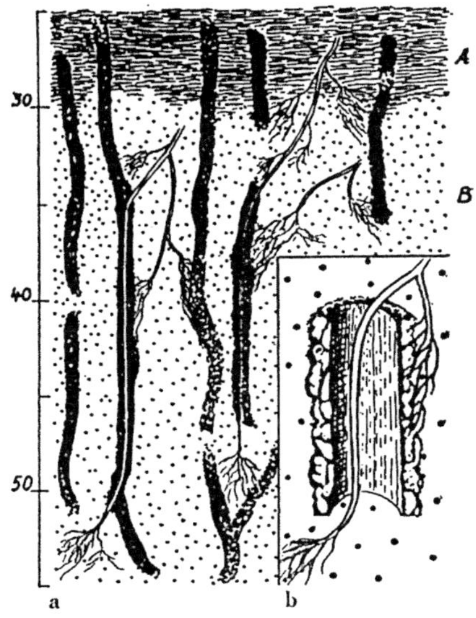

Fig. 39. a Teil eines Bodenprofils unter Wiese. In den verlassenen Gängen von *Lumbricus terrestris* wachsen Wurzeln abwärts. b halbschematischer Längsschnitt durch ein Röhrenstück von *Allobophora caliginosa.* Die Röhre ist mit einer „Losungstapete" ausgekleidet, die von einem Wurzelfilz durchzogen wird. Nach W i l c k e, verändert

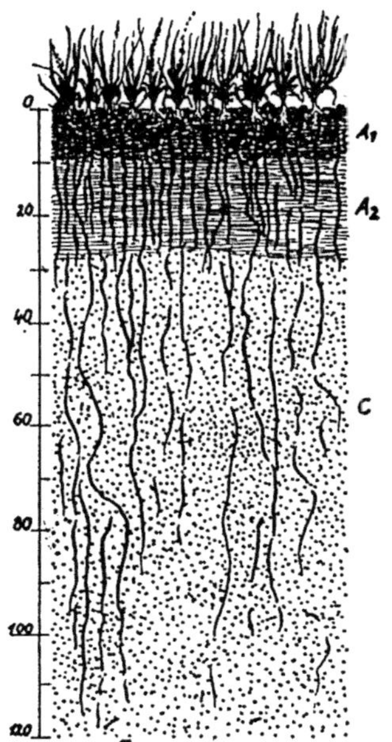

Fig. 40. Regenwurmgänge im Profil eines Weidebodens. A Lößlehm, C Löß. Nach W i l c k e, verändert

Die Anlage der Gänge, die einen Durchmesser von 3–12 mm aufweisen können, geschieht in lockeren Böden vorwiegend durch Beiseitedrücken des Bodens mit Hilfe des muskulösen Vorderendes (s. Fig. 34). Daneben wird wohl stets noch Erdsubstanz aufgenommen und nach der Darmpassage, gemischt mit Darmsekreten, als „Regenwurmkrümel" in zunächst halbflüssigem Zustand wieder entleert. In sehr dichten Böden, in denen sich die Regenwürmer weniger gut „durchgraben" oder „durchdrücken" können, werden wesentlich mehr Bodenteilchen gefressen und entsprechend mehr Krümel ausgeschieden als in lockeren Böden. Die Krümel werden entweder auf der Bodenoberfläche abgelagert oder – als halbflüssiger „Zement" – zum Austapezieren der Gänge verwendet (Fig. 39). Diese Auskleidung ist für die Stabilität der Gänge wesentlich und daher in Sandböden stärker als in Lehm oder Ton (G r a f f). Der Gang weist ein gleichbleibendes Innenvolumen auf, seine Wand kann aber streckenweise millimeterdünn, dann wieder von mehreren Zentimeter messenden Exkrementen umgeben sein. Die Regenwürmer halten die Innenwände durch Ausscheidungen der Cölomflüssigkeit aus den Rückenporen und Exkretflüssigkeit aus den Nephridioporen feucht und bessern beschädigte Gangteile aus. Verlassene Wurmröhren bleiben in sandigem Boden noch 2 bis 3 Jahre offen. Man

Tiefe cm	mit Stallmist	ohne Stallmist
0	100	100
30	87	80
50	81	68

findet etwa 5- bis 10mal mehr Röhren als lebende Regenwürmer im Boden. In einem Acker bei Bonn fand Wilcke folgende Tiefenverteilung der Röhrenzahlen: Unterhalb von etwa 35 cm Bodentiefe verringert sich die Zahl der weitlumigen Röhren (Durchmesser > 5 mm) der anözischen Arten bis etwa 125 cm Bodentiefe nicht (Graff). Hohe Zahlen von Wurmröhren fanden z. B. Hoeksema u. Op t'Hof in niederländischen Obstkulturen bei tiefem Grundwasserstand: 600, 670, 780, 500 Röhren/m^2 in 15, 30, 50 und 90 cm Bodentiefe. Finck zählte in schleswig-holsteinischen Braunerden sogar 1 000 Wurmröhren/m^2. Viele biologischen Einzelheiten zur Entstehung dieses für die Bodenfruchtbarkeit zweifellos bedeutsamen Gangsystems harren noch der Klärung.

Am sinnfälligsten und einfachsten kann die Aktivität der Regenwürmer an den von ihnen produzierten Kotkrümeln gemessen werden. Bereits Charles Darwin machte darauf aufmerksam, daß die Regenwürmer nach seinen Berechnungen jährlich 17,5–45 t/ha Kotkrümel auf der Erdoberfläche absetzen. Die modernen Forschungen ergaben eine Losungsproduktion von 5–240 t/ha/Jahr (= 0,5 bis 25 kg/m^2/Jahr), wobei Mengen über 100 t/ha vorwiegend von tropischen Böden bekannt sind (Evans u. Guild). Wären diese Krümel gleichmäßig auf dem Boden ausgebreitet (tatsächlich sind sie sehr ungleich in und auf dem Boden verteilt), so ergäbe sich in Europa ein jährlicher Bodenauftrag von 1–5 mm, in Tropenböden sogar bis zu 14 mm. Diese Aktivität kann auch eine unerwünschte Höhe erreichen: mit Stallmist überdüngte Bergwiesen (Österreich) fand Franz im Spätsommer mehr als 5 cm hoch fast lückenlos von Regenwurmexkrementen bedeckt, so daß ein zweiter Schnitt unmöglich wurde.

Die Menge der je Tier abgelegten Losung ist – außer von den allgemeinen Aktivitätsbedingungen wie Temperatur, Feuchtigkeit u. a. – zunächst von der Nahrungsqualität abhängig. Hartenstein fand in einer *Eisenia foetida*-Population bei rein organischer Nahrung jeweils nur 3–5 % der Tiere mit Darminhalt, bei Haltung in normalen Böden aber 30–70 %. Bei 25 °C benötigt die Darmpassage etwa 2,5 Stunden. Hieraus läßt sich eine theoretische Maximalproduktion an Kotballen für *Eisenia foetida* (bei maximaler Populationsdichte mit 1 230 g/m^2) von 2 500 t/ha/Jahr ableiten; Höchstleistungen unter natürlichen Bedingungen liegen eine Zehnerpotenz tiefer (s. o.). Durchschnittlich kann man mit einer täglichen Losungsabgabe von 10–30 % des Lebendgewichtes der Regenwürmer rechnen (Satchell XI). Im einzelnen haben aber die Art und das Entwicklungsstadium wesentlichen Einfluß auf diese Produktion. Zicsi hat in fünfjährigen Fütterungsversuchen festgestellt, daß sowohl die durchschnittlich je Gramm Lebendgewicht aufgenommene Nahrungsmenge als auch das Gewicht der hieraus (mit unterschiedlichen Mineralanteilen vermengten) abgeschiedenen Losungsballen artspezifisch verschieden sind (s. Tabelle 4).

Tabelle 4. Durchschnittliche tägliche Fraßmenge an Hainbuchenlaub *(Carpinus betulus)* und Kotproduktion je 1 g Lebendgewicht der Regenwürmer (alle Angaben in mg lufttrockener Substanz) Z i c s i 1975

Regenwurmart	Laubkonsum	Losungsmenge	davon im Boden	in % auf dem Boden	Losung : Laubkonsum %
Lumbricus polyphemus	35,32	100,80	75,4	24,6	285
Lumbricus terrestris	30,04	54,79	15,6	84,4	182
Dendrobaena platyura depressa	25,02	35,29	88,9	11,1	141
D. p. montana	16,70	78,27	97,4	2,6	468

Zusätzlich zeigt die Tabelle, daß recht unterschiedliche Losungsanteile im Boden (15–97 %) bzw. auf dem Boden (2–84 %) abgelegt werden.

Die besondere Bedeutung der Regenwurmkrümel liegt jedoch weniger in ihrer Menge als in ihren Eigenschaften. Es besteht kein Zweifel darüber, daß die Kotkrümel der Regenwürmer die Struktur und die Fruchtbarkeit des Bodens günstig beeinflussen, ja in manchen Fällen sogar bestimmen. Allerdings sind auch hier nicht alle Arten gleichwertig. Große Regenwürmer *(Lumbricus terrestris, Allolobophora longa)* produzieren große stabile Krümel, kleine epigäische Arten dagegen *(Lumbricus rubellus, Dendrobaena subrubicunda)* fast rein aus organischer Substanz bestehende Krümel, die eine geringere Stabilität zeigen. G u i l d prüfte die Stabilität der Regenwurmkrümel in einer Wasserströmung, die alle normalen Bodenaggregate zerstörte, und zählte die unzerstört gebliebenen Krümel aus. Von jeweils 100 der Prüfung unterworfenen Krümeln blieben unzerstört bei: *Allolobophora longa* 81, *Lumbricus terrestris* 50, *Allolobophora caliginosa* 28, *Lumbricus rubellus* 20, *Dendrobaena subrubicunda* 13.

Es ist nicht leicht, den Grund dieser erhöhten Stabilität der Regenwurmkrümel anzugeben. In Frage kommen: mechanischer Druck im Darm, der die anorganischen Teile mit verzweigten organischen Teilen (Fasern, Wurzelresten usw.) zusammengepreßt; Darmsekrete der Regenwürmer, die die Bodenpartikel zusammenkleben; Bakterienausscheidungen (Polysaccharide) die agglutinierend auf die Partikel wirken; Stabilisierung der Einzelpartikel durch Kalziumhumate, die sich aus im Darm abgebauten organischen Stoffen und von den Kalkdrüsen ausgeschiedenem Kalk bilden. Welche von diesen Ursachen die ausschlaggebende ist und welche weiteren Prozesse gegebenenfalls noch hieran beteiligt sind, kann heute noch nicht gesagt werden. Nach Ablage der Krümel sinkt die Stabilität – meist allerdings sehr langsam – wieder ab.

Eng hiermit verbunden ist die Beeinflussung der Bodenmikroflora durch die Tätigkeit der Regenwürmer. Die bisherigen Kenntnisse hiervon sind jedoch noch widersprüchlich. So fanden S c h ü t z u. F e l b e r in Losung von *Eisenia foetida* eine von der Darmpassage herrührende Dominanz von Aktinomyzeten, die z. B. porenbildende Bakterien antibiotisch hemmten. P a r l e wies dagegen in Kotballen eine starke Entwicklung von Pilzen nach, die sowohl Bakterien als auch Aktinomyzeten zurückhielten. Kozlovskaja konnte schließlich (in Torfböden) zeigen, daß sich gerade sporenbildende Bakterien und Aktinomyzeten in Regenwurmkrümeln stark entwickeln und Pilze hemmen. Allgemein anerkannt ist, daß Regenwürmer sowohl zur Verbreitung von Mikrobensporen als auch zur Intensivierung der mikrobiotischen Aktivität der Böden beitragen (Atlavinyte). Loquet et al. konnten detailliert den Mikrobenbesatz der Regenwurmkrümel an der Bodenoberfläche, der Tapeten der Regenwurmgänge und des umgebenden Bodens einer französischen Wiese darlegen. Sie fanden eine Konzentration (hemi- und) zellulolytischer Mikroben in den Krümeln an der Bodenoberfläche und der aeroben stickstoffbindenden Bakterien in den Tapeten der Wurmröhren. Im ganzen erfuhr die mikrobiotische Aktivität infolge der Wurmgänge eine intensive Ausdehnung auf den Bereich zwischen 20 und 40 cm Bodentiefe. Auch hygienische Bedeutung kann der Regenwurmtätigkeit zukommen. *Eisenia foetida* konnte im Versuch fast 100 % einer *Salmonella enteritidis*-Infektion vernichten, wahrscheinlich durch Stimulation der endemischen Mikroflora (Brown u. Mitchell).

Insgesamt wird die Rolle der Regenwürmer im Boden zunächst durch ihre physiologische Leistung bestimmt. Ihr Ruhestoffwechsel (Satchell IX) liegt mit einem Sauerstoffverbrauch bei 15 °C von 20–200 $mm^3/g/h$ (je nach Größe der Tiere) deutlich tiefer als z. B. derjenige der Nematoden, jedoch sind die Biomassen der Regenwürmer meist so hoch, daß vergleichbare Stoffwechselleistungen resultieren. Im Körper der Regenwürmer sind wesentliche Mengen an Nährstoffen enthalten. Dies wird deutlich, wenn man berechnet, daß jährlich 75–80 % der Regenwürmer absterben (d. h. nicht älter als 1 Jahr werden) und dabei etwa halb so viel Stickstoff freisetzen, wie in einer guten Weizenernte (oder soviel wie in einem mittleren Baumbestand) enthalten ist (Satchell IX, Bachelier 1978).

Ihre grabende und durchmischende Aktivität erhöht zwar das Porenvolumen der Böden meist nur um etwa 5 %, vergrößert aber in höherem Maße deren Wasserkapazität und besonders deren Drainage (4- bis 10 mal) unter Beibehaltung einer stabilen Struktur (Edwards u. Lofty 1977). Verglichen mit dem umgebenden Boden unterscheiden sich die Regenwurmkrümel chemisch durch höhere Kationen-Umtauschkapazität, größere Mengen an Austausch-Kalk, Austausch-Kali, und -Mangan, pflanzenverfügbarem Phosphor, Gesamt-Austausch-Basen, Kolloidstoffen und an organischer Substanz. Da diese Krümel oft tief im Boden abgelagert werden und die Humusstoffe in günstiger, an anorganische Substanzen gebundener Form enthalten (Ton-Humus-Komplexe), sind sie für Bodenstruktur und -fruchtbarkeit von hoher Bedeutung.

Über die Förderung des Pflanzenwachstums und die Erhöhung der Erträge durch Regenwürmer liegen inzwischen umfangreiche Mitteilungen vor (Atlavinyte 1975, Bachelier 1978). Man sollte indessen nicht übersehen, daß Regenwürmer wenig fruchtbare (flachgründige, tief austrocknende) Böden kaum besiedeln und in günstigen Böden in starke Konkurrenz mit anderen Bodentiergruppen treten, die verminderte Besiedlungsdichten z. B. der Kleinarthropoden zur Folge haben kann (Dunger 1968, Atlavinyte 1975).

Technik. Zur Bestimmung wird zunächst der lebende Regenwurm untersucht, insbesondere seine Färbung. Gute Präparate werden durch Abtöten der Tiere in gestrecktem Zustand, z. B. mit heißem Wasser (50–100 °C) oder mit Narkotika erhalten. Die Fixierung kann in 4%igem Formalin (2 Tage), die Dauerkonservierung in 70%igem Alkohol vorgenommen werden; oder es wird 2 Wochen in 70%igem Alkohol fixiert und in 4%igem Formalin konserviert (geringere Deformation, aber stärkere Härtung). Für quantitative Arbeiten bewährt sich das Fixieren in 70%igem Alkohol mit 5%igem Formalin im Verhältnis 10:1.

Quantitativ wird die Regenwurmbesiedlung eines Untersuchungsortes nur dann voll erfaßt, wenn eine Bodensäule von etwa 1 m^2 so tief ausgegraben wird, wie Regenwurmgänge feststellbar sind (unter Umständen also bis zu 3 m und mehr). Hiervon müssen wenigstens die oberen 30–50 cm sorgfältig Krümel für Krümel im Labor auf kleine Arten und Jungtiere ausgelesen werden. Vereinfachungen sind erforderlich, um den Aufwand zu senken und die unregelmäßige Verteilung durch Wiederholungen zu erfassen. Zur Feinanalyse reichen (je nach Zweck und Boden) oft schon 10 Proben zu 3 l Boden aus 0–10 cm Tiefe aus. Je nach Bodenart ist die Handauslese, trockenes oder nasses Sieben (Durchspülen durch Siebe von 2 und 0,5 mm Maschenweite) günstig; so werden auch die Regenwurmkokons erhalten.

Kleine Arten und Jungtiere werden auch mit einer ähnlichen Technik wie für Enchytraeidae beschrieben ausgetrieben. Für sehr schwere Böden schlägt S p r i n g e t t vor, Proben von 16 cm Durchmesser und 15 cm Tiefe auszustechen, evtl. mit grober Gaze zu sichern und in einem Eimer mit 0,2%iger Formalinlösung zu überstauen. Nach 1 Stunde wird die Bodenprobe herausgenommen und die herausgekommenen Regenwürmer über ein Sieb aus dem Eimer abgegossen.

Endogäische und vor allem anözische Arten können so nicht repräsentativ erhalten werden. Hierfür hat sich am besten das Aufgießen von 5–15 l 0,2%igem Formalin auf 0,25 m^2 bewährt (R a w). Ein Quadrat wird abgesteckt, vorsichtig die Vegetation weggenommen bzw. der Auflagehumus soweit ohne Erschütterung möglich abgeräumt (viele Arten lassen sich „vergrämen"!), die Flüssigkeit wird möglichst zügig (ohne Überschwemmung) aufgegossen und dann mit einer Pinzette die hervorkommenden Tiere abgelesen. Immer ist abzuwarten, bis die Würmer ganz aus ihren Gängen hervorgekommen sind; ein „Tauziehen" gewinnt meist der Wurm (und kommt dann nicht wieder). Der Vorgang dauert etwa 30 Min., anschließend wird mit einer kräftigen Harke kontrolliert, ob Tiere direkt unter der Bodenoberfläche ermattet sind. Dieses Gießverfahren ist nur erfolgreich, wenn der Boden nicht trocken ist und die Tiere sich in der aktiven Phase befinden. In Quieszenz oder Diapause reagieren Regenwürmer nicht auf den Bewegungsreiz des eindringenden Formalins. Die günstigsten Jahreszeiten sind meist das Frühjahr und der Spätherbst.

5.7. Bärtierchen, Tardigraden

Die Bärtierchen (Tardigrada) sind Bewohner des Bodenwassers. Durch ihr seltsames, durch vier Paar krallentragende Stummelfüße gekennzeichnetes Äußere sind sie kaum zu verwechseln (Fig. 41). Ihre geringe Größe – nur wenige Arten werden über einen Millimeter groß – verhindert aber ihre makroskopische Betrachtung. Von den etwa 400 bekannten Arten leben etwa 40 in der Küstenzone der Meere und ebensoviel im Süßwasser. Den Vertretern einiger weit verbreiteter Gattungen wie

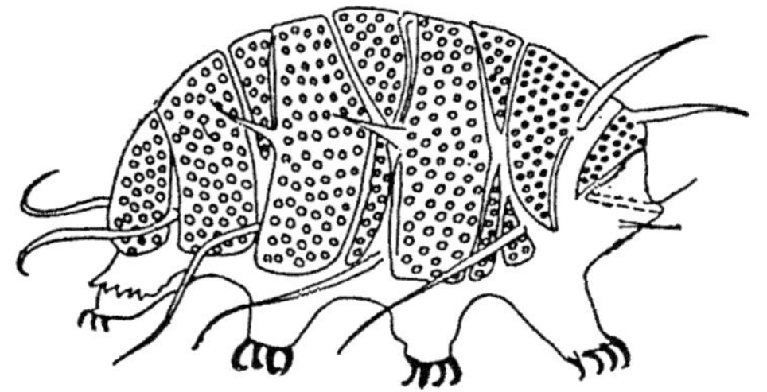

Fig. 41. *Echiniscus quadrispinosus*, ein gewöhnlich in Flechten und Moosen lebendes Bärtierchen, Seitenansicht. Länge 0,25 mm. Nach Marcus

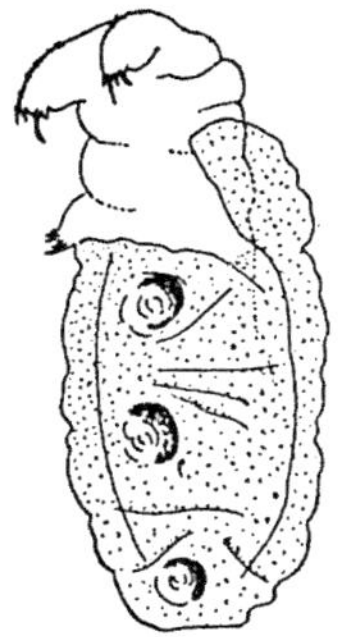

Fig. 42. Aus der Zyste („Tönnchen") schlüpfendes Bärtierchen (*Hypsibius* spec.) Nach Marcus aus Kühnelt

Macrobiotus, Hypsibius, Milnesium und *Echiniscus* reichen die Wasseransammlungen in Polstern von Landpflanzen, besonders Moosen und Flechten, zum Leben aus. Sie sind speziell auf das periodische Austrocknen ihrer Umwelt eingestellt, indem sie unter starker Wasserabscheidung ein anabiotisches Stadium („Tönnchen") bilden und so Kälte, Hitze und Trockenheit lange Zeit überstehen können. Diese Tönnchen können vom Wind weit fortgetragen werden. Auf diese Weise, aber auch durch Verfrachtung der Eier mit dem Regen und durch Kleintiere, gelangen Bärtierchen ständig von neuem auf und in den Boden. Hier scheinen sie nur bei starker Durchfeuchtung zu schlüpfen (Fig.42).

Geeignete Böden enthalten Tardigraden-Populationen von etwa 1 000 bis 10 000 Individuen/m². Hallas u. Yeates fanden in einem dänischen Buchenwald (Laubstreu und Mineralboden bis 6 cm Tiefe) durchschnittlich 4 006 Tardigraden/m², mit starken monatlichen Schwankungen zwischen 1 000 und 12 096/m². Diese Population enthielt 10 Arten, in einer *Pinus-nigra*-Pflanzung wurden (Juni) nur 3 Arten mit 12 600 Individuen/m², in einer Dauerwiese nur eine Art (*Macrobiotus harmsworthi*) mit 624 Individuen/m² gefunden. Höchste Individuendichten erreichen die Tardigraden in Moosen und Flechten; Dastych (1980) nennt Siedlungsdichten bis zu 120 000/m² von Kalkfelsenaufwuchs in der Tatra. Für die Fauna Polens sind 70 Arten bekannt, für die Tatra allein 67.

Die Ernährungsweise prägt sich nach Hallas u. Yeates im Bau des Buccalapparates aus: räuberische Arten der Gattungen *Macrobiotus, Hypsibius* oder *Milnesium* haben eine gerade nach vorn gerichtete kurze Mundöffnung mit kurzem Pharyngealtubus und kräftigen Stiletten. Hiermit stechen sie Nematoden, Rotatorien oder Protozoen an und saugen sie aus (ohne die Beute anderweit festzuhalten). Andere Arten ernähren sich von lebenden oder toten Algen und „Detritus" (vorwiegend *Hypsibius*-Arten). Sie haben einen ventral gerichteten Mund, schwächere Stilette und einen schmaleren Pharyngealtubus, dessen bessere Biegsamkeit auch das Abgrasen von Bakterienfilmen gestattet.

Aktive Tardigraden sind in oft großer Zahl in aufgeschwemmten Boden- und

Moosproben unter dem Binokular auszulesen. Für quantitatives Auslesen sind modifizierte Baermann-Trichter mit unterschiedlichem Erfolg erprobt worden.

5.8. Stummelfüßer, Onychophoren

Auf die Tropen und die südlichen gemäßigten Klimazonen beschränkt ist die kleine Gruppe der Stummelfüßer (Onychophora), von denen knapp 100 Arten bekannt sind. Die etwa 2–15 cm langen Tiere ähneln Regenwürmern mit kräftigen Fühlern und 13 bis 43 Paar ungegliederter krallentragender Stummelbeine (Fig. 43). Die Mehrzahl der Arten ist an feuchte Gebiete mit geringer Temperaturschwankung gebunden, wo sie unter Laub, Holz oder Steinen den Tag verbringen und nachts auf Beutefang ausgehen. Die Austrocknungsresistenz der Onychophoren liegt nur wenig über derjenigen der Regenwürmer. Einige Arten haben sich jedoch an hohe Temperaturschwankungen anpassen können (Neuseeland). Von *Peripatus* ist bekannt, daß dem Angreifer auf Entfernungen von 10–30 cm ein Schleimsekret aus den Oralpapillen entgegengeschleudert wird, das blitzschnell erstarrt und als klebriges Fangnetz den Gegner einhüllt und ihn bewegungsunfähig macht. Wahrscheinlich wird so auch die Beute überwältigt, die dann mit den Kiefern angeschnitten und ausgesogen wird. Einige Forscher sprechen den Onychophoren eine hohe phylogenetische Bedeutung als Stammgruppe der Myriapoden und Insekten zu, andere sehen sie, wohl mit mehr Berechtigung, als isolierte Gruppe von Proarthropoden an, die sehr interessante Anpassungen an das Bodenleben erworben haben.

Gliederfüßer, Arthropoden

Ihrer gesamten Körperstruktur nach sind die Gliederfüßer (Arthropoda) im Gegensatz zu den bisher besprochenen Gruppen zum Leben auf dem Land prädestiniert.

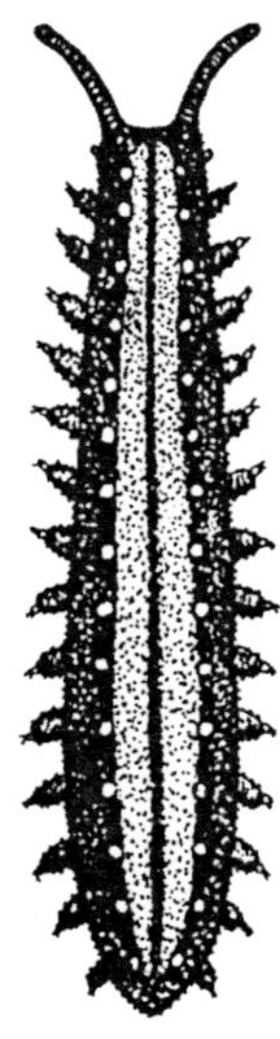

Fig. 43. Stummelfüßer oder Onychophore *(Ooperipatus viridimaculatus)* aus Neuseeland; Länge 3 cm. Nach Bouvier

Die wichtigste Baueigentümlichkeit ist in dieser Hinsicht die Bedeckung der Haut mit einer Chitincuticula, die den Körper vor Austrocknung und mechanischer Verletzung schützt. Dieser Verdunstungsschutz ist um so vollkommener, je besser die äußere wasserabstoßende Wachsschicht auf dieser Cuticula entwickelt ist. Gleichzeitig gibt die Cuticula dem Körper als Außenskelett einen festen Halt. An ihr finden Muskeln ihre Ansatzfläche und ermöglichen die Ausbildung gegliederter beweglicher Körperanhänge (Beine, Fühler). Diese gestatten wiederum eine rasche Bewegung auf dem Land.

Die äußerlich sichtbare Ausbildung der Chitincuticula schwankt stark, von der hauchdünnen Haut eines Collembolen bis zur kompakten Verpanzerung eines Käfers. Auch ihr Feinbau und ihre chemische Zusammensetzung unterscheiden sich von Gruppe zu Gruppe. Andere, mit dem Landleben zusammenhängende Bildungen sind die Luftatmungsorgane. Sie entstehen bei allen Gliederfüßern durch Einstülpungen der Haut ins Körperinnere. Im einzelnen sind jedoch die Fächertracheen der Spinnen, die Lungen der landlebenden Krebse (Landasseln) und die Tracheen der Tracheaten, d. h. der Myriapoden und Insekten, grundverschieden.

Bereits bei der Besprechung der Regenwürmer sahen wir, daß die Exkretionsorgane der Wasserbewohner, frei nach außen mündende Nephridialkanäle, mit zunehmender Anpassung an das Landleben *(Pheretima)* zu Exkretionsschläuchen mit Mündung in den Darm umgebildet wurden. Entsprechend können wir bei den Gliederfüßern das Auftreten von Malpighischen Gefäßen als Exkretionsorgane beurteilen. Sie münden bei den Spinnentieren in den Mitteldarm, bei den Tracheaten in den Enddarm. Den Krebsen fehlen sie. Als letzter Schritt beim Übergang vom Wasser- zum Landleben wird gewöhnlich das Unabhängigwerden des Fortpflanzungsgeschäftes vom Wasser vollzogen. Hierzu gehört, daß die Besamung der Eier im Innern des weiblichen Körpers geschieht. Die oft komplizierten Begattungsmechanismen der Gliederfüßer geben überraschend viele „Lösungswege" dieses Problems. Häufig werden Laufbeine zum Übertragen eines Spermapaketes (Spermatophore) benützt, die zu diesem Zweck kaum (Spinnentiere) oder aber vollständig (Diplopoden) umgebildet sind. Eine nur im feuchten Boden mögliche Zwischenlösung stellt die „äußerlich-innerliche" Besamung bei vielen Urinsekten dar. Oft setzen die Männchen eine Spermatophore auf dem Erdboden ab, die dann vom Weibchen aufgesucht und mit der Geschlechtsöffnung aufgenommen wird (Schaller). Es ist auffällig, bei wie wenig bodenbewohnenden Gruppen der Gliederfüßer die normale Begattungsform (mittels eines besonderen Penis) zu finden ist.

Auf derartige Beobachtungen aufbauend hat besonders Ghilarov den Boden als Übergangsmedium zwischen Wasser und Luft in der Entwicklungsgeschichte der Gliederfüßer betrachtet. Viele ökologische wie auch paläontologische Details weisen jedoch umgekehrt darauf hin, daß Bodenarthropoden auch sekundär an den Boden angepaßte Luftbewohner sein können.

Die drei Hauptgruppen der Gliederfüßer, die Spinnentierverwandten (Chelicerata) und die Mandibelträger (Mandibulata), geteilt in Krebse (Crustacea) und Tracheentiere (Tracheata) erreichen – wie die oben angeführten Beispiele zeigen – häufig gleiche Anpassungsstufen auf verschiedenem Wege. Hiervon zeigen die Krebse nur in Ausnahmefällen Ansätze, von der aquatischen Lebensweise zum Landleben überzugehen. Alle Tracheaten und die Spinnentiere (Arachnida) unter den

Cheliceraten sind dagegen reine Landtiere, die alle Übergänge zwischen typischen Bodenbewohnern und bodenunabhängigen Trockenlufttieren aufweisen.

Spinnentiere, Arachniden

Die Spinnentiere (Arachnida) sind leicht daran erkennbar, daß sie am Vorderkörper sechs Paar Gliedmaßen tragen. Hiervon sind zwei Paar zu Mundwerkzeugen (Cheliceren und Pedipalpen), die anderen zu Gangbeinen ausgebildet. Alle neun Ordnungen der Spinnentiere haben Beziehungen zum Boden. In Mitteleuropa sind jedoch nur vier Ordnungen bedeutungsvoll. Sehen wir von den Milben ab, so haben wir ausschließlich Räuber vor uns, die zum größeren Teil den Boden nur als Versteck oder zum zeitweiligen Aufenthalt benutzen. Ihnen kommt meist eine indirekte bodenbiologische Bedeutung zu. Im Gegensatz hierzu haben die Milben einen sehr wesentlichen Anteil am Leben im Boden und sind dementsprechend ausführlicher zu besprechen.

5.9. Skorpione

Die mit wenigen Ausnahmen auf die tropischen und subtropischen Gebiete beschränkten Skorpione (Scorpiones) bewohnen vorwiegend trockene steppenartige Gebiete, in geringerer Zahl auch feuchte Wälder u. ä. Gelände. Sie führen eine nächtliche Lebensweise und verbergen sich tagsüber unter Steinen, Laub und Bodenspalten. Bewohner trockenheißer Klimate entfliehen der Tageshitze häufig durch tiefes Eingraben in den Boden. Hierbei kommt diesen Arten ihre abgeflachte Körpergestalt zustatten. Die in Innerasien lebenden *Liobuthus*-Arten weisen darüber hinaus verbreiterte Grabfüße auf. Von der reichlich 7 cm langen nordafrikanischen Art *Scorpio maurus* sind bis zu 80 cm tiefe Gänge bekannt geworden. Die Nahrung besteht aus den verschiedensten Gliederfüßern, besonders Käfern.

5.10. Spinnen, Araneen

Die Teilnahme der eigentlichen Spinnen (Araneae) an den biologischen Prozessen im Boden ist oft zu gering eingeschätzt worden. Besonders in Wald- und Heideböden, die reich an groben Bodenhohlräumen sind, ist das Vorkommen von 50 bis 150 Araneen je m^2 keine Seltenheit. Da ein Teil dieser Tiere nicht von Bodentieren, sondern von Fluginsekten lebt, führen sie dem Boden durch ihre Ausscheidungen und Nahrungsreste zusätzlich stickstoffreiche Substanzen zu. Viele Spinnen graben Gänge oder Kammern in die Erde, die mit Gespinst ausgekleidet werden und teilweise nur als „Wohnung", teilweise aber auch als Fangvorrichtung dienen. So graben die mit den Vogelspinnen verwandten Tapezierspinnen (Atypidae) gut 0,75 m tiefe Erdröhren, obwohl ihre Körperlänge 1 cm nur wenig übersteigt (Fig. 44). Ein oberirdischer Fortsatz der Röhre dient als Fangschlauch. Die Weibchen bleiben ständig im Inneren dieses Systems. Die größeren Wolfspinnen (Lycosidae) halten sich dagegen nur tagsüber in den Wohnröhren auf und gehen nachts auf Jagd. Ähnlich verhalten sich auch die Glattbauchspinnen (Drassodidae oder Gnaphosidae) und die Sackspinnen (Clubionidae), die unter Steinen, Rinde oder Moos den Tag verbringen

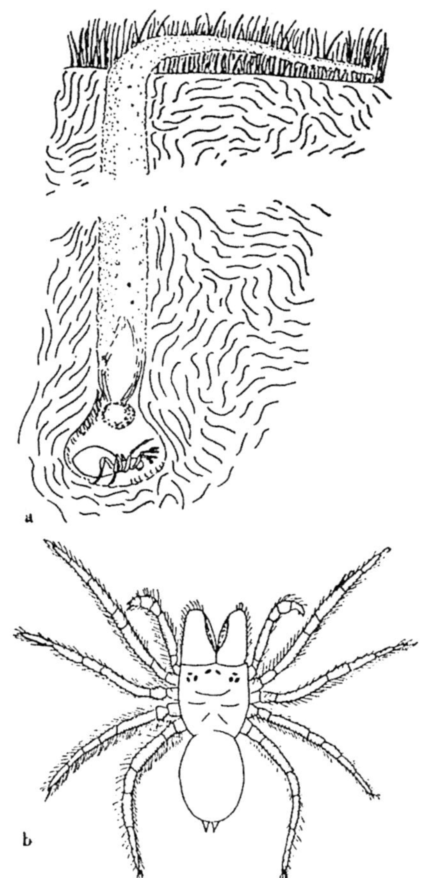

Fig. 44. Tapezierspinne *(Atypus piceus)*. a Weibchen am Grunde der Wohnröhre, mit Eiersack; b Männchen. Länge 13 mm. a nach Simon aus Hesse-Doflein, b nach Roewer

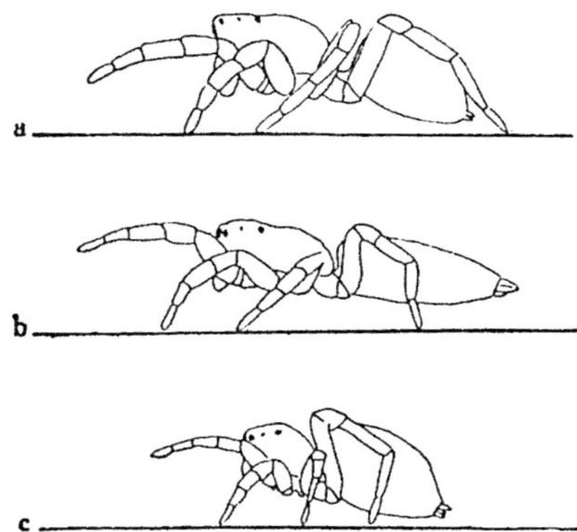

Fig. 45. Springspinnen (Salticidae) mit verschiedenen Sprunggewohnheiten, a *Aelurillus insignitus*, b *Marpissa radiata*, c *Attulus cinereus*; a springt mit dem 3., b mit dem 3. und 4., c nur mit dem 4. Beinpaar. Nach Ehlers aus Gerhardt u. Kästner

und oft ein geschlossenes „Wohnsäckchen" spinnen. Die bisweilen nur wenige Millimeter großen Springspinnen (Salticidae) jagen auch tagsüber auf der Bodenoberfläche nach kleinen Insekten (Fig. 45). Die Röhrenspinnen (Eresidae) bauen über der Mündung ihrer Erdgänge ein dichtes, mit Fangfäden versehenes Gespinstdach, unter dem sie auf ihre Beute – im wesentlichen Käfer – lauern. Eng an das Leben auf und in dem Boden gebunden sind die Zwergspinnen (Micryphantidae), deren Lebensweise jedoch infolge ihrer Kleinheit (1 bis 2 mm) und hohen Artenzahl bislang noch ungenügend bekannt sind.

Die freijagenden Spinnen spielen nach Kühnelt eine besonders wesentliche Rolle bei dem Zersetzungsprozeß abgestorbener Baumstümpfe. Sie besiedeln die Stubben oft in großer Zahl, erbeuten aber vorwiegend Ameisen und verschiedene Käferarten, die Trockenholzmehl erzeugen, also eine ungünstige Zersetzungsrichtung einleiten. Sie vermögen dagegen nicht den Milben und Collembolen, die eine vorteilhafte Humifizierung des Stubbens fördern, in ihre kleinen Hohlräume zu folgen. Die Steuerwirkung, die von den Spinnen auf diese Weise auf die Zersetzungsvorgänge im Baumstubben ausgeübt wird, bildet ein interessantes Beispiel für den oft recht wichtigen Einfluß, den räuberische Arten auf Humifizierungsvorgänge haben können.

Bedeutungsvoll können einige Spinnenarten für den Bodenzoologen auch noch dadurch werden, daß sie eng begrenzte Umwelt- und Nahrungsansprüche stellen und ihr Vorkommen somit zur faunistischen Charakterisierung des Standortes herangezogen werden kann. Hierüber sind jedoch erst noch umfangreiche Untersuchungen notwendig, bevor eine praktische Auswertung möglich wird.

5.11. Afterskorpione, Pseudoskorpione

Durch ihren stark abgeplatteten Körper sind die Afterskorpione (Pseudoscorpiones) hervorragend an das Leben in schmalen Spalträumen angepaßt. Entsprechend ihrer geringen Körpergröße – 2–4 mm im Durchschnitt – jagen sie nur kleine Arthropoden, wie Collembolen, Staubläuse oder Larvenformen anderer Gliederfüßer. Ihre Beute bemerken sie durch einen fein ausgebildeten Erschütterungssinn, dessen Rezeptoren auf den großen Scheren der Pedipalpen sitzen. Diese werden beim Laufen stets tasterartig nach vorn gehalten. Ist die Beute mit den Scheren der Pedipalpen ergriffen, so wird sie an den Mund geführt, mit den Cheliceren bearbeitet und mit Verdauungssaft „aufgepumpt". Nach wenigen Sekunden beginnt der Aussaugakt.

Die Afterskorpione scheinen teilweise eng an bestimmte Lebensbedingungen gebunden zu sein. Von 22 mitteleuropäischen Arten sind 10 ausschließlich am Boden zu finden; 3 kommen nur unter Rinde vor. Die Mehrzahl der bodenlebenden Arten dringt auch in menschliche Siedlungen vor. Hier hat sich der Bücherskorpion *(Chelifer cancroides)* so weit auf Staubläuse als Nahrung eingestellt, daß er z. B. Collembolen, die Hauptnahrung der vornehmlich streubewohnenden Neobisiiden, kaum noch annimmt. Als häufigste Form der Bodenstreu ist die euryöke Art *Neobisium muscorum* zu nennen (Fig. 46). Sie tritt in trockenen Biotopen in kleineren Exemplaren und mit schmalerer Palpenhand auf als in feuchteren. Unter Laub und Detritus sind auch Arten der Gattung *Chthonius* häufig zu finden. Die zur Unterordnung *Cheliferinea* gehörenden Arten leben meist unter Rinde oder an ähnlichen Orten, wobei sie eine stärkere Trockenheitsresistenz zeigen. *Dactylochelifer latreillei* allerdings bevorzugt Bach- oder Flußufer und lebt unter Rinde und in Laubstreu in der Überschwemmungszone, ebenso am Meeresstrand.

Eine bodenbiologische Bedeutung vom produktionsbiologischen Standpunkt kommt dieser interessanten und leicht zu beobachtenden Tiergruppe kaum zu, da die Tiere vorwiegend einzeln auftreten.

5.12. Weberknechte, Opilioniden

Von den Weberknechten oder Kankern *(Opiliones)* ist wiederum nur ein Teil als echte Bodentiere aufzufassen. Hierzu gehören die kleinen milbenartigen Cypho-

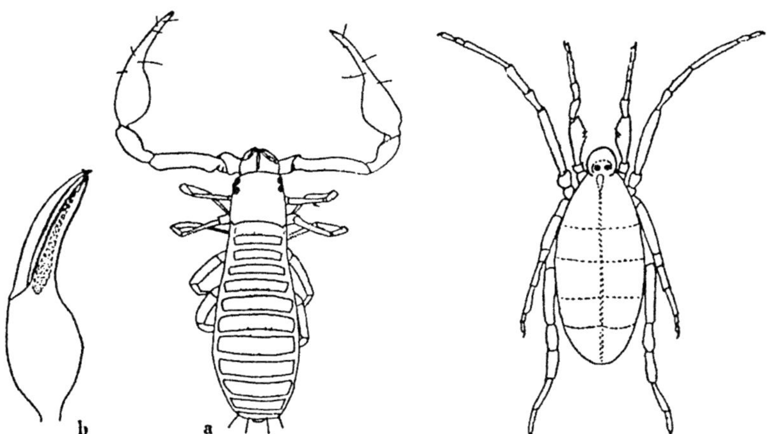

Fig. 46. *Neobisium muscorum*, ein häufiger Afterskorpion der Streuschicht. a Männchen in Dorsalansicht, Länge 3 mm; b Pedipalpenhand in seitlicher Ansicht mit eingezeichneter Giftdrüse. a nach Kew aus Kästner, b nach Kästner

Fig. 47. Brettkanker (*Trogulus* spec.), ein kurzbeiniger Weberknecht der Streuschicht. Der Kapuzenfortsatz des Vorderkörpers schützt die Mundwerkzeuge vor dem Schleim der Beute (Schnecken). Länge 10 mm. Nach Dahl aus Kästner

phthalmi, deren Beine kaum über körperlang sind. Sie scheinen jedoch in Kärnten ihre Nordgrenze zu haben. Über ihre Lebensweise ist wenig mehr bekannt, als daß es am Boden lebende, Collembolen jagende Formen sind. Während die vorwiegend tropischen bis subtropischen Laniatores als langbeinige Formen kaum zu den Bodentieren zu rechnen sind, finden wir unter den Palpatores interessante Bodenbewohner der mitteleuropäischen Böden. Die flachgedrückten kurzbeinigen Brettkanker (Trogulidae) bewegen sich träge in der Streuschicht oder unter Steinen (Fig. 47). Sie schützen ihren Rücken durch Inkrustation mit Erdteilchen. Bei Erschütterungen tritt meist ein Totstellreflex ein, so daß dann das Tier kaum mehr von der Umgebung zu unterscheiden ist. Die Nahrung der Brettkanker besteht aus Schnecken bis zur eigenen Körpergröße (etwa 7–12 mm). Ihre Mundwerkzeuge werden durch einen kapuzenartigen Fortsatz des Vorderkörpers vor dem Schneckenschleim geschützt.

Etwas rascher beweglich sind die Fadenkanker (Nemastomatidae), die den Kapuzenfortsatz der Brettkanker nicht aufweisen. Sie ernähren sich von Milben, Collembolen und anderen Kleintieren des Bodens. Sie sind vornehmlich Nachttiere. Ihr bevorzugter Aufenthaltsort ist die Streuschicht nicht zu trockener Laub-Mischwälder. Besonders in den Herbstmonaten ist *Nemastoma lugubre-bimaculatum* in solchen Wäldern sehr häufig anzutreffen (Individuenzahlen von 20 bis 30 Tieren je m^2). Auch in den Rohhumusböden der Gebirge kommen *Nemastoma*-Arten regelmäßig vor. Ihre Durchschnittsgröße beträgt etwas über 2 mm.

Viel seltener treten die Schneckenkanker (Ischyropsalidae) auf, von denen nur zwei Arten Mitteleuropa bewohnen. Sie sind auf Schnecken spezialisiert. Von den

Echten Weberknechten (Phalangiidae) endlich können nur wenige kleine Arten als eigentliche Bodentiere angesprochen werden. Es sind durchweg weichhäutige, sehr langbeinige Räuber. Phillipson, der die Ernährungsbiologie der kleineren bodenlebenden Art *Mitopus morio* ausführlich untersuchte, stellte fest, daß eine große Anzahl von Arthropodenarten geeigneter Körpergröße zur Nahrung dienen können.

5.13. Milben, Acarinen

Die Ordnung der Milben (Acarina) ist in fast allen Lebensräumen mit einer unglaublichen Formenfülle – an die 15 000 Arten sind bislang beschrieben worden – vertreten. Ihre anpassungsfähige Organisation und ihre geringe Größe – Tiere über 5 mm sind bereits „Riesen" – versetzen sie in die Lage, fast überall ihnen zusagende Kleinstlebensräume zu finden. Die Zahl der bodenbewohnenden Formen läßt sich etwa auf die Hälfte der zur Zeit bekannten Arten schätzen; den anderen Teil bilden Vorratsschädlinge, Pflanzen- und Tierparasiten, Süßwasser- und Meeresbewohner.

Vier Laufbeinpaare weisen alle erwachsenen Milben als Spinnentiere aus. Entsprechend bestehen die Mundwerkzeuge aus Pedipalpen und Cheliceren. Die Cheliceren enden in der Regel in Scheren zum Erfassen oder Zerkleinern der Nahrung. Sie können aber im extremen Fall auch zu langen dünnen Nadeln umgebildet sein – ein Hinweis auf saugende Ernährungsweise ihres Trägers. Die Pedipalpen bilden meist mit ihren verbreiterten, oft in Rinnenform zusammengewachsenen Hüften gewissermaßen eine Unterlippe, die zusammen mit einer unpaaren Oberlippe den Mundvorraum umschließt. Die Mundwerkzeuge sind bei den Milben nicht in einen normalen Kopf eingefügt, sondern bilden mit einem eng begrenzten Abschnitt der Körperspitze eine als „Gnathosoma" bezeichnete Funktionseinheit, die oft in starkem Maß einziehbar bzw. vorstreckbar ist. Derartige, vom üblichen Schema völlig ab-

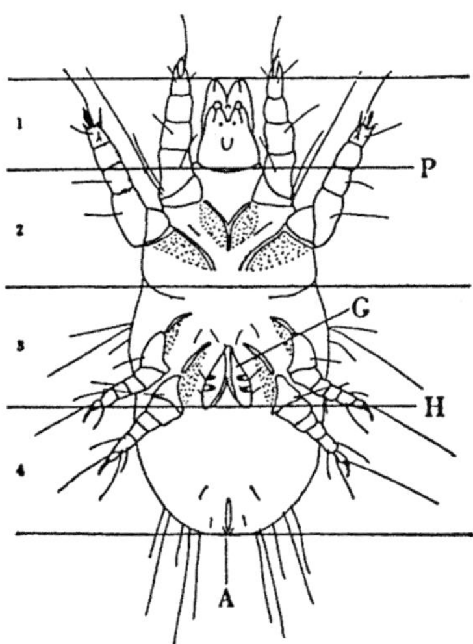

Fig. 48. Schema der Körpergliederung einer Milbe. 1 Gnathosoma, 2 Propodosoma, 3 Metapodosoma, 4 Opisthosoma; P Proterosoma, H Hysterosoma; G Geschlechtsöffnung, A Afteröffnung. Nach Vitzthum

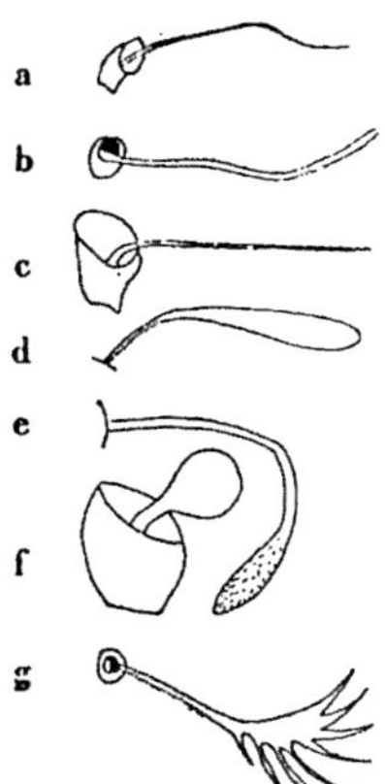

Fig. 49. Verschiedene Ausbildungen des (Luft-)Erschütterungen anzeigenden „Pseudostigmalorgans" bei Hornmilben (Oribatiden). a *Belba verticillipes,* b *Nothrus palustris,* c *Ceratoppia bipilis,* d *Protoribates lucasi,* e *Cymbaeremaeus cymba,* f *Carabodes coriaceus,* g *Xenillus corrugatus.* Nach Vitzthum

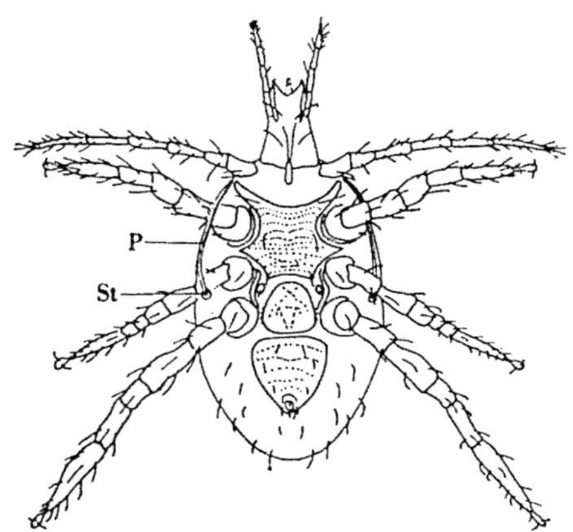

Fig. 50. *Macrocheles coprophila,* ein im Mist lebender Vertreter der Mesostigmata; Weibchen in Ventralansicht. 2. und 3. Bein links unterbrochen, um Stigma (St) und Peritrema (P) zu zeigen. Länge 0,8 mm. Nach Womersley aus Baker und Wharton

weichende Eigenheiten in der Segmentierung zeigt auch der übrige Körper der Milben (Fig. 48). Eine hinter dem 2. Laufbeinpaar – meist besonders auf dem Rücken – sichtbare Furche teilt den Rumpf in ein Propodosoma (das zusammen mit dem genannten Gnathosoma das „Proterosoma" bildet) und ein Hysterosoma, dem also die beiden letzten Laufbeinpaare (Region des Metapodosoma) und das Körperende (Opisthosoma) zugerechnet werden. Die Haut trägt bei einigen Formen nur eine sehr dünne Cuticula. Meist aber kommen wenigstens stellenweise verstärkte Platten vor, so vor allem auf dem Propodosoma. Es finden sich alle Übergänge von weichhäutigen bis zu völlig in einen dicken Chitinpanzer eingehüllten Arten (Oribatiden).

Die Milben orientieren sich in ihrer Umgebung vowiegend durch Tasten mit Hilfe von Tasthaaren. Diese sitzen bei den meisten Arten besonders dicht auf dem 1. Laufbeinpaar, das als Taster benutzt wird. In becherförmige Vertiefungen der Haut eingesenkte komplizierte Haargebilde („Trichobothrien") melden bereits geringfügige Erschütterungen des Untergrundes der Luftbewegungen. Auf dem Vorderkörper der Oribatiden sind paarige Pseudostigmalorgane (Fig. 49) oft auffällig groß entwickelt, die möglicherweise auf Feuchtigkeit und Temperatur reagieren.

Nur bei wenigen Milbenarten können wir einige primitive Augen finden. Die überwiegende Mehrzahl der Milben ist blind. Dennoch kann meist ein „Helligkeitssinn "nachgewiesen werden, wie wir dies bereits z. B. bei Regenwürmern kennenlernten.

Für den kleinen Milbenkörper genügt eine diffuse Hautatmung völlig. So finden wir auch bei einigen ungepanzerten Formen und fast allen weichhäutigen Milbenlarven keinerlei Atmungsorgane. Mit zunehmender Verdickung der Cuticula aber wird die Hautatmung erschwert. Hier treten Röhrentracheen auf, die bald mehr, bald weniger starke Verzweigungen zeigen. Die Lage der Atemöffnungen (Stigmen) ist typisch für die wichtigsten bodenlebenden Gruppen der Milben, so daß uns eine kurze Übersicht zugleich in das System der hier interessierenden Gruppen einführt.

Bei den mesostigmaten Milben (Gamasina, Uropodina) liegt ein Stigmenpaar seitlich über den Hüften der Laufbeine. Meist sind die Stigmen durch eine lange, eingetiefte, nach vorn ziehende Rinne (Peritrema) mit den Tracheen selbst verbunden (Fig. 50). Bei den Zecken (Ixodida oder Metastigmata) liegt dieses Stigma weit hinten, oft hinter den Hüften des 4. Beinpaares. Die prostigmaten Milben (= Trombidiformes, hierzu auch die Tarsonemida) tragen ein Stigmenpaar an der Basis des Gnathosoma oder in deren Nähe; selten fehlt es. Mehrere kleine verborgene Stigmenöffnungen an verschiedenen Körperstellen oder auch das völlige Fehlen dieser Organe sind schließlich für eine Vielzahl bodenbewohnender Milben charakteristisch, die zu den weichhäutigen astigmaten Milben (Acaridida) und den meist kräftig gepanzerten Horn-, Moos- oder Panzermilben oder Oribatiden (Oribatida = Cryptostigmata) gehören.

Die Entwicklung der Milben können wir hier nur kurz betrachten. Die Weibchen werden entweder vom Männchen innerlich befruchtet oder nehmen vom Männchen frei abgelegte Samenpakete (Spermatophoren) auf. Seltener ist bei verschiedenen Gruppen der Milben fakultative Parthenogenese nachgewiesen. Aus den einzeln oder in Häufchen abgelegten Eiern entwickeln sich zunächst Larven, die nur drei Beinpaare aufweisen. In vier Häutungsschritten wird über je ein achtbeiniges Proto-, Deuto- und Tritonymphenstadium die erwachsene Form erreicht. Die Nymphen werden schrittweise den geschlechtsreifen Tieren ähnlich. Bei einigen Gruppen werden ein, zwei oder sogar alle unreifen Stadien übersprungen. Sämtliche Stadien sind z. B. bei den Oribatiden zu beobachten.

Die Milben sind nicht gleichmäßig in den Böden verteilt, sondern treten oft nestartig gehäuft auf. Dies gilt ganz besonders für die Oribatiden. Die Gesamtzahl aller Milben ist – wenn von der Besiedlung von Komposten u. ä. Substanzen abgesehen wird – am höchsten in feuchten Waldböden, besonders in Rohhumus-

---

Tafel I

Abb. 1 a. Vorderende eines säftesaugenden Nematoden *(Hemicycliophora typica)* mit vorstreckbarem Stilett. (Aufnahme: Dr. P a e t z o l d)

Abb. 1 b. Vorderende eines räuberischen Nematoden *(Mononchus macrostoma)* mit großer, bezahnter Mundhöhle. (Aufnahme: Dr. P a e t z o l d)

Abb. 2. Laubstreuzersetzende Enchytraeiden (*Friderica* spec.) mit Krümelbildung. (Aufnahme: Verf.)

Abb. 3. Vorderende eines Regenwurmes *(Octolasium lacteum)*. Die verstärkten Grabsegmente am Vorderende, die männliche Geschlechtsöffnung am 15. Segment und der Gürtel (Clitellum) mit den Pubertätswällen sind deutlich sichtbar. (Aufnahme: Prof. Dr. G r a f f)

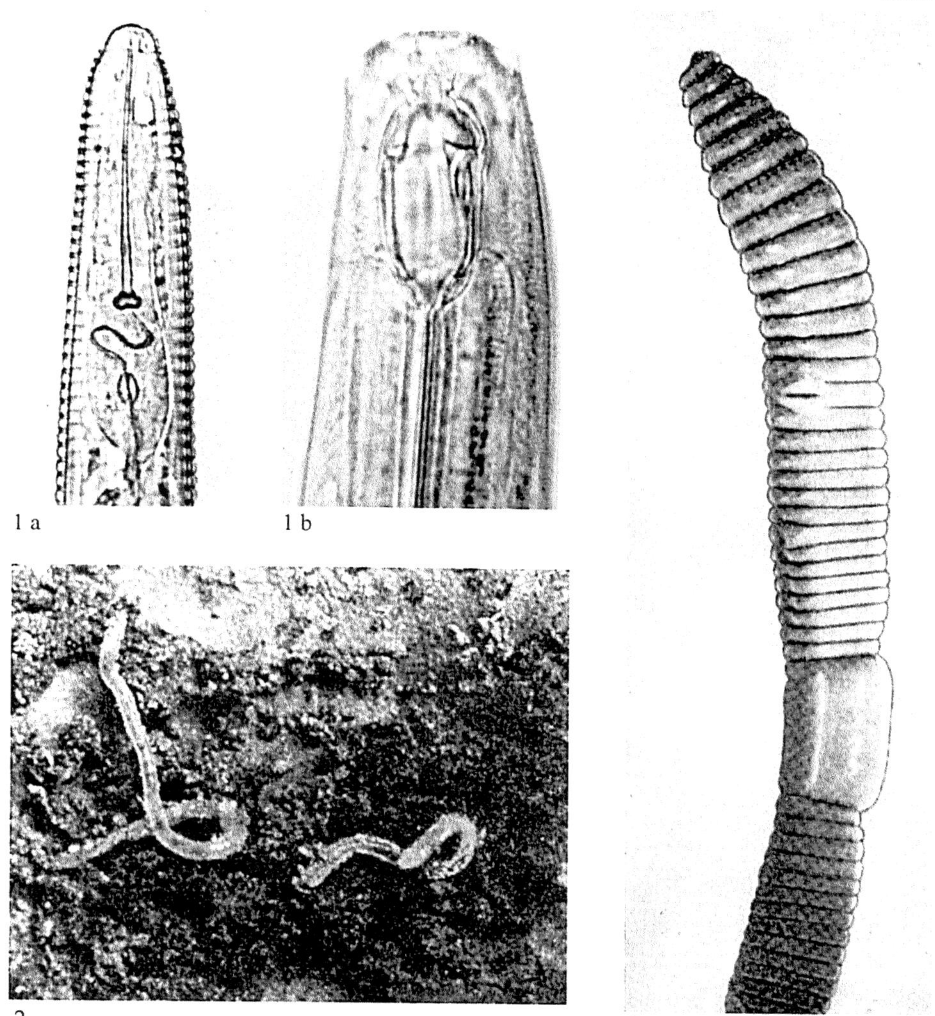

1 a 1 b

2

3

4 a

4 b

5

6

böden. Hier können etwa 100 000 bis 400 000 Milben je m^2 auftreten. In Grünlandböden werden nicht so hohe Maxima erreicht; es ist aber mit 50 000–150 000 Individuen je m^2 zu rechnen. Ackerböden liegen meist deutlich unter diesen Zahlen. Aus Heideböden sind etwa 50 000 Individuen je m^2 bekannt. Diese Zahlen müssen aber noch wenigstens auf die drei Hauptgruppen aufgeteilt werden, um bodenbiologisch aussagekräftig zu werden. In humosen Böden stellen die Oribatiden 70 (bis 90 %) der Gesamtzahl. In armen Böden dagegen, z. B. in englischen Heideböden, wurden die prostigmaten Milben etwas häufiger als die Oribatiden gefunden. In den meisten Wiesen- und Waldböden beträgt der Anteil der Prostigmaten wie auch der Mesostigmaten je etwa 5–20 % der Gesamt-Milbenfauna. Immerhin ist je m^2 mit etwa 10 000 bis 15 000 Mesostigmaten, besonders Gamasiden, in diesen Böden und 5 000 bis 10 000 Individuen dieser Gruppe in Ackerböden zu rechnen. Karg (1982) gibt für Nematoden-reiche Ackerböden der DDR sogar 75 000 bis 150 000 nematophage Raubmilben je m^2 bis zu 15 cm Tiefe an. In Populationen mit hoher Siedlungsdichte sind oft Jungtiere mit mehr als 50 % vertreten. Die oberen 5 cm bzw. die humusreichen Schichten werden stets weit stärker besiedelt als die tieferen Zonen.

Die Lebensweise der genannten Hauptgruppen der Milben unterscheidet sich so stark, daß eine gemeinsame Besprechung ihrer ökologischen Eigenschaften unmöglich ist. Es ist deshalb nötig, die drei in Frage kommenden Gruppen (unter den Zecken finden sich keine Bodentiere) getrennt zu betrachten.

5.13.1. *Mesostigmate Milben*

Die Mesostigmaten (auch als Parasitiformes bezeichnet) enthalten einige ökologisch recht unterschiedliche Gruppen, von denen wir nur die Gamasina und Uropodina betrachten wollen.

Die Gamasina werden deutsch zu Recht Raubmilben genannt. Pflanzengewebe scheinen nur einige große Arten *(Macrocheles vagabundus)* bei Nahrungsmangel zu fressen. Pilznahrung ist von *Ameroseius* bekannt. Besonders *Amblyseius*-Arten der Phytoseiidae nehmen wohl regelmäßig neben tierischer Nahrung auch Pollen, Pilzsporen, Honigtau u. a. mit auf (Karg 1971). Die Hauptmenge der Raubmilben ist aber rein carnivor, oft mit sehr spezifischer Beutewahl. Das mit den Vorderbeinen ertastete Beutetier wird blitzschnell mit den Cheliceren angeschnitten und unter Zuhilfenahme der Pedipalpen, zuweilen auch der Beine, festgehalten. Sodann spritzt die Raubmilbe Verdauungssaft in die Wunde, knetet das Gewebe durch wechselnden Einsatz der Cheliceren und saugt schließlich den vorverdauten Nahrungsbrei auf.

Tafel II

Abb. 4 a. Bauchansicht einer Rollassel *(Armadillidium vulgare)* mit den Tracheenlungen („Weißen Körpern"). (Aufnahme: Prof. Dr. Sedlag)

Abb. 4 b. Gleiches Tier, beim Einrollen. (Aufnahme: Prof. Dr. Sedlag)

Abb. 5. Rollassel in Laufstellung mit typischen Fraßstellen und Kotballen. (Aufnahme: Verf.)

Abb. 6. Kellerassel *(Porcellio scaber)* beim Fraß an Bergahornblättern. (Aufnahme: Verf.)

Wird die Beute im ersten Zugriff nicht richtig gepackt, kann sie sich oft der Raubmilbe erwehren oder fliehen. Ein *Alliphis siculus* frißt einen Nematoden von der doppelten Länge seines Körpers in einer Minute. *Pergamasus crassipes* braucht bei 20 °C täglich 2 bis 3 große (2 mm) Collembolen, bei 13 °C nur 1 bis 2 (K a r g 1971).

In allen Überfamilien der Raubmilben finden sich Artengruppen, die sich aus dem hier wohl ursprünglichen Bodenhabitat zu Bewohnern der Bodenoberfläche, spezieller Biochorien wie Dung, Holz oder Nestern und in einigen Fällen auch der höheren Pflanzen wie auch zu Parasiten von Insekten und Wirbeltieren entwickelt haben (Fig. 51). Die in tieferen Bodenschichten lebenden (euedaphischen) Arten sind klein (unter 0,5 mm), haben kurze Beine, schwache Behaarung und schwache Chitinausbildung (d. h. mehr oder weniger weiße Färbung). Hierzu gehören z. B. Arten der Gattungen *Rhodacarellus, Rhodacarus* und *Prozercon*. Die (hemiedaphischen) Oberflächenformen werden dagegen mehrere Millimeter lang, weisen stärkere Chitinisierung, braune Färbung, stärkere Behaarung und längere Beine auf (z. B. *Pergamasus, Veigaia*). Bei einigen Arten ist das 2. Beinpaar auffällig verstärkt – ein Hinweis auf die grabende bzw. wühlende Tätigkeit dieser Arten. Bei Kälte, Hitze oder Austrocknung führen die meisten Mesostigmaten Vertikalwanderungen aus (U s h e r).

Auch hinsichtlich ihrer Entwicklungsweise und Ernährungsgewohnheit unterscheiden sich Tiefenformen von Bewohnern der Oberfläche. So überwintern bei Oberflächenarten meist nur die befruchteten Weibchen, bei Tiefenarten auch die Männchen und Nymphen. Daß hierbei der bessere Schutz im Erdboden wirksam ist, hat K a r g an folgender Beobachtung nachgewiesen. Er fand die euedaphische Art *Rhodacarellus silesiacus* in Wiesenböden in 15 cm Tiefe auch als Nymphe überwinternd, in ungeschützten Ackerböden dagegen nur als befruchtete Weibchen. Der gleiche Beobachter teilt interessante Einzelheiten darüber mit, daß die Tiefenarten speziell von solchen Kleintieren leben, die ihrerseits auf größere Bodentiefen

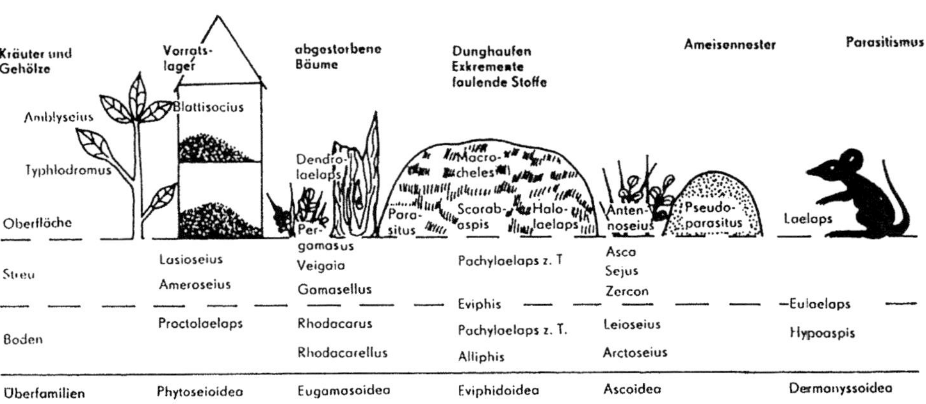

Fig. 51. Vordringen von Vertretern verschiedener Überfamilien der Raubmilben (Gamasinen) vom Boden in epigäische Lebensräume. Nach K a r g

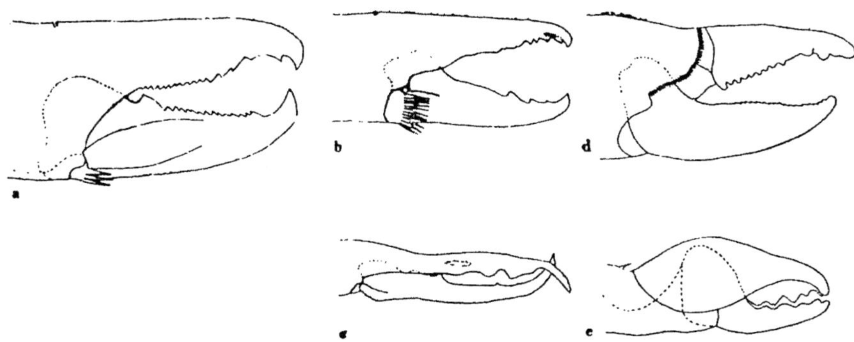

Fig. 52. Chelicerenformen bei mesostigmatischen Milben: a bis c Räuber, d und e Pflanzenfresser a *Dendrolaelaps hexaspinosus*, scharfe Leistenzähne zum Einschneiden in größere Beute (Insektenlarven); b *Parasitus kraepelini*, große Reißzähne (Beute: Milben, Insektenlarven); c *Veigaia verva*, lange Cheliceren mit scharfen Endhaken zum Festhalten flüchtiger Nahrung (Collembolen); d *Liroaspis togatus*, kräftige Kieferklauen mit feilenartigen Zahnleisten zum Zerreiben toter pflanzlicher Nahrung; e *Pseudouropoda ovalis*, Nußknackerform zum Zerquetschen von Pflanzensporen. Nach Hirschmann

beschränkt sind. Dieses Verhalten bewahren sie auch im Fütterungsversuch, in dem ihnen verschiedenartige Nahrungstiere zur Auswahl geboten werden. So bevorzugten Arten der oberflächenbewohnenden Gattung *Pergamasus* große Oberflächen-Collembolen *(Isotoma, Entomobrya)*, Arten der etwas tiefer lebenden Gattung *Veigaia* sich ähnlich verhaltende Collembolen *(Folsomia)*, und ausgesprochene Tiefenformen *(Rhodacaridae)* fingen hauptsächlich die Tiefenspezialisten unter den Collembolen *(Tullbergia)*. Neben den Collembolen dienen aber noch Wurzelmilben *(Rhizoglyphus)*, Oribatiden und prostigmate Milben zur Nahrung, wobei kleinere Arten vornehmlich die Entwicklungsstadien angreifen. Häufig werden schließlich Nematoden erbeutet. Die hauptsächliche Nahrung einer Art läßt sich oft bereits nach der Form der Cheliceren bestimmen (Fig. 52). So haben Nematodenspezialisten kurze Laden mit dichtem Zahnschluß, Collembolenfresser dagegen schlanke Cheliceren mit rückwärts gerichteten Zähnen (flüchtende Nahrung!).

Als echte euedaphische Raubmilben kennen wir vor allen die Rhodacaridae, 0,2–0,5 mm große Arten, die teils weiß oder gelblich, teils rötlich gefärbt sind. Der beinlose Hinterleib ist durch eine Falte abgeschnürt und daher biegsamer. Dies dürfte ein Vorteil für die Bewegung in engen Spalten sein, zu dem sich die oben bereits genannten Merkmale gesellen. Diese Arten bewohnen Böden selbst mit geringem Hohlraumvolumen bis in größere Tiefen, so vor allem Acker- und Wiesenböden. Häufig sind *Rhodacarellus silesiacus* und *Rh. roseus*. Ihre Nahrung stellen kleine Larven und Nymphen von Milben, euedaphische Collembolen und Nematoden dar. *Dendrolaelapsrectus* ernährt sich vorzugsweise von Nematoden, die sie mit den rasch vorschnellenden Cheliceren erfaßt. Ausgesprochen spezialisiert auf Nematoden scheint die ebenfalls in Ackerböden häufige Eviphidide *Alliphis siculus* zu sein, die besonders durch Vertilgung von Kartoffelnematoden nützlich wird.

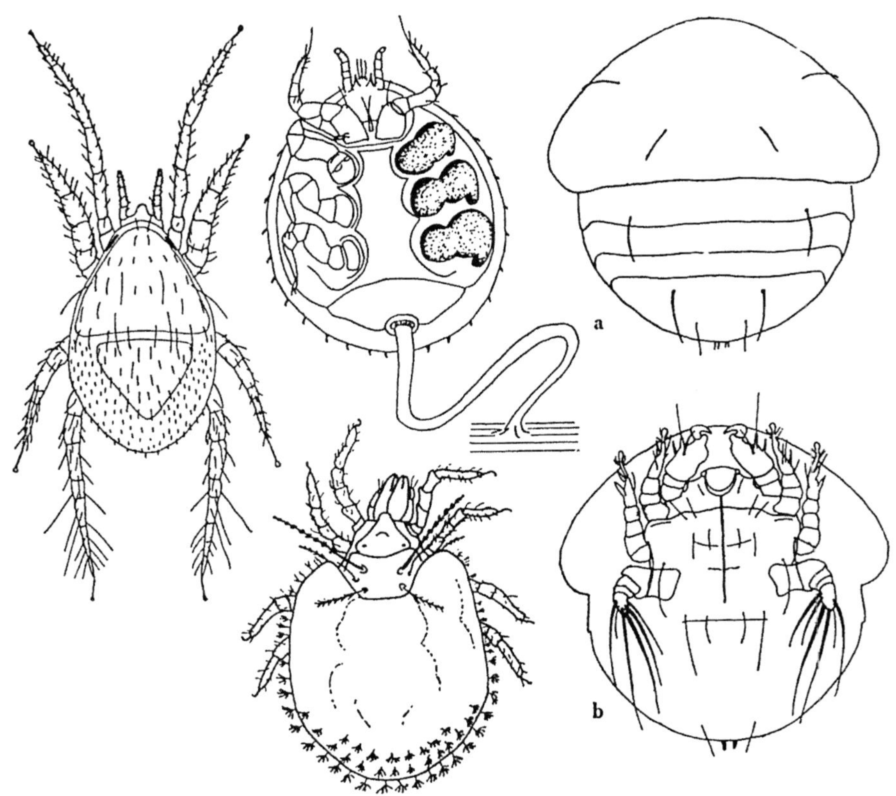

Fig. 53 (links). Deutonymphe der „Käfermilbe" *(Parasitus coleoptratorum),* die sich an Mistkäfer anheftet. Länge etwa 1 mm. Nach V i t z t h u m

Fig. 54 (Mitte oben). Deutonymphe einer Uropodine (*Cilliba* spec.), mit einem elastischen Stiel an einem Käfer festgeheftet. Beine rechts entfernt, um die Beingruben zu zeigen. Länge 0,7 mm. Nach B e r l e s e aus V i t z t h u m

Fig. 55 (rechts). Auf Hummeln parasitierende „Schildmilbe" *(Scutacarus femoris)*; Weibchen von oben (a) und von unten (b). Länge 0,25 mm. Nach V i t z t h u m

Fig. 56 (Mitte unten). *Nanorchestes arboriger*, eine streu- und bodenbewohnende Federhaarmilbe *(Prostigmata)*. Länge 0,2 mm. Nach B e r l e s e, verändert

Die etwas größeren wendigen *Veigaia*-Arten sind dagegen vorwiegend Collembolen-Jäger. Ihre langen schlanken Cheliceren sind fast körperlang und tragen Greiffinger mit spitzen Fangzähnen. Wir finden sie hauptsächlich in Böden mit größerem Porenvolumen, auch in Laub, Nadelstreu und Moos. Ihre Verbreitung richtet sich deutlich nach dem Vorkommen der von ihnen als Nahrung bevorzugten mittelgroßen Collembolenarten.

Einen ganz anderen Typ stellen die Macrocheliden dar. Es sind breit gebaute, plumpe und langsame Tiere, an denen die schwache Entwicklung des ersten Beinpaares und die überaus starke Ausbildung des zweiten Beinpaares auffällt. Die letzteren dienen zum Wühlen in dem Substrat, das ihre gewöhnliche Umwelt ist: Abfall, Mist, humusreicher Boden. Mit ihren Riesencheliceren ergreifen sie Eier, Larven und Puppen von Insekten, also nicht flüchtende Nahrung, wohl auch Aas. Einige Arten lassen sich von Käfern, Fliegen, selbst Nagetieren zu günstigen Standorten transportieren. Diese Erscheinung ist noch stärker bei den Parasiten ausgeprägt. Hierzu gehören große Arten, die an der Bodenoberfläche nach Insektenlarven und Kleinarthropoden jagen. Die Deutonymphen vieler Arten heften sich mit den Cheliceren und den Haftlappen der Tarsen an Insekten fest. *Parasitus coleoptratorum*, die „Käfermilbe", bevorzugt Mistkäfer (*Geotrupes*-Arten) als „Omnibus", der sie mit Sicherheit zu einem günstigen, mit Nematoden und anderen Formen besetzten Substrat bringt (Fig. 53). Andere Arten benützen Hummeln als Transporttiere (*Parasitus fucorum*).

Von dieser Symphorie (Phoresie) sind einige Arten zum Ektoparasitismus übergegangen. Ein ähnlicher Weg läßt sich bei solchen Arten nachweisen, die in den Bodengängen verschiedener Nagetiere leben und zum Teil zu Ektoparasiten dieser Säuger geworden sind.

Von den Uropodinen ist noch weniger als von den Gamasiden bekannt. Es handelt sich um kleine, meist sehr gut gepanzerte Arten, die oval bis fast rund sind und oft ihre Beine weitgehend in Vertiefungen des Panzers zurückziehen können. Diese Arten wurden deshalb oft mit Schildkröten verglichen. Viele Uropodinen sind bis heute nur als Deutonymphen bekannt, die von koprophilen Käfern abgelesen wurden (Fig. 54). Sie heften sich an deren Panzer fest, indem sie einen elastisch verfestigten Sekret-Stiel aus dem Enddarm ausscheiden (s. Abb. 16, S. 128). Aufgrund dieses Verhaltens (Symphorie) sind die Uropodinen bislang vorwiegend als Verzehrer von pflanzlichem Detritus angesehen worden. Bei dem in der Verrottungsschicht der Laubstreu lebenden *Uropoda tarsale* wurde vorwiegend animalische Kost festgestellt. In einem französischen Buchenwald fand sich eine Art (*Cilliba cassidea*), die einzellige Grünalgen frißt, während alle anderen hier lebenden Uropodiden (*Trachytes, Polyaspinus, Olodiscus* u. a.) Pilzhyphen anstechen und das Plasma aussaugen (Athias-Binche, VI). Die im Jahresmittel mit 3 300 Individuen/m^2 und 80 mg/m^2 Lebendgewicht vertretenen Uropodiden leben hier zu 33 % in der frischen Streu, zu 52 % in der Verrottungsschicht der Streu und zu 14 % in der Humusschicht des Mineralbodens.

5.13.2. *Prostigmate Milben*

Unter den prostigmaten Milben (Trombidiformes) sollen hier die eigentlichen Prostigmata sowie die Tarsonemida (= Heterostigmata) abgehandelt werden. Hierzu gehören neben einer Vielzahl von meeres- und süßwasserbewohnenden oder pflanzen- und tierparasitischen Arten auch alle Übergänge zu echten Bodenformen. Viele Arten zeichnen sich durch auffällige Färbung des Körpers aus, wobei bei einigen, großen, freilebenden Formen rote Farben vorherrschen. Die stilettartigen Mundwerkzeuge der Prostigmaten sind allgemein zum Anstechen und Aussaugen geeignet. Von vielen hierher gehörigen Familien wie *Bdellidae, Cheyletidae, Rhagidiidae* und *Trombidiidae* ist die räuberische Lebensweise (Milben- und Insektenlarven, Eier, Nematoden u. a.) gut bekannt (Wallwork, IX). Für andere, wie die häufigen *Tydeidae* und *Eupodidae,* werden sowohl carnivore als auch fungivore Ernährungsweisen belegt. Von den kleineren bodenbewohnenden Arten der *Nanorchestidae, Tarsonemidae, Pyemotidae* und *Scutacaridae* wird vorrangige Ernährung von Pilzen angenommen, wiewohl das Anstechen von Saugwurzeln sicher weit verbreitet ist und wohl auch Protozoen und Bakterien häufig als Nahrung dienen. Für *Pygmephorus*-Arten hat Kosir nachgewiesen, daß nur bestimmte Pilzarten zur Ernährung voll ausreichen. Dies waren nie Basidiomyzeten, meist dagegen Ascomyzeten, für *Pygmephorus quadratus* nur Stämme der Gattung *Chaetomium.* Maulwurfshaufen bewohnende *Pygmephorus*-Arten bevorzugten wieder andere Pilze. Diese Nahrungsspezialisierung leitet vielleicht über zu Parasiten, die z. B. an Pflanzen (Spinnmilben, Tetranychidae) oder an Tieren (z. B. die Bienenmilbe *Acarapis woodi*) saugen oder vom Talg der Haarbalgdrüsen des Menschen und der Säugetiere leben (Haarbalgmilben, *Demodicidae*).

Die stärkste Besiedlung durch Prostigmate wurde bislang aus nordeuropäischen Nadelwaldböden (35 000–100 000 Individuen/m^2) oder Laubwaldböden mit starker Humusauflage (20 000 bis 87 000/m^2) gemeldet, fast gleichstark können aber (saure) Wiesen besiedelt sein. Wesentlich geringere Siedlungsdichten finden sich in (sub)tropischen Regionen, wenn auch das Maximum der ermittelten Biomasse mit 143 mg Trockengewicht/m^2 (66 800 Ind./m^2) in einem südafrikanischen Bergwald gefunden wurde (Berg u. Ryke). In einem dänischen Buchenwald leben nach Luxton (1981) 40 Arten der Prostigmata in durchschnittlich 20 480 Individuen/m^2 mit 3,7 mg Trockengewicht. Hiervon sind z. B. die Tarsonemidae vorwiegend in der Streu zu finden, nur im Winter in 0–3 cm Bodentiefe. Die Scutacaridae bevorzugen diese Schicht während des ganzen Jahres, während die Pyemotidae eine ausgeprägte Vertikalwanderung zeigen.

Die winzigen, meist abgeflachten Scutacaridae sind Bewohner von Laubstreu, Moos, Kompost oder Mist. Ihr Name („Schildmilben") ist von dem auffällig nach vorn verbreiterten ersten Schild der Rückenpanzerung des Weibchens abgeleitet (Fig. 55). Es handelt sich um 0,1–0,3 mm große Tierchen, die in verschiedensten Böden auftreten. In polnischen Wiesenböden ohne Düngung wies Zyromska-Rudzka 25 000–60 000 Scutacaridae/m^2 nach, eine intensive NPK-Düngung verringerte deren Dichte auf 0,7 %, eine Reaktion, die keine andere untersuchte Tiergruppe so deutlich aufwies. Dies mag mit der kurzen Generationsdauer dieser (wie auch anderer) Prostigmaten von nur 6 bis 8 Tagen bei 20–25 °C verbunden sein, die eine rasche Reaktion auf Umweltbedingungen ermöglicht.

Die ebenfalls sehr kleine (0,2 mm), sprungfähige Federhaarmilbe *Nanorchestes arboriger* (Fig. 56) wies Haarløv in dänischen Wiesenböden bis zu 50 cm tief nach. Höller schließt aus ihren zum Kauen geeigneten Maxillen auf eine Ernährung von Mikroorganismen oder Humusteilchen. Weit verbreitet in Wald- und Wiesenböden sind weiter die Schnabelmilben (Bdellidae), durchschnittlich 0,7 bis 1,5 mm groß werdende geschickte Räuber. Ihre weit vorstehenden Cheliceren sind mit einer winzigen Schere ausgerüstet, mit der sie vor allem Collembolen erbeuten. Bei den Erythraeiden sind die Cheliceren dagegen zu sehr langen zurückziehbaren

Stiletten umgebildet, mit deren Hilfe sie ihre Beute aussaugen. Zu der letztgenannten Familie gehören relativ große (2–3 mm) und auffällig braun oder rot gefärbte Tiere, die sehr wärmeliebend sind und selbst die direkte Sonnenbestrahlung nicht scheuen. Ihre Larven sind Insektenparasiten. Noch etwas größer können einige Vertreter der Laufmilben (Trombidiidae) werden, von denen wir besonders die auffällige *Trombidium holosericum*, wegen ihrer scharlachroten, weichen Behaarung als „Sammetmilbe" bezeichnet, häufig in den obersten Bodenlagen, zwischen Laub u. ä. beobachten können. Sie nimmt nicht nur lebende Beute an, sondern ernährt sich auch von Aas sowie von Insekteneiern. Die Larven der Laufmilben leben ebenfalls parasitisch von Gliederfüßern.

5.13.3. *Astigmate Milben*

Die astigmaten Milben (Astigmata, Acaridida) sind vorwiegend weißliche ungepanzerte Tiere, die uns vor allem als Vorrats-, Wohnungs- und Krätzemilben bekannt sind. Dennoch sind einige Arten regelmäßig und oft in großer Menge im Boden zu finden. Dies gilt z. B. für die Wurzelmilben (Rhizoglyphidae), die uns auch als Schädlinge an Kartoffeln und Zwiebeln bekannt sind. Hierher gehören häufige Bewohner von Wald- und Wiesenböden, wie *Schwiebea* spec. (Fig. 57). Haarløv fand *Histiostoma feroniarum* (Fig. 58) in Wiesenböden noch in 30 cm Tiefe. Diese wie auch andere Arten der Anoetidae sind vorwiegend auf Fäulnisherden, in Komposthaufen und ähnlichen Orten in Massen vertreten. Sie weisen wie sehr viele Astigmata ein abweichend gestaltetes Deutonymphenstadium (Hypopus oder Wandernymphe genannt; s. Abb. 15, S. 128) auf, das der Verbreitung der Arten durch andere Tiere (besonders Insekten und Vielfüßer) dient.

Als Nahrungsgrundlage der meisten bodenbewohnenden Astigmaten werden

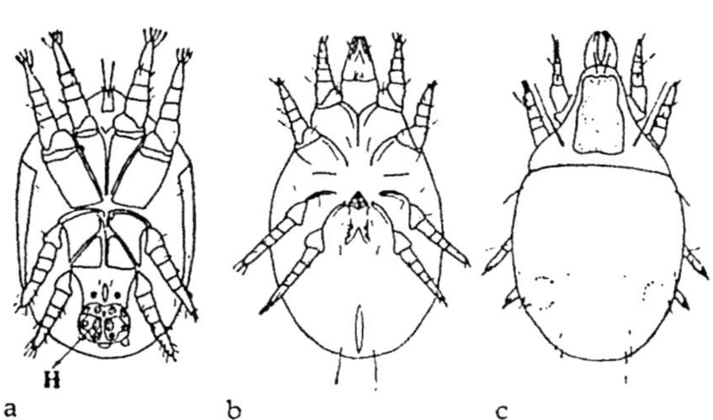

Fig. 57. *Schwiebea cavernicola*, eine „Wurzelmilbe" *(Rhizoglyphidae)*, deren Deutonymphen (a) sich mit ihren Haftnäpfen (H) an Steinläufer *(Lithobius forficatus)* anheften. Geschlechtsreif im Baummulm, in Laubstreu, auch im Grundwasser. b Weibchen von unten, c von oben. Länge a 0,2 mm, b und c 0,3 mm. Nach Türk

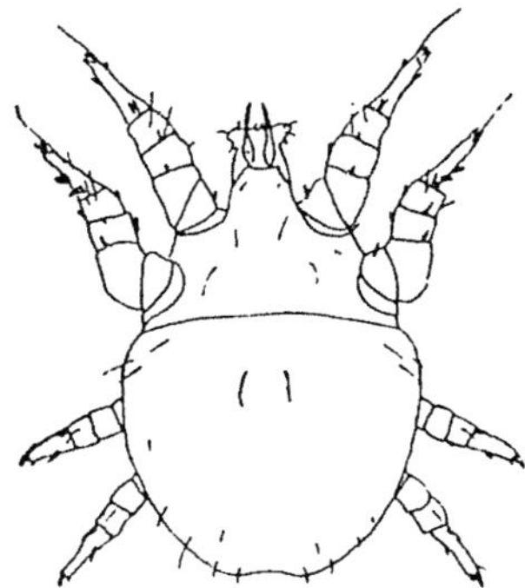

Fig. 58. *Histiostoma feroniarum*, eine vorwiegend faulende Pflanzensubstanz fressende „Wurzelmilbe". Männchen von oben. Länge 0,4 mm. Nach Türk

Pilze angenommen. Aber auch Algen, Detritus und Mikroorganismen (die besonders *Anoetidae* aus Flüssigkeiten herausfiltern können; Karg) dienen zur Ernährung, ebenso häufig wahrscheinlich unterirdisches Pflanzengewebe. Die höchsten bekannten Siedlungsdichten geben Ghilarov u. Černov für Steppenschluchtböden mit 50 000 Individuen/m^2 an, während in nordeuropäischen Waldböden 5 000/m^2 und in mitteleuropäischen Wiesenböden 2 000/m^2 selten überschritten werden. Ihre bodenbiologische Bedeutung wird meist gering eingeschätzt, wenn auch ihre Leistung zur Verbreitung und Aktivierung besonders von Pilzen in manchen Böden keinen geringen, gelegentlich (z. B. malaysischer Regenwald) sogar offensichtlich einen entscheidenden Anteil am Bodenleben hat.

5.13.4. *Hornmilben, Oribatiden*

Die Oribatiden (Oribatida, Cryptostigmata) haben eine hohe bodenbiologische Bedeutung. Ihre deutschsprachigen Namen Horn-, Moos- oder Panzermilben, beziehen sich auf das häufige Vorkommen im Moos bzw. die außerordentlich starke Verpanzerung mancher Arten, sind aber nicht für die Gesamtheit bezeichnend. Während Sellnick 1935 noch etwa 200 Arten für Mitteleuropa angibt, haben wir heute mit wenigstens 800 Arten zu rechnen.

Zachwatkina unterscheidet drei ökologische Gruppen der Oribatiden, die sich morphologisch stark unterscheiden.

1. Die typischen Oribatiden sind wenigstens als erwachsene Tiere kräftig gepanzert. Sie sind mehr oder weniger dunkel braun gefärbt. Ihr normaler Aufenthaltsort ist die oberste Bodenschicht, Streu, Moos, Flechten oder die Grasnarbe, auch Baumhöhlen, Vogelnester, Pilze u. ä. Sie zeigen interessante Anpassungen, die einmal als

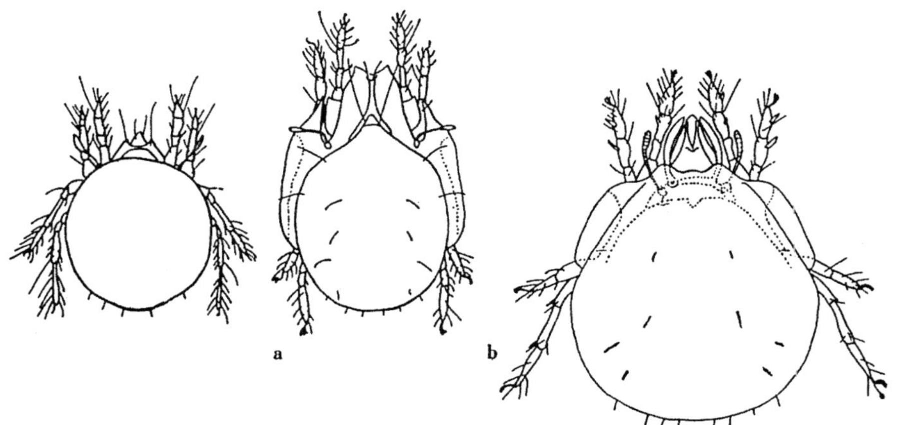

Fig. 59 (links). *Gustavia microcephala*, eine stark gepanzerte Oribatide (Hornmilbe) ohne „Flügel". Länge 0,55 mm. Nach Berlese aus Baker u. Wharton

Fig. 60 (rechts). Oribatiden mit „Flügelanhängen". a *Notaspis magnus*, b *Pelops sylvestris*. Länge a 0,75 mm, b 0,5 mm. Nach Baker u. Wharton

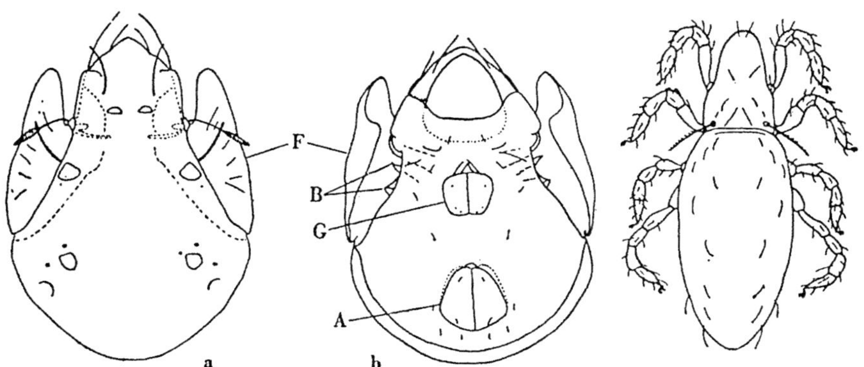

Fig. 61. Weibchen von *Galumna virginiensis* von oben (a) und unten (b). F Flügelfortsätze, B Beinansätze (Beine nicht eingezeichnet!), G Geschlechtsöffnung, A Afteröffnung. Länge 0,6 mm. Nach Jacot

Fig. 62. *Eulohmannia ribagai*, eine fast ungepanzerte Oribatide. Länge 0,6 mm. Nach Berlese aus Baker u. Wharton

Verdunstungsschutz, zum anderen als Schutz vor Feinden zu erklären sind. So ist die äußere Gestalt häufig mehr oder weniger kugelförmig. Die Beine können entweder in Vertiefungen eng an den Körper angelegt werden (Fig. 59), oder sie werden von seitlichen flügelartigen Anhängen des Hysterosoma überdeckt (Fig. 60 und 61). Wieder andere erreichen die kugelförmige Schutzstellung dadurch, daß ein Gelenk zwischen Propodosoma und Hysterosoma ausgebildet ist. Im Fall der Gefahr, vielleicht aber auch bei Trockenheit, ziehen sie die Gliedmaßen mit einem starken Muskel in das Hysterosoma zurück und schlagen das Propodosoma wie eine Klapptür darüber (Fig. 11 a). Die Larven und Nymphen der ersten ökologischen Gruppe der Oribatiden entwickeln sich in feuchtem Substrat, entweder in tieferen Bodenschichten oder an Feuchtstellen, von wo aus sich die erwachsenen gepanzerten Tiere dann recht weit horizontal ausbreiten können.

2. Eine ganz andere äußere Form, die speziell an die Existenz unter stark schwankenden Temperatur- und Feuchtigkeitsbedingungen angepaßt ist, zeigen die Familien Damaeidae und Neoliodidae. Sie benutzen die abgestreiften Larven- bzw. Nymphenhäute, die sie oft noch mit Schmutzteilchen inkrustieren, als Schutzvorrichtung, indem sie diese auf dem Rücken mit sich herumtragen (s. Fig. 10 a). Ihre Beine sind, besonders im Vergleich mit der zuerst genannten Gruppe, sehr lang. Es sind vorwiegend große Arten, die meist in lockerer Streu oder Moos leben.

3. Fast oder völlig ungepanzerte Formen finden wir z. B. in der Familie Brachychthoniidae. Diese Arten sind sehr feuchtigkeitsbedürftig. Infolge der schwachen Chitinisierung sehen die Tiere weißlich aus.

Vertikal sind die Oribatiden bevorzugt in der humosen Bodenauflage und in den oberen 5 (bis 10) Zentimetern des Bodens verbreitet. Für ihr Eindringen in den Boden ist die Breite der Bodenporen als begrenzender Faktor wirksam. In tieferen hohlraumärmeren Bodenschichten leben besonders Arten, die zur dritten ökologischen Gruppe gehören, z. B. *Oppia* u. a. Verglichen mit anderen Bodentiergruppen (z. B. Collembolen) ist bei den Oribatiden dieser euedaphische Lebensformtyp jedoch nur schwach ausgeprägt und zeigt alle denkbaren fließenden Übergänge zum hemiedaphischen Grundtyp der Oribatiden. Unter den als Tiefenformen festgestellten Arten befinden sich auch Arten wie *Pseudotritia duplicata,* die morphologisch den hemiedaphischen Typ verkörpern (Fig. 63).

Nur wenige Arten sind ständig in der gleichen Bodenschicht zu finden (z. B. *Adoristes ovatus, Oppia ornata* in der Streu oder *Brachychthonius jacoti, Oppia minus* in 3–6 cm Tiefe eines Buchenwaldes; Luxton). Die meisten Arten führen Vertikalwanderungen aus, die teils von der Temperatur, teils von der Feuchtigkeit, oft auch vom Nahrungsangebot oder wechselnder Nahrungspräferenz (Larven!), meist aber von einer artspezifischen oder physiologisch bedingten Reaktion auf Kombinationen dieser Faktoren gesteuert werden. Vorrangiges Motiv für das Aufsuchen tieferer Schichten scheint die Flucht vor zu hohen oder zu niedrigen Temperaturen oder zu geringer Feuchtigkeit zu sein; die Wanderung in die oberste Boden- und Streuschicht dient dagegen meist dem Aufsuchen geeigneter Nahrung.

Obwohl die meisten Oribatiden aktiv feuchte Habitate aufsuchen, scheint bei ihnen die Trockenresistenz stärker ausgeprägt zu sein als z. B. bei Collembolen. Vannier (1970) fand, daß viele Oribatiden erst bei pF = 5 die Bodenprobe verlassen. Im einzelnen sind jedoch spezifische Unterschiede ausgeprägt. Oberflächenbewohner mit erhöhter Resistenz gegen Hitze und Trockenheit haben nach Tarba u. Semenova eine stark entwickelte Cuticula mit deutlicher Gliederung in eine Endo-, Exo- und Epicuticula. Die Exocuticula dieser Arten *(Oribotri-*

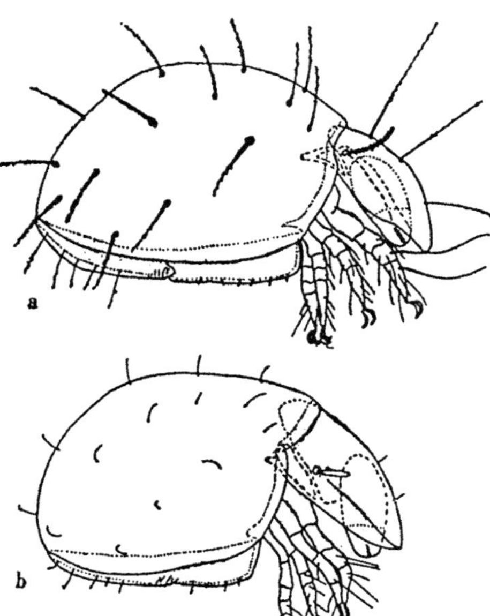

Fig. 63. Tiefe Bodenschichten bewohnende Oribatiden der Familie Phthiracaridae. a *Pseudotritia duplicata,* ohne „euedaphische" Anpassungsmerkmale (vgl. Fig. 11 a, *Ps. ardua,* ein Bewohner der oberen Streuschicht); b *Ps. minima* mit mehr „euedaphischem" Habitus. Länge a 0,7 mm, b 0,3 mm. Nach Märkel

tia berlesei, Euzetes globulus, Platynothrus peltifer) ist mit Chinonen imprägniert, was als Schutz gegen UV-Strahlen wirken könnte. Eine weitere Artengruppe, die vorwiegend die untere Streulage besiedelt und geringere Hitze- und Trockenresistenz zeigt, weist eine „durchlöcherte", d. h. stark grubige Cuticula ohne Epicuticula auf *(Nothrus silvestris, Nanhermannia elegantula)*. Eine dünne, schwach sklerotisierte, nicht grubige Cuticula ebenfalls ohne Epicuticula ist die Regel bei Bewohnern der tieferen Bodenschichten (*Tectocepheus velatus, Hypochthonius rufulus, Oppia unicarinata, Epilohmannia styriaca* u. a.).

Klimafaktoren modifizieren auch die Dichteverteilung der Oribatiden im Bodenprofil. So fand Märkel die Oribatidenfauna in Fichtenrohhumusböden der kühl-feuchten Kammlagen des Erzgebirges in der oberen Streu konzentriert, in vergleichbaren, zunehmend warm-trockenen Böden der Mittellagen und des Gebirgsfußes aber zunehmend in den unteren Streu- und oberen Bodenschichten. Überhöhte Feuchtigkeit und sogar Überschwemmungen ertragen viele Oribatiden offenbar leicht. Manche Arten wurden unter Wasser aktiv angetroffen (z. B. die „feuchteindifferente" *Oribatula tibialis*). Wenige Arten *(Hydrozetes)* leben sogar regelmäßig unter Wasser. In amazonischen Überschwemmungswäldern fand Beck Oribatidenarten, die sich von Bewohnern normaler Böden nur durch die Fähigkeit unterschieden, ihren Entwicklungszyklus von 3 bis 5 Monaten so in den Überschwemmungsrhythmus einzupassen, daß sie diese Zeit im Eistadium überdauern können. Nur die parthenogenetische *Rostrozetes foveolatus* lebt als Adulttier unter Wasser und bildet in dieser Zeit die Eier, die beim Trockenfallen abgelegt werden.

Dem Säuregehalt des Bodens kann trotz verschiedener dahingehender Vermutungen mancher Autoren keine eindeutige direkte Beeinflussung der Oribatidenfauna zuerkannt werden.

Horizontal sind die Oribatiden weit verbreitet. Sie treten wohl am zahlreichsten in den unteren Lagen der Streu feuchter Nadel- und Hartlaubwälder auf (über 100 000 Individuen/m^2). Trockenere Laubwälder, Wiesen und besonders Äcker weisen kaum mehr als 20 000–30 000/m^2 auf. Krivolutsky fand in verschiedenen Regionen der Sowjetunion eine Übereinstimmung der Siedlungsdichte der Oribatiden mit einem Faktor A der Standortbedingungen, den er wie folgt berechnet:

$$A = \frac{\text{jährlicher Bestandesabfall} + \text{Streumenge (g/m}^2)}{\text{Streumenge (g/m}^2)} - \frac{Q}{V} R, \text{ wobei}$$

Q = Niederschläge (mm)/Jahr; V = Verdunstung (mm)/Jahr und
R = Sonneneinstrahlung (Kcal/m^2)/Jahr sind.

Die Übereinstimmung (Fig. 64) zeigt, daß hoher Anfall von Nahrung (Laub-, Grasabfall) bei hoher Feuchtigkeit und ausreichender Erwärmung optimale Bedingungen für die Entwicklung der Oribatiden bieten. Chemische und physikalische Bodeneigenschaften scheinen einen geringen Einfluß auszuüben. Höchste Individuenzahlen werden gewöhnlich im Herbst und im Frühjahr gefunden. Standortsfaktoren, Witterungsablauf und vor allem die spezifische Entwickung der vorherrschenden Arten modifizieren das jahreszeitliche Auftreten.

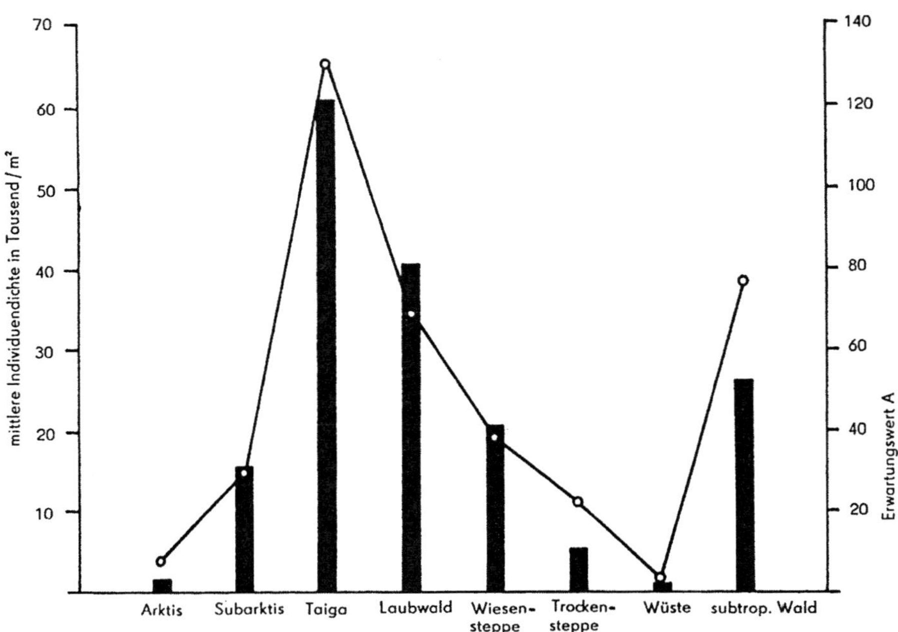

Fig. 64. Korrelation zwischen dem Koeffizienten A (s. Text) als Erwartungswert und der tatsächlichen mittleren Individuendichte von Oribatiden in verschiedenen geographischen Zonen der UdSSR. Nach K r i v o l u t s k i

E n t w i c k l u n g. Mit Ausnahme der in einigen Gruppen der Oribatiden auftretenden parthenogenetischen Arten werden die Weibchen durch Spermatophoren befruchtet, die von den Männchen abgesetzt und von den Weibchen „zufällig" aufgenommen werden. Während ihres durchschnittlich etwa einjährigen Lebens kann ein Weibchen nur 6 bis 30 *(Nothrus biciliatus)*, häufiger zwischen 50 und 100, ausnahmsweise bis zu 250 Eier *(Platynothrus peltifer)* legen. Dies kann gleichzeitig, über eine gewisse Periode verteilt oder aber in verschiedenen Legeperioden geschehen. Ein gravides Weibchen trägt gleichzeitig meist nur 1 bis 5 Eier (Fig. 65), nur selten bis zu 10 oder mehr *(Xenillus tegeocranus)*. Diese Weibchen haben gewöhnlich ganzjährig Eier, während bei anderen die Eireifung oft mit steigender Temperatur und sinkender Feuchtigkeit zusammenfällt (Frühjahr). Im gemäßigten Klimabereich ist deshalb die Eiablage oft auf den Mai konzentriert, was teilweise auch damit erklärt wird, daß Eier gegen Austrocknung nicht so empfindlich wie die Larven sind, die dann erst zu Beginn des Herbstes schlüpfen (B ä u m l e r). Je nach Nahrungs- und Lebensgewohnheit verhalten sich aber viele Arten unterschiedlich. In dänischen Buchenwaldböden entlassen die phthiracaroiden Milben *(Steganacarus, Phthiracarus)* ihre Prälarven erst im Herbst, wenn für die Larvalentwicklung geeignete Zweige oder Zapfen anfallen (L u x t o n). Andere Arten *(Damaeus clavipes, Adoristes ovatus)* nützen erst das reichliche herbstliche Nahrungsangebot, um die überwinternden Eier zu produzieren. Das Einsetzen einer zweiten Legeperiode setzt bei *Ceratozetes cisalpinus* eine Zwischenzeit bei tiefen Temperaturen (Winter) voraus (Woodring u. Cook).

Gelegentlich wurden tote Weibchen gefunden, in denen sich eine lebende Larve befand. Nach Untersuchungen an *Achipteria coleoptrata* hält Strenzke diese als Aparität bezeichnete Erscheinung für unnormale Einzelfälle. Sie treten nur dann auf, wenn ein Weibchen kurz vor der Eiablage stirbt, wobei die nach dem Tode der Mutter schlüpfende Larve sich offensichtlich einen Ausweg durch die Region der Mundwerkzeuge frißt. Einige Arten, z. B. von *Trimalaconothrus* haben eine vivipare Vermehrung.

Die Entwicklungszeit ist besonders bei den „primitiveren" und größeren Oribatiden recht lang (Lebrun). Nur wenige Familien (z. B. Oppiidae, Chamobatidae) benötigen weniger als 40 Tage vom Ei bis zum Adulttier, etliche aber mehr als 120 Tage (z. B. *Camisiidae, Hermanniidae, Hypochthoniidae, Phthiracaridae*). Luxton gibt für *Belba corynopus* sogar 326 Tage an. Ein Drittel bis ein Viertel der Entwicklungszeit verharren die Larven und Nymphen in Ruhestadien vor den Häutungen. Als gesamte Lebensdauer wurden im Labor selten unter 100 Tage (*Oppia nova:* 30 Tage), oft etwa 200 bis 400 Tage, im Extrem für *Neoribates gracilis* 730 Tage festgestellt. Infolge Überlappung oder Ineinanderschachtelung der Generationen ergeben sich für die Mehrzahl der Oribatiden dennoch 1 Generation/Jahr. Höhere Generationszahlen (2 bis 5) sind nachgewiesen, jedoch gelten solche Befunde nur für konkrete Feldbedingungen: für *Oppia nova* fand Lebrun in belgischen Böden 3 bis 5 Generationen/Jahr, während Luxton in einem dänischen Buchenwald nur eine Generation fand. Die lange Entwicklungszeit gestattet es den meisten Oribatiden nicht, günstige Nahrungsquellen schnell auszunützen. Sie können aber ihren Lebenszyklus der Periodik im Nahrungsanfall anpassen.

Nach der Ernährungsweise können die Oribatiden in 3 Hauptgruppen und einige Sonderspezialisierungen eingeteilt werden (Schuster, Wallwork, Luxton).

a) Mikrophytenfresser sind eine Vielzahl der Oribatiden. Sie weiden aus Pilzen, Hefen, Bakterien oder Algen gebildete Substratbeläge ab, meist ohne offensichtliche Spezialisierung (z. B. Oppioidea, Damaeoidea). Eingehende Prüfun-

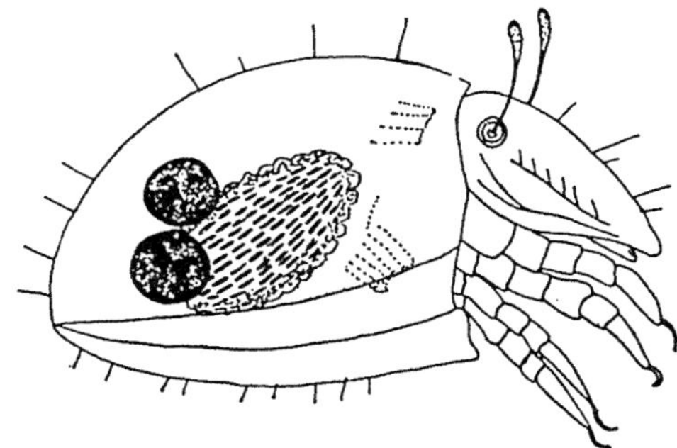

Fig. 65. Oribatidenweibchen *(Oribotritia loricata)* mit 2 dunklen Kotballen und einem großen skulpturierten Ei im Hinterkörper. Länge 1,5 mm. Nach Riha aus Kühnelt

gen im Labor ergaben jedoch z. B. für *Oppia nitens*, daß verschiedene Pilzarten sehr wohl ausgewählt werden, und daß sie auch eine unterschiedliche Effektivität für die Ernährung dieser Art haben (Stefaniak u. Seniczak).

b) Makrophytenfresser finden sich vor allem bei den Phthiracaroidea. Sie bevorzugen Laub- und Nadelstreu oder Holz in einem mikrobiell vorzersetzten Stadium und ausreichender Durchfeuchtung. Die Larven und Nymphen vieler Phthiracariden fressen im Inneren von Nadeln oder Holzstücken, was teilweise auch für die Adulten zutrifft. Spezialisierungen von Blatt- oder Holzfressern scheint es zu geben, obwohl die Beobachtungen teilweise widersprüchlich sind.

c) Nichtspezialisten (Panphytophagen) bilden die Masse der Oribatiden, jedoch kommt auch diesen Arten ein klares Nahrungswahlvermögen zu. Nicht selten bevorzugen Populationen der gleichen Art unter verschiedenen ökologisch-geographischen Bedingungen sehr unterschiedliche Nahrung; auch sind Unterschiede zwischen den Altersstadien zu beachten.

d) Sonderspezialisierungen betreffen Beobachtungen über Zoophagie, Necrophagie oder Koprophagie in Ausnahmefällen. *Pergalumna omniphagus* wurde beim Verzehr von Nematoden beobachtet. Tote Tierkörper werden gelegentlich in Hungersituationen angefressen, als Vorzugsnahrung konnten sie nur für Nymphen von *Fuscozetes fuscipes* nachgewiesen werden. Das Befressen von tierischen Kotballen ist dagegen wenig unterschieden von der Aufnahme separierter Mikroorganismen oder auch vorzersetzten Makrophytengewebes. Koprophagie ist deshalb unter bestimmten ökologischen Situationen eine sicher häufige Ernährungsart der Oribatiden, besonders wohl der Jugendstadien.

Eine durchgängig zutreffende Zuordnung der Chelicerenformen zu bestimmten Ernährungstypen scheint nach Schusters eingehenden Untersuchungen nicht

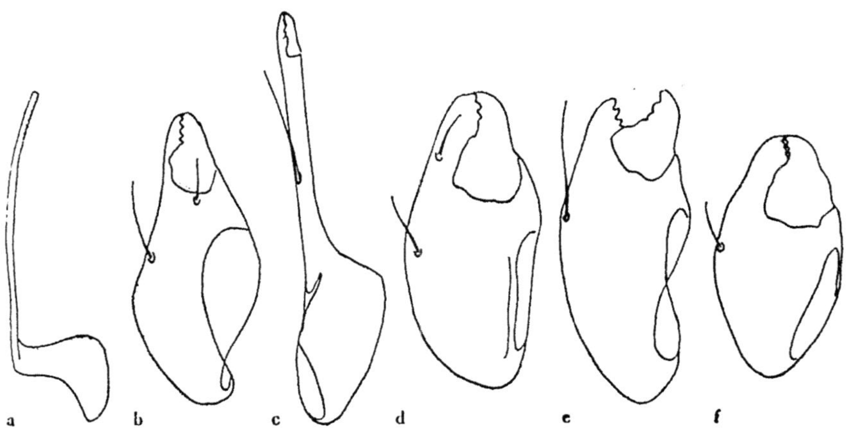

Fig. 66. Chelicerenformen bei verschiedenen Ernährungstypen der Oribatiden. a *Gustavia microcephala* (Mikrophytenfresser), b *Ceratoppia sexpilosa* (Mikrophytenfresser), c *Pelops hirtus* (Nichtspezialist), d *Nothrus silvestris* (Nichtspezialist), e *Hermanniella granulata* (Makrophytenfresser), f *Steganacarus clavigera* (Makrophytenfresser). Nach Schuster

möglich zu sein (Fig. 66). Lediglich die vornehmlich Holz verarbeitenden Phthiracariden haben stets auffallend kräftige Cheliceren.

Bei der Aufbereitung der Nahrung im Darm scheint die dort vorhandene Mikroflora eine wichtige Rolle zu spielen. Die Zusammensetzung der Darmflora variiert mit dem Entwicklungsalter, der Nahrung und der Spezialisierung, unterscheidet sich aber deutlich von der in der Nahrung vorhandenen Mikroflora. In welchem Maß sie symbiontisch oder akzidentell, d. h. zufällig mit aufgenommen ist, kann heute noch nicht geklärt werden. Stefaniak u. Seniczak haben besonders die Darmflora von juvenilen und adulten *Achipteria coleoptrata* bei verschiedener Nahrung untersucht und gefunden, daß besonders die Bakterien und Aktinomyzeten des Darmkanals mit hoher Aktivität nicht nur Proteine und Stärke zersetzen, sondern auch regelmäßig Zellulose und Lignine, z. T. auch Chitin und Pektin abbauen. Die Darmflora der Juvenilen ist reicher und aktiver als die der Adulten und offensichtlich entscheidend an der Nahrungsausnützung, der Mengenregulierung der Nahrungsaufnahme und damit auch an der Entwicklungsgeschwindigkeit dieser Oribatiden beteiligt. Dieser Befund erscheint um so bedeutender, als entsprechend der langen Entwicklungsdauer der Oribatiden etwa 70 % des Stoffumsatzes dieser Tiere auf die juvenile Zeit entfällt.

Die bodenbiologische Bedeutung der Oribatiden ist infolge ihrer großen Individuenzahl sehr hoch einzuschätzen. Die „Makrophytenfresser" und Nichtspezialisten beteiligen sich zweifellos am Abbau von totem pflanzlichem Material, wie Holz, Laub- und Nadelblättern u. ä. Stoffen. Hierbei sind sie offenbar vornehmlich auf solches Material angewiesen, das bereits zu einem gewissen Grade durch Mikroorganismen aufbereitet ist. Andererseits schaffen sie in ihren Kotballen sehr günstige Voraussetzungen für die weitere Tätigkeit der Mikroorganismen. Auch die Mikrophytenfresser unter den Oribatiden haben jedoch eine nicht geringe Bedeutung. Sie intensivieren durch ihre Fraßtätigkeit an den Mikroorganismen deren Lebensaktivität, begrenzen eine einseitige Vermehrung solcher Formen und führen die stickstoffreichen Pilzhyphen selbst in den Stoffkreislauf zurück. Außerdem verbreiten sie Mikroorganismen, indem sie deren Sporen in den Darmkanal aufnehmen, aber nicht verdauen. Die quantitative Beurteilung der Rolle der Oribatiden geht von ihrer Biomasse aus, die zwischen 0,08 und 2,0 g/m^2 (Lebendgewicht) schwanken kann. Für den Ruhestoffwechsel bei 15 °C werden Respirationswerte zwischen 700 (Protonymphen) und 200 (Adulte) $\mu l\ O_2/g$ Lebendgewicht und Stunde angegeben. Auf solche Untersuchungen gründen sich Schätzungen, nach denen Oribatiden nur mit 1–2 % durchschnittlich am Stoffwechsel der humuszersetzenden Bodenfauna beteiligt sind. Wesentlich höhere Anteile scheinen nur in Rohhumusböden kühl-temperierter Nadelwälder (bis zu 18 %; Huhta u. Koskenniemi) gegeben zu sein. Nur unter besonders günstigen Bedingungen kann vermutet werden, daß etwa 20 % des jährlichen Bestandesabfalles von Oribatiden gefressen, zerkleinert, aber nur zu 24–27 % assimiliert, d. h., zu etwa 75 % wieder ausgeschieden werden (Berthet). Häufiger sind Berechnungen, die einen Fraß von nur 1–2 % des jährlichen Bestandesabfalles durch die Oribatiden ergeben (Thomas). Ihre Rolle als „Katalysatoren" des Bodenlebens wird durch solche quantitativen Schätzungen aber in keiner Weise in Frage gestellt.

Den Oribatiden kommt aber noch eine negative Bedeutung zu. Wie erst vor einigen Jahrzehnten bekannt wurde, sind sie Zwischenwirte von sehr schädlichen Bandwürmern, die an Pferden, Rindern, Kaninchen und Silberfüchsen parasitieren (*Moniezia, Anoplocephala* u. a.). Es sind bislang einige Dutzend Arten von Oribatiden bekannt, in denen sich die Bandwürmer entwickeln können. Diese erlangen in den Oribatiden das Cysticercoid-Stadium, in dem sie für die Säugetiere infektiös werden. Es wurde nachgewiesen, daß sich die genannten Haustiere auf feuchten Wiesen durch Verschlucken der Oribatiden infizieren. Die genaue Kenntnis der Lebensweise der Oribatiden bietet die besten Möglichkeiten zur Bekämpfung dieser Bandwurmplage.

Mandibelträger, Mandibulata

5.14. Krebse, Crustaceen

Die rund 20 000 uns heute bekannten Arten der Krebse (Crustacea) bevölkern in mannigfaltigen Formen die Meere und Binnengewässer. Auf das Land sind aber nur sehr wenige, im strengen Sinn nur die Landasseln übergewandert. Wir können hierfür heute noch keine befriedigende Erklärung geben. Wird ihre Gesamtorganisation betrachtet, ihre in vielen Gruppen verwirklichte Fähigkeit, auf dem Boden zu laufen, ihr kräftiges, durch Kalk verstärktes Integument, so müßte angenommen werden, daß diese Tiergruppe den Übergang zum Landleben leicht bewältigen könnte. Möglicherweise hindert hierbei vor allem die Atmung, die dort, wo die Haut infolge der Verpanzerung nicht mehr durchlässig genug ist oder die Körpermasse zu groß wird, stets durch Kiemen erfolgt. Dieses Hindernis konnten nur die Landasseln und wenige Zehnfußkrebse überwinden. Allerdings finden sich auch einige Ruderfußkrebse und Flohkrebse ausnahmsweise in sehr feuchtem Laub und an ähnlichen Standorten. Eine bodenbiologische Bedeutung kommt lediglich den Landasseln zu.

5.14.1. *Ruderfußkrebse, Hüpferlinge, Copepoden*

Einige Arten der offenbar sehr anpassungsfähigen Gruppe der Harpacticoidea wurden verschiedentlich in Moospolstern, auf veralgten Felsen oder unter nassem Laub gefunden. Es handelt sich um kleine, etwa 1 mm große Tiere, die sich durch das Fehlen eines Absatzes zwischen Kopfrumpfteil (Cephalothorax) und Hinterleib (Abdomen) von anderen Hüpferlingen unterscheiden (Fig. 67). Sie bewegen sich nie schwimmend, sondern schlängelnd oder mit Hilfe der kurzen Extremitäten kletternd vorwärts. Menzel beobachtete, daß *Moraria muscicola*, die in halbtrockenen

---

Tafel III

Abb. 7. Pinselfüßer *(Polyxenus lagurus)*, ein vorwiegend rindenbewohnender Diplopode; natürliche Größe 3 mm. (Aufnahme: Prof. Dr. Sedlag)

Abb. 8. Ein Kugeldiplopode oder Saftkugler *(Glomeris marginata)*, natürliche Länge 12 mm. a abgekugelt und im Ausrollen; b beim Abweiden des Substrates; c kurz nach der Häutung. (Aufnahmen: Prof. Dr. Sedlag)

7

8 a

8 b

8 c

9-12

13

14

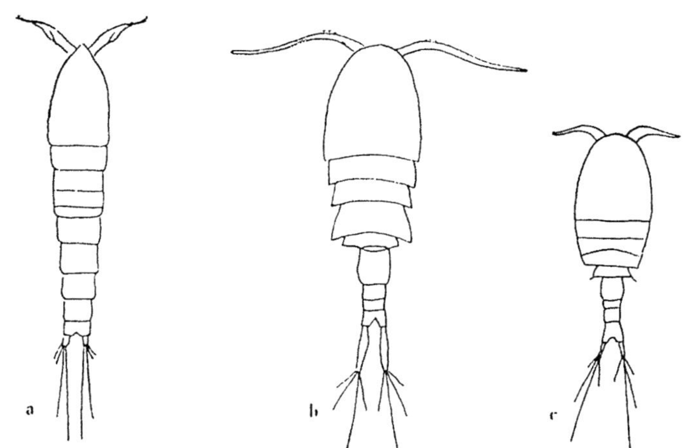

Fig. 67. Vergleich bodenbewohnender und wasserlebender Ruderfußkrebse (Copepoda). a *Canthocamptus*, „schlängelnder Typ" ohne Absatz zwischen Kopfrumpfteil und Hinterleib, auch in feuchten Böden; b und c *Cyclops*, verschiedene Ausprägungen des „schwimmenden Typs", nur in Gewässern. Nach P e s t a aus S p a n d l

Moospolstern lebt, eine 14tägige Trockenperiode im anabiotischen Zustand überdauerte. Eine Zystenbildung ist bei Landböden bewohnenden Copepoden noch nicht bekannt geworden. Als Nahrung dienen nach K ü h n e l t Kleintiere, die Art der Nahrungsaufnahme ist jedoch noch unbekannt. Die meisten am Land gefundenen Arten gehören der Gattung *Canthocamptus* an.

Tafel IV

Abb. 9. *Strongylosoma pallipes*, ein Diplopode mit nur 20 Segmenten (30 Beinpaaren); Merkmale des „Keiltypes" nur schwach ausgeprägt. Natürliche Länge 19 mm. (Aufnahme: Verf.)

Abb. 10. *Craspedosoma simile*, ein Diplopode (Nematophore) vom Bohrtyp mit schwach ausgebildeten Seitenkielen. Natürliche Länge 12 mm. (Aufnahme: Verf.)

Abb. 11. *Polydesmus denticulatus*, ein Keiltyp-Diplopode mit starken Seitenflügeln. Natürliche Länge 14 mm. (Aufnahme: Verf.)

Abb. 12. Steinläufer *(Lithobius forficatus)*, ein streubewohnender Hundertfüßer (Chilopode). Natürliche Länge 25 mm. (Aufnahme: Verf.)

Abb. 13. *Allajulus londinensis*, ein Diplopode (Julide) vom Raum-Typ, mit etwa 45 Segmenten und 77 Beinpaaren. Ein Paar in Kopula (links ♂, rechts ♀). Natürliche Länge 25 bis 30 mm. (Aufnahme: Verf.)

Abb. 14. Eingerollter *Allajulus londinensis* (Abwehrstellung), mit Fraßspuren an Bergahornblättern. (Aufnahme: Verf.)

5.14.2. *Zehnfußkrebse, Decapoden*

Unsere einheimischen Zehnfußkrebse (Decapoda) betreten nur ausnahmsweise und bei feuchter Witterung das Land. An den tropischen Küsten leben aber Arten, die regelmäßig, manche sogar zeitlebens das Wasser verlassen. Besondere Atemvorrichtungen in der Kiemenhöhle befähigen sie dazu. Hier sind vor allem die Landeinsiedlerkrebse (Coenobitidae), Reiter- und Winkerkrabben (Ocypodidae), die Grapsidae, zu denen auch die Wollhandkrabbe gehört, und die Landkrabben (Gecarcinidae) zu nennen. Unter ihnen sind Räuber oder Aasfresser, aber auch Pflanzenfresser zu finden. Jedoch selbst die bestangepaßten Zehnfußkrebse müssen zur Fortpflanzung in das Wasser zurückkehren, sind also im strengen Sinn noch keine Landtiere geworden. Sie können in der Strandregion tropischer und subtropischer Gebiete gelegentlich bodenbiologische Bedeutung erlangen. Starke Bodenumlagerungen in den Mangrovewäldern der indopazifischen Küsten können die etwa 15 cm langen Maulwurfkrebse der Gattung *Thalassina* hervorrufen. Sie graben weitreichende, bis zu 1,5 m tiefe Gänge in den Boden und türmen die herausgeworfene Erde in 1–1,5 m hohen Haufen auf. Während bei den Maulwurfkrebsen das Anlegen der Gänge zur Nahrungssuche gehört, bauen einige Arten der nordamerikanischen Flußkrebse *(Cambarus)* – nicht aber die in Europa eingeführte Art *C. affinis* – tiefe Erdbauten in der Nähe ihrer Wohngewässer, die als Unterschlupf dienen und nur zur Nahrungsaufnahme und zur Begattung verlassen werden. Die Gänge reichen oft über 0,5 m bis auf das Grundwasser hinab. Die mit den großen Scheren herausgegrabene Erde wird am Röhreneingang zu 15–30 cm hohen und ebenso breiten Schornsteinen aufgeschichtet.

5.14.3. *Flohkrebse, Amphipoden*

Die Flohkrebse (Amphipoda), die ihren Namen von der seitlich zusammengedrückten Gestalt, der Beinstellung und dem Schnellvermögen mancher Arten haben, sind wiederum nur in wenigen Ausnahmefällen zu Landbewohnern geworden (Fig. 68 und 69). Besonders die 1–2 cm großen Arten der Familie *Talitridae* haben die Fähigkeit, die feuchten Böden in mehr oder weniger unmittelbarer Nähe von Gewässern zu besiedeln. Sie weisen keine äußerlichen Kennzeichen einer Anpassung an das Landleben auf, mit Ausnahme einer geringfügigen Verkürzung der Abdominalbeine (Pleopoden). Die Besiedlung der gewässernahen Böden geschieht bei einigen Arten, z. B. *Orchestia gammarellus* an der Meeresküste, *O. cavimana* stellenweise im Binnenland, mitunter in so großer Anzahl, daß diese von abgestorbener Pflanzensubstanz lebenden Tiere eine bedeutende Rolle im Stoffkreislauf dieser Böden spielen können. Ausgesprochen terrestrisch leben auch andere Arten der Familie Talitridae in Böden der tropischen und gemäßigten Zone der Südhalbkugel. Sie laufen im Gegensatz zu den meisten anderen, sich in Seitenlage vorwärtsschnellenden Flohkrebsen aufrecht, d. h. mit der Bauchseite nach unten. *Talitrus sylvaticus* wurde im australischen Regenwald in 4 000 Individuen/m² gefunden. In der Streuauflage neuseeländischer Wald-, seltener auch Wiesenböden wies Duncan *Orchestia*-Arten mit 10–20 g/m² im Jahresdurchschnitt nach. Auch der mitteleuropäische Bach-Flohkrebs *(Gammarus pulex pulex)* ist in der Lage, sein Wohngewässer auf kürzere

Fig. 68 (oben). Männchen des Bach-Flohkrebses *(Gammarus pulex pulex)*, gelegentlich auch in nasser Laubstreu. Länge bis 24 mm. Nach Heinze aus Schellenberg

Fig. 69 (unten). Vergleich der Körperformen landbewohnender Flohkrebse (Amphipoda) und Asseln (Isopoda). a Querschnitt durch eine Landassel (*Oniscus* spec.), Weibchen mit Brutkammer, in die ein Ernährungsfortsatz für die Eier (C, Cotyledo) hineinragt; b Querschnitt durch einen tropischen Land-Flohkrebs *(Talitroides eastwoodae)*. a nach Vandel aus Lawrence, b nach Lawrence

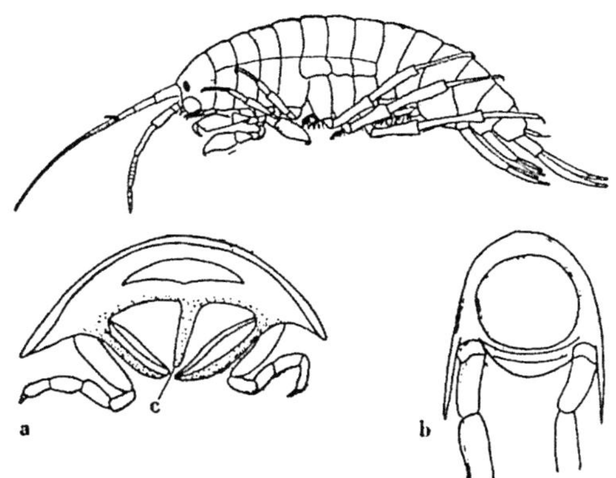

Strecken zu verlassen und sich vor allem unter nassen Laublagen aufzuhalten, wo er als relativ großes Tier (reichlich 2 cm) an der Zersetzung sehr intensiv beteiligt sein kann. Im Experiment zeigte *G. pulex fossarum* die gleiche Nahrungswahl wie die im folgenden zu behandelnden Landasseln (Bick).

5.14.4. *Asseln, Isopoden*

Die überwiegende Mehrzahl der Asseln (Isopoda) sind Meeresbewohner. Einige Formen sind in das Süßwasser übergesiedelt, aber keine von diesen Süßwasserarten ist zum Landleben übergegangen. Lediglich die Wasserassel, *Asellus aquaticus*, kann gelegentlich auf Überschwemmungsflächen und ähnlichen Böden in unmittelbarer Nähe von Gewässern auch kurzzeitig auf dem Land beobachtet werden, wobei sie sich an der Zersetzung des Bestandesabfalls intensiv beteiligt.

Die Landformen der Asseln, etwa 2–20 mm lange Tiere, gehören ausschließlich zur Unterordnung Oniscoidea (Landasseln), die sich deutlich von meereslebenden Küstenformen ableitet. In dieser Gruppe finden sich alle Übergänge vom Wasser- zum Landleben. Ihr Körper ist dorsoventral stark zusammengepreßt (Fig. 69 a) und meist noch durch Seitenfortsätze, „Epimeren", verbreitert (Fig. 70). Das erste Fühlerpaar ist nur bei näherer Untersuchung zu finden, so daß die Landasseln nur ein Fühlerpaar zu haben scheinen – also Tracheatenähnlichkeit vortäuschen. Der übrige Körper, der mit 7 Laufbeinpaaren an ebenso vielen Thorakalsegmenten ausgestattet ist, und 6 Pleon-(= Hinterleibs-)Segmente mit einem Telson oder Endsegment aufweist, läßt an der Krebsnatur keinen Zweifel.

Die Anpassungen an das Landleben sind in verschiedenem Grade entwickelt (Hoese). Sie äußern sich vorrangig in den Atmungsorganen und im Wasserleitungssystem. Zum Atmen dienen primär wie bei allen Krebsen die zu Kiemen umgebildeten Innenäste (Endopoditen) der Hinterleibsfüße (Pleopoden, Fig. 71, 72 b). Sie bleiben die einzigen Atmungsorgane bei Bewohnern feuchter Böden, so bei den europäischen Trichoniscidae und vielen Ligiidae, z. B. der Bruchwaldassel *Ligidium hypnorum*. Andere, besser an Trockenheit angepaßte Landasseln, benut-

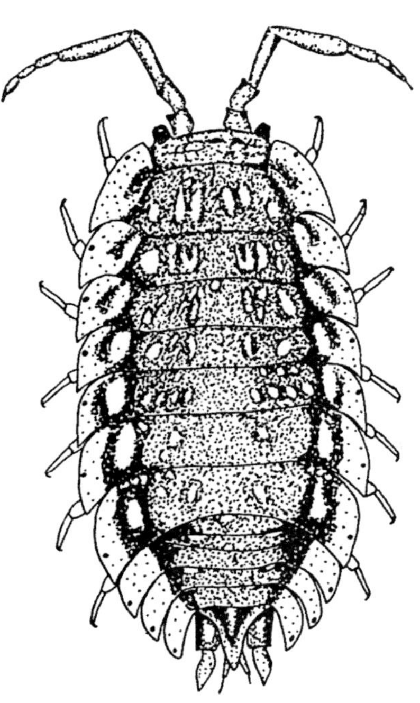

Fig. 70. Mauerassel *(Oniscus asellus)*. Auf den hellen Seitenfortsätzen (Epimeren) liegen punktförmige Öffnungen von Wehrdrüsen. Länge bis 18 mm. Nach Kästner

zen zusätzlich die Außenäste (Exopoditen) der Pleopoden zur Atmung, die in verschiedenen Ausbildungsstufen zu Lungen werden. Bei *Ligia*-Arten beteiligt sich nur die mit einer dünnen Membran versehene Ventralseite der Exopoditen an der Atmung. Bei *Tylos* bilden sich Einstülpungen an der Ventralseite; bei anderen, besser angepaßten faltet und vergrößert sich die atmungsaktive dorsale Membran. Diese Stufe zeigt die Kellerassel, *Oniscus asellus.* Deutlich wirksamere Faltenlungen besitzen die *Trachelipus*-Arten, deren vergrößerte Membranfläche durch eine Tasche überwachsen und somit gegen erhöhte Transpiration geschützt wird. Noch vollkommener sind die geschlossenen Lungen bei *Armadillidium, Porcellio* und *Armadillo* entwickelt. Die Falten verwachsen zu oft sekundär verzweigten Lungenästen. Diese münden in einen Lungenvorhof, der durch Turgor- oder Preßverschluß betätigt werden kann (Fig. 72, 73). Die höchste Entwicklungsstufe erreicht die Wüstenassel *(Hemilepistus)*. Sie ist in der Lage, die Atemöffnung (also nicht den ganzen Vorhof) direkt zu verschließen und vergrößert den Blutdurchstrom an den Lungen durch Verbreiterung des Ansatzes der Exopoditen. Es ist fraglich, ob diese Arten noch eine nennenswerte Kiemenatmung haben. Die hier beschriebenen Lungen sehen infolge der Luftfüllung im Leben weiß aus und fallen als „weiße Körper" in den Exopoditen auf (Abb. 4, S. 97). Sie sind als konvergente Bildungen der „Tracheenlungen" bei Spinnen und bei der Spinnenassel *(Scutigera,* Chilopoda) anzusehen.

Die zweite Landanpassung der Asseln ist noch eigentümlicher: das Wasserleitungssystem. Es sei zunächst von *Ligia oceanica* beschrieben (Fig. 74 b; Hoese

1982). Eine austrocknungsgefährdete Assel sucht mit den Spitzen der hinteren Laufbeine nach Tropfen oder Feuchtstellen. Ist dies gefunden, so legt sie das 6. und 7. Laufbeinpaar eng aneinander. An den Berührungsstellen ausgebildete Zungen-

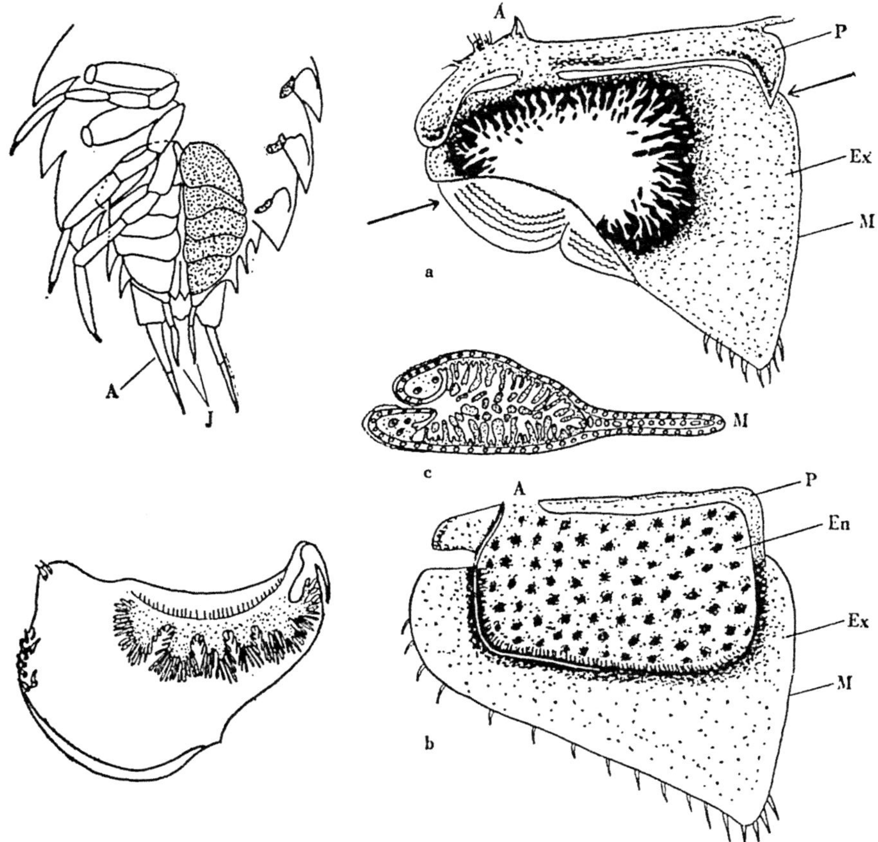

Fig. 71 (links oben). Hinterleib einer kiemenatmenden Landassel (*Philoscia* spec.) von der Unterseite. Rechts die Außenäste der Hinterleibsfüße entfernt, um die darunter liegenden Kiemen (punktiert) zu zeigen. I Innenast, A Außenast der Schwanzfüße. Nach Lawrence

Fig. 72 (rechts). Hinterleibsfüße (Pleopoden) der Kellerassel (*Porcellio scaber*), von der dem Körper zugewandten (Dorsal-)Seite gesehen. a Außenast des 2. Pleopoden mit Lunge („Weißer Körper"); b Außenast und als Kieme funktionierender Innenast des 3. Pleopoden; c Querschnitt durch den 1. Pleopoden, Schnittrichtung wie in a durch Pfeile angedeutet. A Ansatzstelle am Körper, P Grundglied, Ex Außenast, En Innenast, M der Körpermitte zugewandte Kante. a und b nach Unwin aus Kästner, c nach Stoller aus Lawrence

Fig. 73 (links unten). Außenast (Expodit) des 1. Hinterleibsfußes einer Rollassel (*Armadillidium* spec.) mit Lunge. Nach Herold aus Lawrence

schuppen saugen das Wasser kapillar bis an die Beinbasis. Von hier aus wird es in ebenfalls kapillar wirkenden Wasserleitungsbahnen der Sternite kopfwärts befördert, bis es die Antennen erreicht. Gleichzeitig wird es an jedem Segment auf den Rücken geleitet und strömt aus den Bahnen auf das folgende Tergit aus. Ein anderer Teil des Wassers fließt nach hinten, füllt den von den Pleopoden (und damit den Kiemen) bedeckten Pleoventralraum und gelangt auch auf die Dorsalseite des Hinterleibes. Das so aufgesogene Wasser kann durch Mund und After aufgenommen und im Darm resorbiert werden. Wasserüberschuß wird auf die Uropoden (Schwanzfüße) geleitet und von diesen als Tröpfchen abgesetzt. Auf diese Weise hält *Ligia* nicht nur die Kiemen feucht, sondern umgibt sich vollkommen mit einem Wassermantel.

Zusätzlich gibt es aber noch eine andere Flüssigkeitsquelle für dieses Wasserleitungssystem: Auf der Grundlage des mit feuchter Nahrung aufgenommenen Wassers produzieren im Bereich der Mundwerkzeuge vor allem das paarige Maxillarnephridium, vielleicht aber auch der Speicheldrüsenkomplex eine Flüssigkeit, in der NH_3 nachgewiesen wurde und die daher als (verdünnter) Harn bezeichnet wird. Dieser gelangt von der Mundregion aus ebenfalls in die Wasserleitungsbahnen und vermischt sich mit dem von den 6. und 7. Laufbeinpaaren aufgenommenen Wasser. *Ligia oceanica* und andere Ligiidae, so auch *Ligidium hypnorum*, haben also ein kombiniertes, offenes Wasserleitungssystem. Es kann nur funktionieren, wenn bewegliches Wasser (mindestens als Wasserfilm) in der Umgebung vorhanden ist. Besser an das Landleben angepaßte Arten haben sich von diesen Bedingungen, denen der „Ligia-Typ" unterworfen ist, freigemacht („Porcellio-Typ"). Die Kellerassel *(Porcellio scaber)* besitzt ein geschlossenes System: Feuchtigkeit wird ausschließlich mit dem Mund aufgenommen. Der in der Mundregion ausgestoßene Harn tritt in die ventralen und dorsalen Strukturen des Wasserleitungssystems (Fig. 74 a) ein, bewegt sich hier durch ein Wechselspiel von Kapillarität, Adhäsion und Viskosität weiter, erfüllt schließlich den Pleoventralraum (mit den Kiemen) und wird letztlich über die Afteröffnung wieder aufgenommen und im Enddarm resorbiert. Ein Teil des Harns (und besonders des NH_3) verdunstet, vor allem wenn er auf die Tergite austritt. Dieser „Porcellio-Typ" kommt wohl allen Landasseln zu, die nicht in ständig feuchter Umgebung leben. Es scheint keine Landassel zu geben, die kein Wasserleitungssystem besitzt. Dieses dürfte nicht nur für die Atmung (Feuchthalten der Kiemen) Bedeutung haben, sondern auch für die Wärmeregulierung (Herabsetzen der Körpertemperatur durch Verdunsten), die Exkretion (Abgabe von NH_3) und vielleicht auch für die Osmo- und Ionenregulierung und die Reinigung (H o e s e).

Die Anpassung an das Landleben wird den Asseln auch durch ihre eigenartigen Fortpflanzungsverhältnisse erleichtert. Kurz nach der Begattung häuten sich die Weibchen und entwickeln an den 1. bis 5. Laufbeinpaaren (Pereiopoden) plattenförmige (Epipodial)-Anhänge, die als Oostegite bezeichnet werden. Diese bilden einen regelrechten Brutbeutel („Marsupium"), in den kurz darauf die Eier abgelegt werden (Fig. 74). So werden die Eier – vor Trockenheit geschützt – bis zum Schlüpfen stets mit dem Weibchen herumgetragen. Diese „Marsupialperiode" dauert bei den meisten mitteleuropäischen Arten bei etwa 18 °C 40 bis 50 Tage. Die Weibchen werden erst mit 2 Jahren geschlechtsreif, können dann aber bis zu drei Bruten im Jahr (je nach Art, Größe, Witterung) zeitigen. So haben nach V e r h o e f f die

Fig. 74 a. (rechts) Weibchen einer Kellerassel *(Porcellio scaber)*, Unterseite. B Brutplatten (Oostegite) mit Eiern; W Wasserleitungssystem. Aus Kästner, b (unten) *Ligia oceanica* mit Darstellung der Wasseraufnahme und des Wasserleitungssystems. Nach Hoese

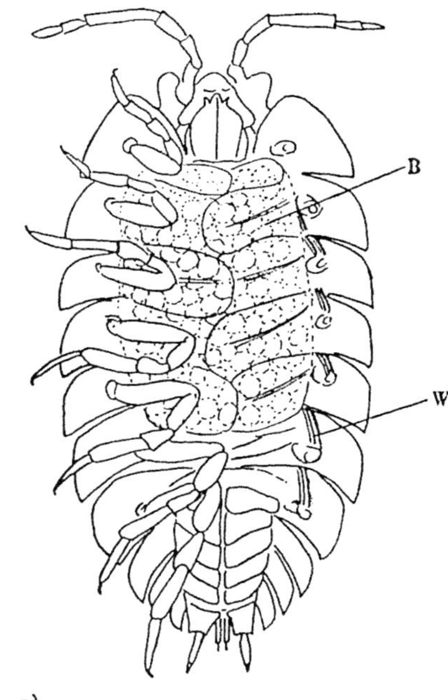

Weibchen der Kellerassel *(Porcellio scaber)* und der Mauerassel *(Oniscus asellus)* im ersten Brutjahr (also im Alter von etwa 2 Jahren!) ein bis zwei Bruten, im zweiten drei und im dritten ebenfalls drei. Nach jeder Brut werden durch eine Häutung die Oostegite rückgebildet und gegebenenfalls durch eine erneute Häutung wieder hervorgebracht. Die Anzahl der entlassenen Jungen schwankt je nach Größe der Weibchen bei *Trichoniscus pusillus* von 4 bis 15, bei *Oniscus asellus* von 10 bis 70, bei *Armadillidium vulgare* von 20 bis 160. Ein Gesamtalter von 2 bis 3 (selten 1 bis 4) Jahren scheint die Regel zu sein.

Der dargelegten Entwicklung in der Anpassung der Isopoden an das Landleben nach ist es verständlich, daß die Dichte der Landasselbevölkerung an der Meeresküste bei hoher Luftfeuchtigkeit meist am größten ist. Die während der Eiszeit im Gletscherbereich gelegenen Teile von Nord- und Mitteleuropa wurden jedoch erst zu Beginn des Holozän vom Mittelmeergebiet und Südosteuropa her neu besiedelt und sind noch artenärmer als diese Gebiete. Beim Vergleich der Lebensweise der Landasseln in verschiedenen Regionen ist ein interessanter Biotopwechsel festzustellen. In den Halbwüsten herrschen Arten vor, deren Leben vorwiegend, ja vollständig unter der Erdoberfläche abläuft *(Hemilepistus)*. In Mitteleuropa wie in der Taigazone bewohnen fast alle Asseln ausschließlich die Bodenoberfläche und graben sich nur zur Überwinterung, zur Überdauerung der Sommerhitze und – z. B. bei *Armadillidium* – zur Häutung in den Boden ein. Schon in Mitteleuropa sind eine Reihe von mehr wärmebedürftigen Arten nur an sehr warmen Standorten freilebend, sonst aber an menschliche Behausungen, wärmespendende Mauerstücke, Dung- oder

Komposthaufen u. ä. gebunden (z. B. *Metoponorthus pruinosus*). Die häufigen Arten der bekannten Gattungen *Porcellio*, *Oniscus* und *Armadillidium* zeigen eine nach Nordosten ständig zunehmende Neigung zu einer solchen Synanthropie (Bindung an vom Menschen geschaffene Lebensräume). Die Familien Ligiidae und Trichoniscidae können dagegen als anthropoxen (solche Lebensräume meidend) bezeichnet werden. In der Tundra kommen schließlich lediglich noch zwei bis drei Arten der Gattungen *Porcellio* und *Metoponorthus* rein synanthrop vor.

Die bodenbiologische Bedeutung dieser interessanten Tiergruppe hängt stark von den eben besprochenen regional verschiedenen Lebensformen und Wohndichten ab. Die dichteste Besiedlung kennen wir von strandnah lebenden Asseln. So besiedelt *Tylos ponticus* die supralitoralen Küstengebiete des Asowschen Meeres in etwa 1 200 Exemplaren je m^2! Aber auch von den unterirdisch lebenden *Hemilepistus*-Arten der ostmediterranen Halbwüstengebiete kennen wir Individuenzahlen von 120 bis sogar 800 je m^2. Sie können einerseits starken landwirtschaftlichen Schaden anrichten, andererseits aber die Bodenfruchtbarkeit enorm fördern (D i m o). Durch ihr tiefes Graben – teilweise bis zu 1 m! – spielen sie hier eine der Tätigkeit der Regenwürmer analoge Rolle. So wurde berechnet, daß die Asseln während der drei Sommermonate 0,15 kg/m^2 Boden bzw. Exkremente an die Erdoberfläche bringen. Die mit diesen Arten in der Lebensweise am meisten übereinstimmende Art der zentraleuropäischen Fauna ist die myrmekophile, d. h. häufig mit Ameisen vergesellschaftete *Plathyarthrus hoffmannseggii*, eine kleine, völlig weiße und blinde Form. Sie erlangt aber aufgrund ihrer geringen Häufigkeit keinerlei Bedeutung.

Auch in Mitteleuropa haben geeignete Biotope des Küstengebietes der gleichmäßigen Luftfeuchtigkeit wegen relativ hohe Populationsdichten. So fand H e r o l d in einem Erlenbruch bei Usedom etwa 190 Asseln je m^2, während in Auwäldern der mittleren Bezirke 50 bis 100 Individuen/m^2 kaum überstiegen werden. In einigen Gebieten Nordeuropas leben kaum mehr als 10 Exemplare auf einem Quadratmeter. Im atlandischen Bereich fanden sich jedoch Extremwerte bis zu 7 900 Exemplare/m^2 (S u t t o n, 1972).

Am dichtesten besiedelt sind feuchte Wälder, in denen die Familien Ligiidae und Trichoniscidae dominieren. In trockeneren lichteren Wäldern und in offenem Gelände – soweit genügende Versteckmöglichkeiten vorhanden sind – herrschen Vertreter der Familien Oniscidae, Porcellionidae und Armadillidiidae vor. Landwirtschaftlich bearbeitete Böden und Wiesen mit geringer Unterschlupfmöglichkeit werden meist gemieden. Am ehesten ist hier *Trachelipus rathkei* zu finden. Die oft betonte Kalkabhängigkeit der Asselfauna ist insoweit zutreffend, als saure Böden, die keinen Austauschkalk aufweisen, den Isopoden keine Gelegenheit zum Aufbau der Kalkinkrustation ihrer Haut bieten und somit völlig unbesiedelt bleiben. Jedoch kann bereits in Böden von pH = 5 die Kalkverfügbarkeit so hoch sein, daß sie den Ansprüchen der Landasseln genügt. Oberhalb dieser Schwelle scheint das Aufsuchen von Kalkböden, das z. B. bei *Cylisticus convexus*, *Porcellio pictus* u. a. Arten beobachtet wird, vorzugsweise von deren Wärmebedürfnis geleitet zu werden.

Die bodenbiologische Bedeutung der mitteleuropäischen Isopodenfauna besteht vorzüglich in der Verarbeitung von Bestandesabfall, wie Laub, Holz u. ä. Mit Hilfe ihrer kräftigen Mundwerkzeuge sind die Asseln in der Lage, bereits wenig oder nicht zersetztes Pflanzenmaterial zu zerkleinern, obwohl sie eindeutig stärker zersetzte

Kost vorziehen. Durch ihre Tätigkeit wird die Streu beschleunigt in die obere Bodenschicht einbezogen und so einer raschen Humifizierung zugeführt (s. Abb. 5 und 6, S.97). In unseren Auwäldern können die Landasseln bis zu ein Sechstel der jährlich anfallenden Streumenge verarbeiten.

Die Aktivität der Asseln zeigt in starker Abhängigkeit von der Feuchtigkeit und der Temperatur eine deutliche Jahresperiodizität. Vom Auftauen des Bodens bis zum Beginn der trocken-warmen Sommerzeit steigt sie meist stark an. Während des Sommers ist die Lebenstätigkeit in stärkerem Maße nächtlich und auf größere Hohlräume der obersten Bodenschicht beschränkt, im ganzen jedoch stark gemindert, wie z. B. an kontinuierlichen Fallenfängen gezeigt werden kann. Erst mit Einsetzen der kühleren und feuchten Herbstzeit steigt die oberirdische Aktivität wieder stark an und erreicht im Spätherbst meist ihr Maximum.

5.15. Vielfüßer, Myriapoden

Zu den Vielfüßern (Myriapoda), oft auch Tausendfüßer genannt, gehören einige phylogenetisch alte Gruppen, die wie die Insekten Tracheenatmer (Tracheata) und Träger nur eines Antennenpaares (Antennata) sind. Sie unterscheiden sich aber von diesen dadurch, daß der Rumpf aus oft sehr vielen, mehr oder weniger gleichartigen Segmenten besteht, die fast alle Laufbeinpaare tragen. Die meisten Myriapoden sind Bodentiere. Ihre bodenbiologische Bedeutung, mit der wir uns im folgenden zu beschäftigen haben, ist teilweise sehr hoch.

5.15.1. *Hundertfüßer, Chilopoden*

Die Hundertfüßer (Chilopoda) lassen sich leicht daran erkennen, daß ihr Körper aus wenigstens 19 (maximal 185) Segmenten besteht, die alle (mit Ausnahme des ersten und der drei letzten) je ein Laufbeinpaar tragen (s. Abb. 12, S. 113). Typisch ist das Beinpaar des ersten Segments, das zu einem Paar Kieferfüße umgewandelt ist, an deren Spitze eine Giftdrüse mündet (Fig. 75). Die Geschlechtsöffnung befindet sich am Körperende. Das letzte Laufbeinpaar ist häufig auffällig groß und stark bedornt, gelegentlich sogar zangenartig. Es dient dann zur Abwehr von Angriffen von hinten. Dieser kurze Überblick über die Organisation zeigt bereits, daß die Hundertfüßer durchweg ausgesprochene Räuber sind. Sie speien Verdauungssaft in die Wunde der gelähmten Beute und saugen ihr Opfer nach „extraoraler" Verdauung aus.

Von den etwa 2 800 bekannten Arten lebt nur die artenarme Gruppe der Spinnenasseln (Scutigeromorpha) außerhalb des Bodens. Sie fangen mit ihren auffällig langen Beinen sehr gewandt Fluginsekten. Die übrigen Hundertfüßer verkörpern zwei große, bodenlebende Lebensformtypen.

Die Jungtiere der Lithobiomorpha schlüpfen mit nur 7 Beinpaaren. Erst nach mehreren Häutungen wird die volle Bein- und Segmentzahl (15 Laufbeinpaare) erreicht. Die mitteleuropäischen Vertreter gehören zu den Familien Lithobiidae und Henicopidae. Es sind durchweg rasch laufende, dorsoventral abgeflachte Tiere, die unter Ausnutzung der natürlichen Versteckmöglichkeiten an der Bodenoberfläche

Fig. 75. Rechter Kieferfuß eines Steinläufers (*Lithobius* spec.). Kutikula im Mittelteil entfernt, um die Lage der Giftdrüse zu zeigen. Nach P f u r t s c h e l l e r

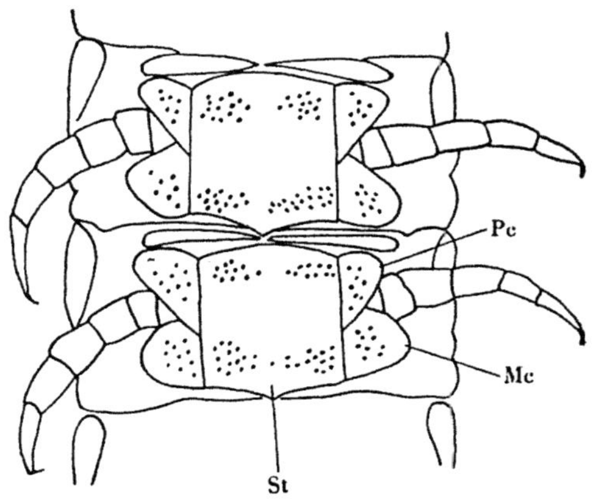

Fig. 76. Ventralansicht des 15. und 16. Segmentes eines Erdläufers, *Pachymerium kervillei.* Die Sternite (St) und Hüftglieder (Pc, Mc) sind mit den Mündungen von Wehrdrüsen durchsetzt. Nach A t t e m s

(hemiedaphisch) leben. Sie jagen rasch bewegliche, an der Bodenoberfläche lebende Beute. Die mitteleuropäischen Lithobiiden erreichen gewöhnlich nur eine begrenzte Länge (6 bis reichlich 30 mm), aber mindestens die gleiche Körpermasse wie die Geophilomorphen. Der Biß der größten Arten (Steinläufer, *Lithobius forficatus*) kann die Wirkung eines Bienenstiches haben.

Die E p i m o r p h a schlüpfen dagegen mit der endgültigen Segmentzahl aus, die hier jedoch höher als bei der ersten Gruppe liegt. Oft ist die Segmentzahl einer Art in bestimmten Grenzen variabel. Die hierzu gehörigen Scolopendromorpha (25 bis 27 Segmente; 15–265 mm) leben vorwiegend in warmen Gebieten ähnlich wie die oben beschriebenen Lithobiiden, wenn sie auch nie so gewandte Läufer sind. In Mitteleuropa sind sie lediglich durch die Familie Cryptopidae vertreten, blinde, mehr unterirdisch lebende Arten, die sich in der Lebensweise eher den häufigsten Vertretern

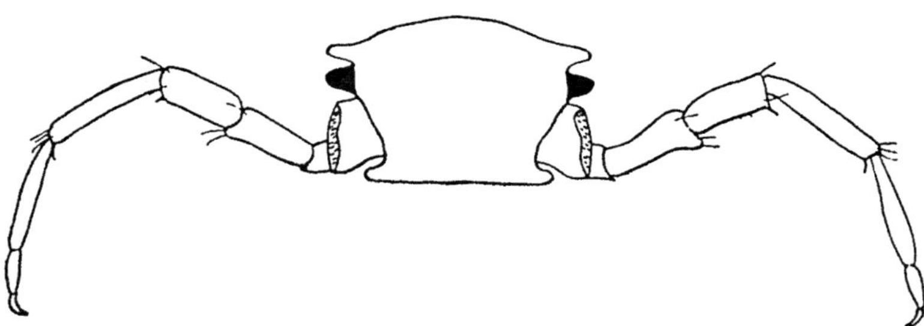

Fig. 77. Querschnitt durch den Rumpf eines Steinläufers (*Lithobius* spec.). Die Abplattung des Körpers und die seitliche Stellung der Beine gestatten, flache Spalträume zwischen Laublagen und Steinen auszunutzen. Nach S n o d g r a s s aus H e n n i g

der *Epimorpha* in unserer Zone anschließen. Dies sind die Geophilomorpha mit den Familien Himantariidae, Schendylidae, Dignathodontidae und Geophilidae. Sie zeichnen sich durch starke Vermehrung der Segmentzahl (35–175), größere Länge (9 bis 200 mm) und Reduktion der Beine zu kurzen Anhängen aus. Dabei bleibt der Körper sehr dünn, so daß eine fast wurmartige Gestalt zustande kommt. Dem entspricht auch die Bewegungsweise. Die hierzu gehörenden Arten zwängen sich wurmartig durch Bodenhohlräume und laufen auf der Bodenoberfläche nur relativ langsam. Es sind blinde, meist hell gefärbte Tiere, die rein unterirdisch (euedaphisch) leben und dort auch ihre Nahrung finden, die vorwiegend aus Regenwürmern und Enchytraeiden besteht. Die bekannteste Art ist der Erdläufer, *Necrophloeophagus longicornis*. Ergreift man einen Erdläufer, so versucht er, sich so aufzuwinden, daß die Ventralseite nach außen kommt. Dort münden in Drüsenfeldern Wehrdrüsen (Fig. 76), deren Sekret z. B. räuberische Insekten zur Umkehr zwingt.

Die Verbreitung der Hundertfüßer wird stark durch die Feuchtigkeitsverhältnisse am Standort beeinflußt. Auch hier liegen unterschiedliche Stufen der Anpassung vor. Die Cuticula der Hundertfüßer trägt eine abschließende Epicuticula, jedoch allenfalls bei *Scutigera* eine transpirationshemmende Wachsschicht. *Lithobius* kann sich nur kurz bei Luftfeuchtigkeiten um 85 % aufhalten, da er den Wasserverlust nicht physiologisch steuern kann. Hohe Austrocknung (bis zu 50 % der Körperflüssigkeit) führt zu einer Trockenstarre, die nur durch Wasseraufnahme durch den Mund wieder aufgehoben werden kann. Andererseits sind Lithobiiden gegen Überschwemmung sehr empfindlich und können nicht länger als 6 Stunden untergetaucht leben. Sie entziehen sich der negativen Einwirkung von zuviel oder zuwenig Feuchtigkeit, indem sie auf der Oberfläche hinreichend drainierter Böden leben und tagsüber Verstecke, wie Fallaub, Steine oder Holzstücke, aufsuchen, die sie dank ihrer raschen Beweglichkeit schnell erreichen und mit Hilfe der abgeplatteten Körpergestalt gut ausnutzen können (Fig. 77). Die Geophilomorphen trocknen nicht so rasch aus. Ein völliger Schutz besteht aber auch bei ihnen nicht. Dies ist für sie wenig gefährlich, weil sie sich leicht in tieferen Bodenhohlräumen vor der Austrocknung schützen können. Sie dringen in Regenwurmröhren oder auch in selbstgegrabenen Gängen 20–50 cm oder tiefer in den Boden ein. Im Fall einer Bodenüberschwemmung, der sie sich kaum durch die Flucht entziehen können, sind die Geophiliden in der Lage, je nach Art 5–60 Tage untergetaucht zu überleben.

Hinter der geschilderten Feuchtigkeitsabhängigkeit tritt die Einwirkung anderer ökologischer Faktoren, z. B. chemische Bodenzusammensetzung, Bodenreaktion, -struktur und -temperatur, weit zurück. Es ist einleuchtend, daß die Verbreitung der agileren und beweglicheren Lithobiiden weniger Abhängigkeit von den Bodenfaktoren erkennen läßt als die der Geophilomorphen. Deshalb hat sich das Interesse einiger Bodenzoologen (Ghilarov u. a.) besonders dieser Gruppe als wesentlichem Indikator von Bodenverhältnissen zugewandt.

Allgemein ist festzustellen, daß die Lithobiiden vorwiegend an Wald gebunden sind, der ihnen die nötige Feuchtigkeit und genügend Verstecke an der Oberfläche bietet. Wenn auch die Hauptverbreitung der Geophilomorphen im gleichen Gebiet liegt, so besiedeln sie doch auch Wiesen- und Ackerböden in beträchtlicher Zahl. Unter ihnen finden sich auch Formen mit räumlich sehr begrenztem Vorkommen. So ist der häufige Erdläufer *Necrophloeophagus longicornis* besonders in Wiesen- und Ackerböden, aber auch in Waldböden anzutreffen, fehlt aber überall dort, wo der Boden zeitweise überschwemmt wird. In solchen Böden sind dagegen *Pachymerium ferrugineum* und *Geophilus proximus* durchaus nicht selten.

Die Befruchtung geschieht (mit nur einer bekannten Ausnahme) durch indirekte Spermatophorenübertragung. Die Weibchen von *Lithobius* setzen ihre Eier einzeln in kurzen Zeitabständen ab. Die Geophilomorphen treiben insofern Brutpflege, als sich die Weibchen in einer Bodenkammer einringeln und ihre Gelege über 5 bis 12 Wochen mit ihrem Körper schützen. Mit wenigen Ausnahmen benötigen die Chilopoden 2 bis 3 Jahre vom Ei bis zum Eintritt der Geschlechtsreife. Ihr Lebensalter wird deshalb meist auf 5 bis 6 Jahre geschätzt. Es sind also stets verschiedene Entwicklungsstadien nebeneinander zu finden. Nur bei tropischen Scolopendromorphen sind auch Arten mit 2 Generationen im Jahr bekannt. Die Chilopoden können, in Abhängigkeit von den jahreszeitlichen Klimabedingungen, über das ganze Jahr aktiv sein. Lithobiiden der kühl-gemäßigten Region zeigen in Fallenfängen deutliche Maxima im Frühjahr und Herbst. Bei Geophilomorphen ist zu beobachten, daß sie sich in Trockenzeiten in tieferen Bodenschichten zusammenringeln.

Chilopoden ernähren sich grundsätzlich räuberisch, indem sie ihre Beute mit dem Giftbiß ihrer Kieferfüße lähmen und dann ausfressen. Von einigen Arten ist bekannt, daß sie regelmäßig zusätzlich pflanzliche Nahrung aufnehmen, und zwar entweder nur während der kalten Jahreszeit *(Lithobius variegatus)* oder auch ganzjährig *(Lithobius forficatus)*. Die Nahrung wird offensichtlich nur durch den direkten Kontakt der Beute mit den Antennen oder auch den Vorderbeinen erkannt. Die Lithobiiden und Scolopendromorphen schneiden ihr Opfer nach dem Biß der Kieferfüße mit den Mandibeln an oder reißen es mit dem kräftigen bedornten Coxosternit der Kieferfüße auf. Hart sklerotisierte Teile werden regelrecht ausgeschabt. Als Beute kommen die verschiedensten weichhäutigen Gliedertiere (Collembolen, Aphiden, Arachniden, Dipteren und ihre Larven, auch Chilopoden) in Frage. Je nach Alter und Körpergröße werden auch Beutetiere bestimmter Größe ausgesucht.

Eine andere Fraßtechnik wenden die Geophilomorpha an, die ihre meist relativ viel größere Beute in Bodengängen mit den Kieferfüßen ergreifen und aufreißen. Sie drängen sich mit ihrem schmalen Kopfende regelrecht in die Beute hinein, wobei die Kieferfüße durch andauerndes Zubeißen das Gewebe grob zerschneiden und höchstwahrscheinlich Verdauungssekrete ausgeschieden und eingearbeitet werden. Die sehr zarten Mandibeln vollenden wohl nur die Zerkleinerung. Die Aufnahme vorverdauter Nahrung ergibt sich für Geophilomorphe auch aus der Beobachtung, daß im Darmkanal keine strukturierten Nahrungsteile gefunden werden. *Strigamia acuminata* frißt sich auf diese Weise von Segment zu Segment durch ihre bevorzugte Beute, Diplopoden der Gruppe Julida, nachdem sie deren Körper an der Ventralseite des Kopfes aufgerissen hat. *Geophilus* bevorzugt Regenwürmer, die ihn jedoch, wenn sie deutlich länger als der Angreifer sind, durchaus abzuschütteln vermögen. Deshalb greifen junge *Geophilus* vorrangig Enchytraeiden oder Insektenlarven an. Die Giftwirkung ihres Bisses scheint relativ gering zu sein.

Zur Abwehr von Feinden steht den Chilopoden außer der Flucht bzw. der versteckten Lebensweise der Gegenangriff mit einem Giftbiß, die mechanische Abwehr mit den Endbeinen oder der Einsatz der Wehrdrüsen zur Verfügung. Solche liegen bei *Lithobius* in den Endbeinen und produzieren Tröpfchen, die zu außerordentlich elastischen Klebfäden erstarren und den Angreifer zeitweilig aktionsunfähig machen können. Bei den Geophilomorphen münden die Wehrdrüsen auf ventralen Feldern der Segmente. Stößt ein *Geophilus* in seinem Bodengang z. B. auf eine Ameise, so knäuelt er sich zusammen, so daß dem Feind die Ventralseiten einiger Segmente zugekehrt werden, die nun Wehrsekrettröpfchen ausscheiden. Gegen sehr kräftige Gegner reicht diese Verteidigung freilich nicht aus.

Die Siedlungsdichte der Lithobiiden liegt in frischen, nicht überschwemmungsgefährdeten Waldböden Mitteleuropas mit gut entwickelter Humusauflage meist zwischen 50 und 200 Individuen/m^2. Gleiche Individuenzahlen können auch die Geophilomorphen erreichen, die jedoch nicht so eng an die reiche Ausbildung von Deckung und Unterschlupf an der Bodenoberfläche, also nicht vorrangig an Waldböden gebunden sind.

5.15.2. *Doppelfüßer, Diplopoden*

Die Doppelfüßer (Diplopoda) werden häufig auch als Tausendfüßer (im engeren Sinne) bezeichnet. Dies führt zu Unklarheiten bzw. Verwechslungen mit dem oft ebenso genannten Überbegriff (= Vielfüßer, Myriapoden) und soll deshalb hier vermieden werden.

Zweifelsohne sind die Diplopoden, die mit 10 000 bekannten Arten weltweit verbreitet sind, die bodenbiologisch interessantesten und wichtigsten Vielfüßer. Wie der Name schon sagt, haben sie je Segment (das hier exakter Diplo- oder Doppelsegment genannt wird) zwei Paar Beine, woran sie jederzeit sehr leicht von anderen Gruppen

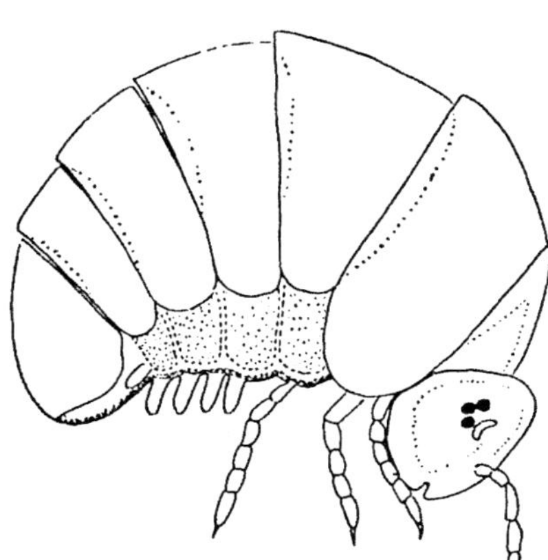

Fig. 78. 1. Larvenstadium eines Saftkuglers, *Glomeris conspersa*, mit 3 entwickelten Beinpaaren und 5 Paar Fußstummeln; aus der Erdkapsel befreit. Länge 1 mm. Nach vom Rath aus Attems

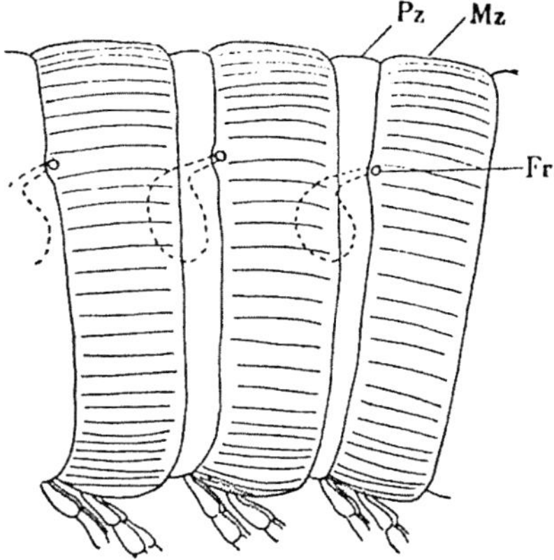

Fig. 79. 3 Doppelsegmente eines Juliden, *Allajulus punctatus*, in Seitenansicht. Pz vorderer, Mz hinterer Abschnitt des Doppelsegments. F. r. Öffnung der (gestrichelt angedeuteten) Wehrdrüse. Nach Blower, verändert

zu unterscheiden sind. Nur die frisch geschlüpften Larven, die erst drei beintragende Segmente aufweisen, zeigen dieses Merkmal noch nicht (Fig. 78). Auch beim erwachsenen Diplopoden tragen die ersten drei Ringe nur je ein Beinpaar. Die Gesamtzahl der Beinpaare schwankt je nach Gruppe stark zwischen 13 und etwa 250. Die Mundwerkzeuge sind durchweg lediglich zur Aufnahme toter pflanzlicher Substanz oder kleiner Mikroorganismen eingerichtet. Nur in Ausnahmefällen werden lebende Pflanzen oder Aas gefressen.

Mit Ausnahme der Pselaphognathen sind die Diplopoden außerordentlich stark gepanzert. Der Panzer erfüllt mehrere Aufgaben: Schutz und Stabilität zum Durchwühlen des Bodens, Schutz vor Austrocknung und Schutz vor Feinden. Diese werden allerdings – soweit es sich um größere Tiere handelt – wohl weniger durch den Panzer als durch den außerordentlich stark riechenden giftigen (z. T. blausäurehaltigen) Wehrsaft abgehalten, den viele Diplopoden bei Beunruhigung durch seitlich an den Segmenten mündende Drüsenkanäle abgeben (Fig. 79).

Die Geschlechtsöffnung liegt – anders als bei den Hundertfüßern – im Vorderkörper (s. Abb. 13, S. 113). Zur Übertragung des Spermas haben die Männchen umgestaltete Beinpaare ausgebildet, die meist am 7. Ring zu finden sind. Diese „Gonopoden" bilden ein wichtiges, oft das einzig verläßliche Bestimmungsmerkmal. Im Gegensatz zu den Hundertfüßern sind Diplopoden oft geographisch auf sehr kleinen Raum beschränkt und bilden ökologisch wie geographisch interessante Untersuchungsobjekte. Ihre oft erhebliche Anzahl im Boden sowie ihre bedeutende Körpergröße von 20 bis 45 mm bei einheimischen Arten machen sie darüber hinaus zu bodenbiologisch wesentlichen Tieren. Hinsichtlich ihrer Anpassung an das Leben im Boden oder in der Bodenauflage können wir recht unterschiedliche Typen feststellen.

1. Ramm-Typ. In der mitteleuropäischen Fauna sind zahlenmäßig am häufigsten die Juliden *(Julida)* vertreten. Sie haben einen kreisrunden, sehr langgestreckten Körper mit wenigstens 35 Körperringen. Eine große einheimische Art, *Ommatoiulus sabulosus,* wird (Weibchen!) 47 mm lang und trägt bis zu 101 Beinpaare. Die Juliden leben vorwiegend im Boden, allerdings in den obersten Schichten. Ihr Kopf und ihr erstes Nacken-Segment („Halssegment" oder Collum) sind sehr kräftig entwickelt und zusammen etwas breiter als der Querschnitt des übrigen Körpers. Beim Wühlen

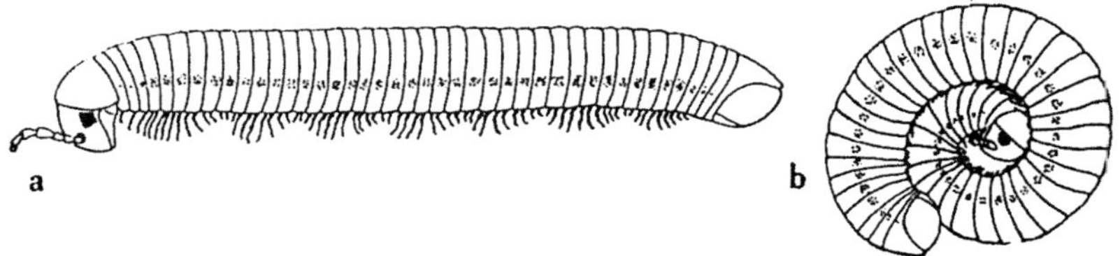

Fig. 80. Weibchen eines Juliden, *Allajulus londinensis,* in Kriechstellung (a) und spiralig zusammengerollt (b). Die kräftig ausgebildeten Stirn- und Nackenschilde werden beim Wühlen im Boden als Ramme benutzt. Länge 30 mm. Original

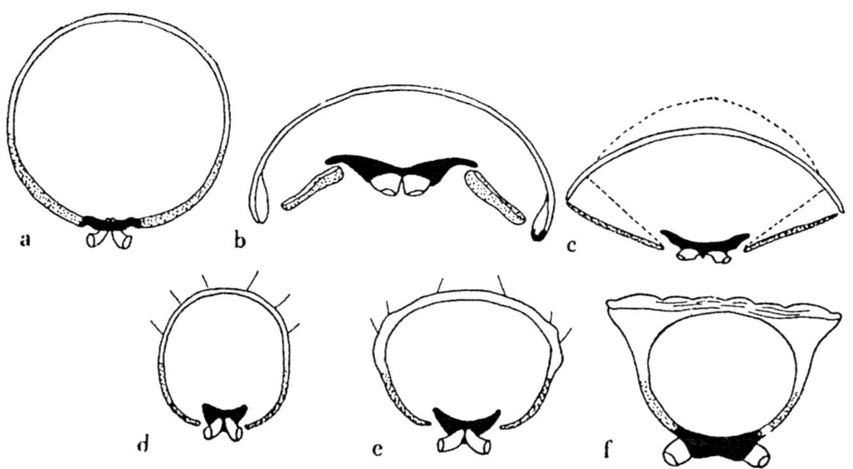

Fig. 81. Körperquerschnitte verschiedener Typen der Doppelfüßer (Diplopoden). a Juliden, Ramm-Typ mit starrem Körperring; b Glomeriden oder Saftkugler und c *Colobognatha*, Kugeltyp mit getrennt beweglichen Skelettelementen; d *Melogona* spec. und e *Craspedosoma* spec., Nematophoren mit verschieden stark ausgebildeten Rückenkielen, Keiltyp mit freiem Sternum; f Polydesmide mit deutlichem Flachrücken, Keiltyp mit starr verwachsenen Körperringen. Sternite schwarz, Pleurite punktiert, Tergite weiß. Nach Blower

durch den Boden werden Stirn und Nacken als „Rammbock" verwendet. Die nötige Antriebskraft gewinnen die Juliden durch die auffällig vergrößerte Beinzahl und das enge Aneinanderrücken der Beinpaare in den Doppelsegmenten (Fig. 80). Die direkte Kraftübertragung auch bei mehrfacher Windung des Julidenkörpers im Bodengang ist dadurch gewährleistet, daß die einzelnen Segmente nach Art vollendeter Kugelgelenke miteinander artikulieren. Die sich ergebende Bewegungsweise im Boden haben Manton und Blower treffend als Ramm-bull-dozer bezeichnet. Bei festem Boden werden auch Erdteilchen mit den Mundwerkzeugen aufgenommen. Die Juliden können sich also beim Anlegen von Gängen in einigen Fällen wie Regenwürmer „durch den Boden fressen".

Die zum Ramm-Typ gehörenden Diplopoden sind gegen Bodendruck weitgehend geschützt. Die Rückenschilde (Tergite) umhüllen fast den ganzen Körper. Sie sind ventral fest mit den Bauchschilden (Sterniten) verwachsen, so daß sich ein starrer Körperring ergibt (Fig. 81 a). Die für Diplopoden sehr typische Schutzstellung durch Zusammenringeln kann bei den Juliden und ihren Verwandten infolge der langgestreckten Körpergestalt und der starren Verbindung zwischen Tergiten und Sterniten nur in Form einer Spirale eingenommen werden (s. Fig. 80 b). Der Kopf befindet sich stets in der Mitte der Spirale.

Zu dem Ramm-Typ sind fast alle Arten der Überordnung Juliformia zu zählen. In der mitteleuropäischen Fauna sind hiervon vor allem die bereits genannten Familien Juliden und die Blaniuliden (s. 5., Rindenbewohner) vertreten. In den Tropen verbreitete Ordnungen (Spiroboliden, Spirostreptiden) werden über 15 cm lang. Sie sind aus klimatischen Gründen nicht immer so stark an den Boden gebunden wie europäische Arten. Zur Zeit sind über 3 700 juliforme Arten bekannt.

2. Kugeltyp. Die hierher gehörenden Diplopoden gleichen äußerlich den Rollasseln (Armadillidium), mit denen sie nicht selten verwechselt werden (s. Abb. 8, S. 112). Die Zahl der Beinpaare (19 beim Männchen, 17 beim Weibchen) zeigt jedoch die wahre Zugehörigkeit. Die Ähnlichkeit beruht besonders auf der geringen Anzahl der Segmente (13) und der im Vergleich zur Länge bedeutenden Körperbreite. Schließlich können sich die „Kugel-Diplopoden" wie die Rollasseln zu einer vollkommenen Kugel einrollen. Dies ist ihnen möglich, weil die Sternite und Pleurite (Seitenplatten) im Gegensatz zu den Juliden hier nicht mit den Tergiten verwachsen sind und beim Einrollen zurückgedrückt werden können (Fig. 81b). Den völligen Schluß besorgt nicht das „Nackentergit" (Collum), das hier sehr klein ist, sondern die zum „Brustschild" verschmolzenen 2. und 3. Tergite.

Die Kugeldiplopoden graben sich ähnlich wie die Juliden durch den Boden; allerdings dient hier der „Brustschild" als Stoßfläche. Im allgemeinen sind sie häufiger an der Bodenoberfläche zu finden als die Juliden und graben auch nicht so tief. In der mitteleuropäischen Fauna treten vor allem die Arten der Gattung *Glomeris* auf. Sie werden als Saftkugler bezeichnet, da sie sich bei Störung einrollen und aus den Wehrdrüsen deutlich sichtbare Sekrettröpfchen ausscheiden. Eine auffällige, außer den weißen Segmenträndern schwarz gefärbte Art ist *Glomeris marginata.* Sie bewohnt Westeuropa bis etwa Thüringen. In den Alpen und höheren europäischen Mittelgebirgen finden sich die Trachysphaeriden, die sich meist durch starke Querrippen auf den Tergiten leicht von Glomeriden unterscheiden lassen. Während europäische Glomeriden 20 mm und Trachysphaeriden 5 mm kaum überschreiten, erreichen die tropisch-subtropischen Sphaerotheriiden (s. Fig. 11 c) wenigstens 45 mm. Insgesamt kennen wir von den Oniscomorpha, zu denen alle diese Gruppen gehören, gegenwärtig über 450 Arten.

3. Bohrtyp. Die Diplopoden des Bohrtyps sind infolge der freien Beweglichkeit ihrer Sternite zu einer bohrenden Grabwirkung befähigt, die derjenigen der Regenwürmer vergleichbar ist. Ist ein vorderer Körperring durch Einstemmen der Beine in einer Bodenspalte verankert, so wird der nächste, breitere Ring kraftvoll nachgezogen, erweitert dabei den vorderen Ring wie die Bodenspalte und wird nun seiner-

---

Tafel V

Abb. 15. Wandernymphe (Deutonymphe) einer Anoetine (saprophage Milbe) mit Haftscheiben in der Analgegend (H), die zum Anheften an Transporttiere dienen. (Aufnahme: Verf.)

Abb. 16. Bauchseite eines Mistkäfers *(Onthophagus vacca)* mit Wandernymphen koprophiler Milben (Uropodinen). (Aufnahme: Verf.)

Abb. 17. Bauchseite eines Kugelspringschwanzes *(Sminthurus viridis).* Schläuche des Ventraltubus lang ausgestülpt. (Aufnahme: Prof. Dr. Sedlag)

Abb. 18. Ein Doppelschwanz (Diplure), *Campodea* spec., mit langen, als „hinteres Fühlerpaar" dienenden Schwanzanhängen. (Aufnahme: Prof. Dr. Sedlag)

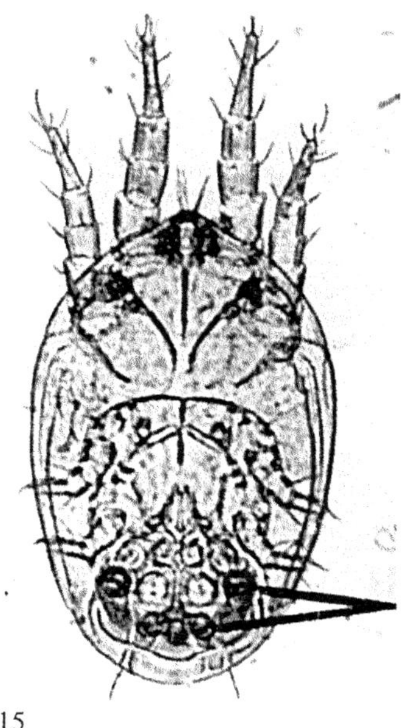

15

16

17

18

19 20

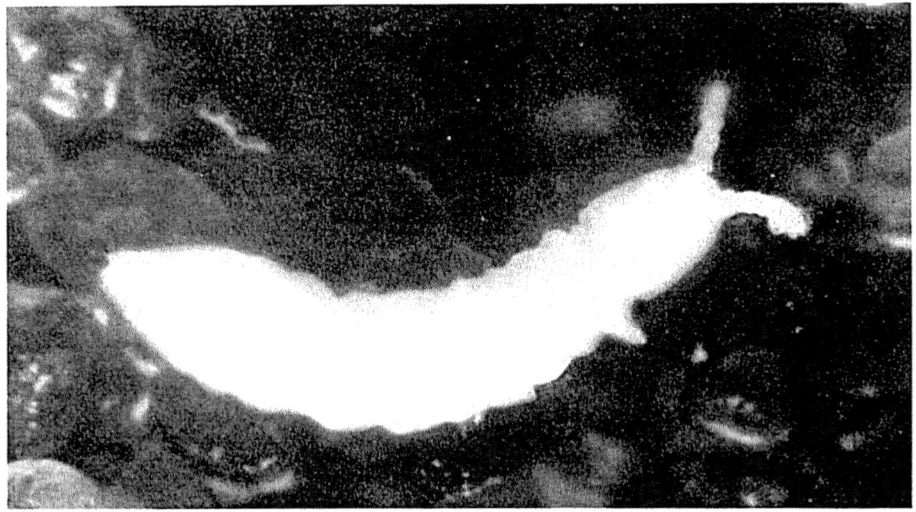

21

seits verankert. Für diese Bohrbewegung ist die Rumpfmuskulatur besonders kräftig entwickelt. Charakteristisch entwickelt ist dieser Bohrtyp bei den vorwiegend die Südhalbkugel mit etwa 270 Arten bewohnenden Colobognatha (Polyzonia). Im östlichen Mitteleuropa lebt hiervon nur *Polyzonium germanicum*, eine durchschnittlich 10–15 mm lange Art, die dem flachgewölbten Körperquerschnitt nach (Fig. 81 c) wiederum asselähnlich ist, aber bis zu 55 Ringe (Weibchen) aufweist. Tropische Arten erreichen 40 mm und 173 Ringe. Es handelt sich um sehr feuchtigkeitsliebende blinde Tiere mit stark reduzierten Mundwerkzeugen. Sie haben keine „Brustschild"-Bildung und rollen sich spiralig zusammen, erreichen damit aber gleichfalls annähernd Kugelgestalt.

In Europa weitaus häufiger sind die ebenfalls, wenn auch nicht so ausgeprägt dem Bohrtyp zuzurechnenden Craspedosomatida (Trizonia). Die hierzu gehörigen etwa 800 Arten werden wegen des Vorhandenseins von Spinndrüsen am Körperende auch als Nematophora bezeichnet. Sie haben teilweise dorsale Seitenkiele, wenn auch oft nur angedeutet, und leiten nicht nur hierdurch zum Keiltyp über.

4. Keiltyp. Das Charakteristikum dieses Typs sind breite Seitenkiele (Fig. 81 f.), die die Rückenfläche verbreitern, versteifen und abflachen. Der Typ wird deshalb auch „Flachrücken" (flat-backs; Manton; Blower) genannt. Im Vergleich mit den Juliden verjüngt sich der Körper nach vorn auffällig. Halsschild und Kopf sind oft extrem klein. Die etwa 2 800 Arten der hierher gehörenden Polydesmida (Monozonia), von denen in Zentraleuropa 9 Gattungen vertreten sind, leben vorzugsweise auf der Bodenoberfläche zwischen dem Bestandesabfall, unter Steinen und in kleinen Höhlungen. Ihr flacher Körper erlaubt es ihnen, sich wie ein Keil zwischen die Laublagen der Streu zu schieben bzw. sich unter Steine und ähnliche Bodenauflagen zu zwängen. Dabei wird der Hauptdruck nicht mit der Stirnseite wie bei Juliden, sondern mit der vorderen Rückenfläche ausgeübt. Eine derartige Vergrößerung der Stoßfläche erfordert eine Erhöhung des Kraftaufwandes. Manton erblickt hierin den Grund für die kräftigere Ausbildung der Beine einerseits und die Verringerung der Anzahl der Ringe auf 19 bis 20 andererseits. Die Polydesmida haben wie die Juliden völlig verwachsene Körperringe (Fig. 81 f).

5. Rindenbewohner. Die Rindenbewohner bilden keinen besonderen Lebenstyp. Wir finden vielmehr Vertreter fast aller Diplopodengruppen unter Rinde oder in Holz. Nur wenige Arten leben jedoch fast ausschließlich in diesem „Lebensraum". Hierzu sind in erster Linie die einzigen mitteleuropäischen Vertreter der kleinen, 60 Arten zählenden Unterklasse Pinselfüßer *(Pselaphognatha)* zu zählen, *Polyxenus*

Tafel VI

Abb. 19. Großer, streubewohnender Springschwanz (Collembole), *Orchesella flavescens*. Natürliche Größe 7 mm (Aufnahme: Verf.)

Abb. 20. Großer Springschwanz der Moos- und obersten Bodenschicht, *Tetrodontophora bielanensis*. Natürliche Größe 6 mm. (Aufnahme: Verf.)

Abb. 21. Springschwanz der tieferen Bodenschichten, *Onychiurus* spec. (*armatus*-Gruppe), ohne Sprungvermögen. Natürliche Größe 2 mm. (Aufnahme: Verf.)

lagurus und *germanicus* (s. Abb. 7, S. 112). Seltener leben diese Arten unter Steinen. Diese kleinen, 2 bis reichlich 3 mm langen Tierchen sind stark beborstet und unterscheiden sich von allen anderen Diplopoden durch ihre weiche Haut, die der Kalkinkrustation entbehrt. Es werden aber auch einige Arten der für Juliformia relativ kleinen Blaniuliden fast nur unter Rinde und an ähnlichen Stellen gefunden, so der etwa 10 mm lange, sehr schmale *Nemasoma varicorne* und häufig auch *Proteroiulus fuscus*.

Im allgemeinen sind die Diplopoden weniger austrocknungsgefährdet als die Chilopoden. Durch ihre stark kalkinkrustierte Cuticula, die allerdings keine Wachsschicht trägt, und durch die geschützte Lage der Stigmen in Stigmentaschen können sie die Verdunstung stärker einschränken. Einen wirksamen Schutz bietet auch das Einrollen der Oniscomorpha, die hierbei die Stigmenöffnungen voll verdecken. Arten wie *Ommatoiulus sabulosus*, die auch trockenwarme Sandböden besiedeln können, ertragen die Haltung in Trockenluft über 9 bis 10 Tage, weniger angepaßte Juliden und Glomeriden dagegen meist nur 1 Tag, wogegen die empfindlichen Vertreter des Bohrtyps *(Orthochordeuma)*, des Keiltyps *(Polydesmus)* und auch der Rindenbewohner *(Nemasoma)* schon nach 2 bis 8 Stunden sterben. Aber selbst *Ommatoiulus sabulosus* ist nicht stets xerophil. So reagieren nur Exemplare, die an trocken-warme Bedingungen angepaßt sind. Tiere, die aus dem Winterquartier kommen, verhalten sich dagegen hygrophil, desgleichen Weibchen, die eine Ablagestelle für die Eier aufsuchen. Die Mehrzahl der Juliden zieht allgemein feuchte Standorte eindeutig vor. Wie Verhoeff und Blower im Experiment zeigen konnten, vertragen solche Diplopoden auch zeitweise Überstauung des Bodens mit Wasser. Sie halten einen genügenden Luftvorrat an der Oberfläche der nicht benetzbaren Cuticula, so daß die Atmung (nach Art einer physikalischen Kieme) gewährleistet bleibt.

Die Letaltemperaturen liegen für die meisten europäischen Diplopoden bei −5 bis −7 °C und +36 bis +42 °C, auch hier spielt aber die individuelle Anpassung eine Rolle. Die Vorzugstemperaturen der hygrophilen Waldarten sind weitaus geringer (z. B. 4–10 °C bei *Polydesmus*) als die der xeroresistenten Feldarten *(Ommatoiulus:* 26–32 °C).

In Analogie zu den für die Hundertfüßer bereits geschilderten Verhältnissen sind auch bei den Diplopoden die an der Bodenoberfläche lebenden nicht grabenden Formen *(Polydesmiden, Nematophoren)* an engere Feuchtigkeitsgrenzen gebunden. Ihre Cuticula kann weder die Austrocknung in trocken-warmem Klima noch das Aufquellen des untergetauchten Körpers bei Überschwemmung verhindern. Dazu kommt, daß die besser benetzbare Oberfläche keinen ausreichenden Luftfilm zurückhalten kann, so daß diese Arten unter Wasser kaum atmen können. Wie wir schon bei den Lithobiiden sahen, sind auch hier die Oberflächenformen („Keiltyp") an mittelfeuchte oder feuchte Standorte gebunden, die ihnen bei Trockenheit genügend Unterschlupf (Streu, Holz, Rinde, Steine) und bei übermäßiger Feuchtigkeit des Bodens die Möglichkeit bieten, trockenere Stellen (z. B. Baumstubben) aufzusuchen.

Perttunen hat nachgewiesen, daß sich in den Antennen der Diplopoden Feuchtigkeitsrezeptoren befinden, die das gerichtete Aufsuchen des geeigneten Feuchtigkeitsgrades ermöglichen. Eine derartige Reaktion vermittelt bei Oniscomorphen, Craspedosomatiden und Polydesmiden auch das Tömösvárysche Organ.

Die früher allgemein verbreitete Annahme, daß die chemische Zusammensetzung des Bodens, vor allem sein Kalkgehalt, ausschlaggebend für die Verbreitung der Diplopoden sei, hat modernen Nachprüfungen nicht standhalten können. Zwar meiden die Diplopoden extrem basenarme Standorte, wie z. B. stark saure Nadelwaldböden mit Rohhumusdecke, weil es ihnen dort nicht möglich ist, ihren Kalkbedarf zur Inkrustation ihrer Cuticula zu decken. Oberhalb eines gewissen Basenminimums ist aber nicht mehr der Kalkgehalt direkt, sondern der Wasser- oder Wärmehaushalt des Bodens, seine mechanische Zusammensetzung (besonders der Oberfläche) und die vorhandene Nahrung ausschlaggebend. Es ergeben sich also die gleichen Resultate, wie sie bereits für Landasseln und Schnecken dargestellt wurden.

Wachstum und Entwicklung der Diplopoden sind von Gruppe zu Gruppe sehr unterschiedlich. Nur bei den Pselaphognathen *(Polyxenus)* erfolgt die Samenübertragung indirekt durch Spermatophoren (soweit die Arten nicht parthenogenetisch sind). Die Weibchen der übrigen Diplopoden legen nach innerer Befruchtung (oder auch parthenogenetischer Entwicklung) ihre Eier im Boden, unter Rinde oder Steinen ab und versehen sie meist mit einer Schutzhülle aus Boden und Sekret, beides aus dem Enddarm ausgeschieden. Häufig werden komplizierte Eikammern gebaut. Die Nematophoren bilden diese aus dem Gespinst ihre Spinndrüsen. Nach etwa 2 bis 4 Wochen schlüpfen die Larven mit drei oder mehr Beinpaaren aus. In vielen Häutungsschritten vergrößert sich die Segmentzahl stufenweise. Bei Glomeriden dauert die Entwicklung bis zum geschlechtsreifen Tier 2 bis 4 Jahre. Sie häuten sich aber auch dann noch weiter, ohne (wie bereits in den letzten Jugendhäutungen) die Segmentzahl zu erhöhen. Die Glomeriden bauen keine besonderen „Häutungskammern" wie die übrigen Diplopoden. Ihr Gesamtalter kann auf 11 Jahre geschätzt werden.

Die Nematophoren sind dagegen sehr kurzlebig. Ihr Lebenszyklus spielt sich innerhalb von 6 bis 7 Monaten ab. Ihre Aktivitätsperiode fällt fast ausschließlich in die kühle und feuchte Jahreszeit. Nicht so stark ausgeprägt ist dies bei den Polydesmiden. Hier beansprucht die Entwicklung wenigstens 12 Monate, so daß das Lebensalter auf 2 Jahre geschätzt werden kann.

Soweit bislang festgestellt, benötigen Juliden 1 bis 3 Jahre bis zur Geschlechtsreife. Einige sterben kurz nach der Eiablage bzw. Kopulation; andere häuten sich erneut in ein geschlechtsuntätiges Stadium (Schaltstadium) und später wieder zum geschlechtstätigen Tier. Auch diese Häutungen sind mit Segmentvermehrung verbunden, woraus große Schwankungen der Segmentzahlen resultieren. Das Gesamtalter kann bei Juliden auf 1 bis 7 Jahre geschätzt werden. Die „Erscheinungszeiten", d. h. die Jahreszeiten, zu denen die Tiere aktiv sind und sich fortpflanzen, also auch am ehesten zu finden sind, variieren je nach Art sehr. Die Aktivitätsperioden der meisten Juliden fallen in den Herbst und (bzw. oder) in das Frühjahr. Wir kennen aber auch Arten, die vorwiegend oder ausschließlich im Sommer auftreten. Die winteraktiven Arten sind auch bei Temperaturen nahe dem Gefrierpunkt noch tätig.

Die starken Unterschiede in der Erscheinungszeit und die bei vielen Diplopoden sehr engräumige geographische Verbreitung erschweren die vergleichende Untersuchung der ökologischen Ansprüche der Diplopodenarten. Wir müssen uns im folgenden auf einige generelle Grundzüge der Ökologie besonders der mitteleuropäischen Diplopodenfauna beschränken. Die wesentlichsten Kenntnisse hierüber verdanken wir Schubart und Verhoeff.

Wie bereits angedeutet, ist die Vertikalverbreitung der einzelnen Diplopodengruppen sehr unterschiedlich. In den Boden selbst dringen vorwiegend die Juliden und Blaniuliden, aber auch die Glomeriden (Saftkugler) ein. Die Tiefenverteilung ist oft von der Feuchtigkeit, aber auch vom Nahrungsangebot abhängig. Besonders in nicht sehr dichten Böden mit Regenwurmgängen sind einzelne Exemplare noch in 50 cm Tiefe und darunter zu finden. In der Regel beschränkt sich die Verbreitung aber auf die oberen 10 bis 20 cm des Bodens. Häufig ist eine tägliche Wanderung derart festzustellen, daß die Juliden nachts (oder an regnerischen Tagen) zur Nahrungsaufnahme an der Oberfläche erscheinen. In trocken-heißen Perioden graben sie sich tiefer in den Boden ein. Flachgründige Böden auf Kalk werden vorzugsweise z. B. von dem Saftkugler *Glomeris marginata* bewohnt, der durch Abkuglung vor Wasserverlust geschützt ist. Bei hoher Luftfeuchtigkeit erklettern einige Arten, z. B. *Allajulus londinensis,* häufig die Krautvegetation. Andere, noch mehr an Trockenheit angepaßte, wie *Ommatoiulus sabulosus* oder *Megaphyllum*-Arten, sind auch bei trockener Witterung auf der Bodenoberfläche und sogar auf Pflanzen zu finden, ohne dabei ihre Fähigkeit zum Leben im Boden einzubüßen. Diese Arten besiedeln auch die trockensten Standorte.

Hinsichtlich der horizontalen Verbreitung sind feuchte Laubwaldböden als arten- und individuenreichste Standorte bekannt. Hier können 15 und mehr Arten nebeneinander vorkommen. Im Herbst oder im Frühjahr wurden z. B. in günstigen Auwaldböden durchschnittlich 200 bis 300 Individuen je m^2 festgestellt. Als häufige Arten seien *Julus scandinavius* (Juliden), *Polydesmus denticulatus* (Polydesmiden), *Craspedosoma simile* (Nematophoren) und *Polyzonium germanicum* (Colobognathen) genannt.

Die trockeneren Waldböden, bei uns vor allem der Traubeneichenwälder, und die meist sauren Böden der Mischwälder und der Nadel-, bes. Kiefernwälder auf Sand in der Ebene, sind deutlich schwächer besiedelt. Hierbei spielt offensichtlich der Feuchtigkeitsgrad eine wesentliche Rolle, aber auch die Art der Streu. Hier herrschen weniger feuchtigkeitsabhängige Arten, z. B. *Leptoiulus proximus* vor, während die Feuchtwaldarten an Zahl abnehmen und die Bewohner der offenen Landschaft zunehmend auftreten. Viele Arten kommen hier ausschließlich unter Baumrinde vor.

Wiesen stellen einen sehr ungünstigen Standort für Diplopoden dar. Die fehlende Versteckmöglichkeit und die ständige Überschwemmungsgefahr ohne „Trockenplätze" halten Nematophoren und Polydesmiden meist ganz fern. Die ungenügende Humusdecke und die Schwere des Bodens verhindern im Verein mit den genannten Faktoren eine nennenswerte Vermehrung von Juliden. Oft sind Wiesen überhaupt (im Flachland!) unbesiedelt. Am regelmäßigsten fand Schubart *Mesomicroiulus laeticollis* auf solchen Flächen. Glomeriden sind nur dort auf Wiesen zu finden, wo diese völlig unbearbeitet bleiben.

Auf Ackerböden finden sich fast ausschließlich Juliden, wie nach den oben dargelegten Gewohnheiten der anderen Gruppen bereits zu erwarten war. Neben feuchtigkeitsindifferenten Arten, wie *Allajulus frisius* und *Ommatoiulus sabulosus,* die auch in ärmsten Sandböden zu finden sind, treten besonders in schweren und gut gedüngten Ackerböden zunehmend *Allajulus londinensis, Enantiulus nanus, Megaphyllum unilineatum* u. a. Arten auf. Dies kann in einigen Fällen zu Individuenzahlen von über 500 Individuen/m^2 führen, wie sie besonders in Gartenerde nachgewiesen wurden. H e r b k e beobachtete an Versuchsparzellen, daß stallmistgedüngte Flächen fast dreimal mehr Diplopoden als stallmistfreie aufweisen. Mit der Bodenbearbeitung und Düngerzufuhr scheint gelegentlich eine für offene Böden sonst unnormale Besiedlung durch Polydesmiden vorzukommen, die aber wahrscheinlich vorübergehender Natur ist. So zeigt auch die Besiedlung anderer vom Menschen beeinflußter Standorte ökologisch recht unterschiedliche, ja gegensätzliche Züge. Häufig finden sich in Parkanlagen, auf Friedhöfen oder in Warmhäusern Arten, die der einheimischen Freilandfauna völlig fehlen.

Die hauptsächliche bodenbiologische Bedeutung der Diplopoden beruht auf ihrer N a h r u n g s w a h l und N a h r u n g s v e r a r b e i t u n g. Sie ernähren sich vorzugsweise von abgestorbenem pflanzlichen Material, wobei sie leicht zersetzliche Streu eher angehen als z. B. widerstandsfähige Buchenblätter oder wenig zersetztes Holz. Die Larven weiden meist Pilz-oder Algenrasen von faulendem Holz ab. Eine solche Ernährungsweise scheinen die meisten Nematophoren zeitlebens beizubehalten, wozu hier noch eine deutliche Vorliebe für tote tierische Substanzen tritt, so daß auf einen höheren Stickstoffbedarf –vielleicht in Zusammenhang mit der höheren Aktivität dieser Arten und ihrer viel kürzeren Entwicklungsdauer – geschlossen werden kann. Als Erstzersetzer des pflanzlichen Bestandesabfalls kommen besonders die Polydesmiden in Frage, deren Fermentgarnitur die Spaltung von Zellulose, Hemizellulose und Pektin erlaubt (B e c k u. F r i e b e).

Eine wichtige Rolle für die B o d e n f r u c h t b a r k e i t spielen besonders die Glomeriden und Juliden. Sie können im Verlauf des Jahres bis zur Hälfte des forstlichen Bestandesabfalls zersetzen. Ihre charakteristisch geformten, bei Juliden langzylindrischen, bei Glomeriden rundlichen Kotballen enthalten eine Mischung von aufgeschlossener Streu und mineralischen Bodenteilchen. Es kann somit auch in den Exkrementen der Diplopoden zur Bildung von Ton-Humus-Komplexen kommen, die wir von den Regenwurmballen her kennen.

Erwachsene Juliden verbrauchen täglich 5–30 %, Jungtiere bis zu 50 % ihres Körpergewichtes an Nahrung. G h i l a r o v berechnet, daß in ukrainischen Waldanpflanzungen jährlich 2,5 t Diplopoden-Exkremente je Hektar anfallen. Die großen Fraßmengen hängen mit der geringeren Nahrungsausnützung zusammen. Die Fermentgarnitur dieser Diplopoden ist sehr unvollkommen und erlaubt offensichtlich nicht den Aufschluß von Struktur-Polysacchariden.

Wichtig ist ferner, daß diese Kotballen häufig in tieferen Bodenschichten abgelegt werden. Die Diplopoden können damit in geeigneten Böden die Tätigkeit der Regenwürmer in beachtlichem Maße unterstützen. Es wurde sogar beobachtet, daß diese Durchmischungstätigkeit in armen Sandböden, die aus Feuchtigkeitsgründen von Regenwürmern nicht mehr besiedelt waren, von Diplopoden allein übernommen wird. Die auf solchen Böden häufig vorkommende Humusform – mullartiger Moder – ist nach K u b i e n a seiner Entstehungsweise nach vor allem auf die Tätigkeit der Diplopoden zurückzuführen.

Dieser durchaus nützlichen Rolle der Diplopoden steht in wenigen Fällen eine Schadwirkung gegenüber. So können vor allem in Warmhäusern lebende Arten zarte

Pflanzenteile befressen. Das gleiche wird von einigen in Gärten und Feldkulturen auftretenden Arten berichtet. Die hierfür bekannteste Art ist *Blaniulus guttulatus.* Sie wird als Schädling an Erdbeeren, Kartoffeln, Gemüse, Blumen u. a. verzeichnet. Oft mögen hier die Diplopoden allerdings nicht die primäre Ursache des Schadens sein. Auf Feldern mit Einzelkornsaat (z. B. Zuckerrübe) können einige Diplopodenarten dadurch großen Schaden anrichten, daß sie im Frühjahr keine andere Nahrung als die zarten Keime der Saat vorfinden. Sie werden somit besonders häufig in ozeanischen Klimaten zu „Auflaufschaderregern", die relativ schwer bekämpfbar sind, weil sie gegen normale Insektizide verhältnismäßig widerstandsfähig sind.

5.15.3. *Wenigfüßer, Pauropoden*

Über die kleinen zarthäutigen Wenigfüßer (Pauropoda) wissen wir bislang nur sehr wenig. Bei vielen Untersuchungen der Kleinarthropoden des Bodens sind diese Tiere wohl aufgrund ihrer hohen Empfindlichkeit und infolge ungenügender Sammelmethoden übersehen worden. Von den über 500 bisher beschriebenen Arten, die sich auf 5 Familien verteilen, sind in Mitteleuropa wenigstens 50 Arten zu erwarten. In auch den Diplopoden zusagenden feuchten Waldstandorten scheinen sie unter Streu oder Steinen nicht selten in Mengen von wenigstens 500 bis 1 000 Individuen je m^2 vorzukommen.

Die Zahl der Beinpaare beträgt bei den Pauropoden lediglich 9 (in seltenen Fällen 10–11). Einige Rückenplatten, die jeweils zwei Segmente und damit auch zwei Beinpaare überdecken (Syntergite), machen eine nähere Verwandtschaft mit den Diplopoden verständlich. Weiter sind gabelig endende, insgesamt mit drei Geißeln versehene Antennen ein gutes Erkennungsmerkmal. Die Körperlänge liegt meist bei 0,5–0,7 mm und übersteigt 1,9 mm nicht. Im äußeren Habitus zeigen sich bemerkenswerte Unterschiede. So sehen wir ausgesprochen schlanke langbeinige Pauropoden (Fig. 82) neben dick-gedrungenen kurzbeinigen (Fig. 83). Die Fortbewegungsweise ist entsprechend einerseits sehr gewandt und flink (z. B. *Pauropus*), zum anderen langsam und träge (z. B. *Eurypauropus).*

Die meisten Pauropoden sind weiß, nur selten dunkel pigmentiert. Die trägeren *Eurypauropus*-Arten sind heller oder dunkler rostbraun bis braungelb gefärbt. Die weiche Haut enthält keine verfestigenden Elemente. Mit Ausnahme der Hexamerocerata (Südhalbkugel der Erde) ist eine Hautatmung ohne Tracheen entwickelt. Ein Blutgefäßsystem fehlt. Die Orientierung im Raum erfolgt mit Hilfe der Sinnesorgane an den Antennen, im „Schläfenorgan" (Postantennalorgan, Pseudoculus) an beiden Kopfseiten und an den langen Tasthaaren (Bothriotrichen). Augen fehlen stets. Die Entwicklung durchläuft 4 Larvenstadien mit (bei Pauropodiden) 3, 5, 6

Fig. 82. *Pauropus sylvaticus,* ein flink laufender Wenigfüßer (Pauropode). Länge 1 mm Nach Snodgrass aus Hennig

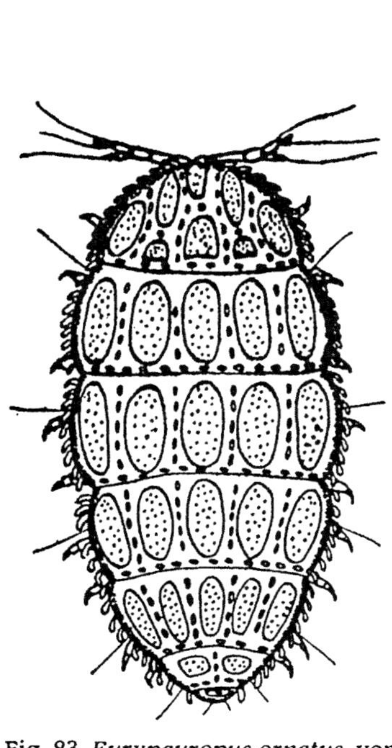

Fig. 83. *Eurypauropus ornatus,* von oben gesehen; träger Typ der Wenigfüßer. Länge 0,8 mm. Nach L a t z e l aus V e r h o e f f

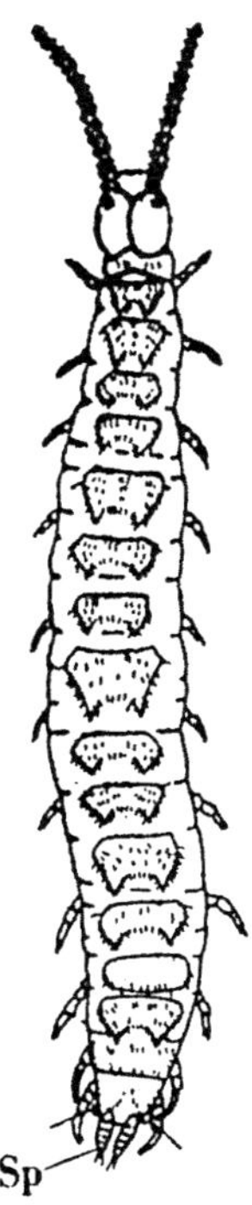

Fig. 84. Zwergfüßer (Symphyle), *Symphylella vulgaris,* von oben gesehen Sp Spinngriffel. Länge 3 mm. Nach E d w a r d s

und 8 Beinpaaren. Im Labor gehaltene Tiere erreichten ein Lebensalter von über 1 Jahr, ohne sich nochmals zu häuten. Parthenogenetische Arten sind bislang nicht bekannt.

Europäische Pauropoden besiedeln bevorzugt frische humose Böden. Die meisten Tiere leben in den oberen Bodenzentimetern. In lockeren Böden dringen einige Arten aber auch bis 50 cm Tiefe und weiter in den Boden ein. Bevorzugt in Waldböden leben viele Arten *(Allopauropus danicus).* Aber wenige Arten sind häufiger in Wiesenböden anzutreffen *(Allopauropus gracilis).* Diese Art wie auch *A. vulgaris* bewiesen bei der Neubesiedlung frisch geschütteter Haldenböden eine rasche Ausbreitungsfähigkeit (D u n g e r). Allgemein sind Pauropoden wohl auf eine hohe Luftfeuchtigkeit angewiesen, ohne aber Nässe zu ertragen. Sie sind deshalb häufig an mikroklimatisch günstigen Stellen, so an der Unterseite von Steinen und Holzteilchen, die dem Boden auf- oder eingelagert sind, anzutreffen. Im Vergleich zu anderen weißen Kleinarthropoden fallen Pauropodiden durch rasche huschende Bewegung auf. Von *Pauropus lanceolatus* und *Allopauropus gracilis* ist bekannt

(H ü t h e r), daß sie mit dem Mandibeln Pilzhyphen anbeißen und diese dann aussaugen. Dabei wählen sie offensichtlich geeignete Pilzarten aus. Der Darminhalt der mit kräftigeren Mandibeln ausgestatteten Hexamerocerata enthält neben ganzen Pilzstücken auch Reste von Kleinarthropoden wie Collembolen, was auf nekrophage oder auch räuberische Ernährungsweise hindeutet.

Eine ökonomische Bedeutung haben die Pauropoden wohl nicht. Ihre hohe Empfindlichkeit gegen Agrochemikalien kann jedoch zum Zweck der biologischen Indikation nützlich sein.

5.15.4. *Zwergfüßer, Symphylen*

Die Zwergfüßer (Symphyla) sind im Vergleich zu den Pauropoden durchaus große Tiere; denn sie erreichen bis zu 9 mm Länge. Sie sind als weiße langgestreckte Vielfüßer mit (11 oder) 12 Beinpaaren, schnurförmigen Antennen und großen Hinterleibsanhängen (Spinngriffel), die die Mündungen von Spinndrüsen tragen, leicht erkennbar (Fig. 84). Über diesen stehen zwei auffällige Sinneskelche. Entgegen älteren Auffassungen stehen die Vorfahren der Symphylen der Stammgruppe der Insekten wohl nicht näher als andere Myriapoden. Die 170 bisher beschriebenen Arten verteilen sich auf nur 2 Familien: *Scutigerellidae* und *Scolopendrellidae*. Ihre Arten sind weit, z. T. anthropogen weltweit verbreitet.

Die F o r t p f l a n z u n g wird durch indirekte Befruchtung (Spermatophoren) ohne Paarbildung eingeleitet; Parthenogenese ist nicht bekannt. Das Weibchen legt zunächst einzeln die Eier ab und überträgt erst dann die Spermien mit dem Mund aus seiner Samentasche auf die Eier. Die Eipakete finden sich oft tief im Boden. *Scutigerella immaculata* bevorzugt hierfür 5–15 cm Bodentiefe. Nach 7 bis 8 Wochen (25 °C), bei 5 °C erst nach 8 Monaten schlüpft die unbewegliche Prälarve mit 6 bis 7 Beinpaaren. Bei den folgenden Häutungen bis zum 4. Larvenstadium werden neue Segmente gebildet, die weiteren Häutungen der Reifetiere verlaufen dagegen ohne Zuwachs. Das Lebensalter beträgt vermutlich 3 bis 7 Jahre.

Hinsichtlich ihrer zarten Haut, des Fehlens von Augen und der hieraus bereits zu vermutenden unterirdischen L e b e n s w e i s e ähneln die Symphylen unter den Myriapoden am meisten den Pauropoden. Es sind ausschließlich weiße Arten bekannt. Die geringe Größe und außerordentliche Elastizität ihres Körpers erlauben ihnen das Eindringen in kleine Bodenhohlräume. Die Breite eines mittelgroßen Symphylen (etwa 4–5 mm) beträgt etwa 0,5 mm.

Die Haut der Symphylen bietet weder gegen Austrocknung noch gegen Aufquellen einen Schutz. Habitate mit nicht feuchtigkeitsgesättigter Luft werden deshalb ebenso gemieden wie nasse oder überschwemmte Böden. Auch in humusarmen Böden kommen Symphylen kaum vor. Hohe Individuenzahlen erreichen sie dagegen in leichten, gut durchwurzelten, nicht zu trockenen Böden, die einen dichten Pflanzenwuchs tragen. Sie sind bei oberflächlichem Nachsuchen häufig unter Steinen, in Moos, unter Rinde oder in der Laubstreu zu finden. Die nähere Untersuchung von Bodenproben zeigt aber nicht selten noch in 30–40, ja 50 cm Tiefe eine bemerkenswert starke Besiedlung. So hat E d w a r d s im Extrem bis zu 20 000 Individuen auf 1 m^2 Bodenoberfläche berechnet.

Die Bodenart beeinflußt das Auftreten der Symphylen nur wenig. Am auffälligsten ist die geringere, vor allem flachere Besiedlung in schweren Lehmböden, die das Eindringen in die tieferen Bodenschichten erschweren.

Bei Beunruhigung oder Verfolgung durch einen Feind reagieren die Symphylen nicht wie die Diplopoden oder Lithobiiden durch Einkrümmen oder einen Totstellreflex. Führen rasche Fluchtbewegungen nicht zum Ziel, so werden aus den großen Spinndrüsen der Spinngriffel Fäden ausgestoßen, die wohl den Feind behindern sollen, aber nach einigen beobachteten Fällen auch zum „Abseilen" in eine Bodenspalte dienen können.

Die Tiefenverteilung zeigt eine jahreszeitliche Abhängigkeit. Hierbei scheint neben der Feuchtigkeit und dem Nahrungsangebot auch die Temperatur eine Rolle zu spielen, obwohl aktive Tätigkeit bei einigen Arten zwischen etwa 30 °C und annähernd dem Gefrierpunkt beobachtet wurden. Die Optimaltemperatur liegt jedoch recht hoch, für *Scutigerella immaculata* z. B. zwischen 15 und 21 °C. Edwards fand eine Anhäufung der Symphylen an der Bodenoberfläche immer dann, wenn dort warm-feuchte Bedingungen geboten wurden, was im Frühjahr und – weniger ausgeprägt – im Herbst der Fall ist. Im Sommer setzt eine Tiefenwanderung ein, die im Herbst nur teilweise rückgängig gemacht wird. Unterschiedliches Nahrungsangebot kann dieses Verhalten modifizieren.

Die Nahrungspalette der Scutigerelliden ist sehr breit, sie reicht von Algen, Bakterien, Pilzen und Aas bis zu lebendem Gewebe höherer Pflanzen. Besonders *Scutigerella immaculata* spezialisiert sich gern auf das Befressen junger saftiger Saugwurzeln der verschiedensten Kulturpflanzen. In ozeanisch getönten Gebieten, die seiner Entwicklung am besten zusagen, kann diese Art hierdurch zum argen Schädling werden, wenn ihre Bestandesdichte etwa 100 bis 200 Individuen/m^2 erreicht (was oft um das 3fache überschritten wird!). Ihre Bekämpfung ist schwer, da sich die Tiere der Pestizideinwirkung leicht durch Flucht in die Tiefe entziehen können. Das Beizen von Samen u. a. Kontaktmethoden versprechen meist besseren Erfolg. Nicht alle Scutigerelliden sind auf diese Weise schädlich. Von den Arten der Scolopendrelliden *(Symphylella, Scolopendrella)* ist eine Ernährung von lebenden Pflanzenteilen gänzlich unbekannt. Es ist anzunehmen, daß sie ausschließlich tote organische Substanz fressen, auch wenn sie in Wurzelnähe auftreten. Für die Abhängigkeit von toter organischer Substanz als Nahrung spricht auch die Vermehrung der Individuenzahl der Symphylen, die Herbke in Dauerdüngungsversuchen in der Stallmistvariante (2 078/m^2) gegenüber den stallmistlosen Parzellen (1 630/m^2) fand.

5.16. Insekten, Hexapoden

Urinsekten, Apterygoten

Die Insekten (Hexapoda) lassen sich von den Myriapoden sehr leicht äußerlich dadurch unterscheiden, daß sie nie mehr als drei Beinpaare haben. Unter ihnen sind die Urinsekten oder primär flügellosen Insekten (Apterygota) bereits aufgrund ihres gesamten Bauplanes als typische Bodentiere anzusprechen. Ihr hervorstechendes gemeinsames Merkmal ist die ursprüngliche (also nicht – wie z. B. bei den Flöhen – sekundär entstandene) Flügellosigkeit. Im übrigen ist diese Gruppe aber alles andere als verwandtschaftlich einheitlich. Besonders starke Abweichungen gegenüber den übrigen Insekten, z. B. im Bau der Fühler und der Augen, zeigen die Ordnungen Diplura (Doppelschwänze), Protura (Beintaster) und Collembolen (Springschwänze). Da bei ihnen die Mundwerkzeuge in einer Tasche versenkt liegen, bezeichnet man sie als Entotropha oder Entognatha („Innenkiefer"). Systematisch müssen diese Entognathen heute als drei selbständige Ordnungen der Insekten aufgefaßt werden. Von den Insekten mit freiliegenden Mundwerkzeugen, den Ectognatha (Ectotropha) sind 2 Ordnungen ebenfalls primär flügellos und daher in der paraphyletischen Gruppe der Apterygoten inbegriffen: die Felsenpringer (Archaeognatha) und die Fischchen (Zygentoma), beide früher zur Gruppe der Borstenschwänze (Thysanura) vereinigt. Ihnen stehen die primär flügeltragenden Insekten (Pterygota) gegenüber.

5.16.1. *Springschwänze, Collembolen*

Die Collembolen (Collembola) sind kleine, meist 1 mm (0,3 bis etwa 9 mm) lange, zarthäutige Insekten. Von anderen Apterygoten sind sie leicht durch die auf 6 verringerte Zahl der Abdominalsegmente und die (allerdings zuweilen reduzierte) Sprunggabel zu unterscheiden. Das älteste bekannte Insekt, *Rhyniella praecursor* aus dem Mitteldevon, ist nicht nur zweifelsfrei ein Collembole, sondern kann sogar der noch heute artenreichen Familie Neanuridae zugeordnet werden.

Der Körperbau der Collembolen sei am Beispiel eines hemiedaphisch lebenden Isotomiden geschildert (Fig. 85). Die Gliederung in Kopf, Brust (Thorax) und Hinterleib (Abdomen) ist deutlich sichtbar. Der Kopf trägt in eine Tasche versenkte Mundwerkzeuge. Die Fühler sind gewöhnlich 4gliedrig und oft nicht länger als der Kopf. Anstelle der großen Fazettenaugen der geflügelten Insekten sind jederseits 8 Einzelaugen (Ommen) ausgebildet, die bei vielen Arten reduziert werden. Zwischen Augen und Antennenansatz liegt das Postantennalorgan, bei den Bewohnern der oberen Bodenschichten meist eine rosetten- oder ringförmige Bildung (Fig. 87), deren Funktion als Chemo-, Hygro- und (bzw. oder) Thermorezeptor vermutet wird. Chemische, den Geruchssinn vermittelnde Sinneshaare oder -kolben finden sich besonders auf dem 3. Antennenglied, während Tasthaare über den ganzen Körper verstreut vorkommen.

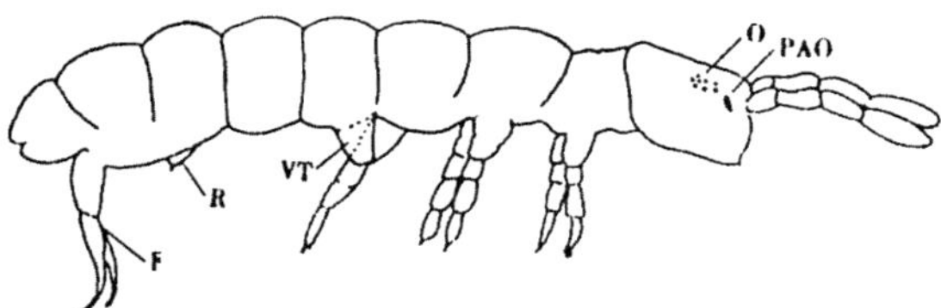

Fig. 85. Körperbau eines Springschwanzes (Isotomide). PAO Postantennalorgan, O Einzelaugen (Ommen), R Haltevorrichtung für die Sprunggabel (F), die in Ruhe dem Hinterleib anliegt. Rechtes Hinterbein nicht gezeichnet, um den Ventraltubus (VT) zu zeigen. 5. und 6. Hinterleibssegment bei dieser Art verschmolzen. Länge 1 mm. Nach S t r e n z k e, verändert

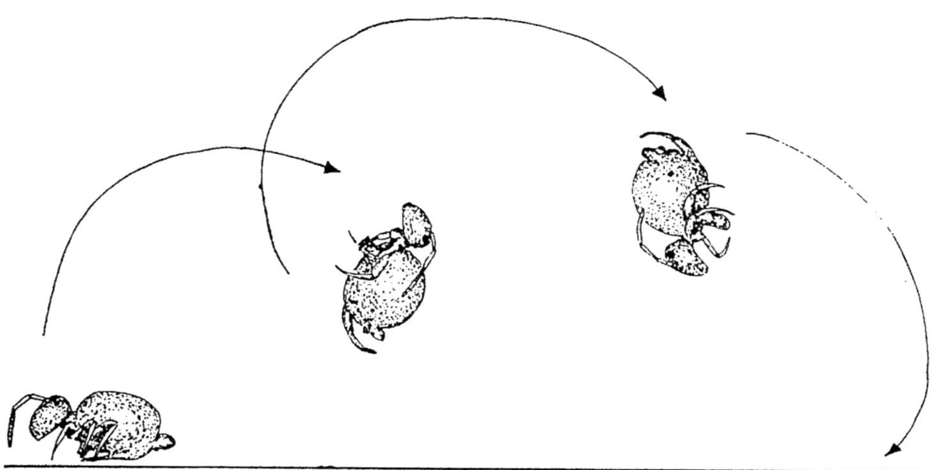

Fig. 86. Sprungablauf bei einem Kugelspringer *(Sminthurus)*. Nach Filmaufnahmen von Christian 1979 gezeichnet

Die drei Thorakalsegmente tragen je ein Beinpaar. Die Beinanlagen des nur 6gliedrigen Abdomens haben sich in für die Collembolen äußerst typische Anhänge umgebildet. Am ersten Abdominalsegment ist hieraus der Ventraltubus hervorgegangen (s. Abb. 17, S. 128). Aus ihm können paarige Blasen oder lange Schläuche ausgepreßt werden, die sehr dünnhäutig sind. Es wird angenommen, daß diese dem besseren Gasaustausch (Atmung) dienen können. Daneben werden sie vielleicht noch zum Anheften an senkrechte Flächen, zur Wasseraufnahme oder aber zur Abgabe überflüssigen Wassers verwendet. Die Atmungsfunktion scheint gewöhnlich zu überwiegen, was verständlich wird, wenn bedacht wird, daß diese Arten keinerlei weitere Atmungsorgane aufweisen. Bei einigen Sminthuriden ist der Ventraltubus nach Beobachtungen von Sedlag zu einem ausgesprochenen Putzorgan geworden. Das 3. Abdominalsegment trägt eine Haltevorrichtung (Retinaculum) für den auffälligsten Anhang des Hinterleibes, die Sprunggabel (Furca). Diese sitzt dem 4. Abdominalsegment an und gliedert sich in einen unpaaren Abschnitt (Manubrium) und zwei paarige Abschnitte (Dens und Mucro). Die Sprunggabel bildete sich vielleicht primär als Nachschieber, jedenfals kann sie von manchen Arten beim Klettern (noch) in dieser Weise verwendet werden. Vor dem Sprung wird die Gabel aus der Halterung (Retinaculum, Fig. 85 R) ausgeklinkt und dann mittels der sehr kräftigen Sprungmuskulatur so schnell und kräftig gegen die Unterlage gedrückt, daß sich ein im Verhältnis zur Körpergröße sehr beachtlicher Sprung von bis zu 35 cm Weite ergibt. Je nach Schwerpunktlage vollführen die Entomobryiden und Sminthuriden dabei einen Salto rückwärts (Fig. 86), die Hypogastruriden dagegen einen Salto vorwärts, wobei die Landung selten richtig auf den Beinen gelingt. Der eigentliche Sprung kann 0,03–0,05 s dauern, der gesamte Vorgang einschließlich der anschließenden Lagekorrektur etwa $^1/_{10}$ s, so daß erst der Zeitlupenfilm den wahren Sprungablauf zu erkennen gestattete. Der Absprung erfolgt mit Geschwindigkeiten bis zu 1,4 m/s (etwa 50 km/h) (Christian). Dieses Sprungvermögen wird jedoch nur sehr selten *(Lepidocyrtoides;* Schaller) zur gerichteten Fortbewegung benützt, sonst dient es ausschließlich zur Flucht vor Feinden. Gestörte Collembolen hüpfen regellos „kreuz und quer" schnell mehrere Male hintereinander, wobei der Verfolger sie in der Regel tatsächlich aus den Augen verliert. Meist kommt ihnen hierbei auch noch ihre Färbung zu Hilfe. Sie ist bei Collembolen der oberen Bodenschichten gewöhnlich dunkelviolett, graubraun oder graugrün ausgebildet, oft mit körperauflösenden Mustern (Fig. 10 b). Die Körperhaut trägt eine mehr oder minder dichte, aber meist kurze Behaarung.

Lebensformen. Die im eigentlichen Bodeninneren lebenden, euedaphischen Collembolen weichen in einer Reihe von Merkmalen von dem eben besprochenen „Prototyp" der Collembolen ab. Äußerlich am auffälligsten ist die Rückbildung des Pigmentes bis zum völligen Fehlen. Die Gestalt dieser Tiere ist – abgesehen von einer allgemeinen Verringerung der Körpergröße – mehr langgestreckt, zuweilen fast wurmförmig. Dieser Eindruck wird besonders durch die starke Verkürzung der Beine und der Fühler hervorgerufen. Die Sprunggabel, die in den engen Bodenhohlräumen funktionslos ist, wird stufenweise bis zum totalen Schwund rück-

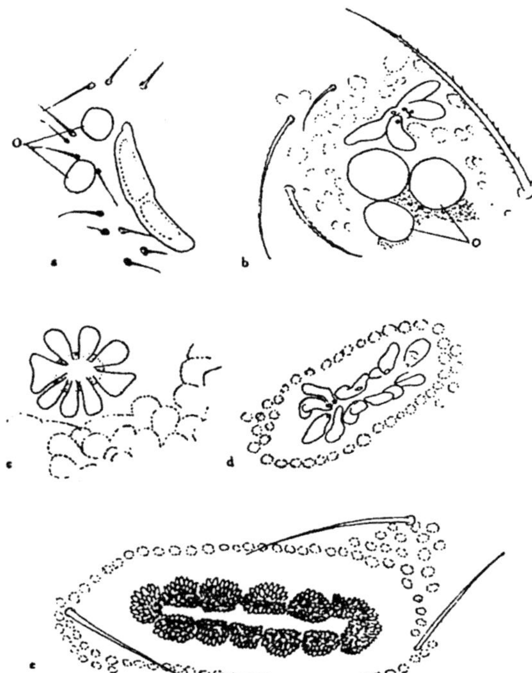

Fig. 87. Ausbildung des Feuchtigkeit anzeigenden Postantennalorgans bei verschiedenen Collembolengruppen. a *Folsomia sexoculata* (Isotomidae), b *Hypogastrura hystrix,* c *Anurida granulata,* d *Onychiurus absoloni* und e *Onychiurus perforatus.* O Augen. Nach Handschin

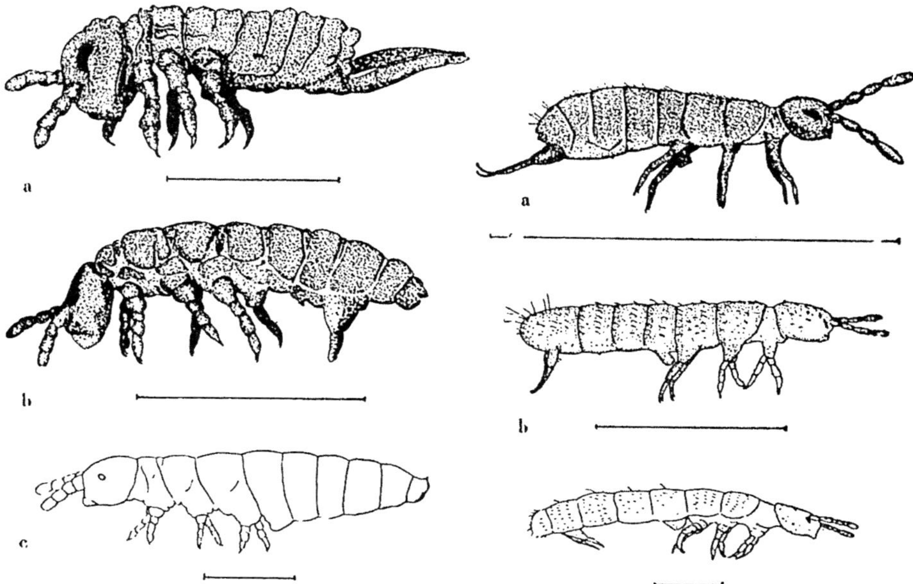

Fig. 88. a an der Wasseroberfläche lebende *(Podura aquatica)* b hemiedaphische *(Hypogastrura viatica)*, c euedaphische *(Willemia anophthalma)* poduromorphe Collembolen. Zu beachten die Ausbildung der Augen (c ist blind), des Pigments, der Sprunggabel und der Beine. Die Maßstäbe geben die relativen Größenverhältnisse an: 1,2; 1,6; 0,6 mm. In Anlehnung an Willem, Strenzke, Gisin

Fig. 89. a hemiedaphische *(Isotoma viridis)*, b und c verschieden stark euedaphische Isotomiden; b *Folsomia quadrioculata*, c *Isotomodes productus*. Längen (s. Maßstäbe) 4,0; 1,9; 0,7 mm. In Anlehnung an Nosek, Gisin, Handschin

gebildet. Das gleiche gilt von den Augen, so daß echte Tiefenformen völlig blind sind. Schließlich wird auch die Behaarung stark verkürzt und reduziert. Diesen Rückbildungserscheinungen steht eine stärkere Ausbildung der Feuchtigkeit anzeigenden Postantennalorgane gegenüber (Fig. 87). Bei höhlenbewohnenden Arten, z. B. *Onychiurus cavernicolus*, die sich bereits sehr lange an konstante Temperatur- und Feuchtigkeitsverhältnisse angepaßt haben, geht jedoch diese Fähigkeit zur gerichteten Temperatur- und Feuchtewahrnehmung zunehmend verloren (Mais).

Entgegengesetzte Tendenzen können wir bei solchen Collembolen beobachten, die an der Erdoberfläche leben und von dort aus auch regelmäßig die Krautvegetation besiedeln (epedaphische und atmobiontische Arten). Diese Arten sind meist groß, haben sehr reichliche, lange und dichte Behaarung und zeigen ein dichtes, in Mustern angeordnetes und als Verbergtracht geeignetes Pigment. Ihre Fühler sind lang, zuweilen *(Tomocerus longicornis)* länger als der Körper und durch sekundäre Ringelung in 5, 6 oder eine Vielzahl von Abschnitten gegliedert. Eine ebenso starke Ausbildung erfahren die Sprunggabel und die Beine. Von den Sinnesorganen sind hier die Augen stets gut entwickelt, ebenso vor allem die Spürhaare an den Endabschnitten (Tibiotarsen) der Beine. Das Postantennalorgan fehlt dagegen bei vielen Arten völlig (Entomobryidae, Sminthuridae). Bisweilen bilden sich Atmungsorgane in Form von Tracheen aus. Solche finden wir besonders bei den Kugelspringschwänzen (Symphypleona), deren Körper durch Verbreiterung und Verwachsung von Segmenten Kugel- oder Birnenform angenommen hat. Hier sind auch die aus den Ventraltuben auspreßbaren Ventralsäckchen oftmals erstaunlich lang.

Wird das System überblickt, so erweisen sich die oft relativ plumpen Poduromorphen (Fig. 88) und die beweglichen Isotomiden (Fig. 89) als vorwiegend hemiedaphische Formen. Dennoch finden wir in einzelnen Gattungen dieser Familien alle Stufen der Ausbildung euedaphischer Merkmale. Hieraus wurde wohl zu Recht gefolgert, daß diese Arten phylogenetisch junge Anpassungsformen sind. Hiermit stimmt überein, daß z. B. euedaphische Isotomiden gewöhnlich sehr eng an ihre „neuerworbene Umwelt", d. h. an tiefere Bodenschichten gebunden sind. Die Onychiuriden (Fig. 90) erscheinen dagegen morphologisch fast durchweg euedaphisch, obwohl einige Arten genauso häufig an der Bodenoberfläche wie in tieferen Schichten auftreten. Diese Collembolenfamilie ist besonders durch das Vorhandensein von „Pseudocellen" gekennzeichnet, über den ganzen Körper verteilter ringförmiger Hautöffnungen, die durch ein dünnes Häutchen verschlossen sind (Fig. 91). Bei Reizung

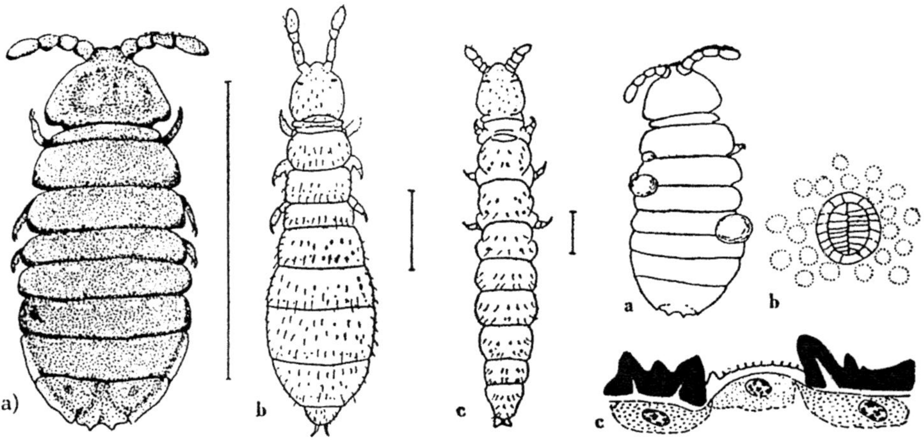

Fig. 90 (links). a hemiedaphische *(Tetrodontophora bielanensis)*, b vorwiegend euedaphische *(Onychiurus armatus)*, c rein euedaphische *(Tullbergia ramicuspis)* Onychiuriden (Collembolen), von oben gesehen. Bei a ist das Postantennalorgan kaum sichtbar, bei b und c stark entwickelt. Längen (s. Maßstäbe) 6,0; 1,6; 0,9 mm. Nach Dunger u. Gisin

Fig. 91 (rechts). Wehrdrüsen bei Collembolen. a *Tetrodontophora bielanensis (Onychiuridae)* nach einer Reizung; durch 3 Pseudocellen ist Haemolymphe tropfenförmig ausgetreten. b Pseudocellen in Aufsicht und (c) im Schnitt, stärker vergrößert. Der dünnwandige Mittelteil dient nach Zerreißen als Austrittsöffnung. Nach Dunger und Koncek

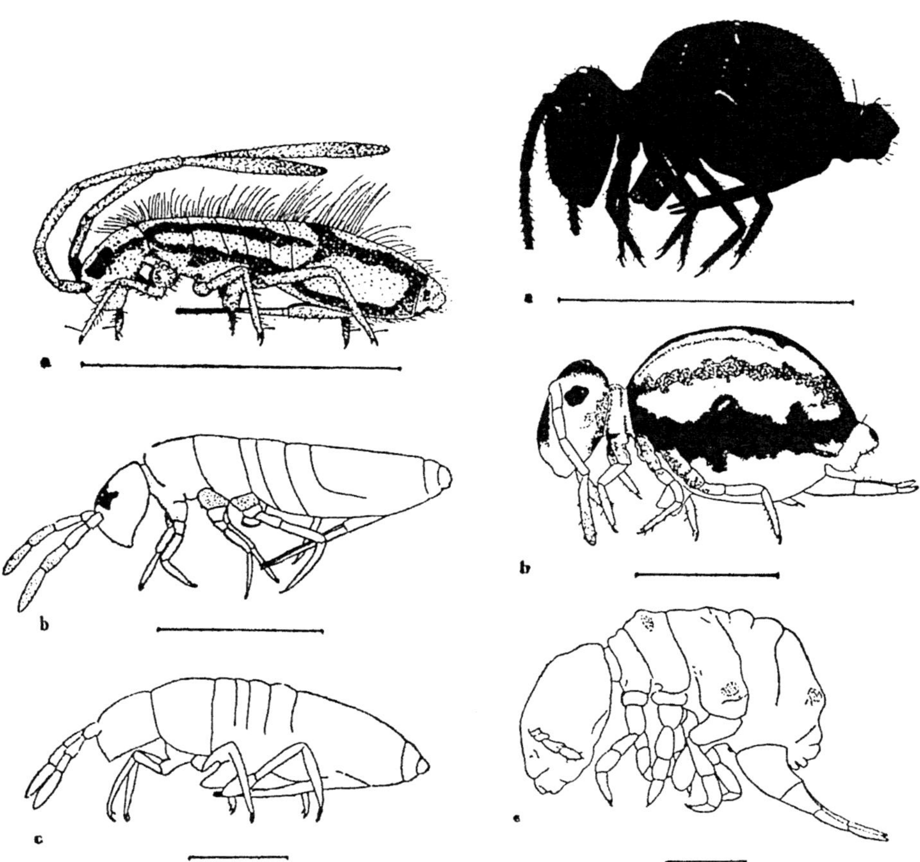

Fig. 92 (links). a ausschließlich epedaphische *(Entomobrya muscorum)*, b vorwiegend hemiedaphische *(Lepidocyrtus lanuginosus)*, c fast euedaphische *(Cyphoderus albinus*, mit Ameisen vergesellschaftet) Entomobryiden (Collembolen). Beachte die Ausbildung der Fühler, des Pigments, der Augen und der Spürhaare. Längen (s. Maßstäbe) 3,5; 1,7; 1,0 mm. In Anlehnung an Bockemühl u. Handschin

Fig. 93 (rechts). a auf Pflanzen lebende *(Bourletiella hortensis)*, b vorwiegend epedaphische *(Sminthurinus elegans)*, c euedaphische *(Neelus minimus)* Kugelspringer (Sminthuriden, Collembolen). Längen (s. Maßstäbe) 1,3; 0,7; 0,35 mm. Nach Börner u. Stach

kann das Häutchen muskulär zerrissen und eine zäh-klebrige, Abschreckstoffe enthaltende Haemolymphe hervorgepreßt werden. Karg beobachtete, wie die Mundwerkzeuge von Raubmilben hierdurch verklebt wurden. Die Ausbildung der euedaphischen Merkmale scheint bei den Onychiuriden phylogenetisch bereits sehr alt zu sein. Epedaphisch ist dagegen die Mehrzahl der Entomobryiden (Fig. 92) sowie der Kugelspringschwänze (Sminthuriden, Fig. 93). Auch hier gibt es Übergänge bis zur

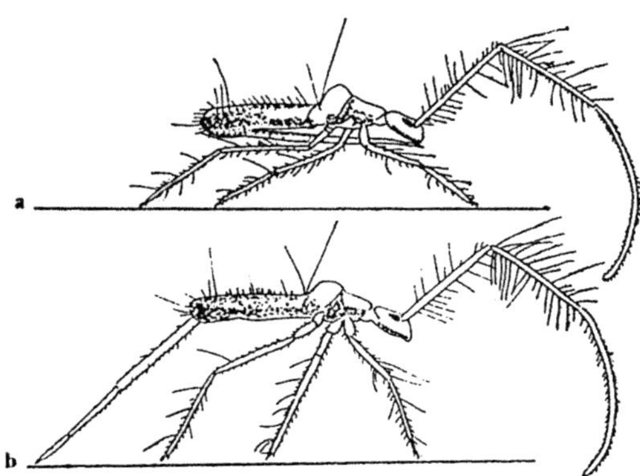

Fig. 94. Extrem langgliedriger baumbewohnender Entomobryide *(Campylothorax longicornis)* Westafrikas a in Ruhe, b beim Sprung. Nach Delamare-Deboutteville

euedaphischen Form. Die Entomobryiden sind gewöhnlich in Mitteleuropa Bewohner der Streulagen. Eine extrem langgliedrige atmobiontische Art zeigt Fig. 94. Die Kugelspringer sind dagegen häufiger auf der Krautvegetation selbst anzutreffen und können im Boden vorwiegend nur als Jungtiere erbeutet werden.

Die bei den Collembolen so deutliche Ausbildung von Lebensformen stellt eine Anpassungsreihe an Änderungen eines mikroklimatisch-edaphischen Faktorenkomplexes dar, der im folgenden etwas näher zu untersuchen ist. Mikroklimatisch handelt es sich im allgemeinen um den Gegensatz trocken, warm, hell gegen feucht, kühl, dunkel. Hiervon kommt zweifellos der Feuchtigkeitsverschiebung die größte Bedeutung zu.

Die überwiegende Zahl der Collembolen ist mesophil, bevorzugt also annähernd 100 % RF (relative Luftfeuchtigkeit). Innerhalb der Collembolen gibt es jedoch Anpassungen an das Leben auf triefend nassem Substrat bzw. auf der Oberfläche von Gewässern (hydrophile Arten) oder an das Ertragen einer unvollständigen

---

Tafel VII

Abb. 22. Darminhalt eines pilzfressenden Collembolen *(Lepidocyrtus lanuginosus)*: Pilzhyphen in verschiedenem Zersetzungsgrad. Vergrößerung etwa 1 000 mal. (Aufnahme: Verf.)

Abb. 23. Darminhalt eines streubewohnenden saprophagen Collembolen *(Tomocerus flavescens)*: Anhäufung von ligninhaltigen ringförmigen Wandverdickungen aufgelöster Tracheen. Vergrößerung etwa 1 000mal. (Aufnahme: Verf.)

Abb. 24. Präparat eines Kotballens der Kellerassel *(Porcellio scaber)*, gefüttert mit Fallaub des Götterbaumes *(Ailanthus peregrina)*: Stück eines Leitbündels mit mehreren Tracheen, ringsum losgelöste Spiralen; keine intakten Zellen mehr vorhanden. Vergrößerung etwa 600mal. (Aufnahme: Verf.)

Abb. 25. Präparat eines Kotballens der Kellerassel, gefüttert mit Fallaub der Roteiche *(Quercus rubra)*: Unten und rechts Stücke wenig veränderten Palisadengewebes, links oben teilweise freigelegte Epidermiswandung. Vergrößerung etwa 600mal. (Aufnahme: Verf.)

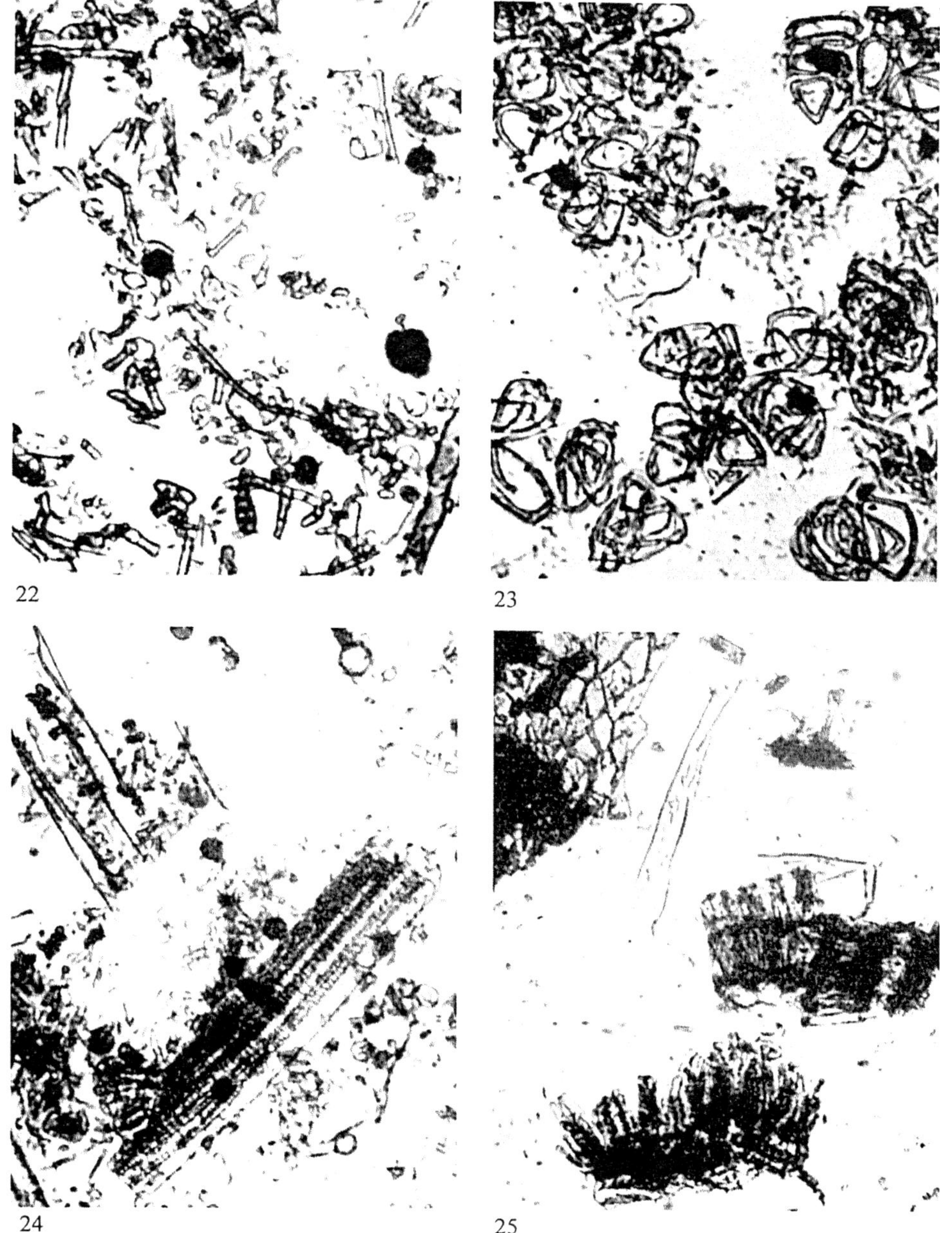

22

23

24

25

Tafel VIII

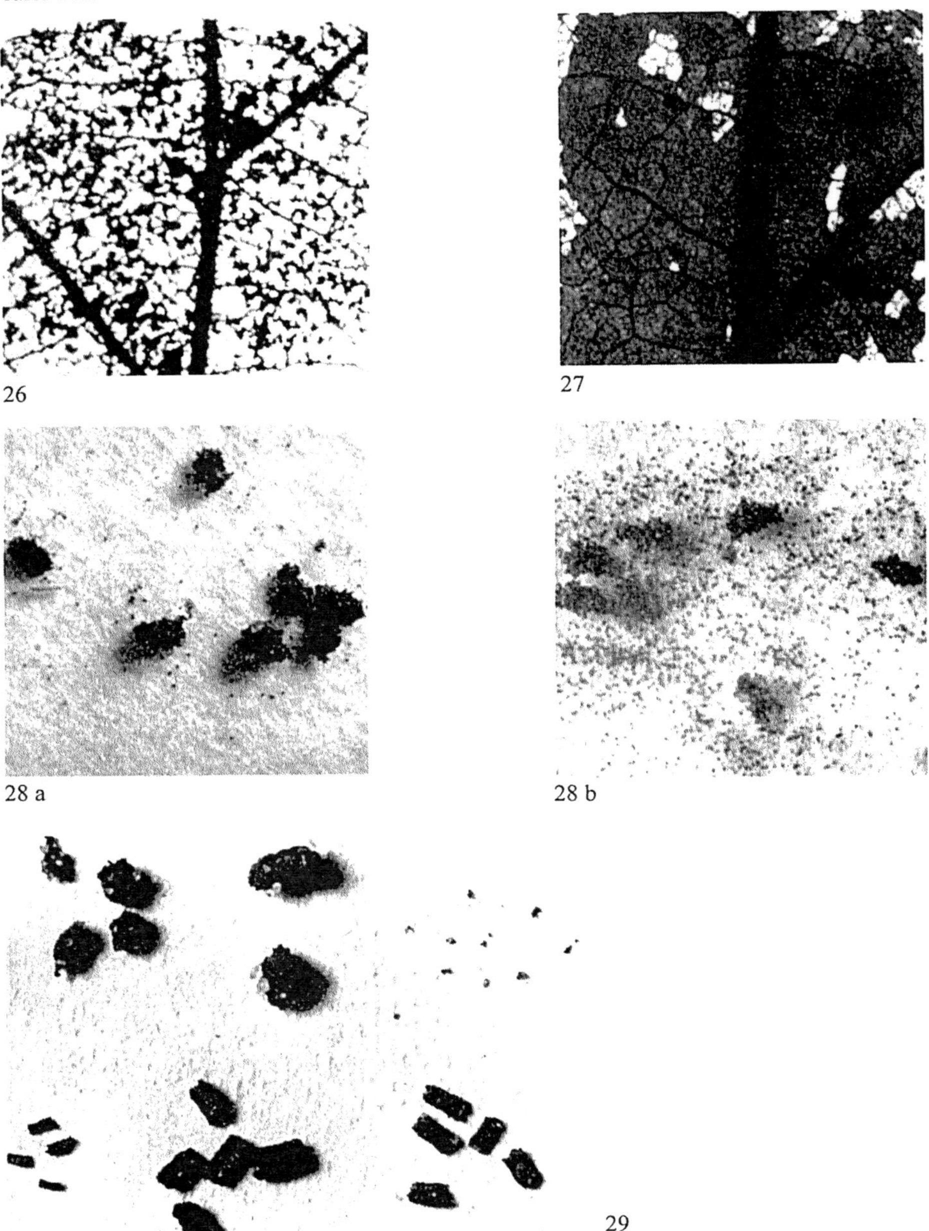

26

27

28 a

28 b

29

Feuchtigkeitssättigung der Luft für mehr oder weniger lange Zeit (xeroresistente Arten).

Hydrophile Collembolen sind morphologisch meist hemiedaphische oder epedaphische Formen. Sie sind besonders an der Verbreiterung der Endabschnitte (Mucronen) der Sprunggabel zu erkennen. Diese Vorrichtung ermöglicht es ihnen, auf der Wasseroberfläche zu springen, ohne das Oberflächenhäutchen zu durchstoßen. Auf der Oberfläche von Tümpeln ist vor allem *Podura aquatica* häufig zu finden. An ähnlichen Orten, besonders auf Wasserpflanzen und nassem Torfmoos, finden sich viele Kugelspringer, z. B. *Sminthurides*-Arten. Andere Arten, z. B. der Gattung *Isotomurus*, sind ebenfalls direkt an Gewässern oder in Mooren anzutreffen, allerdings nicht auf der Wasserfläche selbst. Ihnen fehlen die morphologischen Kennzeichen der „hydrophilen" Collembolen.

Subaquatische Lebensweise ist von keinem Collembolen bekannt (im Gegensatz zu den Oribatiden!). Die Schwerbenetzbarkeit der Haut sorgt jedoch im Verein mit der Körperbehaarung bei untergetauchten Exemplaren besonders der epedaphischen und atmobiontischen Arten dafür, daß eine Lufthülle um den Körper erhalten bleibt. So können diese Arten (z. B. *Isotoma*) besonders in der kälteren Jahreszeit längere Überschwemmungen überstehen. Sie sind während dieser Zeit allerdings bewegungsunfähig und können keine Nahrung aufnehmen (Fig. 9). Ähnlich kann Kondenswasser wirken. Gerät ein Collembole in ein solches Tröpfchen, so vermag er sich nicht mehr zu befreien, da die Oberflächenspannung stärker als seine Muskelkraft ist. Tropfenbildung wird daher von vielen Collembolen gemieden. Auf die Entwicklung der Eier wirkt Wasser, jedenfalls bei einigen Arten, nicht negativ. Eigelege von *Folsomia candida*, die kurz nach der Ablage unter Wasser gebracht werden, entwickeln sich normal (Dunger). Die Jungtiere schlüpfen, sterben jedoch dann nach kurzer Zeit, falls sie nicht in Feuchtluft gebracht werden. Diese Erscheinung und die stärkere Sauerstoffzehrung können verursachen, daß Sommerüberschwemmungen katastrophal auf die Collembolenpopulation wirken. In einer südmährischen Überschwemmungswiese fand Rusek, daß Überschwemmungen im

---

Tafel VIII

Abb. 26. Stück eines Schwarzerlenblattes (frisches Fallaub, 1 × 1 cm), von Collembolen *(Folsomia)* skelettiert. Die rundlichen, an den Resten der Nervatur hängenden Gebilde sind Kotballen der Collembolen. (Aufnahme: Verf.)

Abb. 27. Stück eines Stieleichenblattes (frisches Fallaub, 1 × 1 cm), von Collembolen *(Folsomia)* in gleicher Zeit wie das Erlenblatt (Abb. 26) nur schwach befressen. An den hellen Stellen ist das Mesenchym bis auf die obere Epidermis herausgenagt („Kästchenfraß"). (Aufnahme: Verf.)

Abb. 28. Collembolen *(Folsomia)* befressen Kotballen von Diplopoden *(Glomeris)*. a nach 5 Tagen, b nach 30 Tagen. In a ist unter dem Kotballen ganz links ein Collembole mit dunklem Darminhalt erkennbar. (Aufnahme: Verf.)

Abb. 29. Charakteristische Form von Kotballen. Oben links und Mitte: Diplopoden (*Julus scandinavius* und *Glomeris conspersa*); oben rechts: Collembolen *(Tomocerus flavescens)*; unten: Landasseln (links *Ligidium hypnorum*, Mitte *Armadillidium vulgare*, rechts *Porcellio scaber)*. (Aufnahme: Verf.)

Frühjahr nur wenig schaden, im Sommer aber 89 % der Collembolenbestände vernichten. Hiervon konnte z. B. die Population von *Isotomiella minor* als Ei überleben und sich anschließend stark vermehren, *Folsomia quadrioculata* wurde dagegen völlig vernichtet und wanderte erst allmählich von höher gelegenen Stellen wieder ein.

Die Xeroresistenz kann bei Collembolen sehr unterschiedlich ausgeprägt sein. Der Wasserverlust durch die Haut (cuticulare Transpiration) hängt nicht von der Stärke der Cuticula ab, sondern von der Ausbildung einer epicuticularen Lipoidschicht. Diese kann aber bei den hautatmenden Collembolen nur so weit entwickelt sein, wie es der Kompromiß zwischen Atmung und Verdunstungsschutz zuläßt. Jedoch finden sich sehr vielfältige cuticuläre Strukturen wie verschieden lange, glatte oder gefiederte Borsten oder Schuppen, die relativ ruhende Feuchtlufträume über der Haut schaffen, besonders bei den Entomobryomorphen. Auch die Feinstruktur der Collembolenhaut mit der Ausbildung von Mikrotuberkeln, die Lipoidkappen tragen und tiefer liegende dünnere Hautpartien vor austrockendem Luftzug teilweise schützen, gehört in diese Betrachtung. Dennoch reichen diese Hautskulpturen allenfalls zu einer 5- bis 10fachen Erhöhung der Trockenresistenz aus. Eine wesentliche Rolle scheinen sie aber bei der cuticulären Sorption, d. h. der Aufnahme von Wasserdampf über die Haut, zu spielen. Andere Formen der Wasseraufnahme sind Trinken, Aufnahme mit der Nahrung und mit dem Ventraltubus (Eisenbeis). Bei Arten, die gut an das Leben in freien Lufträumen, z. B. auf Bäumen *(Allacma fusca)* oder in Gebäuden *(Seira domestica)* angepaßt sind, findet sich jedoch die 50- bis 100fache Erhöhung des Transpirationswiderstandes der Cuticula (Vannier), eine Erscheinung, die eine (nicht näher bekannte) physiologische Regulation voraussetzt. In der Übersicht sind folgende Stufen der Xeroresistenz bei Collembolen abgrenzbar:

1. ohne Regulation und Sorption *(Onychiurus, Tetrodontophora)*
2. ohne Regulation, mit geringer Sorption *(Tomocerus)*
3. schwache Regulation, starke Sorption *(Entomobrya, Orchesella)*
4. starke Regulation, ± Sorption *(Allacma, Seira)*.

In Böden, die während der Sommermonate stark austrocknen (mediterrane Garrigue), überdauern viele Arten die Trockenheit nur im Eizustand. Einige Arten aber, z. B. *Folsomides variabilis portugalensis* oder *Brachystomella parvula,* haben die Fähigkeit, unter starkem Wasserverlust (bis zu 65 %) in eine Art Anhydrobiose zu verfallen und so die Sommertrockenheit im Adultstadium zu überstehen (Poinsot-Balaguer). In ähnlicher Weise, wenn auch nicht so auffallend, ist die Feuchtigkeit auch für die Lebensstrategie vieler anderer Arten ausschlaggebend, teils, weil die Nahrung nur bei ausreichender Feuchtigkeit zur Verfügung steht (z. B. Algen), teils, weil der Beuteerfolg von Räubern ebenfalls feuchteabhängig sein kann. Der Carabide *Notiophilus biguttatus* fängt z. B. bei hoher Feuchtigkeit vorwiegend *Tomocerus minor,* bei trockenen Bedingungen vorwiegend *Orchesella cincta* . entsprechend deren relativer Beweglichkeit (Ernsting).

Für die Resistenz vieler Arten gegen herabgesetzte Luftfeuchtigkeit (95–80 % RF) ist oft auch die Temperatur ausschlaggebend. „Schneecollembolen" wie *Hypogastrura nivicola* ertragen 80 % RF bei 10 °C durchschnittlich 10 Stunden, bei 21 °C aber nur 2,5 Stunden. Langfristig können sich auch diese Arten der relativ trockenen Luft nicht aussetzen, jedoch reichen Aufenthaltszeiten von 5 bis 10 Stunden z. B. zur Nahrungsaufnahme völlig aus (Loring). Zur Regeneration ihres Wasservorrates kehren auch auf Felsen, Stubben, Rinde u. a. weidende Arten regelmäßig in feuchtere Bodenbereiche zurück. Baumbewohner springen regelrecht ab, wenn weder die Luftfeuchtigkeit noch die Substratfeuchtigkeit (Rinde) einen weiteren Aufenthalt ermöglichen.

Die Temperatur selbst spielt nur in extremen Fällen die entscheidende Rolle für die Verbreitung der Collembolen. Wie bei vielen Bodentieren liegt das durchschnittliche Temperaturoptimum sehr tief – zwischen 5 und 15 °C. Sie sind aber in viel weiteren Temperaturgrenzen aktiv (durchschnittlich zwischen –2 und +28 °C). Der Wärmetod tritt meist zwischen 40 und 45 °C ein, bei einigen Arten aber erst um 50 °C (*Cryptopygus thermophilus, Xenylla maritima, Brachystomella parvula).* Da diese Arten gleichzeitig trockenheitstolerant sind, handelt es sich hier vermutlich entsprechend nur um Wärmetoleranz, nicht um Wärmeliebe (Thermophilie). Die hierher gehörenden Arten bewohnen oft exponierte Standorte (z. B. Felsen), bei denen im täglichen Rhythmus sehr hohe mit sehr tiefen Temperaturen wechseln. Manche Bewohner warmer Sandböden leben auch in Vogelnestern.

Kälteliebende Arten finden sich in Hochgebirgen bzw. am Rande des Ewigschneegebietes, aber auch in Subpolarregionen. Sie sind noch bei Temperaturen zwischen –3 und –9 °C aktiv zu finden. Die Vorzugstemperatur des kaltstenothermen Gletscherflohes *(Isotoma saltans)* liegt zwischen –5 und +5 °C, schon bei 12 °C wird es ihm zu warm (Schreckschwelle) (Wolska). In nördlichen Böden nützen vielen Arten während des Winters die Temperaturisolation durch die Schneedecke aus und können so bei Außentemperaturen von –40 °C noch aktiv sein. Hierzu zählen auch weitverbreitete, nicht spezialisierte Arten wie *Isotoma viridis, I. violaceus* oder *Tomocerus flavescens* (Aitchinson). Stark vermehrungsfähige Arten können in diesem Zusammenhang in Massen auf dem Schnee auftreten („Schneefärbungen").

Auf Licht reagieren fast alle Collembolen mit Fluchtbewegungen. Auch pigment- und augenlose Arten haben einen Lichtsinn und entziehen sich der Beleuchtung gewöhnlich möglichst rasch. Pigmentierte Arten sind oft viel weniger empfindlich. Einige Beobachtungen weisen aber darauf hin, daß der Grad der Pigmentierung allein noch keine sicheren Rückschlüsse auf die Lichtreaktion der Collembolen zuläßt. Ein positiv phototaktisches Verhalten kann nur bei einigen Arten festgestellt werden, die auf der Wasseroberfläche (*Podura aquatica, Sminthurides aquaticus* u. a.) oder an Blütenpflanzen leben.

Hinsichtlich des Atembedürfnisses hat Ruppel interessante Unterschiede zwischen euedaphischen Collembolen und Bewohnern der Bodenoberfläche gefunden. Allen Arten gemeinsam scheint die Fähigkeit zu sein, noch sehr geringe Mengen von Sauerstoff für die Atmung auszunutzen. Hierbei erweisen sich jedoch die euedaphischen *Onychiurus*-Arten, die mit weniger als 1 % Sauerstoff in der Luft auskommen können, als noch anspruchsloser als z. B. die großen epedaphischen *Orchesella*-Arten. Stärkere Unterschiede zeigen sich in der Resistenz gegen erhöhten CO_2-Gehalt. Während *Onychiurus*-Arten selbst eine Kohlensäurekonzentration von 3,5 % ertrugen, liegt die Grenze für große Oberflächenarten wie *Orchesella* oder *Tomocerus* etwa bei 2 %.

Soweit die Bodenstruktur nicht einen indirekten Einfluß über mikroklimatische oder Ernährungsverhältnisse ausübt, ist sie für die Verteilung der Collembolen im Boden lediglich durch die Größe und Form der vorhandenen Hohlräume wesentlich. Collembolen sind völlig grabunfähig. Da die Größe und die Anzahl der Hohlräume mit zunehmender Tiefe rasch zurückgeht, finden sich dort vorwiegend oder ausschließlich kleine euedaphische Formen. So bilden sich in Abhängigkeit von den Verhältnissen des Hohlraumsystems stockwerkartig verschiedene (euedaphische, hemiedaphische, epedaphische) Lebensformschichten heraus.

Diese Schichtung ist allerdings vorwiegend in vollausgebildeten Waldböden verwirklicht, während sie in anderen, z. B. flachgründigen Böden völlig fehlen kann. Die stärkste Collembolenbesiedlung findet sich allgemein in der Vermoderungsschicht der Humusauflage und in der Humusschicht des Mineralbodens. Diese sind hinreichend gegen klimatische Schwankungen geschützt und weisen auch genügend Nahrung und ein ausreichend großes Hohlraumsystem auf. In Abhängigkeit von Jahreszeit und Makroklima ergeben sich aber Abänderungen dieser Schichtungsverhältnisse. So ist bekannt, daß vor allem in offenen Böden, z. B. Ackerböden, besonders in Trockenperioden eine Vertikalwanderung nach unten eintritt. In Waldböden mit geringeren Feuchtigkeitsschwankungen ist diese Erscheinung viel schwächer zu beobachten. Milne macht darauf aufmerksam, daß in Zusammenhang mit dem

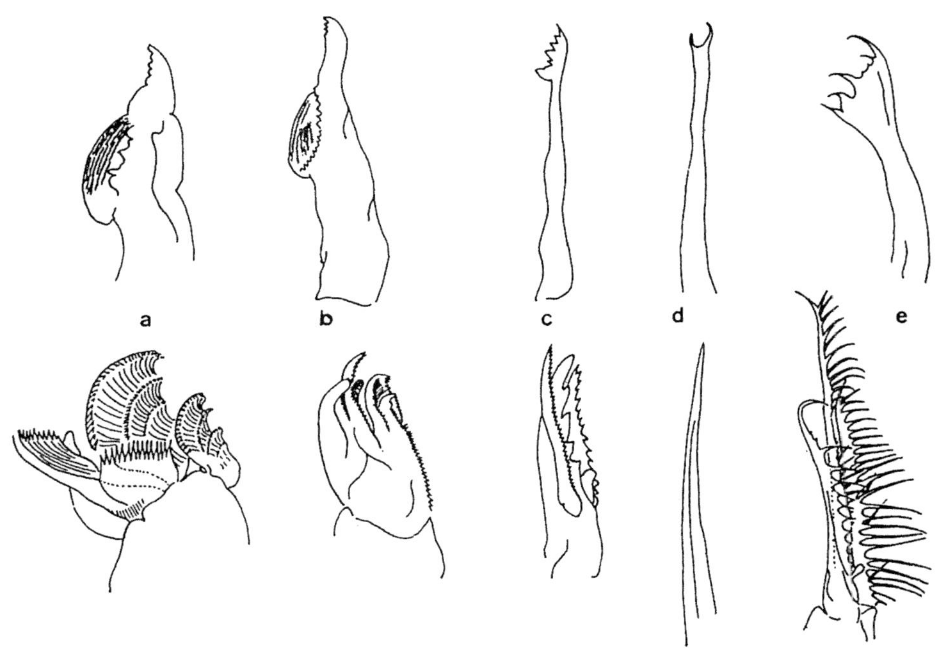

Fig. 95. Typen der Mundwerkzeuge bei Collembolen. Obere Reihe: Mandibeln; untere Reihe: Maxillen. a Kauer mit harter Nahrung (*Paronella lineata*, Mandibel, *Tomocerus flavescens*, Maxille); b Kauer mit weicher Nahrung (*Podura aquatica*); c ritzende Sauger (*Anurida maritima*); d stechende Sauger (*Pseudachorutes dubius*); e kehrende Sauger (*Pseudachorudina falteronensis*). Nach Handschin, Massoud, Stach, Willem

Fortpflanzungsgeschehen gelegentlich Vertikalwanderungen vorgetäuscht werden können. Er fand, daß die Jungtiere generell tiefere Schichten bewohnen als die erwachsenen. So kann im Zeitpunkt des Absterbens der Alttiere in der oberen Schicht und des starken Heranwachsens junger Individuen bei Nichtbeachtung der Altersverhältnisse der Eindruck entstehen, die betreffende Art habe eine Tiefenwanderung unternommen.

Der Kälte weichen die meisten Collembolenarten nicht aus, sondern verbleiben auch bei sehr tiefen Temperaturen in der normal von ihnen besiedelten Schicht. In sehr hohlraumarmen Böden, wie z. B. schweren Lehmböden, ist eine Vertikalwanderung wenigstens für die größeren hemiedaphischen Arten nicht möglich. Fehlt diesen Böden eine hinreichende Pflanzenbedeckung (Acker, Wiese), so daß sich makroklimatische Schwankungen ungehindert auf den Boden auswirken können, dann fehlen oft die hemiedaphischen und epedaphischen Arten oder sie passen sich im Entwicklungsrhythmus (Überdauerung als Ei) bzw. durch Ausbilden von Resistenzformen an.

Direkte Zusammenhänge zwischen Collembolenbesiedlung und chemischer Zusammensetzung der Böden sind bisher noch nicht mit Sicherheit bekannt geworden. Dagegen wurde verschiedentlich eine gewisse Bindung einiger Collembolenarten an bestimmte Säuregrade vermutet. Gisin beschreibt Bindungen verschiedener Arten der gleichen Gattung an unterschiedliche pH-Grade. So erscheinen *Onychiurus fimetarius* als basophil, *O. sibiricus* oder *O. groenlandicus* als azidophil. Andere Arten, z. B. *Friesea mirabilis* oder *Tullbergia callipygos*, verhalten sich dagegen indifferent. In Laborzuchten schien der pH-Wert des Substrates die Fruchtbarkeit (Eizahl) zu beeinflussen. Für *Folsomia candida* oder *Isotoma notabilis* war pH 5,2, für *Proisotoma minuta* pH 7,2 am günstigsten (Hutson).

Da Direktbeobachtungen der Nahrungsaufnahme der Collembolen in der Natur selten sind, stützt sich die Kenntnis der Nahrungsgewohnheiten auf anatomische Untersuchungen der Mundwerkzeuge und des Pharynx (Wolter), auf Fütterungsversuche (Dunger, Müller, McMillan, Petersen), auf Darminhaltsuntersuchungen (Dunger, Poole, Bödvarsson) und auf Untersuchungen der Fermentgarnitur (Zinkler).

Aufgrund der Mundwerkzeuge können grob vier Gruppen unterschieden werden (Fig. 95). Die überwiegende Zahl der Collembolen weist kräftige Mandibeln mit starken Zähnen am Ende und mit einer Reibplatte aus quergestellten Wülsten im Mittelteil auf. Ihre Maxillen können überaus komplizierte Anhangsgebilde tragen, die wohl so funktionieren, daß sie die vom Zahnteil der Mandibeln abgerissenen oder abgebissenen Teilchen zum Zerreiben in den Molarteil (= Reibplattenteil) der Mandibeln dirigieren. Die Mehrzahl der Collembolen sind also „Kauer". Besonders unter den Neanuriden finden sich Arten, deren Mandibeln kräftige Reißzähne, aber keine Molarflächen tragen, und bei denen sich auch an den Maxillen Umbildungserscheinungen zeigen (*Friesea, Anurida*). Sie können ihre Nahrung nur aufreißen oder ritzen, den verdaulichen Inhalt aber nicht kauen, sondern nur aufschlürfen oder aufsaugen („ritzende Sauger"). Andere Gattungen haben nadelförmige Mundwerkzeuge, von denen die Mandibeln ganz rückgebildet sein können. Sie weisen meist gleichzeitig einen stark muskulösen, als Saugpumpe tätigen Pharynx auf, sind also sicher mit Recht als „stechende Sauger" zu bezeichnen *(Neanura, Odontella, Pseudachorutes)*. Saugende Nahrungsaufnahme wird schließlich auch bei solchen Arten beobachtet, die besenartige Maxillen haben, die zum Zusammenkehren von Pflanzen- und Bakterienschleim dienen können. Ihre Mandibeln sind meist auch zum Aufreißen von Zell- und Körperwänden geeignet. Diese Gruppe kann als „kehrende Sauger" bezeichnet werden *(Pseudachorudina)*.

Die zuletzt genannten kehrend- und stechend-saugenden Arten sind noch sehr wenig untersucht worden. Aus ihrem Vorkommen ist zu schließen, daß sie flüssige Zersetzungsprodukte mit Protozoen und Mikroorganismen aufsaugen bzw. Pilzhyphen anstechen und deren Inhalt aufnehmen (Sharma). Bislang wurde nicht bekannt, daß Arten mit stechenden Mundwerkzeugen lebende Pflanzen oder Tiere angingen.

Collembolen mit ritzenden Mundwerkzeugen scheinen vorwiegend carnivor zu leben (Räuber oder Aasfresser). *Friesea*-Arten ernähren sich vorwiegend von Rotatorien, Tardigraden, Proturen oder Eiern anderer Collembolen (Cassagnau, Petersen). *Anurida maritima* wurde häufig an toten Meeresschnecken oder Fischen am Strand beobachtet, und *Friesea claviseta* fraß – allerdings im Labor – lebende Artgenossen. Offensichtlich sind diese Arten aber nicht rein carnivor.

Collembolen mit kauenden Mundwerkzeugen nehmen sehr häufig Pilze auf. Die Hyphen besonders von niederen Pilzen *(Fungi imperfecti)* füllen bisweilen den ganzen Darmkanal prall aus. Sie werden oft nur wenig zerkleinert und dann gering verdaut (s. Abb. 22). Die Mehrzahl der Sporen scheint den Darmkanal ohne Veränderung zu passieren, so daß Collembolen als Verbreiter von Mikroorganismen wirksam sein können. McMillan bot *Onychiurus armatus* 34 Pilzarten an, die alle befressen wurden, jedoch mit deutlichen Bevorzugungen; von einigen Arten wurden (fast) nur die Hyphen, von anderen (fast) nur die Sporen aufgenommen. Es ist wahrscheinlich, daß ein wesentlicher Teil der Präferenzen nicht arttypisch, sondern durch individuelle Gewohnheit bedingt ist. Auch Fütterungsversuche mit verschiedenen Algen zeigten keine eindeutige Spezialisierung auf bestimmte Arten. Wohl aber beobachtete Willem, daß z. B. *Archisotoma*-Arten, die Mikroorganismen von der Wasseroberfläche abnehmen, nur kleinere Algen (*Pleurococcus* u. a.) ausnutzen, während die großen *Vaucheria*-Fäden nur nach Zerreißen als Nahrung dienen können. Für die Bewohner der Streulage in Mull-Waldböden ist nachgewiesen, daß abgestorbene Pflanzenteile einen großen Teil der Nahrung ausmachen (*Tomocerus, Orchesella, Entomobrya, Folsomia, Onychiurus*, s. Abb. 23). Die Collembolen unterscheiden dabei zwischen einzelnen Blattarten und bevorzugen Blätter in einem bestimmten Rottegrad. Diese werden regelrecht skelettiert, unverrottete harte Blätter dagegen nur oberflächlich abgeschabt (s. Abb. 26–27, S. 145). Auch morsches Holz wird von einigen Arten aufgenommen. Die Leistungsfähigkeit der Mandibeln begrenzt nicht die Nahrungsauswahl. So können auch frisches Holz *(Bourletiella)* und frischgefallene Blätter *(Folsomia)* gefressen werden. Fourman beobachtete, daß *Bourletiella* vor dem Fraß ein Tröpfchen zum Erweichen des Substrats aus dem Mund austreten ließ.

Als wichtige Nahrungsquelle der Collembolen können weiter die Kotballen größerer Tiere (vor allem Regenwürmer, Diplopoden, Isopoden) gelten (s. Abb. 28). Im Experiment zersetzten kleinere Collembolenarten *(Folsomia)* Exkremente von größeren *(Orchesella)*. Darminhaltsbeobachtungen, besonders an kleineren Arten, zeigen häufig nicht identifizierbare Substanz. Parallel zur erwiesenen, sehr distinkten Nahrungswahl der größeren, der Untersuchung besser zugängigen Arten muß an ein ähnliches Wahlverhalten auch kleinerer euedaphischer Arten gedacht werden. Als wahrscheinlichste Ernährungsform solcher Arten muß deshalb das Abweiden der Mikroorganismenschichten auf der Oberfläche der Bodenhohlräume angenommen werden. Dann läßt sich auch die „amorphe" Zusammensetzung des Darminhaltes zwanglos erklären.

Nachrichten über den Befraß lebender Pflanzenteile durch Collembolen sind oft nicht eindeutig. Dies betrifft besonders den fakultativen Fraß an Keimen (z. B. Rübenfelder, „Auflaufschäden") in ozeanischen Klimaten durch *Hypogastrura*- und *Onychiurus*-Arten (van de Bund). Zu echten Schädlingen können wohl nur wenige Kugelspringer *(Sminthurus viridis, Bourletiella hortensis)* besonders an Keimpflanzen werden. Sie sind jedoch in Europa (im Gegensatz zu Australien!) leicht zu bekämpfen. Die Hauptnahrung dieser atmobiontischen Collembolen ist zweifellos der Pollen der Blütenpflanzen.

Fraglich bleibt, ob die Collembolen mit kauenden Mundwerkzeugen auch normalerweise carnivore Ernährung zeigen. Einzelne Angaben berichten, daß *Onychiurus*- und *Entomobrya*-Arten Nematoden in großer Menge fressen. Auch Isotomiden sind bereits carnivor gefunden worden. Häufig ist die Gewohnheit, nach der Häutung die eigene Exuvie (abgestreifte Haut) zu fressen.

Unter natürlichen Bedingungen scheinen Collembolen nicht nur während der Häutungszeiten die Nahrungsaufnahme einzustellen, sondern charakteristische Hungerperioden einzulegen. An *Orchesella cincta* fand Testerink, daß während der sommerlichen Trockenzeit und der winterlichen Kälteperiode keine Nahrung aufgenommen wurde. Vermutliche Ursache dieser „Lebensstrategie" ist, daß damit im Sommer eine verringerte Transpiration und im Winter eine Herabsetzung des Unterkühlungspunktes erzielt werden kann.

Wenn viele Collembolen ihr Substrat wahllos fressen, wie Healy annimmt, so ist auch ein entsprechender Anteil von mineralischer Substanz im Darmkanal zu erwarten. Für euedaphische Arten wie *Onychiurus armatus* und *O. furcifer* fand McMillan dies bestätigt, für die Mineralboden-bewohnende *Tullbergia callipygos* sogar einen deutlich höheren Mineralanteil bis zu mehr als 50 % des Darminhaltes. Dies gilt jedoch nicht für saugende und (hemi-)epedaphisch lebende Arten. Die organische Substanz wird im Collembolendarm generell nicht intensiver aufgeschlossen oder (in Richtung der Huminstoffbildung) verändert als durch die Mehrzahl der Diplopoden oder Isopoden (Dunger, Naglitsch). Pflanzliche Struktur-Polysaccharide (Zellulose, Lignin) werden im Collembolendarm freigelegt, aber nicht verändert, weil die erforderlichen Fermente fehlen (Zinkler). Die Rolle der Collembolen für die Abbauprozesse im Boden (Dekomposition) ist zweifellos die eines Katalysators der mikrobiellen Aktivität (Verbreitung der Mikroorganismen, Verbesserung ihrer Lebens- und Angriffsbedingungen, Steuerung der mikrobiellen Dominanzverhältnisse durch selektiven Fraß). Schon eine relativ geringe selektive Abweidung durch Collembolen kann die Besiedlung der Streu durch rivalisierende Pilzarten bzw. Bakterien entscheidend beeinflussen (Parkinson et al. VI).

Die Fortpflanzungsgewohnheiten der Collembolen zeigen sehr unterschiedliche Züge. Zur Befruchtung setzen die Männchen in der Regel Spermatophoren, meist gestielt, auf dem Boden ab. Wie die Weibchen die arteigenen Spermatophoren erkennen, ist weitgehend unbekannt. Besonders bei Sminthuriden sichern oft komplizierte Rituale die Aufnahme der Spermatophoren (Bretfeld), bis zum direkten Anheften des Spermatropfens am Genitale des Weibchens bei *Sphaeridia pumilis.* Bei vielen Arten hat sich jedoch sekundär Parthogenese entwickelt (z. B. in den Gattungen *Folsomia, Isotoma, Onychiurus, Tullbergia* s. l.), die z. T. aber fakultativ ist. Euedaphische Arten scheinen diese Entwicklungsart bevorzugt anzunehmen (Petersen).

Die Eier werden teils an geschützten Orten in Spalten, unter Strukturteilchen oder in Höhlen des Bodens abgelegt, teils aber auch aufs Geratewohl. Euedaphische Arten scheinen häufiger Eiklumpen (Eiablagen vieler Weibchen an gleicher Stelle) zu bilden, epedaphische Arten legen die Eier oft einzeln ab. Besonders von Sminthuriden ist bekannt, daß sie ihre Eier mit Sekret oder Ausscheidungen umhüllen und so besonders schützen (Massoud). Bei der Ablage sind die vom Chorion eingeschlossenen Eier rund und glatt, meist weiß oder schwach gefärbt. Durch Wasseraufnahme quellen sie bald. Mit Beginn des Embryonalwachstums platzt das Chorion und die Serosa wird teilweise frei, oftmals mit haarigen oder hakigen Auswüchsen. Die embryonale Entwicklungszeit bis zum Schlüpfen beträgt je nach Temperatur und Art etwa 7 bis 70 Tage, unter 0 bis +4 °C ist die Entwicklung meist ganz gestoppt. Für einige Hypogastruriden sind Temperaturen unter −10 °C und über 28 °C für die Eier letal (Thibaud). *Dicyrtoma* und besonders *Sminthurus viridis* legen Sommer- und Überwinterungseier; Sommereier entwickeln sich erst nach Einwirkung hoher Temperaturen (Wallace). Eine Winterdiapause ist u. a. von Eiern von *Anurida maritima* bekannt (Joosse). Die postembryonale Entwicklung verläuft ohne deviative Larvalmerkmale, also direkt, wobei die intensivsten Veränderungen zur Ausbildung der Adultmerkmale bereits bei der Häutung vom 1. zum 2. Stadium eintreten.

Die Variabilität des Lebenszyklus sei an drei Beispielen geschildert:

Als hochreproduktive euedaphische Art kann *Folsomia candida* gelten, von der morphologisch nicht unterscheidbare „genetische Stämme" bekannt sind. Eine parthenogenetische Form dieser Art erreichte nach 6 Häutungen (etwa 30 Tagen) Geschlechtsreife (Snider). Die Eiablagen erfolgten in der Regel 2 Tage nach jeder zweiten Häutung, d. h. es wurde je ein geschlechtsinaktives Stadium zwischengeschaltet. Im Durchschnitt häutete sich jedes Tier 30mal, maximal 45mal. Bei durchschnittlich 13 Eiablagen produzierte jedes Weibchen insgesamt über 1 000 Eier. Die Häutungsintervalle dauerten anfangs 5,5 Tage, im höheren Alter bis zu 10 Tagen. Die mittlere Lebensdauer betrug 136 Tage (maximal 198 Tage). Diese Beobachtungen beziehen sich auf Laborbedingungen bei 21 °C. Dunger (unpubl.) züchtete eine obligatorisch bisexuelle Form von *Folsomia candida,* die sich bis auf eine geringere Fruchtbarkeit (maximale Eizahl/Weibchen 734) sehr ähnlich verhielt. Die Eiablage erfolgte 1 bis 3 Tage nach Aufnahme der Spermatophore. Geschlechtstätige Weibchen starben nach spätestens 160 Tagen, Männchen meist nach 100 Tagen. Unbefruchtete Weibchen legten keine Eier, lebten über 1 Jahr und erreichten deutlich übernormale Körperlängen.

Eine deutlich geringere Reproduktion zeigen unter den euedaphischen Collembolen z. B. *Onychiurus*-Arten. Snider untersuchte eine parthenogenetische Population von *Onychiurus armatus* und fand, daß das Lebensalter bei 15 °C durchschnittlich 320 Tage (maximal 420 Tage) beträgt, bei 26 °C aber nur 129 Tage. Die Tiere erreichten 30 bis 35 Häutungen. Einige Tiere begannen im 5. Stadium mit der Eiablage, andere aber später. Einige Individuen legten in jedem der folgenden 8 bis 12 Stadien (Häutungsintervallen) einen Eiklumpen mit etwa 10 bis 30 Eiern ab, andere waren in unterschiedlichen Intervallen (mit 1 bis 5 oder selten mehr inaktiven Stadien) geschlechtstätig. Bei 15 °C legte jedes Weibchen durchschnittlich 124 Eier, verteilt auf 9 Gelege. Der Häutungsprozeß dauerte anfangs etwa 24 Stunden, verlängerte sich aber mit zunehmendem Alter bis auf 5 bis 10 Tage. Häufig scheint Ei-Kannibalismus zu sein, wobei das Weibchen nicht zwischen intakten und entwicklungsgehemmten oder von Mikroorganismen befallenen Eiern unterscheidet. Über den Grad der Vernichtung eigener Eier entscheidet wohl das aktuelle Nahrungsangebot.

Ähnlich verhalten sich große epedaphische Arten. Nach Mertens u. Blancquart leben Weibchen von *Orchesella cincta* maximal 270 Tage, Männchen nur maximal 200 Tage. Durchschnittlich erreichen jedoch nur 50 % der geschlüpften Jungtiere ein Alter über 36 Tage, d. h. sie sterben vor Eintritt der Geschlechtsreife im 8. bis 10. Stadium (etwa 50 Tage alt). Bei anderen *Orchesella* wurde erste Geschlechtstätigkeit zwischen dem 7. und 13. Stadium gefunden. Hieran schließt sich ein Wechsel von reproduktiven und nichtreproduktiven Stadien von jeweils 3 bis 7 Tagen Dauer. Bei Männchen ist das produktive Stadium länger als das inaktive und wird zur Ablage von 70 bis 200 Spermatophoren genutzt. Das Männchen kontrolliert ständig die Spermatophoren und frißt solche, die älter als 8 bis 10 Stunden sind, wieder auf, wobei meist gleichzeitig eine neue Spermatophore gesetzt wird. Die Gesamtproduktion kann wohl durchschnittlich bei Annahme von mindestens 5 reproduktiven Phasen auf 500 bis 1 000 Spermatophoren geschätzt werden. Die Weibchen erreichen mehr als 30 Häutungsstadien, könnten also nach Geschlechtsreife im 10. Stadium je 10 reproduktive und nicht reproduktive Phasen haben. Beobachtet wurden nicht mehr als 3 bis 6 Eiablage-Perioden mit durchschnittlich 29 Eiern je Periode. Maximal sind 392 Eier je Weibchen bekannt, durchschnittlich werden 150 Eier/Tier wohl nicht überschritten.

Es bereitet große Schwierigkeiten, diese komplizierten (im Labor erforschten) Vermehrungsverhältnisse mit den in der Natur beobachteten Erscheinungen der Saisondynamik in Einklang zu bringen. Für viele hochreproduktive Arten mit 4 bis 7 möglichen Generationen im Jahr wäre eine gleichförmige Vermehrung ineinandergeschachtelter Generationen zu erwarten, die in ihrer Massenentfaltung nur durch die Aktivität der Räuber und die Einwirkung der Witterungsfaktoren gesteuert werden. Es zeigt sich aber, daß wohl vorwiegend die Feuchte- und Temperaturbedingungen zu einer Synchronisierung der Generationen führen, so daß auch stark vermehrungsfähige Arten meist nur 3 Maxima mit erhöhter Jungtierzahl hervorbringen, so z. B. *Isotoma trispinata* oder *I. notabilis* (Tanaka, Dunger). Häufiger sind nur zwei Generationen vorhanden, die sich unter gemäßigten klimatischen Bedingungen meist durch Konzentrationen von Jungtieren im Frühjahr und Herbst anzeigen. Nur in wenigen Fällen lassen die Befunde vermuten, daß die Entwicklung mehrjährig verläuft und somit jeweils 2 bis 3 Generationen der gleichen Art nebeneinander angetroffen werden können, so bei der alpinen *Folsomia octoculata* (3jährig, T a m u r a) oder dem xerotherme Standorte bewohnenden *Folsomides parvulus* (2jährig, D u n g e r). Als Summenwirkung ergibt sich am häufigsten (wieder unter temperierten Bedingungen) für die gesamte Collembolenfauna ein absolutes Dichtemaximum im späten Frühjahr, gefolgt von einem absoluten Minimum im trocken-warmen Sommer. Das Herbstmaximum fällt oft etwas geringer aus als die Frühjahrszahlen und setzt sich oft nicht deutlich gegen die Höhe der Winterpopulation ab, die an wenig frostgefährdeten Standorten sehr hoch sein kann.

Von besonderem Interesse ist in diesem Zusammenhang eine eigentümliche Unregelmäßigkeit in der Entwicklung der Collembolen. C a s s a g n a u (1965) hat eine Ö k o m o r p h o s e als charakteristisch für Collembolen, genauer für die Familien Hypogastruridae und Isotomidae, beschrieben sie tritt in der Regel dort auf, wo mesohygrophile boreomontane Arten ihr südliches Grenzareal in Bereiche erweitern, die zeitweise zu hohe Temperaturen und zu geringe Feuchtigkeit für die Entwicklung dieser Arten bieten. Sie kann mit Ausnahme der ersten alle Entwicklungsstadien betreffen, in aufeinanderfolgenden Häutungsstadien in verschiedener Ausprägung auftreten oder aber am gleichen Tier mehrfach, durch normale Entwicklungsstadien getrennt, z. B. im juvenilen und adulten Lebensabschnitt, beobachtet werden.

Als primärer Auslöser dieser Ökomorphose ist der Eintritt ungünstiger (meist: trocken-heißer) Lebensbedingungen anzusehen. Die hierauf folgende ökomorphotische Häutung läßt folgende Änderungen zutage treten:

1. Das Wachstum ist gestoppt, nicht aber die Häutungsfähigkeit: hierin liegt der grundsätzliche Unterschied zu Diapausen. Mehrfache ökomorphotische Häutungen führen zu Größenreduktionen bis zu 50 %.
2. Der Mitteldarm degeneriert, es verbleibt ein vakuolisierter Zellstrang; es wird keine Nahrung aufgenommen. Der Fettkörper wird vergrößert; Proteinkugeln füllen den Körper, teilweise bis in die Extremitäten, aus; Uratzellen treten stark vermehrt auf; der Sauerstoffverbrauch wird verringert.

Hiermit sind eine Reihe von Erscheinungen verbunden, die von Fall zu Fall unterschiedlich (in Richtung und Intensität) ausgeprägt sein können: die Tiere verhalten sich positiv geotaktisch, suchen oft tiefere Bodenschichten auf und verharren hier oft bewegungslos. Gleichzeitig treten äußere Veränderungen auf, von denen Hypertrophien im Bereich des Integuments am auffälligsten sind (Fig. 96): Vergröberung der Hautgranulation, Bildung von Chitindornen, -platten und -verdickungen besonders im Bereich des Körperendes, teilweise aber auch Reduktionen solcher Bildungen. Weiter kann sich eine Degeneration der Mundwerkzeuge und Verkürzung des Mundkegels, eine Degeneration von Körperanhängen, insbesondere der Furca sowie eine Degeneration von Sinnesorganen, z. B. einiger Augen oder von Sinneshaaren (Bothriotrichen) einstellen. Primär wird eine solche Ökomorphose durch den Wiedereintritt von Umweltbedingungen, die den Ansprüchen der Art entsprechen, abgebrochen. Mit der folgenden Häutung wird gewissermaßen der durch die Ökomorphose vorübergehend verlassene normale Entwicklungsweg wieder aufgenommen; Neubildungen verschwinden ebenso wie Degenerationserscheinungen. Weitere

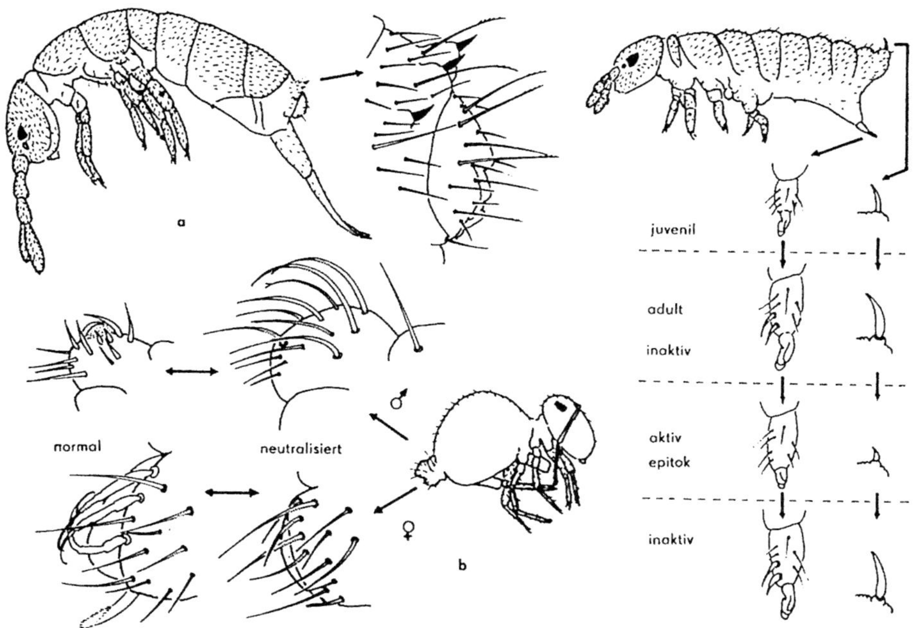

Fig. 96. Ökomorphotische Erscheinungen bei Collembolen. a Ökomorphose (zusätzliche Dornenbildung auf dem 5. Abdominalsegment) bei *Isotoma propinqua.* b phänotypische Geschlechts-Neutralisation am Körperende der Männchen und Weibchen von *Bourletiella radula.* c Epitokie bei *Hypogastrura*-Arten (Reduktionen an Sprunggabel und Analdornen während der geschlechtsaktiven Phase). Nach Bourgeois, Cassagnau, Stach, verändert

ökomorphotische Erscheinungen bei Collembolen sind als Cyclomorphose, Epitokie und Neutralisation bekannt.

Cyclomorphose: In Norwegen fand Fjellberg Isotomiden mit mehrjähriger Lebensdauer, die sich durch eine Häutung im Herbst in eine Winterform, im Frühjahr in eine Sommerform verwandeln. Beide Formen sind aktiv, wachsen und nehmen Nahrung auf. Sie unterscheiden sich z. T. durch Strukturen, die als art- oder gattungstypisch gelten; z. B. Formänderungen des Mucro oder Ausbildung von Sinnesborsten als Normalborsten. Exakte Kenntnisse über die Auslösung der Cyclomorphose gibt es noch nicht. Mindestens bei *Isotoma hiemalis* bildet nicht die gesamte Population eine Winterform; trotz ± gleicher Umweltbedingungen überwintert ein Teil als Sommerform. Eine Erklärungsmöglichkeit liegt in der fehlenden Altersidentität (Entwicklungssynchronisation) der Population.

Epitokie: Die meisten Collembolen sind iteropar, mindestens die Weibchen, d. h. sie legen mehrfach Eier ab. Bei diesen lassen sich in der Regel durch Häutungen getrennte reproduktive Phasen und nicht reproduktive Phasen erkennen. Seit den ersten Beobachtungen von Bourgeois ist bekannt, daß einige Hypogastruridae und Isotomidae, also zu Ökomorphosen neigende Collembolengruppen, in der reproduktiven Phase ökomorphotische (epitoke) Änderungen zeigen können: die Makrochaeten werden kürzer, z. T. auch dicker, andere Chitinbildungen wie Analdornen, Mucronen und Klauen zeigen Verkürzungen und leichte Rückbildungen. Epitoke Tiere häuten sich zu nicht reproduktiven Individuen mit den normalen morphologischen Merkmalen der Art. Auslöser der epitoken Erscheinung ist wohl eindeutig der Geschlechtszyklus, da Epitokie aber nie obligatorisch ist, muß eine (unbekannte) Verbindung zu weiteren Faktoren bestehen.

Neutralisation: Einige Collembolenarten, insbesondere der Sminthuridae, weisen im reifen Zustand geschlechtsdimorphe Bildungen auf, meist in Gestalt auffällig geformter Borsten. Geraten Reifetiere solcher Arten in trocken-heiße Bedingungen, die offensichtlich an der Grenze ihrer Toleranzfähigkeit liegen, so können sowohl Weibchen als auch Männchen auftreten, die sich geschlechtsaktiv verhalten, aber sekundär sexuell neutralisiert erscheinen, z. B. *Bourletiella radula*, also keinerlei geschlechtstypische Bildungen aufweisen (Cassagnau u. Raynal). Der ökomorphotische Charakter wird hier durch die Erfahrung nahegelegt, daß nur solche Populationen neutralisiert werden, die unter xerothermen Extrembedingungen leben. Ähnliches teilt Ellis von *Bourletiella pruinosa* aus niederländischen Sanddünen mit; hier betrifft die Neutralisation aber nur die Männchen.

Der Ablauf der Ökomorphose ist offenkundig variabel. So findet sich z. B. das als *Isotoma olivacea stachi* bekannte ökomorphe Stadium von *I. olivacea* auf Feldern der Magdeburger Börde im trockenen Frühjahr (Anfang Mai) nicht wie zu erwarten inaktiv, sondern durchaus laufaktiv in Bodenfallen (Dunger). Die boreomontane *Isotoma propinqua* lebt in konstant kühl-feuchtem Bachrandmoos ungarischer Mittelgebirge (Dunger) im Juli ausschließlich ökomorph (als *„Spinisotoma pectinata"*), also unter Bedingungen, die keinerlei Auslösung durch Umweltfaktoren erkennen lassen. Interessant sind hierfür Zuchtergebnisse von Cassagnau u. Raynal an der boreo-alpinen *Hypogastrura tullbergi*. Unter einheitlichen Bedingungen im Labor zeigten Populationen aus dem Hochgebirge keinerlei Ökomorphose, Populationen aus dem Mittelgebirge teilweise eine juvenile Sommer-Ökomorphose und Populationen aus der Ebene zu 100 % Ökomorphosen, und zwar oft eine zusätzliche Ökomorphose in einer postreproduktiven Phase. Die Autoren schlußfolgern hieraus eine progressive genetische Fixierung der Ökomorphose in solchen Populationen, die langzeitig regelmäßig ungünstigen ökologischen Faktorenkombinationen ausgesetzt werden. Dann tritt also auch eine Ökomorphose ein, wenn die xerothermen Bedingungen überhaupt nicht mehr auftreten. Ein Vitalitätsvorteil scheint bei diesem Vorgang dadurch gegeben, daß ökomorphe Populationen 2 bis 3 Jahre leben, Populationen ohne ökomorphe Stadien aber nur 1 bis 2 Jahre.

Die horizontale Verbreitung der Collembolen ist universell. Sie wurden ebenso in der Antarktis (Solmon, Janetschek) wie in Steppen und Halbwüsten (Stebaeva) angetroffen. Ihre vertikale Verteilung im Bodenprofil steht meist im Einklang mit der besprochenen Lebensform. Der häufigste Aufenthaltsort der hemi- und euedaphischen Arten ist die Streu, genauer die in Zersetzung befindliche organogene Auflageschicht des Bodens, die hohlraumreich ist, ein Überangebot an Nahrung enthält und doch den makroklimatischen Schwankungen gegenüber genügend durch eine darüberliegende, noch unzersetzte Streudecke geschützt wird. Die höheren Schichten stellen aus klimatischen und nahrungsmäßigen Gründen stärkere Anforderungen an die Anpassungsfähigkeit ihrer Bewohner (oberste Streuauflage, Krautschicht); die tieferen Bodenschichten können ihrer zunehmenden Hohlraumarmut wegen nur von kleinen, euedaphisch spezialisierten Arten besiedelt werden. Aus diesen Überlegungen ergibt sich, daß die Böden natürlicher Fichten- und Tannenwälder einmal wegen ihrer günstigen Feuchtigkeits- und Temperaturbedingungen, zum anderen wegen der mächtigen Entwicklung der hohlraumreichen Rohhumusschicht die besten Bedingungen bieten. Waldböden mit Mullzustand (Laubwälder) weisen eine viel flachere „Vermoderungsschicht" auf. Die Hauptmenge der Collembolen ist hier in der Humusschicht zu finden, die aber bereits engere Hohlräume aufweist und schon deshalb vorwiegend kleinere Formen beherbergt. Böden von Grünland und Acker sind viel stärkeren klimatischen Schwankungen ausgesetzt und deshalb weniger geeignet, wenn auch in manchen Wiesenböden im Bereich des Wurzelfilzes eine günstige, hohlraum- und nährstoffreiche Lebensschicht existiert. Tief gelockerte, mit organischen Stoffen gedüngte Ackerböden, besonders unter stark deckenden Pflanzenbeständen, können allerdings wiederum in speziellen Fällen günstige Bedingungen bieten. Am förderlichsten für die Collembolenentwicklung wirkt das „Mulchen", d. h. das künstliche Aufbringen einer dicken Schicht verrottbarer Stoffe, z. B. Laub, Stroh u. ä., das besonders auf Böden unter Obstbaumkulturen angewandt wird.

In Abhängigkeit von den Umweltbedingungen werden Collembolen verschiedene Überlebensstrategien an. Hierzu gehört die Vertikalwanderung, die am deutlichsten bei epedaphischen Arten ausgeprägt ist, die ihre Nahrung (epiphytische Algen) bevorzugt auf Kräutern oder Bäumen finden, dort aber nicht ganzjährig, ja oft nicht über den ganzen Tag ausharren können. Solche Arten (z. B. *Entomobrya nivalis, Orchesella cincta)* sind zur warm-trockenen Tageszeit in hoher Dichte in der Streu in Stammnähe versammelt, um nachts oder bei Regen erneut ihre Nahrungsplätze in oft 5 und mehr Meter Höhe zu erklettern (Thomas, Stebaeva). Dies ist eine der Ursachen, die (zeitweilig) zur Aggregation von Collembolen führen. Andere können im Schlüpfen von Jungtieren aus konzentrierten Eiablagen, in der Verteilung der mikroklimatischen Bedingungen im Boden, im Vorliegen konzentrierter Nahrungsquellen oder schließlich in einer möglichen Strategie einiger Arten gesehen werden, die darin bestehen kann, daß sie eine für sie günstige Zusammensetzung der Mikroben nur durch eine Art kollektiver Einwirkung erzielen (v. Törne). Gelegentlich finden sich manche Collembolenarten aber auch völlig gleichmäßig im Boden verteilt.

Die Zahl der Collembolenarten kann heute auf 5 000 geschätzt werden, hiervon sind etwa 1 500 aus Europa beschrieben. Selbst in einem reich gegliederten mitteleuropäischen Wald sind aber nicht mehr als 150 bis 200 Arten zu erwarten. Oft werden über 90 % der Individuenzahlen nur von wenigen Arten bestritten, die als „Ubiquisten" gelten, z. B. *Folsomia quadrioculata, Isotoma notabilis, Isotomiella minor, Friesea mirabilis, Lepidocyrtus lanuginosus* oder *Neelus minimus.* Einige dieser häufigen und weit verbreiteten Collembolen-Taxa sind heute in mehr als 10 verschiedene Arten und sogar Gattungen aufgegliedert (*„Tullbergia kraus-*

baueri"), worüber die Taxonomen teilweise getrennter Auffassung sind (*„Onychiurus armatus*-Gruppe"). Über eine tatsächliche autökologische Spezialisierung gerade dieser kritischen Sippen wissen wir noch fast nichts.

Die höchsten Besiedlungsdichten kennen wir aus nordischen Wäldern mit stark entwickelten Rohhumusböden. So fand Forsslund 1941 in Nordschweden über 700 000 Individuen/m^2, davon 50 000 in der oberen Streulage, 470 000 in der darunterliegenden, schon etwas zersetzten Förna. Diese Zahlen scheinen extrem gegenüber den normalerweise für Mitteleuropa angegebenen Individuenzahlen, die 50 000 bis 100 000/m^2 nicht übersteigen. In Ackerböden richtet sich die Besiedlungsdichte stark nach Fruchtfolge und Düngung und liegt meist unter den für Dauergrünland normalen Individuenzahlen von 20 000–50 000/m^2.

Aufschlußreich ist die Besiedlung frisch geschütteter und forstlich rekultivierter Haldenböden des Kohlentagebaues durch Collembolen (Dunger 1968). Sie sind als Pioniere bereits nach einem Jahr mit 5 000 Individuen/m^2 vertreten *(Proisotoma minuta, Entomobrya lanuginosa)*. Bei rascher Verbuschung der Flächen, also intensivem Streuanfall, können schon nach 3jähriger Rekultivierungszeit maximal 62 000 Individuen/m^2, im Jahresdurchschnitt 40 000/m^2, vorhanden sein *(Hypogastrura*-Arten, *Isotoma notabilis)*. Mit Einsetzen der Lumbricidenbesiedlung und damit schneller Umsetzung der Laubstreu sinkt die Siedlungsdichte der Collembolen rasch wieder, ein Fall echter Konkurrenzwirkung durch die Lumbriciden. Nach etwa 10 bis 12 Jahren (Vorwaldstadium) leben hier durchschnittlich nur noch 14 000 Collembolen/m^2 (*Lepidocyrtus paradoxus, L. cyaneus, Isotoma viridis,* später auch *Tomocerus*-Arten). Mit weiterer Entwicklung zu einem gut differenzierten Wald ist ein Wiederanstieg der Siedlungsdichte auf etwa 40 000 Individuen/m^2 zu erwarten.

Eine mittlere Population von 40 000 Collembolen/m^2 entspricht in der Regel einer Biomasse von 0,3–0,4 g/m^2. Geht man von Laborbestimmungen des Sauerstoffverbrauches (durchschnittlich etwa 50 µl O_2/g/h bei 20 °C) aus, so kann der Energieverbrauch der Population grob eingeschätzt werden (20–200 kJ/m^2/Jahr). Meist verbrauchen die Collembolen nur 1 (–5) % der Energie, die dem Boden jährlich durch den Bestandsabfall zugeführt wird. Sie sind also – in entwickelten Böden – nur in geringem Maß an der Stoffzusammensetzung im Boden direkt beteiligt. Ihre Rolle als Katalysatoren und Indikatoren der mikrobiellen Aktivität, die im Zusammenhang mit der Ernährung bereits besprochen wurde, ist daher in der Regel ausschlaggebend für die Bedeutung der Collembolen im Boden. In flachen Anfangsböden auf Gestein (Protorendsina, Ranker) kommt den Collembolen dagegen – zusammen mit den Oribatiden – eine hohe bodenbildende Bedeutung zu. Der hier entstehende „Arthropoden-Humus" setzt sich größtenteils aus den Kotballen dieser Kleinarthropoden zusammen (Kubiena, Rusek).

Die Collembolenfauna eines Bodens kann sehr wirkungsvoll durch die große Zahl von Feinden eingegrenzt werden. Hierzu zählen Raubmilben (Gamasida), Chilopoden, viele Spinnengruppen, Pseudoskorpione, Weberknechte, Carabiden, Staphyliniden bzw. deren Larven sowie andere Käferlarven (Canthariden) und Ameisen und schließlich auch Collembolen (als Eiräuber). Die häufig beobachtete Erscheinung, daß die Gesamtzahl der Collembolen bei Einsatz mittlerer Pestizid-Dosen (DDT) sogar anwachsen kann, wird durch die selektive Schädigung der Räuber erklärt.

Andere Stoffe, besonders Organo-Chlor-Verbindungen (z. B. Aldrin) sind dagegen für Collembolen (besonders Entomobryiden, Isotomiden) toxischer als für Raubmilben (Edwards). Für einige Arten *(Folsomia)* wurde das Vermögen beschrieben, mit der Nahrung aufgenommenes DDT abzubauen, allerdings nur bis zum nicht weniger giftigen DDE. Die Fruchtbarkeit der mit DDT behandelten *Folsomia* nahm im Versuch sogar zu (Butcher u. Snider). Die Einwirkung von Herbiziden betrifft die Collembolen meist weniger direkt als vielmehr indirekt über die Änderung der (Unkraut-) Vegetation. Bei manueller Unkrautbekämpfung ohne Gifteinwirkung beobachtete Prasse jedenfalls gleiche Erscheinungen. Die Bodenbearbeitung beeinflußt die Collembolenfauna auf Feldern allenfalls vorübergehend negativ. Meist zeigen sich die auf Pflügen oder Eggen folgenden Generationen sogar zahlreicher. Durch Düngung werden gewöhnlich einige Arten selektiv gefördert. So vermehrte sich z. B. *Hypogastrura manubrialis* in der Umgebung von Kuhfladen auf einer Weide kurzzeitig um den Faktor 1 000 (Davidson).

5.16.2. *Beintaster, Proturen*

Die Proturen (Protura) stellen eine recht eigentümliche, aber weltweit verbreitete Ordnung der primär flügellosen Insekten dar (Tuxen 1964, Janetschek 1970, Nosek 1973). Gegenwärtig sind wohl 300 Arten bekannt, die sich auf 3 Familien und 35 Gattungen verteilen. Durch das Vorhandensein entognather (= in einer Tasche verborgener) Mundwerkzeuge den Collembolen näher verbunden, unterscheiden sie sich in vielen Merkmalen von diesen. Auffällig ist die langgestreckte Form der Tiere, der eine höhere Zahl von Abdominalsegmenten (12) entspricht. Die zarten, meist weißlichen Tiere sind stets blind. Ein rundliches, vielleicht der Feuchtigkeitswahrnehmung dienendes Sinnesorgan, das sich paarig vorn am Kopf befindet (Fig. 97), wird wie bei den Collembolen als Postantennalorgan bezeichnet. Das Fehlen von Antennen gleichen die Proturen dadurch aus, daß sie das lange erste Beinpaar, das auch besondere Sinnesorgane enthält, fühlerartig nach vorn strecken. Ähnlich wie bei den Collembolen ist bei einigen Gattungen (*Acerentomon, Acerentulus* u. a.) keine Spur eines Tracheensystems zu finden, während andere (*Eosentomon* u. a.) ein solches aufweisen.

Die Mundwerkzeuge bestehen aus stilettartigen Mandibeln und Maxillen, sind also vorzugsweise zum Saugen eingerichtet. Zur Ernährung der Proturen berichtet Sturm, daß *Acerentomon gallicum* sich ausschließlich durch Saugen an dem äußeren Hyphenmantel der ektotrophen Mykorrhiza von Eichen- und Hainbuchenwurzeln ernährte. *Eosentomon transitorium* saugte dagegen sowohl an Mykorrhiza-Pilzen als auch an frei im Boden befindlichen Hyphen. Diese Befunde erklären die häufige Erscheinung, daß Proturen vorzugsweise im Wurzelbereich mykorrhizabildender Baumarten bei entsprechenden pH-Werten auftreten. Sie zeigen sich dabei sehr feuchtigkeitsempfindlich und meiden trockene Böden anscheinend ganz. Auf Grünland fand Raw besonders reichlich *Proturentomon minimum,* das dort wiederum an ein bestimmtes pH-Bereich und vor allem an die Wurzelzonen von Wiesenhafer *(Helictotrichon)*, Grannenhafer *(Trisetum)* und Knaulgras *(Dactylis)* gebunden war.

Obwohl alle Proturen klein (1–2 mm) sind und einen sehr langgestreckten Körper

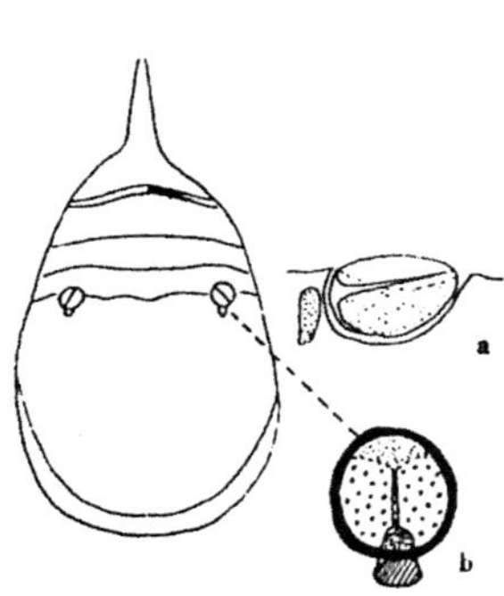

Fig. 97. Kopf eines Proturen (*Acerentomon* spec.) mit paarigen, Feuchtigkeit anzeigenden Sinnesorganen („Pseudoculus" oder „Postantennalorgan"). a Schnitt durch einen Pseudoculus, b Aufsicht; a und b stärker vergrößert. Nach Berlese aus Lawrence

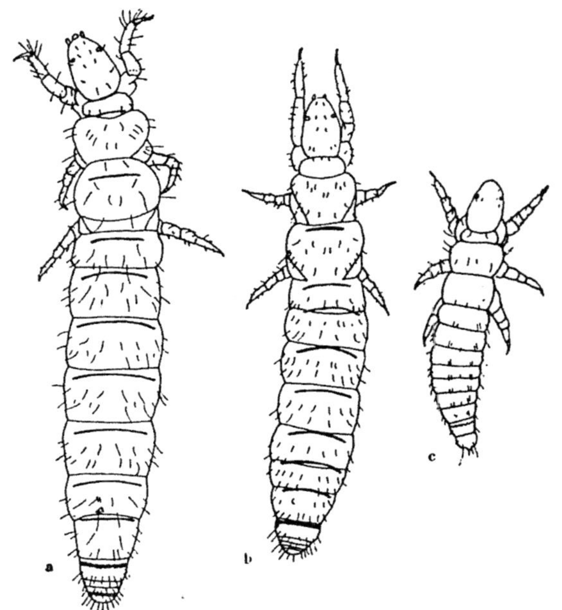

Fig. 98. Verschiedene Altersstufen eines Proturen *(Acerella danica).* a Imago (Weibchen), b Präimago (Männchen), c Prälarve. Längen 1,0; 0,8; 0,4 mm. Nach Tuxen

haben, können hinsichtlich der Länge der Beine ähnlich wie bei den Collembolen euedaphische Formen mit sehr kurzen Extremitäten *(Proturentomon minimum, P. thienemanni)* und mehr hemiedaphische Arten mit längeren Beinen *(Eosentomon germanicum, Acerentomon doderoi)* gegenübergestellt werden. Einige Arten zeigen auch fakultative Parthenogenese, besonders an den Grenzen ihres Verbreitungsareals (z. B. *Proturentomon minimum* im nördlichen Zentraleuropa). Günstige Habitate für Proturen sind Ansammlungen von sich zersetzender organischer Substanz, so z. B. humusreiche Waldböden, Moospolster (auch auf Felsen), Kompost, zerfallendes Holz und auch unterirdische Nester von Säugetieren (Nosek, VI). Allgemein bevorzugen Proturen die oberen Bodenschichten. Nur wenige Arten sind tiefer als 10 cm anzutreffen.

Die Entwicklung geht in sehr feuchtem Milieu vor sich. Die ersten Entwicklungsstadien konnten im Labor auch unter Wasser gezüchtet werden. Aus dem Ei schlüpft zunächst eine Prälarve (Fig. 98 c), die nur 9 Abdominalsegmente aufweist. Aus ihr entwickelt sich über zwei Larvenstufen mit 9 und 10 Abdominalsegmenten und zwei Vorreife-Stadien (Präimagines, Fig. 98 b) mit 12 Abdominalsegmenten das geschlechtsreife Tier (Fig. 98 a). Nach Untersuchungen von Tuxen nimmt diese Entwicklung bei *Acerella danica* die Zeit von Mai bis September in Anspruch. Diese

Art hat eine genau fixierte Fortpflanzungszeit, während bei anderen Arten *(Eosentomon transitorium)* zu jeder Jahreszeit alle Entwicklungsstadien angetroffen werden können.

Obwohl die Proturen in Wirklichkeit häufiger sind als bislang allgemein angenommen, dürften sie mit einigen Hundert bis maximal 10 000 Individuen je m^2 Bodenoberfläche kaum eine bodenbiologische Bedeutung hinsichtlich der Umsetzungsvorgänge haben. Über Schädigungen durch diese Tiergruppe ist ebenfalls bislang nichts bekannt geworden.

5.16.3. *Doppelschwänze, Dipluren*

Die ebenfalls zu den entognathen Urinsekten gehörenden Dipluren (Diplura) fallen äußerlich sofort durch die beiden Schwanzanhänge (Cerci) am Hinterleib auf. Sie sind bei den Campodeiden lang fadenförmig, bei den Japygiden dagegen zu kräftigen Zangen umgebildet. Die Dipluren haben wie die Proturen 12 Abdominalsegmente, unterscheiden sich von diesen aber durch lange Fühler. Reste der Abdominalextremitäten sind bei ihnen an den ersten 7 Hinterleibssegmenten (bei Proturen nur an 3) entwickelt. Alle Dipluren sind blind. Ihre Haut ist meist glatt und unbeschuppt.

In Mitteleuropa sind bislang nur etwa 50 Arten der Familien Campodeidae und Japygidae (Fig. 99, 100) gefunden worden. Auf der Bodenoberfläche und in den obersten hohlraumreichen Schichten genügend feuchter Böden sind diese zarten, etwa 10 mm langen Tiere zu finden. Sie verbergen sich mit Vorliebe unter Steinen, Laub, Holz und Rohhumusfilz. Ihre langen Schwanzanhänge gebrauchen sie wie ein

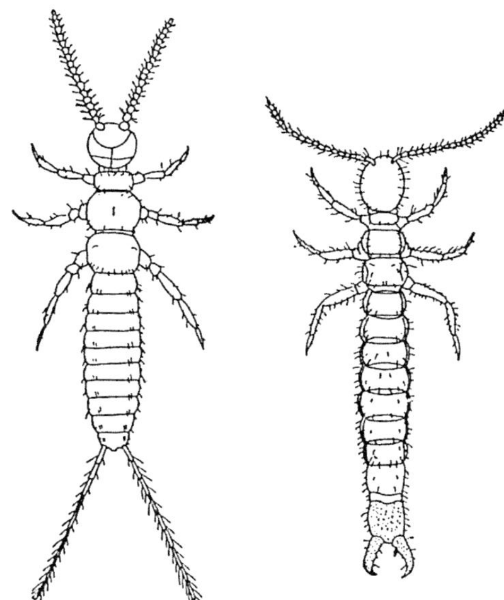

Fig. 99 (links). Habitus eines Doppelschwanzes (Diplura), *Campodea staphylinus.* Länge 10 mm. Nach Lubbock aus Handschin

Fig. 100 (rechts). *Japyx solitugus,* ein zangentragender Diplure des Mittelmeergebietes. Länge 10 mm. Nach Lubbock aus Handschin

zweites Fühlerpaar (s. Abb. 18, S. 128). Beim Fang der Tiere ist zu beachten, daß Fühler und Cerci sehr leicht abbrechen. Obwohl ökologisch stets eine entschiedene Feuchtigkeitsliebe zu beobachten ist, sind Laborversuche hierüber und zur Frage ihrer Lichtscheu bislang noch nicht genügend einheitlich verlaufen. Kennzeichnend scheint dagegen eine hohe Thigmotaxis (Aufsuchen von Berührungsreizen, d. h. Verkriechen in engen Spalten) zu sein.

Ihre Ernährung ist wenigstens teilweise räuberisch. *Campodea lankesteri* wurde beim Verzehren von Mückenlarven beobachtet. Bei einigen Arten wurden auch pflanzliche Stoffe im Darmkanal gefunden. Soweit dies nicht Darminhalt von Beutetieren war, wäre damit auch die vegetarische Ernährungsweise für Campodeiden belegt. Interessante Räuber sind die vorwiegend tropisch und subtropisch verbreiteten, einzeln aber auch warme Orte Mitteleuropas bewohnenden Japygidae (Fig. 100). Mit ihren zu kräftigen Zangen umgebildeten Schwanzanhängen halten sie ihre Beute fest. Der Angriff selbst wird jedoch wohl stets mit den Mundwerkzeugen ausgeführt, worauf dann der Hinterleib skorpionähnlich nach vorn gekrümmt und die Beute mit der Zange ergriffen wird. Letztere besteht vorwiegend aus trägeren Arten der Collembolen (Onychiuriden); aber auch Artgenossen und andere Bodentiere werden angenommen. Wie bei den Campodeiden sind bei Japygiden auch Enchytraeiden und kleine Regenwürmer als Nahrung beobachtet worden. Die kleine Familie der Projapygidae, die kurze, aber nicht zu einer Zange umgebildete Cerci hat, ist ebenfalls tropisch bis subtropisch verbreitet.

Alle Dipluren scheinen an hinreichend feuchtigkeitskonstante hohlraumreiche Böden mit reichlicher Grobbedeckung gebunden zu sein. Ihre bodenbiologische Bedeutung ist als sehr gering einzuschätzen.

5.16.4. Felsenspringer, Archaeognathen

Die Felsenspringer (Archaeognatha) haben vieles gemein mit den Fischchen (Zygentoma), mit denen sie bislang gemeinsam als Borstenschwänze (Thysanura) bezeichnet wurden. Dies betrifft das ursprüngliche Fehlen der Flügel (Apterygota), die freie Lage der Mundwerkzeuge (Ectognatha), den Habitus (Fig. 101) mit langen Fühlern, langen Cerci und einem unpaaren Terminfaden, das Vorhandensein ausstülpbarer Ventralsäckchen am Abdomen u. a. Da die Fischchen aber wie die pterygoten Insekten zwei Gelenkhöcker an den Mandibeln haben, die Felsenspringer jedoch nur einen, werden sie von der gegenwärtigen Taxonomie streng getrennt. Die Zygentoma sollen hier nicht näher besprochen werden, da sie bis auf den Ameisengast *(Atelura formicaria)* in Mitteleuropa nicht freilebend in der Natur vorkommen (einige Arten im Mittelmeergebiet leben sehr ähnlich den Felsenspringern). Lästig oder auch schädlich sind in ganz Europa (und großen Teilen der Welt) das Silberfischchen *(Lepisma saccharina)* und – mehr in Bäckereien, Heizungsanlagen usw. – das Ofenfischchen *(Thermobia domestica)*.

Die Felsenspringer sind durch ihre starke Pigmentierung, ihre gut ausgebildeten Komplexaugen und den sehr langen Terminalfaden schon äußerlich gut von den Fischchen zu unterscheiden. Ihre Körperlänge beträgt meist 1–1,5 cm, erreicht aber 2,3 cm. Sie sind keine eng an den Boden gebundene Tiere und scheuen bei ausreichender Feuchtigkeit weder Licht noch Wärme. Gegen Trockenheit können sie sich

Fig. 101. Felsenspringer oder Machilide (*Machilis* spec.) in Seitenansicht. Länge 15 mm. Nach Börner aus Handschin

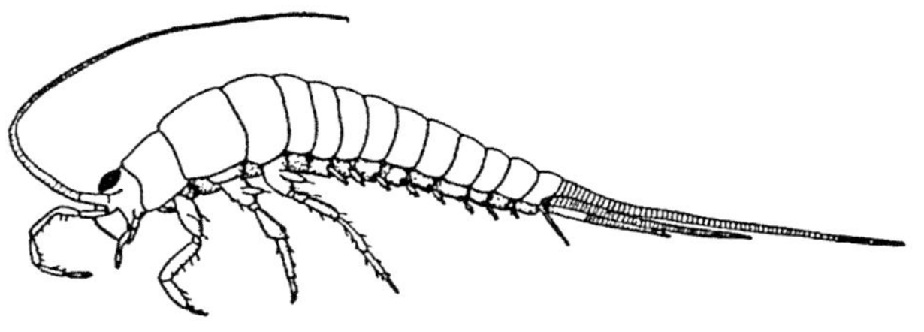

eine gewisse Zeit sehr resistent verhalten. Einige Arten bevorzugen im Experiment sogar 60 % RF. Dennoch suchen sie den Transpirationsverlust schnell wieder auszugleichen, wozu sie ihre Ventralsäckchen ausstülpen und so Feuchtigkeit (Tau) aufnehmen. Ihre Aktivität verlagern sie meist in die Abend- und Nachtstunden. In Mitteleuropa treten sie nur in Hochgebirgen, in Warmgebieten der Mittelgebirge (Kalkgebiete Thüringens) und an der Meeresküste häufig auf. Ihren Namen verdanken sie ihrer Fähigkeit, sich Störungen durch schnelle Sprünge zu entziehen. Hierzu schlagen sie das Abdomenende kräftig gegen den Boden und drücken sich mit den Beinen zusätzlich ab. Die Abdomenanhänge haben hieran offensichtlich kaum Anteil, da auch Tiere springen können, denen diese abgeschnitten wurden. Die Sprünge können gut 10–20 cm weit reichen. Auch sonst sind die Felsenspringer recht behende Tiere. Sie laufen ruckartig, beim kurzen Einhalten die Umgebung betastend. Ihre Vorliebe für den Aufenthalt auf Felsen hängt sicher mit ihrer Wärmeliebe zusammen. Oft findet sich eine größere Zahl von Tieren, die eng zusammengedrückt sitzen und sich augenscheinlich vor Abkühlung schützen. Bevorzugter Aufenthaltsort sind Spalten unter Steinen und Schotter.

Die Befruchtung erfolgt durch indirekte Spermatophorenübertragung, wobei mindestens bei einigen Arten (z. B. *Machilis germanica*) durch ein kompliziertes Vor- und Nachspiel beider Partner die gezielte Aufnahme der Spermatophore durch das Weibchen gesichert wird (Schaller). Die Entwicklung dauert bei den meisten Felsenspringern wenigstens ein Jahr (6–27 Monate), woran die Embryonalzeit (7–11 Monate; Überwinterung) wesentlichen Anteil hat. Als Lebensalter wird für *Machilis germanica* 3 Jahre, für den Küstenspringer *Petrobius* sp. über 1,5 Jahre angegeben.

Die Nahrung der Felsenspringer besteht, soweit bekannt, vorwiegend aus Algen und Flechten, die von Felsen oder Baumrinde abgeschabt werden, aber auch aus Pflanzenabfällen. An Orten gehäuften Auftretens mögen die Felsenspringer für die Zersetzung dieser Stoffe und für die Humusanreicherung auf felsigen Rohböden bedeutungsvoll sein.

Für einige Machiliden (*Machilis fuscistylis, Machilis tirolensis*) ist auch räuberisches Verhalten festgestellt worden. Dies scheinen jedoch Ausnahmefälle zu sein. In Thüringen tritt besonders häufig *Dilta hybernica* auf. An der Meeresküste lebt zwischen Tanghaufen der „Küstenspringer" *Halomachilis maritima. Machilis fuscistylis* kommt noch in 4 000 m Höhe vor.

Geflügelte Insekten, Pterygoten

Die Mehrzahl der Pterygoten (Pterygota) hat wenigstens im erwachsenen Zustand Flügel und ist demnach der Grundtendenz des Bauplanes nach bodenunabhängig geworden. Mit dem Flügelerwerb ist gewöhnlich eine höhere Widerstandsfähigkeit gegen Trockenheit und Wärme verbunden. Die stärkere Chitinisierung bringt auch eine Kräftigung der Mundwerkzeuge mit sich und damit eine Erweiterung des Speisezettels.

Innerhalb der Pterygoten finden sich alle denkbaren Stufen der Bindung an den Boden verwirklicht. Eine große Gruppe bilden diejenigen, die entweder vollkommen ohne Kontakt zum Boden leben oder den Boden lediglich in einem inaktiven Zustand als Schutz gegen klimatische Faktoren benutzen (z. B. Puppenruhe im Boden). Diese sowie solche Insekten, die nur auf der Bodenoberfläche leben, ohne eine nähere Beziehung zum Boden und seinen Bewohnern erkennen zu lassen, sollen hier unberücksichtigt bleiben, obwohl auch sie in gewissem Sinn verändernd auf den Boden einwirken können. Eine große Zahl von „Oberflächenarten" dringt aber häufig je nach Größe oder Grabvermögen in den Boden, seine obersten Hohlräume und besonders seine Anhangsgebilde, z. B. Baumstümpfe, ein und geht dort der Nahrungssuche nach. Von solchen epedaphischen Arten finden sich gleitende Übergänge zu echten hemiedaphischen und schließlich euedaphischen Formen.

Teils sind nur die Larven, teils auch die Imagines Bodenbewohner. Hemiedaphische und euedaphische Arten weisen Grabwerkzeuge auf (z. B. Mistkäfer). Oberflächenbewohner sind dagegen oftmals besonders langgestreckt und beweglich (Ohrwürmer, Kurzflügelkäfer), um sich den großen oberflächlichen Hohlräumen anpassen zu können. Alle diese Anpassungen haben keinen Einfluß auf das Flugvermögen dieser Arten.

Euedaphisch leben die meisten Pterygoten nur im Larvenstadium (Engerlinge, Drahtwürmer, Dipterenlarven). Bei diesen Larven finden sich interessante physiologische Eigenschaften. Ihre Cuticula ist für Gase, Wasser und Salze wesentlich besser durchdringlich als bei anderen Insektengruppen. Im Versuch zeigen sie eine starke Resistenz gegenüber erhöhter Kohlensäure-Konzentration und einen sehr geringen Sauerstoffverbrauch. Sie decken ihren Energiebedarf also nicht vollständig durch Sauerstoffverbrennung, sondern auch auf anoxybiontischem Wege. Oberflächenformen, z. B. die Maulwurfsgrille, benehmen sich – selbst wenn sie z. T. recht tiefe Gänge im Boden anlegen – in dieser Hinsicht dagegen wie „Luft-Insekten" mit wesentlich höherem Sauerstoffbedarf.

Gegenüber wasserlebenden Formen unterscheiden sich bodenbewohnende Insektenlarven morphologisch durch das Fehlen von Behaarung und langen Körperanhängen (z. B. Dipterenlarven), während physiologisch viele gemeinsame Züge auffallen. Die Anpassungen der höheren Insekten an das Bodenleben sind im allgemeinen als sekundär und phylogenetisch jung anzusehen. Dafür spricht die oft erstaunlich enge Spezialisierung gerade solcher Formen auf bestimmte Bodeneigenschaften. Diese wird noch dadurch erleichtert, daß die Imagines stark beweglich sind und mit Hilfe des Flugvermögens ihre Eier genau an zusagenden Stellen absetzen können. So ist es erklärlich, daß sich gerade unter den Bodeninsekten sehr gute Bodenanzeiger (Indikatoren) befinden.

Hinsichtlich des Arten-, meist aber auch des Individuenbestandes stehen die Käfer an erster Stelle unter den bodenlebenden Pterygoten. Wesentlichen Anteil haben weiter die Larven der Zweiflügler (Dipteren). Alle anderen Gruppen bleiben demgegenüber in der Regel weit zurück. In land- und forstwirtschaftlich intensiv genutzten Böden können über die Hälfte der Pterygoten schädlich sein.

5.16.5. *Ohrwürmer, Dermapteren*

Die Ohrwürmer (Dermaptera) sind durch ihre großen zangenförmigen Schwanzanhänge (Cerci) auffallende Tiere, die lichtscheu unter Steinen, Rinde oder Laub und in großen Bodenhohlräumen leben. Eine starke Thigmotaxis veranlaßt sie zum Aufsuchen flacher Spalten. Weiche frische Pflanzenteile und tote oder geschwächte Insekten bilden die Hauptnahrung. Die bekannteste und verbreitetste Art, der Gemeine Ohrwurm *(Forficula auricularia)*, gräbt zur Eiablage und Überwinterung Erdröhren. Im übrigen hält er sich tagsüber in Verstecken auf und geht nachts auf Nahrungssuche. Ein Bewohner von Laub- und Mischwäldern ist der Waldohrwurm *(Chelidurella acanthopygia)*. Während er im Frühjahr und Herbst vorwiegend in Fallaub anzutreffen ist, findet er sich sommers häufig auf Sträuchern. Der kleine Zangenträger *(Labia minor)* ist mehr wärmeliebend und bevorzugt Zersetzungsherde, besonders Dünger. Er fliegt im Gegensatz zu den anderen Arten viel.

Interesse beansprucht schließlich der Sandohrwurm (*Labidura riparia*, Fig. 102), eine bis 26 mm lange, sehr helle Art. Er liebt besonders sich gut erwärmende, aber nicht zu grundwasserferne Sandböden und kommt sehr sporadisch über fast ganz

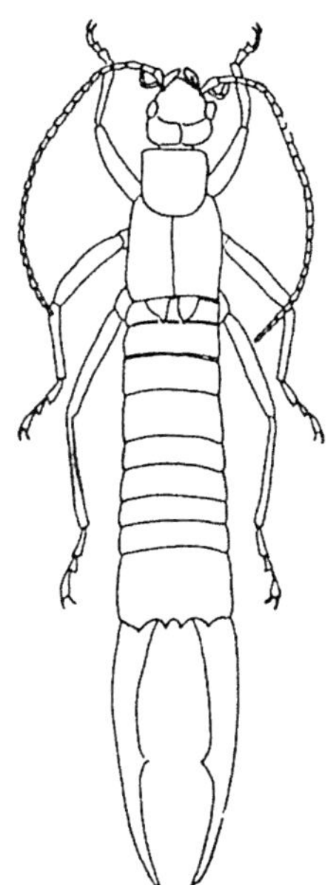

Fig. 102. Männchen eines Sandohrwurmes *(Labidura riparia)*. Länge 25 mm. Nach Harz

Europa, besonders an der Meeresküste vor. Er besiedelt auch fast völlig vegetationslose Braunkohlen-Flurkippen in enormer Anzahl. Die Tiere legen schräge, 10 bis sogar 40 cm tiefe Gänge im Untergrund an und halten sich tagsüber, vor den an solchen Standorten oft hohen Temperaturen geschützt, darin auf. Nachts jagen sie andere Insekten und Spinnen; Pflanzenteile scheinen sie kaum anzugehen. Zur Überwinterung graben sie sich sehr tief, nach Ramme bis zu 2 m, in den Boden. Gegen starke Bodenversauerung zeigen sich die Sandohrwürmer unempfindlich. Sie dürften einen wesentlichen Beitrag zur Wiederbesiedlung von Kippen leisten.

5.16.6. *Schaben, Blattarien*

Die Schaben (Blattariae) sind vorwiegend wärmeliebende Allesfresser. Von ihnen leben in Mitteleuropa nur die Gattungen *Ectobius* und *Hololampra* frei. Sie werden kaum länger als 1 cm und sind auffällig plattgedrückt. Am häufigsten sind die Waldschaben *Ectobius lapponicus* und *E. silvestris*. Besonders die Weibchen halten sich direkt auf dem Boden auf; die Männchen leben mehr als Tagtiere im Gesträuch trockenwarmer Wälder.

5.16.7. *Termiten, Isopteren*

Die Termiten (Isoptera) können in tropischen und subtropischen Gebieten eine außerordentlich hohe bodenbiologische Bedeutung erlangen. In der gemäßigten Zone treten sie nur ganz vereinzelt auf *(Calotermes, Reticulotermes)*.

Waldbewohnende Termiten üben im allgemeinen einen weniger bestimmenden Einfluß auf den Boden aus als die Termiten der offenen Gebiete (Savannen). Sie leben teils rein unterirdisch, teils in Nestern, totem Holz oder in Bäumen. Humusfressende Arten bauen ein Nest aus Kotballen. Sie fressen sich teilweise – ähnlich wie Regenwürmer – durch den Boden. Ihre Ausscheidungen sollen sich nicht von Regenwurmerde unterscheiden. Oft werden keinerlei oberirdische Bauten errichtet, so daß wir über die Lebenstätigkeit dieser Arten nicht ausreichend unterrichtet sind. Eine aktuelle Zusammenfassung zur bodenbiologischen Bedeutung der Termiten geben Bachelier (1978) und Lee u. Wood (1971).

Sehr viele Arten ernähren sich von Holz, das sie mit Hilfe von symbiontischen Protozoen aufzubereiten vermögen. Ihre bienenkorbartigen Nester bestehen vorwiegend aus Exkrementen und halbverdautem Lignin (Holzstoff). Nur äußerlich werden Bodenteilchen mit zum Bau verwendet.

Die bodenbiologisch bedeutendsten Termiten sind die großen hügelbauenden Arten der Savannen. In Afrika und im tropischen Asien handelt es sich meist um Macrotermitinen. Diese Arten sind Pilzzüchter. Ihr Bau wird am Anfang völlig unterirdisch angelegt und wächst erst dann über die Oberfläche empor, wenn der Staat Millionen von Individuen zählt. Die Hügel der in Zentralafrika wichtigen *Bellicositermes rex* (Fig. 103) haben nach den ausführlichen Untersuchungen von Grassé eine Höhe von 3–6 m, einen Durchmesser von 10–60 m und einen Rauminhalt von wenigstens 1 000 m^3. Dabei erstrecken sich die hiervon ausgehenden Gänge bis zu 12 m in den Untergrund. Zum Bau des Zentralteiles des Hügels wählen die Termiten plastisches, tonreiches Material. Dieses wird in weiter Umgebung

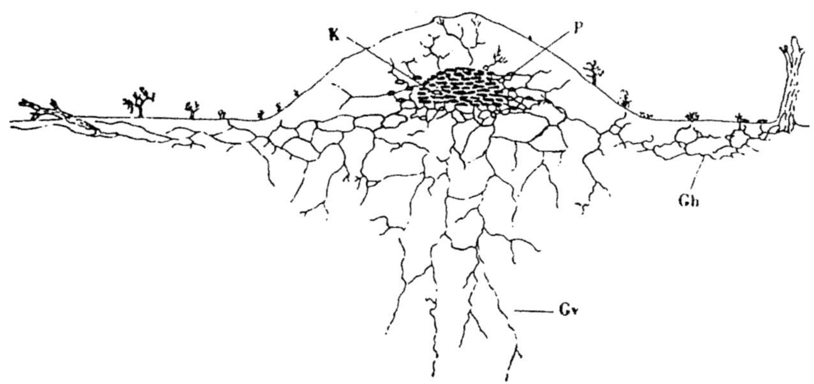

Fig. 103. Schematischer Schnitt durch das Nest- und Galeriesystem einer zentralafrikanischen Termite *(Bellicositermes rex).* K Königszelle, umringt von Brutzellen; P Pilzgärten; Gh oberflächliche Galerien, die zu den Nahrungsquellen (hier tote Stämme) führen; Gv vertikale Galerien, die auf der Suche nach Wasser und plastischem Baumaterial bis zu 12 m in den Boden getrieben werden. Nach G r a s s é u. N o i r o t

und in großen Tiefen gesucht. Fehlt es aber im Gebiet ganz, so können die Termiten nicht bauen. Im Innern dieses Zentralteiles befinden sich die Brut- und Königszellen, aber auch die Pilzkammern. Diese werden mit Holz und anderen pflanzlichen Stoffen beschickt, wobei Pilzbeete entstehen. Die vom Nest ausgehenden oberflächlichen Gänge (Galerien) führen vorzugsweise zu Nahrungsquellen (Holz, Blätter, Grasteile). Die tief in den Boden führenden Gänge werden dagegen hauptsächlich zum Beschaffen von Nestbaumaterial angelegt.

Die geschilderte Bauweise der Termitenhügel hat wesentliche Auswirkungen auf den Bodenzustand. Die umlagerte Bodenmenge wurde für *Bellicositermes nigeriensis* in Ghana auf jährlich 1 t/ha geschätzt. Zerfallene Termitenhügel erweisen sich oft fruchbarer als der sie umgebende Boden. Das ist verständlich, da das Baumaterial ja nicht dem umgebenden Oberboden entstammt, sondern sich aus tonreichem Material des Untergrundes, untermischt mit humosen Stoffen, zusammensetzt. In afrikanischen Böden mit Lateritbildung, d. h. mit steinharten oberflächlichen Oxydschichten, bilden die Termiten durch ihre Bautätigkeit völlig neue Böden, indem sie die Lateritschichten durchbrechen und Unterboden über die harten Krusten ausbreiten. Man hat allen Grund zu der Annahme, daß ohne die Jahrmillionen lange Tätigkeit der Termiten in solchen Böden kein Pflanzenwachstum möglich wäre.

Obwohl die Termiten oft in sehr trockenen Gebieten leben, haben sie keinerlei besondere Einrichtungen zum Schutze gegen Verdunstung. Sie sind darauf angewiesen, direkt oder mit der Nahrung Wasser aufzunehmen, um den Verlust durch Verdunstung und Speichelsekretion ausgleichen zu können. Im Nest erhalten die Termiten stets eine feuchte Atmosphäre. Um die nötige Wasserversorgung zu sichern, werden oftmals sehr tiefe Gänge (wie zur Materialsuche) angelegt. Die verdeckten, knapp unter der Oberfläche verlaufenden Galerien schützen die Termiten auf dem

Wege zur Nahrungsquelle. Einige Arten, z. B. *Psammotermes* in der Sahara, *Bellicositermes* und *Trinervitermes* in Trockensavannen, legen zur Wasserversorgung ein Netzwerk von „Brunnen" an. Aus all diesen Vorrichtungen erklärt sich der höhere Wassergehalt der Termitenhügel gegenüber der umliegenden Erde. Das Erhalten einer solchen feuchten Atmosphäre erleichtert den Termiten auch das Aufarbeiten der harten Lateritschichten unter den Hügeln.

Waren die bislang geschilderten Leistungen für die Fruchtbarkeit der bewohnten Böden von hoher positiver Bedeutung, so kommen, je nach Region in unterschiedlichem Maß, auch negative und schädliche Einwirkungen hinzu. Während die Galerien außerhalb des Hügels fördernd auf die Bodenatmung und die Wasserdurchlässigkeit des Bodens einwirken, sind die Hügel selbst außen meist zementartig hart und wasserabweisend. Sie sind damit auch in den ersten Stadien für Pflanzen zunächst nicht leicht besiedelbar. Für eine ackerbauliche Nutzung des Bodens sind Termitenhügel hinderlich. Bei ihrer Nahrungssuche können die Termiten an allen holzhaltigen Substanzen, vor allem auch an Feldkulturen, verheerenden Schaden anrichten. So müssen sie in manchen Regionen mit großem Aufwand bekämpft werden, während sie anderswo – z. B. in den Termitensavannen Afrikas – den entscheidenden Faktor der Bodenfruchtbarkeit darstellen. Die Konkurrenzkraft der Termiten ist so stark, daß sie in der Regel die Mehrzahl der anderen Bodentiere verdrängen; insbesondere ist dies gegenüber Regenwürmern beobachtet worden.

5.16.8. *Geradflügler, Orthopteren*

Die Geradflügler (Orthopteroidea) sind vorwiegend wärmeliebende freilebende Landtiere. In Europa haben fast nur die Grillen *(Gryllidae)* und die Maulwurfsgrillen *(Gryllotalpidae)* bodenbiologische Bedeutung. Auf hinreichend warmen (z. B. sandigen) Böden kommt die Feldgrille *(Gryllus campestris)* oft in großer Zahl vor. Die Larven leben anfänglich oberflächlich unter Steinen und in anderen groben Hohlräumen. Im Herbst graben sie mit Hilfe der bedornten Vorderbeine und der Mandibeln 30–40 cm lange, bis 30 cm tiefe Gänge. Die Feldgrillen sind Allesfresser; doch werden in die Gänge eingetragene grüne Pflanzenteile erst nach dem Welken gefressen. Schädlichkeit (Befressen junger Kulturpflanzen) und Nützlichkeit (Eintragen organischer Stoffe in den Boden) halten sich wohl meist die Waage. Mehr feuchtigkeitsliebend ist die Waldgrille *(Nemobius sylvestris)*. Sie lebt in lichten Laubwäldern unter Fallaub und Moos.

Das interessanteste Bodentier dieser Gruppe ist ohne Zweifel die Maulwurfsgrille oder Werre (*Gryllotalpa gryllotalpa*, Fig. 104). Ihr fehlt das Sprungvermögen. Dafür hat sie starke Grabbeine. Die schwache Chitinisierung und damit starke Beweglichkeit des Hinterkörpers und ihre weiche wasserabstoßende Behaarung sind weitere Anpassungen an das unterirdische Leben. Physiologisch verhält sie sich aber noch wie ein Oberflächentier. Dies ist verständlich, da ihre etwa 20 cm tiefen Gänge ihrer Größe entsprechend fingerdick sind und eine gute Luftführung gewährleisten. Die Maulwurfsgrille bevorzugt feuchtere Böden, in denen sich die teils oberflächlich, teils tiefer angelegten Gangsysteme besser erhalten. Neben den sehr maulwurfsähnlichen Grabklauen dienen Stirn und Halsschild zur Formung der Gänge, was bereits aus der stärkeren Sklerotisierung dieser Teile abzulesen ist.

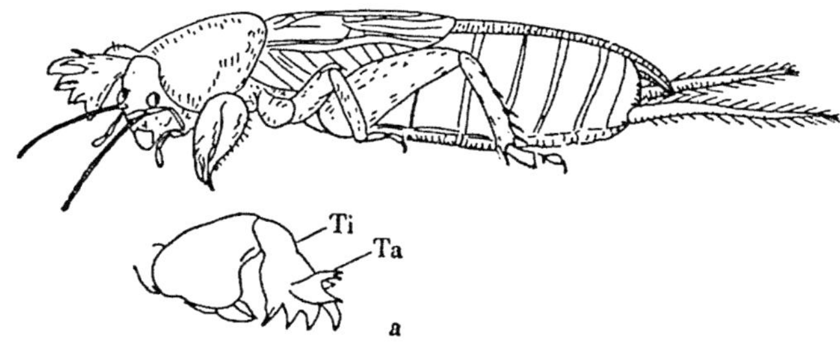

Fig. 104. Weibchen der Maulwurfsgrille *(Gryllotalpa gryllotalpa)*. a rechtes Vorderbein (Grabbein), vergrößert; Ti Schiene, Ta Fuß. Länge 45 mm. Nach H a r z

Die Maulwurfsgrille schwimmt geschickt. Im Flug ist sie nur zur Fortpflanzungszeit zu beobachten. Ihre Nahrung besteht – wieder eine Parallele zum Maulwurf – vorwiegend aus anderen Bodentieren: Insektenlarven, Regenwürmern u. a. Sie kann in mit Drahtwürmern, Erdraupen und ähnlichen Schädlingen verseuchten Böden sehr nützlich werden und frißt auch zur Eiablage in den Boden eindringende Imagines. Schäden an Pflanzen werden vorwiegend durch die Anlage von Gängen und das oft damit verbundene Abbeißen von Wurzeln angerichtet. Nur bei Nahrungsmangel scheint die Maulwurfsgrille sich in schädlichem Maße von lebenden Pflanzenteilen zu ernähren. Dann ist zuweilen eine Bekämpfung notwendig. Bei der Nahrungssuche dienen die langen Schwanzanhänge als „hinteres Fühlerpaar". Die etwa 200 bis 300 Eier entwickeln sich in einer flach angelegten Höhle und werden anfänglich von den Weibchen bewacht.

5.16.9. *Flechtlinge, Psocopteren*

Die Flechtlinge, Holz- oder Staubläuse (Psocoptera) sind nur selten im Boden anzutreffen. Sie sind Bewohner trockener Umgebung und ernähren sich gleichfalls von trockenen Stoffen pflanzlicher Herkunft. Sie können vielleicht gelegentlich in Rohböden mit Flechtenüberzug eine Bedeutung für die Bodenbildung erlangen.

5.16.10. *Blasenfüße, Fransenflügler, Thysanopteren*

Von den Blasenfüßern (Thysanoptera), auch „Thripse" genannt, leben einige weniger bekannte ursprüngliche Gruppen räuberisch unter Rinde, in Laubstreu und an ähnlichen Stellen, z. B. Moosrasen und Flechtenkrusten. Teilweise – besonders bei Jungtieren – kommt nach K ü h n e l t auch Pilznahrung in Betracht. Die Beute (Blattläuse, Milben) wird ausgesogen. Die bekannteren pflanzensaugenden Schädlinge dieser Gruppe haben außer der Überwinterung keine Beziehung zum Boden.

5.16.11. *Schnabelkerfe, Hemipteren*

Die Schnabelkerfe (Hemiptera) sind durch ihre charakteristischen Mundwerkzeuge leicht erkennbar. Obwohl oftmals häufig auf, zuweilen auch im Boden lebend, haben sie wenig bodenbiologische Bedeutung.

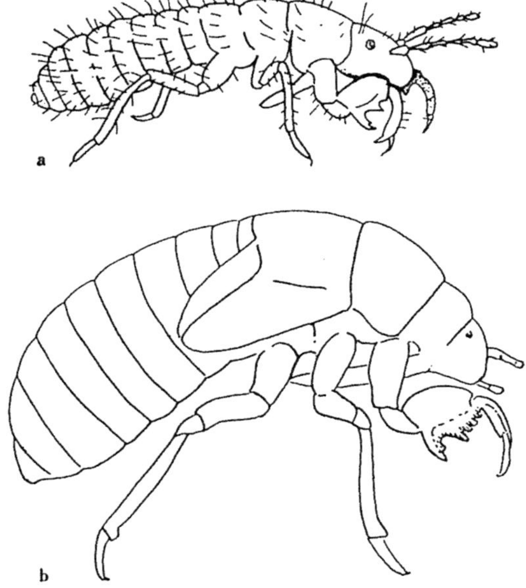

Fig. 105. Bodenlebende Larvenstadien der nordamerikanischen Singzikade *Tibicen septendecim.* a Junglarve kurz nach dem Schlüpfen, b 6. Larvenstadium (17 Jahre alt!) kurz vor dem Häuten zum geschlechtsreifen, geflügelten Tier. Man beachte die Grabbeine. Länge a 3 mm, b 35 mm. Nach Snodgrass aus Weber

Wanzen (Heteroptera). Die vorwiegend räuberischen Wanzen sind besonders in der Streuschicht regelmäßig anzutreffen, müssen aber in den meisten Fällen doch mehr der oberirdischen (atmobiontischen) Fauna zugerechnet werden. Vielleicht kommt einigen Arten ein Zeigerwert für bestimmte Standortseigenschaften zu.

Zikaden (Cicadiformes). Die Zikaden haben wie auch andere Pflanzensauger (früher als Homoptera zusammengefaßt) ihren Rüssel sehr weit rückwärts an der Kopfunterseite eingefügt. Echte Bodentiere sind oft die Larven der meist wärmeliebenden, mehr südlich verbreiteten Zikaden. So entwickeln sich die Blutzikaden (Triecphora) an Wurzeln der oberen Bodenschicht saugend. Die Larven der Singzikaden (Cicadidae) haben gewaltige Grabbeine. Die jüngsten Larvenstadien leben am tiefsten (bis zu 3 m!), die fast fertigen Tiere am höchsten im Boden. Sie saugen an Pflanzenwurzeln. Die Entwicklung beansprucht meist 2 bis 3 Jahre, so auch bei der einzigen mitteleuropäischen Art der Singzikaden, der Bergzikade *(Cicadetta montana)*. Die amerikanische *Tibicen septendecim* bringt es aber auf 17 Larvenjahre (Fig. 105). In wärmeren Ländern können diese Larven massenweise vorkommen. Die letzte (5.) Häutung zum geschlechtsreifen Tier erfolgt an der Oberfläche oder in besonderen Kammern.

Blattläuse (Aphidina). An Pflanzenwurzeln saugende Entwicklungsstadien sind auch von Blattläusen bekannt. Hier sei besonders an das Beispiel der Reblaus *(Viteus vitifolii)* erinnert, die sehr zahlreiche in Gallen lebende parthenogenetische Wurzellauspopulationen hervorbringt. Auch Gattungen anderer Familien sind häufig im Boden (auf Wurzeln als Sekundärwirte) zu finden (*Lachnus, Tetraneura* u. a.).

Schildläuse (Coccina). Auch unter den Schildläusen finden sich einige primitive, besonders der Gattung *Orthezia* angehörende Formen, die im Gegensatz zu ihren hoch spezialisierten Verwandten in beiden Geschlechtern noch frei beweglich sind und oft in größerer Zahl in der Streuschicht von Wäldern und Wiesen gefunden werden, so besonders *Orthezia cataphracta* in Dichten von 500 Individuen/m^2 in Gebirgsweiden (K ü h n e l t). Andere, festsitzend saugende Arten kommen auch an Wurzeln vor. Im ganzen ist die Bedeutung der Homopteren als Bodentiere vorwiegend von phytopathologischem Interesse.

5.16.12. *Käfer, Coleopteren*

Die Käfer (Coleoptera) stellen nicht nur die artenreichste, sondern auch die bodenbiologisch wichtigste Pterygotengruppe dar. Sie lassen sich durch ihr stark sklerotisiertes erstes Flügelpaar (Deckflügel oder Elytren) und ihre kauenden Mundwerkzeuge meist leicht erkennen. Nicht nur ihre flügellosen, fast durchweg sechsbeinigen Larven bewohnen häufig den Boden, sondern oft auch die voll entwickelten Tiere (Imagines). Bodenbiologisch am interessantesten sind die Käfer, die ihren gesamten Lebenszyklus im Boden verbringen. Sie treten aber mengenmäßig und ihrer Einwirkung auf den Boden nach weit hinter denjenigen Gruppen zurück, die vorwiegend epedaphisch leben oder nur als Larven den Boden besiedeln.

Die Anpassungen der e c h t e n B o d e n k ä f e r an ihre Umwelt hat besonders C o i f f a i t studiert, dessen Darlegungen wir hier folgen. Vollständig hemiedaphisch oder euedaphisch lebende Arten finden wir unter den Laufkäfern (Carabiden), Kurzflügelkäfern (Staphyliniden), Zwergkäfern (Pselaphiden), Rüsselkäfern (Curculioniden) u. a. Meist handelt es sich um kleine Gruppen, die verwandtschaftlich sehr isoliert stehen. C o i f f a i t betrachtet sie als „Relikte", stammesgeschichtlich sehr alte Formen, die sich schon sehr lange an das Bodenleben angepaßt haben

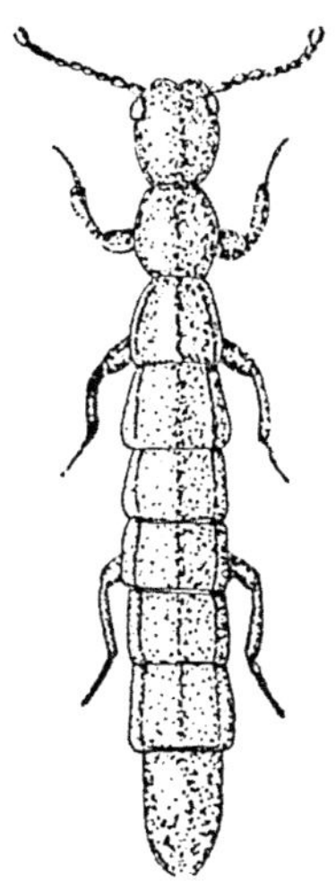

Fig. 106. Euedaphischer Bodenkäfer der Familie Staphylinidae (*Leptotyphlus lavagnei* var. *picardi*) aus Südfrankreich. Die Flügeldecken sind völlig mit der Brust verwachsen. Länge 1 mm. Nach P a u l i a n

und sich hier seit Jahrmillionen kaum veränderten. Erst in jüngerer Zeit zum Bodenleben übergegangene Arten weisen dagegen unvollkommene Anpassungen auf.

Ein charakteristisches Merkmal der echten bodenlebenden Käfer ist zunächst ihre geringe Größe. Sie übersteigt nur selten 5 mm und sinkt bis auf 0,4 mm *(Typhlocyptus)* herab. Zur geringen Größe kommt oft noch eine ausgesprochen schmale langgestreckte Körpergestalt, so vor allem bei den Kurzflügelkäfern (Staphyliniden). Viele euedaphische Arten unterscheiden sich von ihren nächsten Verwandten – meist Arten der Bodenoberfläche – auch durch eine Verkürzung der Beine und Fühler, die mit einer Verringerung der Anzahl besonders der Fuß-(Tarsal-)Glieder verbunden ist. Diese Erscheinung ist bemerkenswert, weil die Bodenkäfer hierin von Höhlenbewohnern abweichen, mit denen sie sonst viele Ähnlichkeiten zeigen. Diese haben jedoch oft besonders verlängerte Extremitäten. Auch eine starke Verkürzung der Flügeldecken kann als typische Anpassungserscheinung an das Bodenleben betrachtet werden. Dabei kommt es in einigen Fällen (Leptotyphlinae) sogar zum Verwachsen der verbliebenen Deckflügel mit dem zweiten Brustsegment, so daß keine freien Flügeldecken mehr sichtbar sind (Fig. 106). Als eine weitere, die praktische Arbeit leider nicht wenig erschwerende Eigenart vieler echter Bodenkäfer sei noch ihre Armut an äußeren Unterscheidungsmerkmalen erwähnt, die in scharfem Gegensatz zur fast unwahrscheinlichen Vielfalt der männlichen Begattungsorgane steht. Wir treffen die gleiche Erscheinung z. B. bei einigen Diplopoden (Juliden) wieder.

Mit den höhlenbewohnenden Käfern haben die echten Bodenarten das Fehlen der häutigen Hinterflügel, d. h. also die Flugunfähigkeit, gemeinsam, weiter die Rückbildung der Augen bis zum völligen Schwund und die Pigmentlosigkeit. Während aber Höhlenkäfer gewöhnlich nur sehr schwach sklerotisiert sind, ist die Haut bei den Bodenbewohnern fast stets derb.

In einigen Zügen nähern sich die Bodenkäfer schließlich solchen Formen, die epedaphisch in Bodenspalten leben oder als grabende Arten nur zeitweise in den Boden eindringen. Einige haben eine abgeplattete Körpergestalt, während andere – Laufkäfer und Kurzflügelkäfer besonders deutlich – einen zylindrischen Typ verkörpern. Allgemein kann gesagt werden, daß alle grabenden euedaphischen Käfer eine annähernd zylindrische Körperform aufweisen. Hierbei ist häufig eine Einschnürung der Basis des Prothorax (vorderes Brustsegment) auffällig, wodurch eine hohe Gelenkigkeit zwischen den ersten beiden Brustsegmenten ermöglicht wird. Diese Eigenschaft kommt den Käfern beim Durchwinden durch enge Bodenspalten begreiflicherweise sehr zustatten. Sie findet sich bei euedaphischen Arten ebenso wie bei epedaphischen.

Mit dem hohen phylogenetischen Alter der echten Bodenkäfer dürfte es zusammenhängen, daß in Mitteleuropa – soweit es unter dem Einfluß der glazialen Vereisung gestanden hat – solche Formen recht selten sind, während sie im Mittelmeergebiet zahlenmäßig eine wesentlich stärkere Rolle spielen. Viele dieser Arten scheinen in ihren Ansprüchen an die allgemeinen Lebensbedingungen im Boden außerordentlich eng festgelegt zu sein, so daß sie trotz ihrer geringen Individuenzahl bei genauer Kenntnis als Indikatoren des Bodenzustandes Bedeutung erlangen können.

Die in unserer Bodenfauna wichtigen Käfergruppen sind demgegenüber vorwiegend epedaphische bis hemiedaphische Arten, die durch Graben mehr oder weniger

Fig. 107. Larve eines Sandlaufkäfers *(Cicindela hybrida)*, am Eingang seiner Wohnhöhle lauernd Länge 20 mm. In Anlehnung an Jeannel u. Doflein

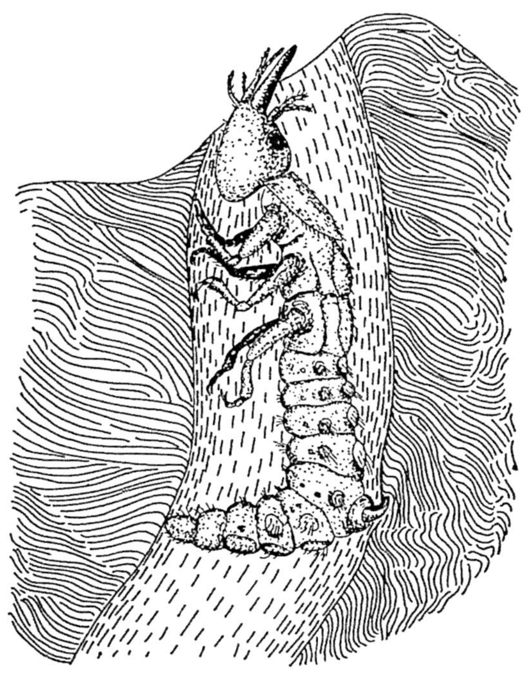

weit in den Boden eindringen, aber nicht streng an den Boden gebunden sind. Echte Bodenbewohner sind sie gewöhnlich nur in einem Abschnitt ihres Lebens, meist als Larven. Das Verhalten der hier in Betracht kommenden Gruppen ist recht unterschiedlich, so daß eine einzelne Besprechung notwendig wird.

Die Larven der Sandlaufkäfer (Cicindelidae, Fig. 107) fallen durch eine sehr starke Ausprägung des Kopfes und des 1. Brustsegments auf, weiter durch das Vorhandensein eines kräftigen Hakenpaares dorsal am 5. Hinterleibssegment und durch das Fehlen der den Laufkäfern eigentümlichen Hinterleibsanhänge. Sie graben mit dem Kopf bis zu 40 cm tiefe Röhren in lockeren sandigen Boden. Das Hakenpaar dient zum Einstemmen und Festhalten in der Röhre. Tagsüber lauern sie am Röhreneingang, nachts jagen sie frei herumlaufend nach Insekten. Die Arten sind wärmeliebend und zeigen eng begrenzte Ansprüche an Klima und Boden.

Die sehr umfangreiche Familie der Laufkäfer (Carabidae) umfaßt vorwiegend in oder direkt auf dem Boden lebende Arten. Die Größe der europäischen Arten schwankt zwischen etwa 2 und 40 mm. Gewöhnlich können die kleineren Arten besser in die oberen groben Bodenhohlräume eindringen. Die Laufkäfer sind meist flinke, vorwiegend räuberische Tiere. Ihre Bindung an den Boden zeigen die meisten Arten schon dadurch, daß sie entweder ihre (Hinter-)Flügel teilweise oder

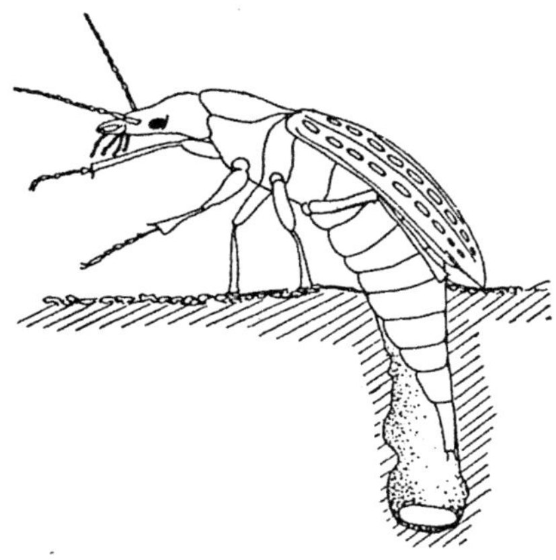

Fig. 108. Weibchen eines großen Laufkäfers *(Carabus cancellatus)* bei der Eiablage. Länge 22 mm. Nach v. Lengerken

ganz reduziert haben oder – trotz Vorhandenseins der Flügel – nur ausnahmsweise fliegen. Da die meisten Laufkäfer sich tagsüber unter Laub, Steinen, Rinde oder in groben Bodenhohlräumen versteckt aufhalten, sind sie oft weniger beachtet worden. Erst nachdem der Bodentierfang mittels Fallen üblich wurde, in den sich die nächtlich nach ihren Beutetieren (Regenwürmern, Schnecken, Insekten) jagenden Laufkäfer oft in erstaunlichen Mengen fangen, fanden sie das ihnen gebührende Interesse der Bodenzoologen.

Einige Laufkäfer graben als Larven und als voll entwickelte Käfer (Imagines) Gänge in den Boden. Einige lauern an deren Eingang auf Beute (meist größere Arten, z. B. Kopfkäfer, *Broscus cephalotes)*, andere stellen der Beute im Boden selbst nach. Letzteres tun z. B. die Handkäfer *(Dyschirius)*, die sich nach Kühnelt auf Staphyliniden der Gattung *Bledius* spezialisiert haben. Sie weisen – wie alle *Scaritini* – Grabbeine auf.

Die meisten Larven der Laufkäfer haben ähnliche Lebensgewohnheiten und Nahrungsansprüche wie die Imagines. Oft sind aber ihre Beziehungen zum Boden schärfer ausgeprägt. So jagen die Larven einiger Arten auf der Bodenoberfläche und in groben Hohlräumen der Streu, ohne in den Boden einzudringen (*Trechus, Bembidion, Calathus* u. a.). Einige Arten der Gattungen *Pterostichus, Nebria, Agonum, Abax* u. a. jagen an der Erdoberfläche, nützen aber Erdröhren anderer Tiere als Versteck aus (Fig. 109 a). Andere, ebenfalls räuberische Larven der Bodenoberfläche sind in der Lage, selbst Bodengänge als Unterschlupf oder zur Verpuppung anzulegen (*Carabus, Cychrus,* Fig. 109 b). Die Larven dieser Gruppen sind gut gepanzert (sklerotisiert), haben mäßig lange Laufbeine und ein langgestreckt-asselähnliches Aussehen. Demgegenüber zeigen andere, gleichfalls räuberische Larven, die ständig im Boden leben und in ihm Gänge anlegen *(Omophron, Elaphrus, Blethisa)*, gewöhnlich eine schwächere Sklerotisierung des Hinterleibes, aber einen harten spatenförmigen Kopf und Grabbeine (Fig. 109 c). Ihre Tast- und Geruchsorgane sind gut, ihre Augen oft schlecht entwickelt. Eine ähnliche Abstufung findet sich bei den phytophagen und saprophagen Laufkäferlarven. Einige *Amara*-Arten bleiben z. B. ständig an der Bodenoberfläche, andere graben sich selbst Gänge wie auch die Larven des Getreidelaufkäfers, *Zabrus tenebrioides* (Fig. 109 d). Larven der Gattungen *Harpalus, Anisodactylus, Ophonus* u. a. sind schließlich wiederum ständige Bodenbewohner. Sie sind allerdings nicht rein phytophag, sondern manchmal auch Räuber. Die ebenfalls bodenbewohnenden Larven von *Dichirotrichus, Bradycellus* u. a. scheinen ausschließlich saprophag zu sein. Nach diesen Befunden unterscheidet Šarova neun morpho-ökologische Typen der Laufkäferlarven.

Die Ernährung der Imagines, vielleicht aber auch der Larven, scheint allgemein nicht sehr eng spezialisiert zu sein. So kann z. B. der Getreidelaufkäfer, der in der Natur mit Vorliebe Getreideähren oder Maissamen ausfrißt, im Labor mit Fleisch gefüttert werden. Andererseits sind carnivore Arten nicht selten an pflanzlicher Kost getroffen worden (z. B. *Carabus* an Erdbeeren). Die obigen Angaben beziehen sich also auf die Hauptnahrungsquellen. Für Räuber sind dies Regenwürmer, Schnecken (besonders von *Cychrus*-Arten gefressen) und Insektenlarven. Sie sind wichtige Vertilger von Schädlingen, z. B. Drahtwürmern. Dies geht aus vielen Einzelbeobachtungen sowie aus quantitativen Erhebungen hervor, nach denen auf drahtwurmverseuchten Feldern bis zu 100 000 Laufkäfer je ha gefunden wurden. Auf Kartoffelfeldern stellte Scherney über 26 000 Exemplare/ha der großen *Carabus*-Arten fest, die den Kartoffelkäfer wirksam bekämpften. Ein Schadauftreten der pflanzenfressenden Arten ist relativ selten und gegenüber anderen Schädlingen meist wenig bedeutend.

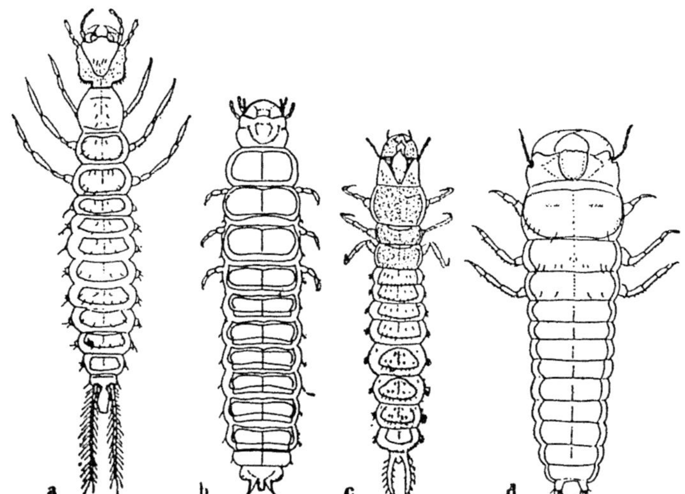

Fig. 109. Larven verschiedener Laufkäfer (Carabiden). a *Nebria brevicollis*, jagt an der Erdoberfläche; b *Carabus nemoralis*, jagt oberflächlich, kann aber selbst Gänge graben; c *Omophron limbatus*, lebt in selbst gegrabenen Gängen; d *Zabrus spinipes*, vorwiegend an der Oberfläche lebender Pflanzenfresser, kann selbst Gänge graben. Längen a 10 mm; b 20 mm; c 7 mm; d 18 mm. Nach Šarova

Im Jahresablauf finden sich zwei Maxima im Auftreten der entwickelten Laufkäfer: Frühjahr und Herbst. Diese Erscheinung hat ihre Ursache nicht, wie bei Kleinarthropoden oft zu beobachten ist, in der direkten Einwirkung des Klimas, sondern im Entwicklungszyklus der Laufkäfer. Dieser verläuft nach zwei Haupttypen: die „Frühjahrsarten" überwintern als Imagines und sterben nach der Eiablage gegen den Sommer zu ab. Die Larvenüberwinterer hingegen verlassen erst gegen Sommerende die Puppenwiegen und sterben als „herbstaktive Arten" erst im Spätherbst nach der Fortpflanzung. Manche Arten schreiten wohl auch mehrfach im Jahr zur Fortpflanzung.

Die Verteilung der Arten wird im Gegensatz zu den eben geschilderten Verhältnissen des zeitlichen Auftretens deutlich von klimatischen Faktoren, daneben aber auch von der Nahrung beeinflußt. Einige Arten bevorzugen hohe Temperaturen *(Carabus auratus, Harpalus aeneus, Broscus cephalotes)*. Sie sind in ihrer Verbreitung in Mitteleuropa vorwiegend auf offenes Gelände, Felder und Sandflächen beschränkt. Eine Mittelstellung nehmen wenig empfindliche eurytope Arten, wie *Carabus nemoralis* oder *Pterostichus vulgaris*, ein, die sowohl im Wald als auch auf Äckern in Mengen angetroffen werden können. Mehr feuchtigkeitsliebend bzw. erwärmungsempfindlich ist z. B. *Pterostichus niger*, eine in mittelfeuchten Wäldern sehr häufige Art, die auf Ackerböden nur noch dort zu finden ist, wo feuchter Lehm und gut bewachsene Bodenvertiefungen vorhanden sind. Arten, die noch stärker an Feuchtigkeit und ausgeglichene Temperatur gebunden sind, bleiben schließlich auf den Wald beschränkt, z. B. unsere größte Laufkäferart, der Lederlaufkäfer *(Carabus coriaceus)*.

Laubwälder mit Mullboden sind stärker besiedelt als Nadelwald mit Rohhumusauflage. Für diese Erscheinung machen einige Beobachter die Ernährungsfrage verantwortlich. Vor allem fehlen im Rohhumus meist die Regenwürmer, die eine wesentliche Nahrungsquelle für Larven und Imagines vieler Laufkäfer bieten. Ähnlich dürfte das Nahrungsangebot auch für die Bindung des Getreidelaufkäfers *(Zabrus tenebrioides)* an Felder entscheidend sein. Die größte Anzahl der Laufkäfer wurde auf Getreidefeldern, eine etwas geringere in Hackfruchtkulturen beobachtet. Naturbiotope sind dagegen im allgemeinen schwächer besiedelt. Die Lauf-

Fig. 110. Ein in epiphytischen Mullansammlungen (Astgabeln) 25 m über dem Boden lebender tropischer Zwergkäfer (Pselaphide), *Auchenotropis pauliani*. Länge 1,5 mm. Nach Jeannel aus Delamare-Deboutteville

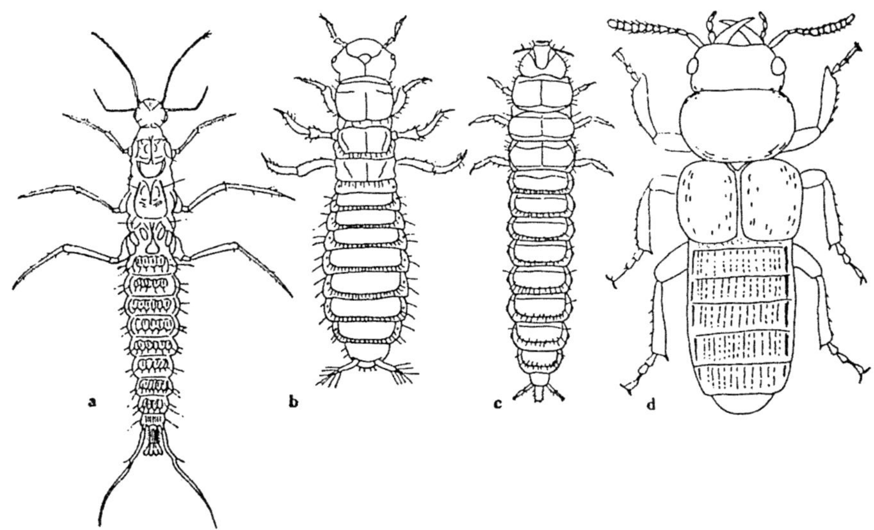

Fig. 111. Kurzflügelkäfer (Staphyliniden) und ihre Larven. a Larve von *Stenus bipunctatus*, lebt an der Oberfläche ufernaher Böden; b Larve von *Bledius talpa*, gräbt Gänge in sandige Uferböden; c Larve und d erwachsener Käfer von *Platysthetus arenarius*, in trockenem Dünger. Längen a 4,6 mm; b 4,5 mm; c 4,0 mm; d 3,5 mm. Nach Schiödte und Reitter

käfer folgen also der landwirtschaftlichen Kultur und haben hier als „Schädlingspolizei" eine hohe Bedeutung.

Die genaue Kenntnis der Lebensgewohnheiten und Nahrungsansprüche der Laufkäfer ermöglicht es, aus dem Vorkommen einer Art auf bestimmte klimatische Verhältnisse am Standort und auf das Vorhandensein bestimmter anderer Bodentierarten zu schließen. Da Laufkäfer relativ einfach zu fangen und zu bestimmen sind, sind sie geeignete Indikatoren zur schnellen Information über physikalisch-chemisch schwer meßbare Standortsverhältnisse. Unsere aktuellen Kenntnisse zur Ökologie der mitteleuropäischen Carabiden haben Thiele (1977) und Tietze (1973/74) zusammengefaßt.

Aus der Vielzahl der weiteren Käferfamilien seien zunächst die kleinsten Käfer überhaupt genannt, die Federflügler (Ptiliidae), die oft nur 0,5 mm messen. Sie besiedeln morsches Holz, faulende Pflanzenstoffe, Dünger oder Laubstreu. Nicht viel größer sind die teilweise euedaphischen Ameisenkäfer (Scydmaenidae) und Zwergkäfer (Pselaphidae, Fig. 110). Sie leben im Gegensatz zu den pilzfressenden Federflüglern vorwiegend räuberisch von Milben, besonders Oribatiden.

Auch unter den Kurzflügelkäfern (Staphylinidae) treffen wir eine große Zahl echter Bodenbewohner, wenn auch die Mehrheit dieser umfangreichen Familie als epedaphisch anzusprechen ist (Fig. 111). Die Staphyliniden sind vorwiegend räuberisch und bilden oft einen sehr wesentlichen Prozentsatz der Zoophagen in der

Bodenzönose. Hartmann (1979) fand, daß die Staphylinidenpopulation an drei Standorten im Solling (Buchenwald, Fichtenforst und Wiese) die gesamte bodenlebende Käferfauna an Artenzahl und Siedlungsdichte übertraf. Im Buchenwald waren im Herbst und Winter 500–550 Larven/m^2 und Imagines anzutreffen, im April/Mai nur 130–150/m^2. Vorwiegend zeigten die Arten hier Fortpflanzung und Larvenentwicklung im Herbst und Winter. Nach den 3 Larvenstadien und der Puppenruhe übersommern dann die adulten Tiere. Im Fichtenforst ergab sich eine geringere (300–500), in der Wiese eine höhere Siedlungsdichte (600–950 Individuen/m^2). Die Larvalüberwinterer sind hier seltener, die Larven sind nur im Frühjahr und Sommer zahlreicher als die Imagines.

Gegen Pestizide sind die Staphyliniden meist sehr empfindlich. Allerdings fand Topp, daß die Reaktion auf chlorierte Kohlenwasserstoffe nicht einheitlich ist. Methoxychlor ist z. B. für *Philonthus* offensichtlich nicht, für *Tachyporus, Oxytelus* u. a. aber deutlich toxisch. Ob durch Gifteinwirkung verursachte Besiedlungslücken schnell geschlossen werden können, hängt von der Flugfähigkeit der Arten (und der Breite der Pestizidanwendung) ab. Staphyliniden sind auch als besonders winterhart bekannt. In kanadischen Böden wurden Arten von *Atheta, Falagria, Philonthus, Tachyporus* u. a. noch bei –3 °C unter Schnee aktiv gefunden (Aitchinson). Einige Kurzflügler, z. B. die Sandboden bewohnende Gattung *Bledius*, leben nicht zoophag, sondern bevorzugen Algen oder zerfallende pflanzliche Stoffe. Von ihnen ist die Anlage komplizierter Eikammern im Sandboden bekannt (Lipkow).

Ausschließlich räuberisch sind die ebenfalls verkürzte Flügeldecken tragenden Stutzkäfer (Histeridae). Sie sind jedoch viel gedrungener und stärker gepanzert als die Staphyliniden. Die Stutzkäfer stellen teilweise den Fliegenlarven in Kot, Aas und zerfallenden Stoffen nach *(Hister, Saprinus)*; teilweise jagen sie auch in der Streu oder unter der Rinde. Viele Arten tragen auffallend kräftige Grabbeine.

Sind von den vorgenannten Gruppen Larven und fertige Käfer als Bodentiere tätig, so sind bei den folgenden Familien nur die Larven eigentliche Bodenbewohner.

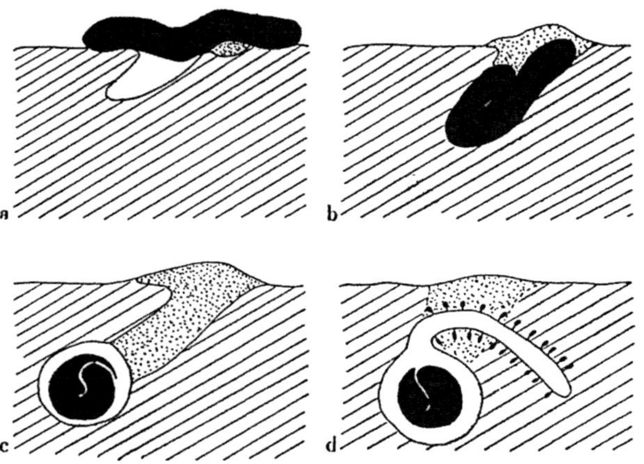

Fig. 112. Eingraben eines Aases durch den Totengräber, *Necrophorus vespillo*. a–c aufeinanderfolgende Phasen des Vorganges, d Anlage eines Mutterganges mit Eikammern. Nach Pukowski aus v. Lengerken

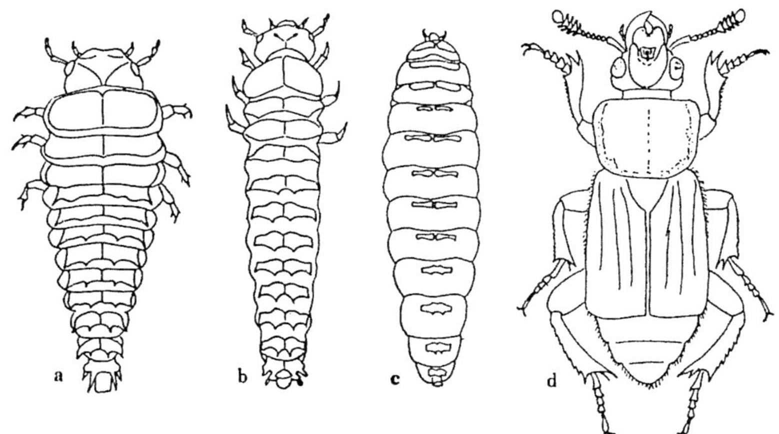

Fig. 113. Totengräber *(Necrophorus germanicus)*. a erstes Larvenstadium, das durch den Erdboden zum Aas wandert; b und c zweites und drittes Stadium, nur in Aas lebend; d entwickelter Käfer. Länge a 0,6 cm; b 1,0 cm; c 5,5 cm; d 3,0 cm. Nach v. Lengerken und Reitter

Die Imagines werden jedoch zuweilen bei der Brutfürsorge für den Boden wichtig. Ein solcher Fall liegt bei den zu den Aaskäfern (Silphidae) zählenden Totengräbern *(Necrophorus)* vor. Diese recht ansehnlichen Käfer vergraben auf der Erdoberfläche aufgefundenes Aas bis zu 60 cm *(Necrophorus germanicus)*, meist aber etwa 5–10 cm tief in den Boden. Dort versuchen sie, es in einer durch Rückendruck verfestigten Erdhöhle in Kugelgestalt zu bringen. Von dieser „Nahrungshöhle" aus graben sie einen Tunnel in den umgebenden Boden, in dessen Wände sie die Eier absetzen (Fig. 112). Die schlüpfenden Larven werden durch eine Duftspur zum Aas gelockt und dort von der Mutter mit vorverdautem Aas gefüttert (Fig. 113). Der bodenbiologische Nutzen dieses interessanten Vorganges besteht darin, daß das Aas der raschen und hinsichtlich der Nährstoffe verlustreichen Zersetzung auf der Erdoberfläche entzogen wird.

Eine grundsätzlich gleiche Bedeutung für die Einarbeitung von Großtierexkrementen in den Boden hat die Tätigkeit der Mistkäfer (Geotrupidae und Scarabaeidae). Sie sind in ihrer überwiegenden Mehrzahl in den tropischen und subtropischen Ländern verbreitet. Die Kotkäfer (Coprinae) wurden durch den Heiligen Skarabaeus der Ägypter oder Pillendreher *(Scarabaeus sacer)* bekannt. Deren Weibchen (nie die Männchen) formen eine Dungkugel, transportieren sie, graben sie ein und legen jeweils ein Ei an solch eine „Brutbirne". Die Larve ernährt sich hiervon einen Monat bis zur Verpuppung. In Mitteleuropa leben kleine Pillendreher *(Sisyphus schaefferi)* und vor allem die weltweit verbreiteten Kotkäfer der Gattung *Onthophagus*. Ihr Brutverhalten wird als parakoprisch bezeichnet, wenn die Brutgänge in unmittelbarer Verbindung mit dem als Nahrung für Käfer und Brut dienenden Kothaufen (tief im Boden) angelegt werden (Fig. 114). Andere Kotkäfer

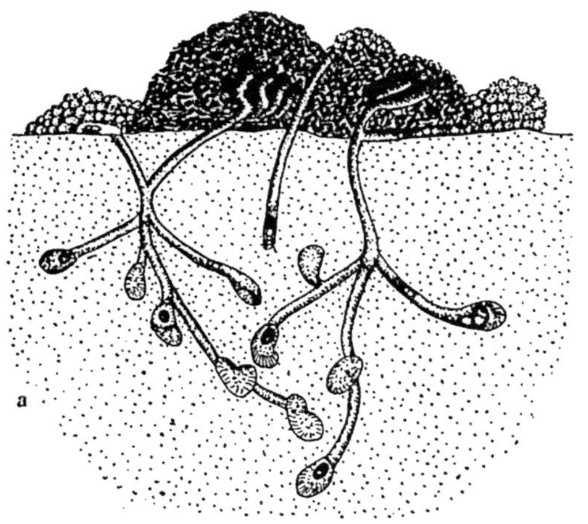

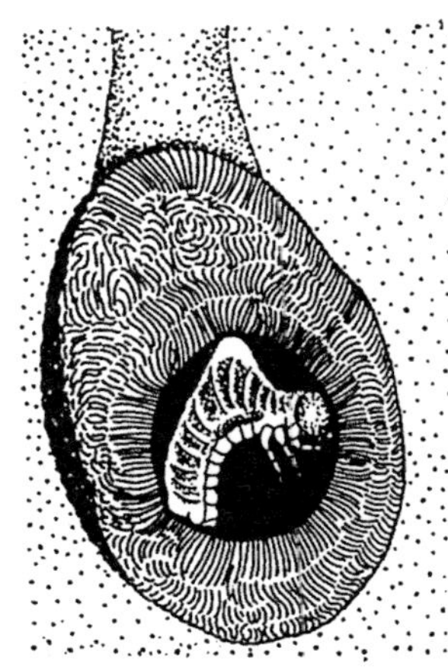

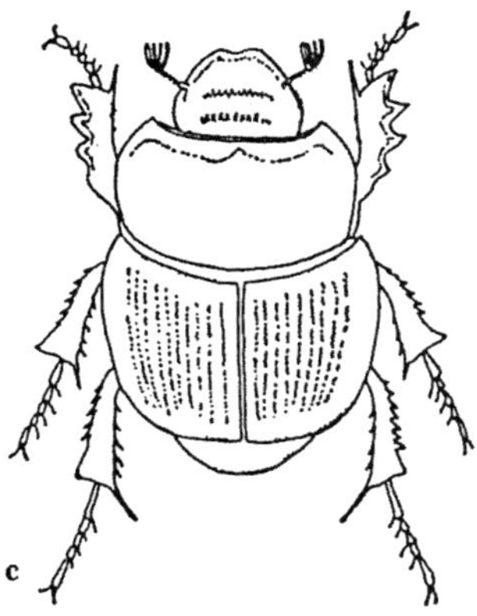

Fig. 114. a drei Brutbaue eines Kotkäfers *(Onthophagus nuchicornis)* unter Kuhdung. Der mittlere Bau wird eben durch Heraustragen von Sandballen begonnen. In Seitenstollen werden Brutpfropfen aus Dung angelegt und mit einem Ei versehen (teilweise geöffnet, um die Eikammern zu zeigen). b Larve beim Fraß im Brutpfropfen. c erwachsener Käfer mit starken Grabbeinen, Länge 7 mm. Nach Burmeister aus v. Lengerken

z. B. *Phanaeus,* transportieren den Kot über weite Strecken bis zum Brutbau, wie dies die Pillendreher tun (telekoprische Arten). Selten werden die Eier direkt in den Kothaufen abgelegt (endokoprische Arten, *Oniticellus cinctus*), was für Dungkäfer (Aphodiinae), z. B. der häufigen Gattung *Aphodius,* die Regel ist (Bornemissza). Als Ausnahme ist von dem australischen *Onthophagus dunningi* bekannt, daß sich seine Brut nur in besonders zubereiteter Pilzsubstanz (von *Amanita*-Arten) entwickelt, während die Imagines auch Kotsubstanz fressen.

Die größeren mitteleuropäischen Mistkäfer gehören vorwiegend zu den Roßkäfern (Geotrupidae). Sie sind besonders an warmtrockenen Standorten zu finden (z. B. sandige Steppen- und Heidegebiete). Auch sie legen Brutbauten direkt unter oder in der Nähe von Kothaufen an, wobei sie Kotballen oder -kugeln in ein vorbereitetes Stollensystem einlagern. An diesen oder in diese Ballen werden dann die Eier abgesetzt, so daß sich die aufwachsenden Larven stets innerhalb einer ausreichenden Nahrungsmenge befinden. Viele Arten graben während der Brutperiode zwei oder drei Bauten. Sie schaffen dabei nicht nur für die Larven, sondern auch für sich selbst Nahrungsvorrat in den Boden, so daß sich bei den größeren Arten eingetragene Kotmengen von 100 bis über 600 g je Käferpaar ergeben (Teichert). Dies ist gerade in den von den Roßkäfern bevorzugt bewohnten trockenwarmen Gebieten bodenbiologisch sehr wesentlich, da hier die auf der Erdoberfläche abgelagerten Exkremente der Großtiere einer schnellen Verwesung anheimfallen und die in ihnen enthaltenen Nährstoffe großenteils ungenutzt entweichen würden.

Die Tiefe der angelegten Erdbauten schwankt zwischen 5 und etwa 100 cm im Durchschnitt. Sie hängt ab von der Käferart, der Bodenart, dem Untergrund und den Feuchtigkeitsverhältnissen. Bei dem nordamerikanischen Mistkäfer *Geotrupes profundus* wurden maximale Bautiefen von 122–363 cm festgestellt. Recht tief (48–130 cm) trägt auch das einheimische Dreihorn *(Typhoeus typhoeus)* den Dung ein. Die Menge des dabei ausgeworfenen Bodens hat Teichert im Durchschnitt (bei ein bis drei Bauten in der Brutperiode) auf 382 g je Pärchen im Jahr berechnet. Hieraus ergibt sich eine Wühl- und Umlagerungstätigkeit, die an geeigneten Standorten unter Umständen wesentlich sein kann.

Die meisten Roßkäfer sind ebenso wie die übrigen Mistkäfer Kotfresser (koprophag). Ihre ursprüngliche Nahrung ist jedoch im Bestandesabfall von Wäldern oder Grünland zu suchen. So trägt z. B. *Geotrupes splendidulus* Fallaub von Eichen ein, *Geotrupes profundus* trockene Nadelstreu oder Rindenteile. Es erscheint fraglich, ob sich die Larven direkt von diesen an sich schwer zersetzlichen Stoffen ernähren. Es könnte vielmehr angenommen werden, daß sie von Pilzen leben, die unter den von den Käfern geschaffenen Bedingungen gut auf dem Substrat gedeihen. Eine ähnliche Vermutung ist sogar hinsichtlich der Ernährungsweise der eigentlichen „koprophagen" Arten geäußert worden. Es ist jedoch ganz allgemein kaum möglich, bei größeren Insekten eine scharfe Trennung zwischen kot-, humus- oder pilz- bzw. mikrophytenfressenden Arten zu ziehen.

Ihrer Verbreitungsart wegen ist es nicht möglich, die Zahl der Mistkäfer auf eine Flächeneinheit zu beziehen. Beobachtungen in Waldsteppengebieten der Sowjetunion ergaben unter natürlichen Kothaufen von Pferden oder Rindern, d. h. auf etwa 2 kg Mist, zwischen 50 und 150 Exemplare. Die in einem Kothaufen festgestellte Artenzahl betrug meist zwischen 8 und 10. Hierbei ist eine deutliche Spezialisierung oder wenigstens Bevorzugung hinsichtlich der Mistart zu erkennen. Der Anflug der Käfer erfolgt sehr rasch und läßt stark nach, wenn sich durch Austrocknung eine härtere „Rinde" gebildet hat. Bornemissza hat für australische Weiden berechnet, daß 50–80 % der vom Weidevieh anfallenden Kotmengen von Mistkäfern, hier besonders von dem dominierenden *Onthophagus australis*, in den Boden eingearbeitet werden.

Ausgesprochene Bodentiere sind auch die als Engerlinge bekannten Larven der Maikäfer (Melolonthinae), die, wie die Kot- und Dungkäfer, der Familie Scarabaeidae angehören. Die Engerlinge verbringen meist zwei bis vier Jahre im Boden. Sie ernähren sich dabei im ersten Lebensabschnitt vorwiegend von abgestorbenen Pflanzenteilen. Mit zunehmendem Nahrungsanspruch werden in der Regel Wurzeln gefressen. In den einseitigen Kulturbiozönosen genutzter Böden ist es den Maikäfern möglich, sich zuweilen derart massenhaft zu vermehren, daß ohne Bekämpfungsmaßnahmen ein Großteil der Ernte bzw. des Holzzuwachses durch Engerlinge vernichtet wird. Unter natürlichen Bedingungen tritt eine derartige Schadwirkung kaum oder überhaupt nicht auf, so daß hier die Engerlinge sogar als bodenbiologisch nützlich bezeichnet werden können. Sie werden durch natürliche Feinde (Maulwürfe, Wildschweine) so dezimiert, daß eine Übervermehrung ausbleibt. Dazu kommt in solchen Böden der erhöhte Anfall toter pflanzlicher Substanz, die in vielen Fällen vor den lebenden Wurzeln bevorzugt wird. Bei Schadauftreten wurden über 100 bis 150 Engerlinge/m^2 gefunden, die sich bis wenigstens 1 m in die Tiefe arbeiten. Werden solche Engerlingsstellen von Schwarzwild durchwühlt, ist später nur noch 10–20 % des ursprünglichen Engerlingsbestandes zu finden. Gegen chemische Bekämpfung sind die Engerlinge im ersten Lebensjahr am empfindlichsten.

Eine ausgesprochen nützliche Wirkung wird den Engerlingen des Großen Getreidekäfers *(Anisoplia austriaca)* besonders in den trockenen Böden Südosteuropas zugeschrieben. Sie können in regenwurmarmen Böden durch ihre Fraß- und Wühltätigkeit die Funktion der Regenwürmer in beachtlichem Maß übernehmen. G h i l a r o v berichtet jedoch, daß *Anisoplia* für Pflanzen mit sehr empfindlichem Wurzelsystem (Kautschukpflanzen) schädlich wird.

Die Maikäfer stellen deutliche Ansprüche an die Eigenschaften der Böden. Die Maikäferweibchen wählen die Stelle zur Eiablage nach der Bodendichte aus. Ausschlaggebend für die Verbreitung der Arten scheinen im allgemeinen die Feuchtigkeit und die Temperatur zu sein. So besiedelt der Julikäfer (Walker, *Polyphylla fullo*) bei uns trockene Sandböden, in heißeren Klimagebieten (Transkaukasien) jedoch Lehmböden. Ähnlich entwickeln sich die Engerlinge des „Wald"-Maikäfers (*Melolontha hippocastani;* bei uns vorwiegend Waldbewohner) im Norden des Waldgebietes der Sowjetunion an freien Orten und in Feldern, in der Steppenzone dagegen ausschließlich in Schlucht- und Auenwäldern. Entsprechend kann auch unser „Feld"-Maikäfer *(Melolontha melolontha)* in Wäldern vorkommen.

Nach Untersuchungen an einem Juni- oder Brachkäfer *(Amphimallus majalis)* sind die Engerlinge besonders im ersten und zweiten Lebensjahr sehr feuchtigkeitsempfindlich. Sie leben gewöhnlich in geringen Bodentiefen, wandern aber bei Überschreiten einer bestimmten Mindestfeuchtigkeit in tiefere Bodenschichten, wobei ihnen die Mandibeln als Grabwerkzeuge dienen. Im fraglichen Feuchtigkeitsbereich sind sie sehr genaue Feuchtigkeitsanzeiger. Die bevorzugten Temperaturen liegen zwischen 17° und 27 °C. Im dritten Lebensjahr scheinen die Engerlinge weniger empfindlich zu sein.

Den Scarabaeiden nächstverwandt und mit ihnen als Blatthornkäfer (Lamellicornia) zusammengefaßt sind die H i r s c h k ä f e r (Lucanidae). Sie können bodenbiologisch insofern bedeutungsvoll werden, als sie sich an der Zersetzung von Stubben im Wald hervorragend beteiligen. Während die Larven des eigentlichen Hirschkäfers *(Lucanus cervus)* mehr in der Wurzelzone von Eichen-, Ulmen-, Eschen- oder Ahornstubben zu finden sind, gehen die Larven kleinerer Arten (Schröter: *Ceruchus chrysomelinus; Sinodendron cylindricum,* Fig. 115; *Dorcus parallelopipedus*) mehr den Stubbenblock selbst an. Unter günstigen Verhältnissen kann ein kräftiger Stubben mit weit über 500 Larven verschiedener Hirschkäferarten bevölkert sein. Sie zerkleinern den Holzstoff, schaffen dadurch größere und reaktionsfreudigere Ober-

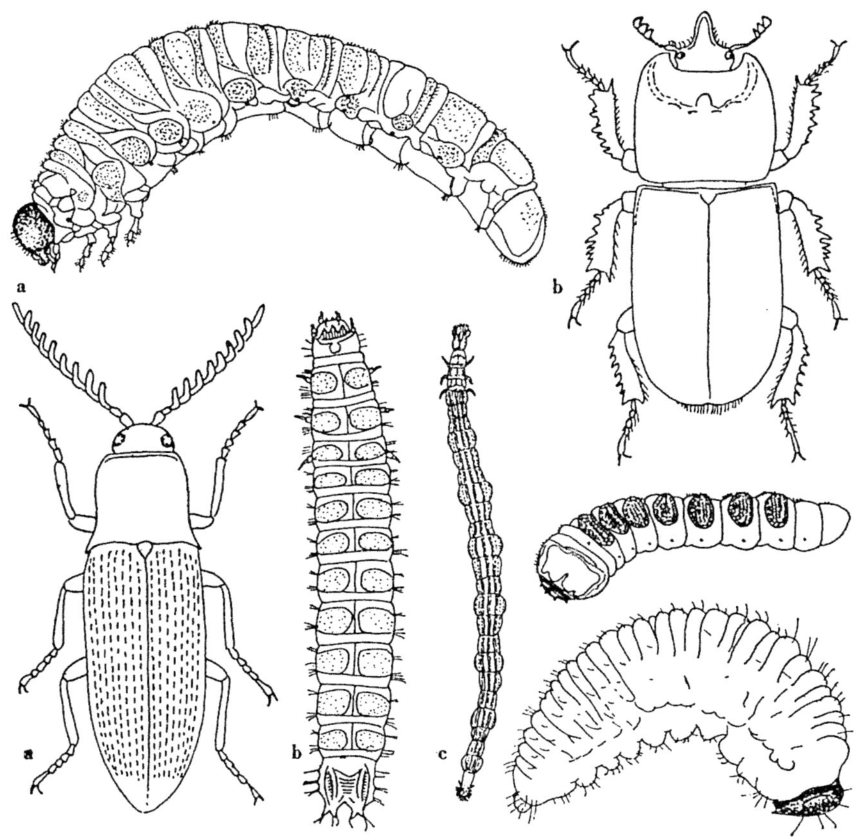

Fig. 115 (oben). Larve (a) und erwachsenes Männchen (b) des Kopfhornschröters, *Sinodendron cylindricum* (Hirschkäfer). Die Larve hat Anteil an der Zersetzung der Stubben, Länge a 3,5 cm; b 1,5 cm. Nach Reitter

Fig. 116 (rechts, Mitte). Larve des Riesen- oder Spießbockes, *Cerambyx cerdo,* aus morschen Eichenstämmen; mit Kriechleisten auf dem Rücken (Bockkäfer). Länge 7 cm. Nach v. Lengerken

Fig. 117 (links unten). Schnellkäfer (Elateriden) und ihre Larven („Drahtwürmer"). a *Corymbites castaneus,* entwickelter Käfer; b dessen Larve („normaler Drahtwurmtyp"); c Larve von *Cardiophorus asellus* aus Moos oder Blattstreu. Länge a 1,0; b 5,5; c 8 cm. Nach Reitter

Fig. 118 (rechts unten). Typische fußlose Larve eines Rüsselkäfers *(Otiorrhynchus rotundatus).* Kann durch Fraß an Wurzeln schädlich werden. Länge 6 mm. Nach v. Lengerken

flächen und ebnen so der weiteren Besiedlung der Stubben durch Mikroorganismen und andere Bodentiere den Weg. In rotfaulen Stubben beobachtete M a m a e v an *Ceruchus chrysomelinus* eine starke Dunkelfärbung der Kotballen, was auf eine Humifizierung innerhalb des Darmkanals schließen läßt. Die Larven dieser kleineren Arten verarbeiten im Monat etwa 14 cm^3 Holzmasse, die der großen Hirschkäfer aber über 250 cm^3, was im letzteren Fall einer Ganglänge von etwa 90 cm entspricht. Im Endeffekt können die Hirschkäferlarven – zusammen mit der von ihnen geförderten anderen Stubbenfauna – den Stubben zum völligen Einsturz bringen.

Eine bemerkenswerte Ernährungsweise zeigen die Larven von *Lucanus cervus*. Sie zernagen das abgestorbene Holz zunächst zu feinem Mulm, in dem bald mikrobiologische Aufbereitungsprozesse ablaufen. Von diesem selbst bereiteten Kompost ernähren sie sich.

Als epedaphische Bodentiere treten zuweilen recht zahlreich die samtartigen Larven der W e i c h k ä f e r (Cantharidae) auf. Sie ernähren sich stets räuberisch von kleinen Insekten, Insektenlarven oder Schnecken (besonders die nahe verwandten Leuchtkäfer, Lampyridae). Die räuberische Larvalzeit kann bis zu 9 Monaten dauern. Einige Larven sind noch bei 0 °C auf Schnee aktiv („Schneewürmer").

Die wichtigsten Schädlinge unter den Käfern sind neben den Engerlingen die Drahtwürmer, d. h. die Larven der S c h n e l l k ä f e r (Elateridae). Die überwiegende Zahl der Schnellkäferarten entwickelt sich allerdings in morschem Holz oder anderer abgestorbener pflanzlicher Substanz; eine Reihe von Arten ist auch räuberisch. Aus diesen nützlichen, meist waldbewohnenden Drahtwürmern haben sich unter den Bedingungen der Kulturböden schädliche Arten herausgebildet. Sie können ganz besonders in Getreide- und Rübenfeldern durch Wurzelfraß hohen Schaden (5–12 % der Ernte) anrichten. In stark verseuchten Kulturböden werden 10 bis 50 Drahtwürmer je m^2 festgestellt. Solches Schadauftreten ist vor allem von den Larven der Gattungen *Agriotes* und *Selatosomus* bekannt. Es können aber auch andere Gattungen beteiligt sein. So scheinen die gewöhnlich von Insekten lebenden *Athous*-Larven bei Nahrungsmangel pflanzenschädlich zu werden.

Das Ausmaß des von den Drahtwürmern verursachten Schadens scheint von der Feuchtigkeit und dem Humusgehalt des Bodens stark beeinflußt zu werden. So bleiben die Verluste durch Elateridenfraß in feuchter humoser Gartenerde meist gering, während sie in trockenen humusarmen Sandböden häufig sehr ins Gewicht fallen. Diese Verhältnisse sind wohl dadurch zu erklären, daß die Drahtwürmer keine trockene Nahrung aufnehmen können. Fehlen dem Boden feuchte Humusstoffe, so werden lebende Pflanzenteile in verstärktem Maß angegangen. Häufig scheint dies vorwiegend zur Deckung des Feuchtigkeitsbedarfes zu erfolgen. Auch beim Fraß an Pflanzenwurzeln werden harte Teile nicht mit aufgenommen, sondern regelrecht ausgequetscht und der Saft aufgesogen.

Nach G h i l a r o v verhalten sich die Arten der Elateridenlarven recht unterschiedlich in ihren Fraßgewohnheiten. Obwohl die Drahtwürmer grundsätzlich Allesfresser sind, bevorzugen Arten der Gattung *Selatosomus* z. B. lebende Pflanzenwurzeln deutlich. Sie sind auch verstärkt in solchen Böden anzutreffen, die ganzjährig lebendes Wurzelgewebe enthalten. Arten der Gattung *Agriotes* dagegen sind viel stärker saprophag und besiedeln bearbeitete, also zeitweise vegetationslose Feldflächen wenigstens gleich stark. Im Versuch werden viele Drahtwürmer durch keimende Getreidesamen über Distanzen von 20 cm angezogen. Entscheidend scheint hierfür die CO_2-Konzentration zu sein (D o a n e u. a.), und zwar in den Konzentrationsgrenzen zwischen 0,036 und 1,5 % (bei *Ctenicera destructor*).

Die Vertikalwanderung der Drahtwürmer richtet sich nach der Fruchtfolge, der Feuchtigkeit, der Temperatur und der Bodendichte. Larven im 1. Jahr halten sich meist in 0–20 cm Tiefe auf, ältere können wesentlich tiefer graben (30–45 cm). Die Wanderung in die oberen 0–5 (10) cm setzt im Frühjahr bei Temperaturen über 6 °C ein. Der Sommertrockenheit weichen die Larven so tief wie erforderlich aus und stellen sich bei einsetzender Herbstfeuchtigkeit wieder in der Oberschicht ein. Die Dichte der Vegetation bzw. der von ihr ausgehende Temperaturschutz entscheidet mit über die zur Überwinterung bevorzugte Bodentiefe (N a d v o r n i j). *Selatosomus*-Larven halten im Sommer lange in der trockenen Oberschicht des Bodens aus, wenn sie wasserreiche Pflanzenwurzeln zur Verfügung haben (G h i l a r o v).

Die Drahtwürmer sind gewöhnlich relativ gedrungen, hell gelblich bis weißlich und mit sehr kräftiger glatter Cuticula ausgestattet. Die kurzen Beine treten kaum hervor. Ein halbrunder kräftiger Vorsprung am Kopf wird als „Schaufel" zusammen mit den Mandibeln zum Graben benutzt. Auch an der Körpergestalt lassen sich Eigenheiten der Lebensweise ablesen. So haben die vorwiegend phytophagen, oft in stark verhärteten Böden lebenden Arten der Gattungen *Selatosomus* und *Corymbites* als Grabeeinrichtung ein geteiltes 9. Hinterleibssegment mit sehr stark entwickelten Anhängen (Urogomphi) in Schaufel- oder Zangenform (Fig. 117 b). Die mehr saprophagen, vorwiegend locker-feuchte Humusböden bewohnenden *Agriotes*-Larven haben stattdessen ein kegelförmiges Ende des Hinterleibs. Bewohner sehr leichter Böden können noch viel weiter von der bekannten Gestalt des Drahtwurmes abweichen, so z. B. die lange schlanke Larve von *Cardiophorus*, die in Sand, unter Moos oder zwischen Blättern zu finden ist (Fig. 117 c).

Die Eiablage erfolgt nach Untersuchungen von G h i l a r o v bei den als Schädlinge wichtigen Arten vorwiegend auf Getreidefeldern. Hier finden die Weibchen im Anfang Juni die besten mikroklimatischen Bedingungen. Folgt dem Getreide ein mehrjähriger Kleeanbau, so bleiben die Larven der Elateriden ungestört und können sich stark entwickeln, ohne dem Klee selbst zu schaden. Wird der Boden schließlich 2 bis 3 Jahre nach dem Getreideanbau umgebrochen, so leiden die Drahtwürmer durch die Bodenbearbeitung keinerlei Schaden mehr und können für die nachfolgende Feldfrucht stark schädlich werden. Werden dagegen die Getreidestoppeln im ersten Jahr geschält, so vertrocknet gewöhnlich ein hoher Prozentsatz der frisch geschlüpften Larven. Die Bindung an Getreide wird bei diesen Arten auch dadurch deutlich belegt, daß die Larven von *Ludius aereipennis* im ersten Lebensjahr Getreidewurzeln zur Ernährung benötigen, während sie später polyphag bzw. saprophag leben.

Die Entwicklung der Drahtwürmer bis zur Verpuppung beträgt in Abhängigkeit von Art und Klima 3 bis 5 Jahre. *Agriotes*-Larven mit 4jähriger Entwicklungsdauer erreichen im 1. Lebensjahr 4 mm, im zweiten 9 mm, im dritten 18 mm und im vierten 22 mm. Insgesamt ist eine effektive Temperatursumme von 4 446 °C für die Entwicklung erforderlich (K a b a n o v). *Agriotes lineatus* lebt 11 Monate als Imago, davon jedoch 9 (August–April) in Diapause. Larven dieser Art fallen schon bei +1 °C in Kältestarre, bereits −6 °C wirken letal.

In großer Mannigfaltigkeit treten die Schwarzkäfer (Tenebrionidae) im Boden auf. Bislang sind von ihnen etwa 20 000 Arten bekannt. Sie bevorzugen trokken-warme Gebiete und werden deshalb in Mitteleuropa weniger wichtig als z. B. in Osteuropa und Asien. In der Steppenzone können Arten wie *Opatrum sabulosum, Pedinus femoralis* u. a. durch Fraß an Wurzeln zu gefährlichen Schädlingen werden. Bei einigen Schwarzkäfern ist eine strenge Bindung an bestimmte Bodeneigenschaften bekannt. So lebt *Anatolica angustata* in der Kasachischen SSR lediglich in nicht vergrasten Dünen alluvialer Entstehung, *Anatolica lata* dagegen in Schotter- und Karbonatböden. Andere Arten weisen eine größere ökologische Plastizität auf. *Tentyria nomas* lebt z. B. in Sand- und Lehmböden, Steinschutt und grau-braunem Ödland. Hier sind jedoch morphologische Unterschiede zwischen den Bewohnern verschiedener Böden festzustellen. Die bodenbiologische Bedeutung der Tenebrioniden kann auch in positiver Hinsicht hoch sein, zumal in ihren Exkrementen eine hohe zellulolytische Aktivität feststellbar ist (Stebaev).

Holzverarbeiter sind die Larven der Bockkäfer (Cerambycidae, Fig. 116). Sie haben jedoch weniger bodenbiologische Bedeutung, da sie nicht selten lebendes Holz angehen oder trockenes Holz oberirdisch zernagen, wobei schlechtzersetzliches trockenes Holzmehl entsteht. Auch hier kommen jedoch echte Bodenformen vor. So leben z. B. die Grasböcke *(Dorcadion)* als Larven und im erwachsenen Zustand von den Wurzeln der Gräser.

Von den mit den Bockkäfern nächstverwandten Blattkäfern (Chrysomelidae) werden die Erdflöhe (Halticinae) oft als Bodentiere angesehen. Tatsächlich leben diese in Kulturen recht schädlich, an ihren Sprungbeinen kenntlichen Arten nur zum kleinen Teil als Larve frei an lebenden Pflanzenwurzeln. Häufig minieren sie in Pflanzenteilen. Die geschlüpften Käfer suchen ihr Winterquartier oft in der Waldstreu, an Bäumen hinter Rinde u. ä.

Unter den Bodenschädlingen sind schließlich noch einige Rüsselkäfer (Curculionidae) zu erwähnen. Ihre beinlosen Larven (Fig. 118) leben nicht selten ausschließlich von Wurzeln und können der Wirtschaft starken Schaden zufügen. In dieser Hinsicht am wichtigsten ist die Gattung *Otiorrhynchus*. An den Larven von *Otiorrhynchus sulcatus*, die an den Wurzeln von Weinstöcken schädlich werden, hat Klingler interessante Untersuchungen über das Orientierungsvermögen im Boden angestellt. Es zeigte sich, daß die Larven auf chemische Stoffe, die von den Wurzeln ausgeschieden werden und sich über die luftgefüllten Bodenhohlräume verbreiten, mit gerichteter Bewegung reagieren können. Als einen solchen Stoff sieht Klingler das CO_2 an, das bis zu einer Konzentration von 3,5 % anziehend auf die Larven wirkt (vgl. aber Abschnitt „Bodenluft"!). Eine spezifische Wirkung der Wurzeln der Wirtspflanze scheint dagegen nicht zu bestehen, so daß für den bevorzugten Befall bestimmter Pflanzen wohl die Eiablage durch das flugfähige Weibchen ausschlaggebend ist. Hohe Befallsdichten sind auch von den an Leguminosen lebenden Larven der Gattung *Sitona* bekannt. So können z. B. in Erbsenkulturen mehr als 2 000 Larven dieser Rüsselkäfer auf 1 m^2 auftreten.

Die hier geschilderten Beispiele bodenlebender Käfer sollen nicht darüber hinwegtäuschen, daß unsere Kenntnis gerade der bodenlebenden Larvenstadien ganz im Gegensatz zur systematischen Durchdringung der Reifetiere heute noch in vielen Einzelfragen völlig unzureichend ist. Selbst bei einer so „gut bekannten" Gruppe wie den Käfern steht die bodenzoologische Forschung also noch durchaus am Anfang.

5.16.13. *Hafte, Planipennier*

Unter den Haften oder Netzflüglern im engeren Sinne (Planipennia) sind hier nur die Ameisenjungfern (Myrmeleontidae) zu erwähnen. Ihre Larven („Ameisenlöwen") graben sich in trockenem Sandboden eine trichterförmige Vertiefung, in der sie auf kleinere Tiere der Bodenoberfläche, besonders Ameisen, lauern (Fig. 153 g).

5.16.14. *Hautflügler, Hymenopteren*

Berührungspunkte mit dem Bodenleben weisen viele Familien der Hymenopteren (Hymenoptera) auf. So minieren die fast beinlosen Larven der Holzwespen (Siricidae) in totem Holz und tragen während ihrer 2 bis 3 Jahre dauernden Entwicklungszeit zum Beispiel zur Stubbenzersetzung bei. In trockenen Stämmen wird jedoch ungünstiges Holzmehl erzeugt. Unter den Gallwespen (Cynipidae) finden sich Arten mit erdbewohnenden Stadien, die an Wurzeln Gallen erzeugen (z. B. *Biorrhiza pallida* an Eiche). Die Erzwespen (Chalcididae) und andere Familien parasitieren häufig in bodenbewohnenden Insektenlarven. Die Faltenwespen (Vespidae), Wegwespen (Pompilidae), Grabwespen (Sphecidae) und Bienen (Apidae) können durch die Anlage von Erdnestern besonders in Rohböden bodenbiologisch wirksam werden. Am bedeutendsten für den Boden sind jedoch zweifellos die Ameisen.

Diese hochentwickelten, stets staatenbildenden Insekten sind ursprünglich und hauptsächlich carnivor. Sekundär sind sie z. B. zur Blattlauszucht übergegangen. Die etwa 100 000 Individuen eines Nestes der Roten Waldameise *(Formica rufa)* ernten im Jahr etwa 10 kg Zucker von Blattläusen. Andere wieder errichten mit eingetragenen Pflanzenteilen Pilzgärten. Das Nest wird bei manchen Arten in der Erde selbst angelegt (*Ponera* u. a.), bei anderen als Hügel aus Erde oder Pflanzenteilen aufgeführt *(Lasius, Formica)* oder schließlich in toten (selten lebenden) Pflanzenteilen, besonders Baumstämmen gebaut. So zernagt die Roßameise *(Camponotus herculeanus)* auch gesundes Holz. Das Produkt ist ein schlecht zersetzlicher Holzkarton.

In feuchten Erlen- und Eschenwäldern sind die wärmeliebenden Ameisen kaum zu finden. In etwas trockeneren Eichen-Hainbuchen-Wäldern gehören sie aber bereits zu den zahlen- und gewichtsmäßig häufigsten räuberischen Insekten. Die Hauptentwicklung erfahren die Ameisen jedoch in trocken-warmen Misch- und Nadelwäldern *(Formica, Camponotus)*. Die dominierende Rolle unter den räuberischen Bodentieren können sie allerdings auch auf trockeneren Wiesen spielen *(Lasius, Tetramorium, Myrmica)*, wo nicht selten ein unterirdischer oder schwach erhobener Erdbau am anderen liegt. Die Bedeutung der Ameisen für den Boden liegt zunächst in der Bodenumschichtung beim Anlegen der Nester. In trockenen Wäldern der Mecklenburger Bezirke wurde berechnet, daß die Ameisen jährlich über 5 kg Sand je m^2 an die Oberfläche bringen. Südamerikanische Blattschneiderameisen sollen sogar bis zu 10 m in den Boden eindringen, wenn der Grundwasserspiegel so tief liegt. Hierbei werden wesentlich größere Bodenmengen bewegt. Das Volumen der Erdnester von Blattschneiderameisen kann mehrere Kubikmeter betragen. Einen Überblick über bodenbiologisch interessante Daten außereuropäischer Ameisen gibt Bachelier (1978).

In Trockengebieten können die Ameisen die dann meist fehlenden Regenwürmer bis zu einem gewissen Grad ersetzen. Wesentlich ist, daß andere bodenbewohnende Tiergruppen, wie Collembolen, Milben oder Diplopoden, durch die Ameisen in ihrer Tätigkeit nicht nachweisbar beeinträchtigt werden. Weiter führen die Ameisen dem Boden infolge ihres hohen Nahrungsbedarfes ständig große Mengen an stickstoffreichen Exkrementen zu. Die zuweilen beschriebene Neutralisierung des Bodens durch den Speichel der Ameisen ist gering und in vielen Fällen noch zweifelhaft. Nicht unwesentlich ist dagegen der Befund, daß die von *Formica*-Arten zum Nestbau benutzen pflanzlichen Materialien mechanisch zerkleinert werden und im Nest selbst einer sehr positiv zu bewertenden, gleichmäßigen Zersetzung und Mineralisierung unterworfen werden (Sokolov). An nicht zu schattigen Stellen nehmen die Ameisen *(Lasius niger, Myrmica ruginodis)* auch an der Zersetzung von Eichenstubben teil. Der wesentlichste Nutzen der Roten Waldameisen *(Formica rufa*-Gruppe) besteht in der Niederhaltung von Forstschädlingen, z. B. Forleule, Kiefernspanner, Kiefernspinner und Nonne. Ein Ameisenvolk kann mehrere tausend Raupen, Puppen und Falter in einer Stunde erbeuten.

Eine Besiedlung mit etwa 5 Nestern der Roten Waldameisen (entspricht etwa 1 g Biomasse/m^2), wie sie in ungestörten europäischen Wäldern häufig war, ist heute nur noch selten anzutreffen. Meist ist deren Dichte heute 10 bis 100mal geringer, so daß andere Arten mengenmäßig bedeutsamer sind. So werden von nordeuropäischen Wiesenböden Siedlungsdichten von *Lasius flavus* zwischen 6,6 und 16,5 g/m^2 genannt, wobei die Art bei maximaler Dichte andere Ameisenarten völlig zurückdrängt und (je nach Dichte) 30–300 g Bodenmaterial je m^2 und Jahr an die Oberfläche transportiert. Hohe Siedlungsdichte ist z. B. auch von dänischen Trockenwiesen mit insgesamt 10 g/m^2 Biomasse bekannt, wovon *Tetramorium caespitum* 43 %, *Lasius alienus* 40 % und *Lasius niger* 17 % Anteil hat. Geringe Siedlungsdichte gibt z. B. Seifert für ein Buchenaltholz mit 85 % Kronenschluß an, wo nur *Myrmica ruginodis* mit einer Biomasse von 0,01 g/m^2 auftritt.

In Ameisennestern ist generell eine deutlich erhöhte mikrobielle Aktivität festzustellen. Sie kann bei *Lasius niger* für Bakterien 14mal, für Pilze 10mal höher liegen als im Kontrollboden. Andererseits wurden aber auch spezifische Hemmungen beobachtet. In Ameisenhaufen wird allgemein ein Anstieg des Humusgehaltes, der K_2O- und der P_2O_5-Ionen-Konzentration u. a. konstatiert (Sacharov). Die veränderten Bodenbedingungen werden bereits daran deutlich, daß auf Ameisenhaufen eine andere Vegetation gedeihen kann als auf dem umgebenden Boden.

Gegen Insektizide, z. B. HCH oder DDT, sind die meisten Ameisen auffallend resistent. Erst sehr hohe Dosen von HCH (500 kg/ha) beeinflußten die Ameisenpopulation deutlich. Auf der anderen Seite sind eine Reihe von antibiotischen Substanzen aus dem Ameisenkörper isoliert worden, so ein Sekret der Metathoraxdrüse von Myrmicinen, das β-Hydroxidecansäure enthält.

5.16.15. *Köcherfliegen, Trichopteren*

Die Larven der Köcherfliegen (Trichoptera) leben aquatisch. Eine Ausnahme macht die in Mittel- und Westeuropa, besonders an den Meeresküsten, verbreitete *Enoicyla pusilla.* In Eichenwäldern der Niederlande fand sie van der Drift so häufig, daß 200 bis 1 200 Individuen auf 1 m^2 kamen. Da die Larven während ihrer Entwicklungszeit (etwa November bis Juni) auf rund 7 mm anwachsen, bilden sie bei derartigen Massenvorkommen einen bodenbiologisch wichtigen Faktor. Sie ernähren sich von Laubstreu, Moos und Algen und sind bei genügend hoher Luftfeuchtigkeit stets aktiv in der Streulage zu finden. Nach den Berechnungen von van der Drift und Witkamp verarbeiten die Larven von *Enoicyla pusilla* in diesen Wäldern durchschnittlich 9 % (bis zu 19 %) des Fallaubes eines Jahres. Im Binnenland scheinen sie jedoch selten zu sein.

5.16.16. *Schmetterlinge, Lepidopteren*

Nur wenige Schmetterlingsraupen (Lepidoptera) leben am oder im Boden. Unter ihnen treten besonders diejenigen hervor, die sich von lebenden Pflanzenteilen ernähren, also schädlich werden können. Hier sind zunächst die Raupen der Wurzelbohrer (Hepialidae; s. S. 259) zu nennen. Sie bohren sich eine lange Röhre in die Erde, die dann ausgesponnen wird. Von hier aus werden zartere Wurzeln befressen (Gräser, Klee u. a.). In saftige Wurzelstöcke, Knollen, Rüben usw. dringen sie ganz ein und fressen sich dann im Stengel in die Höhe. Im Mai kann die sehr bewegliche Puppe beobachtet werden, die mit Hilfe von Hakenkränzen an den Hinterleibssegmenten schnell in ihrer langen Gespinströhre hin und her zu gleiten vermag.

Weiter können die Raupen der Eulenschmetterlinge (Noctuidae, s. S. 259) schädlich werden. Hier handelt es sich besonders um die Raupen der Erdeulen (Gattung *Agrotis*), die auch Erdraupen genannt werden. Sie leben anfangs mehr oberirdisch und ziehen sich auch später oft nur tagsüber in ihre Erdlöcher zurück, in die sie frische Blätter u. ä. einziehen. In größerer Menge treten die Erdraupen in Ackerböden, z. B. unter Zuckerrüben oder Mais auf; doch übersteigt auch hier die Zahl meist etwa 5 Raupen je m^2 nicht. Da die Entwicklungszeit mit der Witterungslage schwankt, fällt die Hauptfraßzeit der Raupen teils in den Herbst, teils in das Frühjahr, wobei einmal die Wintersaaten, zum anderen die Sommersaaten stärker geschädigt werden können. Weit verbreitet ist z. B. die Winter-Saateule *(Agrotis segetis)*. Eine chemische Bekämpfung wirkt am besten, wenn sie gegen die giftempfindlichen, oberirdisch lebenden Jungraupen angewandt wird.

Unter den unschädlichen, sich von toter Pflanzensubstanz oder von Algen, Moos u. ä. ernährenden Raupen sind zunächst die Sackspinner (Psychidae) zu nennen. Von ihnen halten sich allerdings nur einige Arten am Erdboden auf. Sie verbergen ihren Hinterleib in einem Köcher („Sack"). Auch die in der Laubstreu zuweilen häufigen Larven der Miniersackmotten (Incurvariidae) schützen sich durch einen „Sack", den sie aus zwei ausgeschnittenen versponnenen Stückchen von Fallaub bilden. Sie ernähren sich in der zweiten Lebensphase vorwiegend von Laub, während sie als Junglarven zunächst in lebenden Blättern minieren. Im ganzen gesehen kommt den Schmetterlingen wie auch den zuvor aufgeführten Haften und Köcherfliegen keine wesentliche bodenbiologische Bedeutung zu.

5.16.17. *Schnabelfliegen, Mecopteren*

Die Larven der durch ihre schnabelartige Rostrumbildung am Kopf auffallenden Schnabelfliegen oder Schnabelhafte (Mecoptera) haben ein raupenähnliches Aussehen. Sie leben räuberisch oder allesfressend im oder auf dem Boden. Bekannt sind die Skorpionsfliege *(Panorpa communis,* s. 259) und der Winterhaft (Gletschergast oder Schneefloh, *Boreus*), der im Winter (Oktober bis März) als Reifetier auftritt und besonders im Gebirge auf Schnee anzutreffen ist. *Boreus hiemalis* kann Temperaturen unter −9 °, *B. westwoodi* unter −17 °C nicht überstehen.

5.16.18. *Zweiflügler, Dipteren*

Die Zweiflügler oder Dipteren (Diptera) gehören im Larvenzustand zu den wichtigsten Bodentieren. Unsere heutigen, durchaus noch sehr unvollständigen Kenntnisse von dieser schwierig zu bearbeitenden Larvengruppe weisen den Dipterenlarven eine hohe Bedeutung für die Umsetzungsprozesse im Boden zu. Entgegen der weit verbreiteten Auffassung von der eintönigen „Maden"-Form dieser Tiere haben viele Spezialisten (Strenzke, Brauns) die besondere Eignung der Dipterenlarven als Studienobjekte für die Korrelation zwischen Lebensformtyp und Eigenschaften des Lebensraumes nachgewiesen. Einen vollständigen oder auch nur befriedigend repräsentativen Überblick über diese Erscheinungen können wir bei der erstaunlichen Vielseitigkeit in der Lebensweise der Dipterenlarven hier kaum geben. Deshalb sollen nur einige im bodenzoologischen Zusammenhang wesentlich erscheinende Züge herausgestellt werden.

Von 44 Dipterenfamilien leben nach Brauns (1954) die Larven nur einer Familie (der Stechmücken, Culicidae) ausschließlich aquatisch. Dagegen entwickeln sich 27 Familien rein terrestrisch. Besonders interessante Vergleichsmöglichkeiten geben solche Familien, in denen aquatische neben terrestrischer Lebensweise vorkommt. Dies sind vornehmlich die Zuckmücken (Chironomidae). Die Mehrzahl ihrer Arten lebt im Wasser, teils marin, teils im Süßwasser. Sie zeichnen sich morphologisch durch lange Anhänge (prothorakale Fußstummel, Nachschieber, Fühler), schwache Mundwerkzeuge und Augen aus (Fig. 119). Nur eine geringe Zahl von Arten der Unterfamilie Orthocladiinae ist zum Landleben zurückgekehrt. Bei diesen Arten ist nach Strenzke gut zu verfolgen, wie mit zunehmender Anpassung an den Boden die Körperanhänge verkürzt und rückgebildet werden, die Mundwerkzeuge eine Verstärkung erfahren und der gesamte Körperumriß glatt wurmförmig wird. Je nach dem Grad dieser Umwandlung kann zwischen hemiedaphischen und euedaphischen Lebensformen unterschieden werden.

Andere Anpassungserscheinungen sind z. B. bei den Larven der Schnepfenfliegen (Rhagionidae) zu beobachten. Die bodenlebenden Arten zeichnen sich durch Kriechwülste (Fig. 120) aus, die den wasserlebenden Arten fehlen. Wieder andere Arten, die sich vorwiegend in Pilzen (Platypezidae) unter Rinde (Lonchopteridae) oder in den oberen Lagen der Laubstreu aufhalten (Fannia), zeigen eine deutliche oder starke Abplattung des Körpers (Fig. 121). Die meisten Dipterenlarven benützen vorhandene Bodenhohlräume zum Durchschlüpfen; nur wenige Gruppen, vor allem die Larven der Schnaken (Tipulidae, Fig. 122) und Haarmücken (Bibionidae, Fig. 123) wühlen sich aktiv durch den Boden.

Die Mehrzahl der Dipterenlarven bevorzugt frische, feuchte und sogar nasse Böden. Gegen Überschwemmung und Staunässe sind viele unempfindlich (semiaquatische Formen mit Atemrohr). Hitze und Trockenheit führen dagegen bei manchen

Arten der Dipterenlarven zum Rückgang. Andere aber haben sich extremen Schwankungen angepaßt. Delettre u. Bailliot fanden, daß Larven von *Parasmittia* (Chironomidae) den Winter über in feuchtigkeitsgesättigten Böden leben, im Frühsommer aber Trockenphasen von pF 5–6 überstehen und unter diesen Bedingungen regelmäßig schlüpfen.

Die Art der Nahrungsaufnahme ist recht verschieden. Die Larven der „Mücken" (d. h. Zweiflügler mit langen Fühlern beim geschlechtsreifen Tier; Nematocera) haben eine meist gut ausgebildete, stark sklerotisierte Kopfkapsel mit beißenden Mundwerkzeugen („eucephale" und „hemicephale" Larven, Fig. 125 a). Bodenbiologisch wichtig sind hiervon die Larven der Schnaken, Haarmücken, Trauermücken, Zuckmücken u. a. Die Larven der „Fliegen" (d. h. Zweiflügler mit kurzen Fühlern beim geschlechtsreifen Tier) verhalten sich dagegen anders. Sie haben entweder nur noch Reste der Kopfkapsel (bei den Brachycera, Orthorrhapha) oder es fehlt ihnen jegliche Andeutung einer solchen (bei den Brachycera Cyclorrhapha). Dann wird von „acephalen" Larven gesprochen (Fig. 125 b). Hierbei entwickelt sich im vorderen Körperende ein inneres Skelett („Pharyngealskelett"), woran die zu Mundhaken umgebildeten Mandibeln sitzen. Diese Formen zeigen eine saugende Ernährungsweise. Unter den Orthorrhapha beanspruchen z. B. die Schnepfenfliegen, Langbeinfliegen, Waffenfliegen und teilweise auch die Bremsen bodenbiologisches Interesse. Von den Larven der Cyclorrhapha sind vor allem die Schwebfliegen und Echten Fliegen zu nennen.

Die saugende Nahrungsaufnahme bei den acephalen Fliegenlarven bedeutet keineswegs eine Einschränkung des Speisezettels. Ein interessantes Beispiel hierfür geben die Schwebfliegen (Syrphidae). Unter ihnen finden sich phytophage Saftschlürfer, Stengel- und Blattminierer, saprophage Mulm-, Detritus- und Schlammfresser, koprophage (kotfressende) Arten und Schmarotzer und schließlich eine Anzahl Räuber – vor allem Blattlausfresser. Die in morschem Holz lebende Art *Temnostoma vespiforme* hat eine eigenartige Hilfsvorrichtung erworben (Fig. 126). Sie hat kräftige bedornte Chitinwülste, die durch Muskeltätigkeit aufgerichtet und niedergelegt werden können. Hiermit raspeln sich diese Larven unter Drehung des Körpers runde Bohrgänge in das Holz, das dabei zu Bohrmehl verarbeitet wird und in diesem Zustand dann mit den rückgebildeten Mundwerkzeugen aufgenommen werden kann.

Die Darmflora spielt in der Verdauungstätigkeit der Dipterenlarven eine bedeutende Rolle, ist jedoch, wie Szabó an *Bibio marci* ausführlich untersuchte, nicht eigenständig. Bei *Tipula* hat die Bakterienflora des Darmes besonders an der Zelluloseaufschließung Anteil (Striganova u. Valiachmedov).

Hohe bodenbiologische Bedeutung kommt den Haarmücken- und Schnakenlarven (Bibioniden und Tipuliden) zu. Beide Gruppen haben ihre natürliche Verbreitung besonders in frischen Laubwaldböden und tragen hier ganz wesentlich zur Umsetzung der Streu bei. Die Larven der Gartenhaarmücke *(Bibio hortulanus)* ist im Extrem in 3 000 bis 12 000 Exemplaren je m^2 gefunden worden. Ihre Normalzahl kann jedoch mit einigen Hundert angenommen werden. Beide Gruppen von Mückenlarven können auch offene Böden besiedeln und besonders in landwirtschaftlichen Kulturen bei Übervermehrung großen Schaden dadurch verursachen, daß sie von der saprophagen Lebensweise zum Fraß von Wurzeln oder grüner Pflanzensubstanz

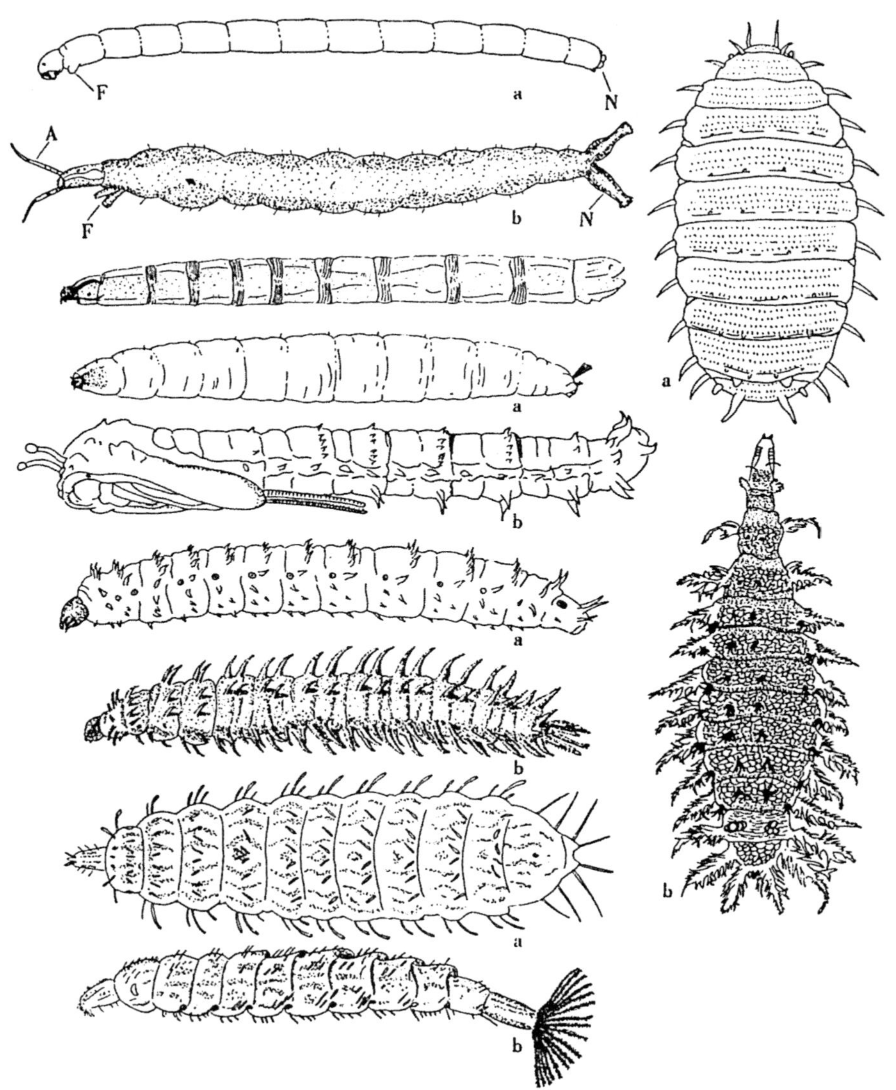

Fig. 119 (links, 1. u. 2. v. oben). Bodenbewohnende und wasserlebende Zuckmückenlarven (Chironomidae). a *Pseudosmittia simplex* (euedaphisch); b *Corynoneura celeripes* (aquatisch). Zu beachten ist die Ausbildung der Fühler (A), Fußstummeln (F), Nachschieber (N) und der Pigmentierung. Länge a 4; b 4 mm. Nach Brauns

Fig. 120 (3. v. oben). Bodenlebende Larve einer Schnepfenfliege (*Rhagio* spec.) mit deutlichen Kriechwülsten. Länge 22 mm. Nach Brauns

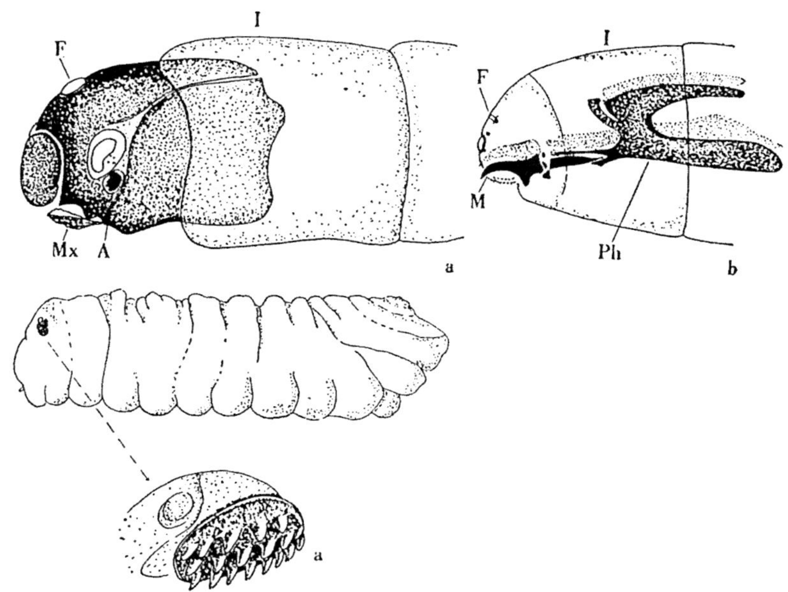

Seite 192

Fig. 121 (rechts, oben u. unten). Dipterenlarven mit abgeplattetem Körper (von oben gesehen). a *Platypeza* spec., vorwiegend in Rindenpilzen; b *Fannia scalaris,* zwischen Blättern der Laubstreu. Länge a 3,5; b 9,0 mm. a nach Brauns, b nach de Vos de Wilde aus Brauns

Fig. 122 (links, 4. u. 5. v. oben). Larve und Puppe von Schnaken (Tipulidae); häufig in der Waldstreu. a junge Larve, b Puppe von *Tipula irrorata* in Seitenansicht. Länge a 6,5; b 17 mm. Nach Brauns

Fig. 123 (6. u. 7. v. oben). Streubewohnende Larven der Haarmücken (Bibionidae). a *Bibio* spec., gelegentlich in landwirtschaftlichen Kulturen schädlich; b *Penthetria holoserica,* bes. in Erlenstreu (schräg von oben). Länge a 20; b 11 mm. Nach Brauns

Fig. 124 (8. u. 9. v. oben). Larven von Waffenfliegen (Stratiomyidae) aus verschiedenen Lebensräumen. a bodenlebende Form mit verbreitertem Körper; b wasserlebende Form mit Schwanzfächer (Stigmenkranz). Länge a 12; b 9 mm. Nach Brauns

Seite 193

Fig. 125 (oben). Ausbildung des Kopfes bei Dipterenlarven. a eucephale Larve mit voller Kopfkapsel; b acephale Larve mit innerem Schlundgerüst (Ph Pharyngealskelett) und Mundhaken (M). F Fühler, A Augen, I erstes Brustsegment, Mx Unterkiefer. Nach Madwar u. Hendel aus Brauns

Fig. 126 (unten). Larve einer Schwebfliege (Syrphidae), *Temnostoma vespiforme,* die mit Hilfe eines chitinigen Bohrwulstes (a) morsches Holz aufarbeitet. Länge 15 mm. Nach Stammer aus Brauns

übergehen. Ihre Entwicklung verläuft verhältnismäßig rasch. So benötigt die Kohlschnake *(Tipula oleracea)* bei 21 °C etwa 4 bis 5 Wochen. Sie verdoppelt in den ersten Larvenstadien alle 3 bis 4 Tage ihr Gewicht. Die kleineren Dipterenlarven erreichen oft höhere Individuenzahlen. So sind die Zuckmücken (Chironomiden) z. B. im Erlenbruch mit 8 000 bis 10 000 Individuen/m^2 vertreten. In trockeneren Böden sind sie meist weniger zahlreich.

Einen wichtigen Anteil haben Dipterenlarven auch an der Fauna von Komposten, Miststapeln und Jauche. Auch hier sind Anpassungen festgestellt worden. So werden wässerige Aufschwemmungen (Gülle) vorwiegend von Larven der Schmetterlingsmücken (Psychodidae) besiedelt, die ihre Stigmenröhren aus der sauerstofffreien Flüssigkeit herausstrecken können. Die Larven der Dungmücken (Scatopsidae) entwickeln sich anscheinend am besten in Kuhmist, die der Trauermücken (Lycoriidae) in Pferdemist (aber auch in Pilzen, z. B. in Champignonkulturen). Die Strahlenmücken der Gattung *Dilophus* leben in gemischten Mistkomposten. Die Larven der Strahlen- und Trauermücken greifen neben sich zersetzenden Stoffen auch frische Pflanzenteile an. Dagegen scheinen sich die Larven der Schmetterlingsmücken sehr viel von Kleintieren, besonders Protozoen, zu ernähren.

In Waldböden sind auch die Pilzmücken (Mycetophilidae) häufig. Diese Arten spinnen sich häufig ein lockeres Gewebe oder erzeugen Schleimröhren oder -bahnen, wodurch sie – abgesehen von der Körpergestalt – nicht selten schneckenähnlich werden. Sie ernähren sich hauptsächlich, aber durchaus nicht ausschließlich von Pilzen. Die Larven der Sciophilidae spielen offensichtlich eine Rolle als Zweitzersetzer im Walde, indem sie Kotballen von streufressenden Arten (Tipulidenlarven) nochmals verarbeiten. In faulenden Pflanzensubstanzen sind schließlich häufig die Larven der Blumenfliegen (Anthomyidae) anzutreffen. Hier finden sich wiederum einige Arten, die durch Minieren in lebenden Pflanzen wirtschaftlichen Schaden verursachen können.

Die Bedeutung der gesamten Dipteren-Population hat Altmüller (1979) für einen Buchenwald mit Sauerhumus (in dem die übrige streuzersetzende Makrofauna bis auf wenige Lumbriciden fehlt) dargelegt. 98 % der geschlüpften Imagines hatten saprophage Larven, der geringe räuberische Anteil war durch Empididen, Rhagioniden und einige Musciden (*Thricops, Phaonia* u. a.) vertreten. Die wichtigsten Primärzersetzer des Buchenlaubes gehörten zu den Sciariden und Sciophiliden, als Folgezersetzer hatten *Sapromyza, Musidora* und *Fannia* Bedeutung. Die Mehrzahl der Arten legt die Eier im Hochsommer ab, entwickelt sich von Herbst bis Frühjahr als Larve und schlüpft nach Puppenruhe im Frühsommer wieder zu Beginn des Sommers. Entsprechend ist die höchste Individuendichte im September mit 14 700 Larven/m^2, die geringste im Mai mit 580 Larven/m^2 festzustellen. Die meisten Dipteren entwickelten sich in dieser Weise univoltin, nur wenige waren plurivoltin (Chironomiden, Cecidomyiden). Noch seltener sind 2jährige Entwicklungszeiten (Rhagioniden). Altmüller schätzt, daß die saprophagen Dipterenlarven hier 13–29 % des jährlichen Laubfalls fressen und damit der Zersetzung zugänglich machen können, aber nur 2 % selbst assimilieren.

5.17. Fang, Konservierung und Haltung von Bodenarthropoden

Die Sammeltechnik richtet sich bei den Gliederfüßern des Bodens vor allem nach der Größe und der Widerstandsfähigkeit der Tiere. Große Arten, wie die meisten Käfer, Spinnen, Vielfüßer und Asseln, können meist leicht mit der Hand, gegebenenfalls mit einer Federstahlpinzette ergriffen werden. Für kleinere Formen dieser Gruppen und besonders Collembolen, Milben und andere „Kleinarthropoden" ist dagegen der Gebrauch eines Exhaustors nötig, um die Tiere unbeschädigt in das gewöhnlich mit 70%igem Alkohol zu füllende Sammelglas überführen zu können (Fig. 127). In Ermangelung dessen hilft zuweilen auch schon ein befeuchteter (mit Alkohol o. ä.) Pinsel, an dem die kleinen Tiere kleben bleiben. All dies setzt fast stets eine mühsame und zeitraubende Nachsuche voraus und erbringt relativ wenige Tiere. Dennoch sollte auf diese Arbeit nie verzichtet werden; denn hierbei ergeben sich immer wesentliche Beobachtungen über die Lebensweise dieser Tiere, die anderweitig nie erhalten werden können und die dem Naturfreund diese Tätigkeit zum Erlebnis werden lassen.

Soll die Fauna einer bestimmten Fläche quantitativ ermittelt werden, so ist es allerdings nötig, eine entsprechende Bodenprobe (z. B. einen Würfel von 25 cm Kantenlänge) im Labor Krümchen für Krümchen zu untersuchen. Die größeren, mit bloßem Auge bequem sichtbaren Gliederfüßer (etwa über 5 mm) sowie Schnecken und Regenwürmer werden so vollständig und am besten ausgelesen.

Für streubewohnende Insekten leistet hierzu oft das Reitter sche Käfersieb (Fig. 128) gute Dienste: Die Bodenprobe (z. B. Laubstreu, oberste Bodenschicht) wird durch ein in einen Sack genähtes Sieb von 6 mm Maschenweite (der obere Ring dient zum Aufhalten) gesiebt, so daß dann nur die mit der Feinerde durchgefallenen Tiere in den Sackgrund gelangen. Große Arten finden sich leicht unter

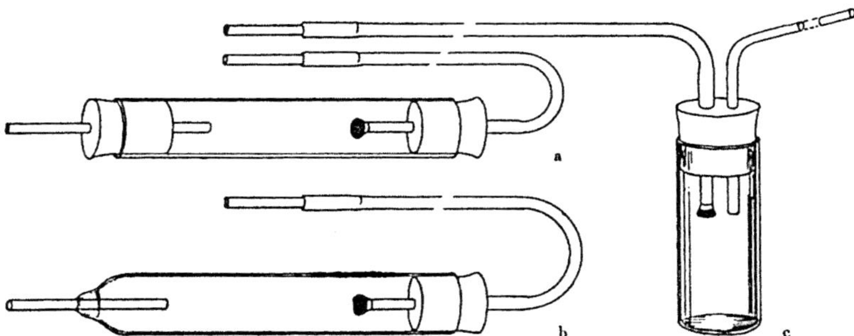

Fig. 127. Exhaustoren zum schonenden Fang von kleinen Bodentieren. a Glasröhre mit zwei durchbohrten Stopfen verschlossen; b am vorderen Ende Fangröhrchen angeschmolzen; c Serienexhaustor, das Gläschen kann rasch gewechselt und mit normalem Stopfen verschlossen aufbewahrt werden

Fig. 128. Käfersieb nach Reitter

den zurückgehaltenen Grobteilen. Die „angereicherten" Feinerdeproben können im Labor weiter ausgelesen werden.

Für größere, an der Bodenoberfläche (meist nachts!) umherstreifende Tiere bringt der Fallenfang schöne und leicht zu erhaltende Ergebnisse. Es genügt im Prinzip ein Marmeladenglas, das sorgfältig so in den Boden gegraben wird, daß der obere Rand des Glases mit dem Bodenniveau abschließt, das Ganze aber etwa 1 cm höher als die Umgebung liegt, damit die Falle bei starkem Regen nicht volläuft. Ein einfaches Dach aus durchscheinendem Material etwa 10 cm darüber schützt von direktem Niederschlag. Um das Wechseln zu erleichtern, kann ein in das Glas passender Kunststoffeinsatz verwendet werden, der mit einem Gummistopfen verschlossen gleichzeitig als Transportbehälter für die Probe Verwendung finden kann (Fig. 129). Anstelle des Glases ist noch günstiger ein passender Rohrabschnitt zu verwenden, womit verhindert wird, daß Wasseransammlung (im Glas) den Falleneinsatz hoch-

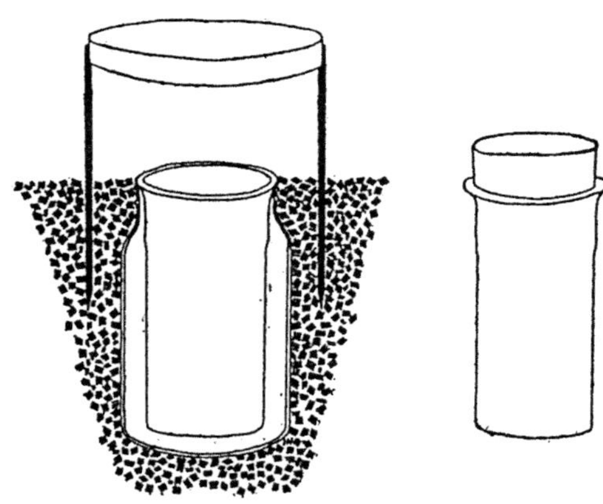

Fig. 129. Einsatz-Falle für Bodentiere, bestehend aus einem stets in der Erde verbleibenden Marmeladenglas und einem auswechselbaren Kunststoffeinsatz, der als Fangbehälter und Transportgefäß dienen kann. Nach Dunger

drückt. In solchen Fallen wird meist festgestellt, daß hineingeratene Laufkäfer und andere Räuber ihre Mitgefangenen fressen. Deshalb ist es besser, gleich eine Tötungsflüssigkeit in die Falle zu geben. Hierfür hat sich 3%iges Formol als geeignet erwiesen. Alkohol verdunstet zu rasch. In dem oft verwendeten Äthylenglykol quellen viele Arten und werden für eine spätere Präparation unbrauchbar. Auch zieht der Äthylenglykol besonders Nachtschnecken an, die durch starke Schleimabsonderung die ganze Probe unbrauchbar machen können. Für Sonderzwecke kann z. B. in einen eingelassenen kleinen Behälter Anlockstoffe (Käse, Fleischstücke u. ä.) gegeben werden. Wenn die Fallen regelmäßig (etwa wöchentlich) kontrolliert werden, wird relativ leicht ein interessanter Einblick in die aktive Oberflächenfauna erhalten. Das Prinzip ist vielseitig ausbaubar, z. B. durch uhrgesteuerten Zeitfang.

Mit all diesen Methoden sind aber die edaphischen Mikroarthropoden, deren Größe um etwa 1 mm schwankt, höchstens ganz unvollständig zu erfassen. Um auch sie aus dem Boden auslesen zu können, wurden besondere Verfahren beschrieben, die meist auch – mit einer entsprechenden Vergröberung der Maßnahmen – für größere und stärker chitinisierte Gliederfüßer anwendbar sind, wobei mit zunehmender Größe der Tiere der Nutzeffekt meist abnimmt. Die folgende Darstellung beschränkt sich auf die Kleinarthropoden, d. h. vornehmlich Milben und Collembolen.

Seit Berlese (1905) und Tullgren (1917) die Grundprinzipien der „automatischen Aufsammlung" dieser empfindlichen Tiergruppen fanden, ist eine kaum noch überschaubare Menge von Arbeitsmethoden beschrieben worden. Sie alle haben den Nachteil, daß sie vom Versuch der Direktbeobachtung im Boden ablenken und scheinbar exakte Informationen über die Siedlungsdichte von Mikroarthropoden ergeben. Es ist daher eingangs zu betonen, daß keine Methode für alle hierzu gehörigen Tiergruppen und für alle Böden gleich gut geeignet ist. Die Entnahme von Substratproben in der Natur und deren Untersuchung im Labor ist die weitaus häufigste Methode der Bearbeitung von Mikroarthropoden. Für qualitative Zwecke genügt es, Substratproben (Boden, Streu, Moos usw.) in einer dem Untersuchungsziel möglichst genau entsprechenden Differenzierung (Dunger 1977) von Hand zu entnehmen. Beim Transport ist darauf zu achten, daß die Probenmengen nicht zu klein sind (Austrocknungsgefahr!), in Beuteln oder Gefäßen mit ausreichendem Luftvorrat untergebracht werden (Schwitzwasserbildung, CO_2-Anreicherung!), und kühl gehalten werden. Bei +5 °C kann eine gut gelagerte Probe 1 Woche bis zur Bearbeitung liegen, ohne daß Schädigungen an den Mikroarthropoden eintreten.

Um qualitative Angaben über Siedlungsdichten zu erhalten, ist die Verwendung von Probennehmern mit geeichten Volumina erforderlich. An die Bodenstecher sind generell die Forderungen zu stellen, daß sie beim Entnehmen den Boden nicht stauchen und pressen, d. h. den Einstichdruck auf den äußeren Bodenrand verteilen und möglichst gut schneiden.

Um die Siedlungsdichte von Mikroarthropoden möglichst exakt zu bestimmen, ist es vorteilhaft, möglichst viele Bodenproben von jeweils geringem Volumen zu untersuchen, um die Ungleichmäßigkeit in der Verteilung der Individuen auszugleichen. Die Anzahl der Proben wird vom Untersuchungszweck, von der Siedlungsdichte und Verteilung der Individuen und von dem möglichen Arbeitsaufwand begrenzt; für häufige Milben oder Collembolen werden 20 bis 25 Parallelproben je

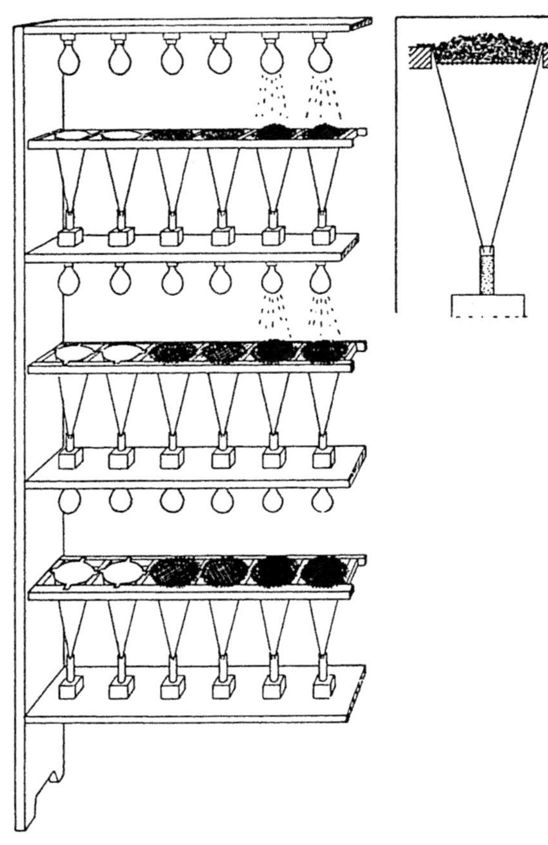

Fig. 130. Auslesetrichter für Kleinarthropoden („Berlesetrichter" in einer Modifikation nach Balogh u. Loksa), vom Autor verwendete Ausführung (Serientrichter in offener Regalform). Links Trichter offen, Mitte Sieb eingelegt, rechts Erdproben (50 cm^3) aufgebracht. a Schnitt durch einen Trichter, $^1/_7$ natürl. Größe

Prüffläche und Probentermin als ausreichend angesehen. Die Größe der Proben wird nach unten durch den relativ zunehmenden Störzonenanteil (Verhältnis Schnittkantenlänge : Probenfläche) begrenzt; bei Bodenstechern mit weniger als 1 cm Öffnungsradius macht sich der für die Mikroarthropoden schädigende Einfluß der Schnittkanten bzw. Stecherwände verhältnismäßig zu stark bemerkbar. Bodenstecher mit einem Öffnungsradius von 5 cm und mehr können in trockenen sandigen Böden nicht mehr effektiv eingesetzt werden, da sie die Bodensäule nicht zu halten vermögen. Welche Bodenhorizonte getrennt zu untersuchen sind und wie tief ein Boden auf Mikroarthropoden zu prüfen ist, um zutreffende Angaben für die Siedlungsdichte je m^2 zu gewinnen, ist an jedem Standort durch Voruntersuchungen gesondert zu klären.

Die Direktauslese der Bodenproben unter dem Binokular ist außerordentlich zeitaufwendig und wird deshalb sehr selten, meist zur Testung anderer Methoden ausgeführt, obwohl sie wichtige Informationen liefern kann.

Zur Bearbeitung größerer Serien von Mikroarthropoden wie auch zur genauen, z. B. taxonomischen Untersuchung der Individuen ist es erforderlich, die Tiere durch geeignete Methoden vom Boden zu separieren. Hierfür können entweder ihre Verhaltensweise, insbesondere Anlockung und Flucht (d y n a m i s c h e M e t h o d e n), oder aber die physikalischen Eigenschaften ihres Körpers, besonders der Haut (m e c h a n i s c h e M e t h o d e n) benutzt werden. Vor der Anwendung derartiger Auslesemethoden ist es wichtig, ihre Grundprinzipien und ihre Effektivität zu kennen. Zusammenfassend kann gesagt werden, daß der Stand der Technik und der biologischen Kenntnis zur Auslese von Mikroarthropoden aus dem Boden trotz intensiver Bearbeitung in den letzten Jahrzehnten noch weitgehend ungenügend ist. Es ist unumgänglich, das Untersuchungsziel und die gewünschte Aussage vor Beginn der Bearbeitung möglichst eng und präzis zu bestimmen, sodann die in Betracht kommenden Methoden am Untersuchungsmaterial vergleichend zu erproben, die geeignetste Methode herauszufinden und die erwartete Aussage der Untersuchungen nach Maßgabe der Leistungsfähigkeit der Methode nochmals zu überprüfen (d. h. in der Mehrzahl der Fälle nochmals einzuengen).

Die dynamischen Methoden nützen die Erfahrungstatsache aus, daß aktive Mikroarthropoden unter bestimmten Bedingungen ein gerichtetes phobisches oder geotaktisches Verhalten zeigen. Als auslösende Faktoren dieser Lokomotion, die zum Verlassen der Bodenprobe führt, kommen Trockenheit, Temperatur, Licht oder chemische Substanzen in Betracht. Alle diese Faktoren werden von verschiedenen Arten in unterschiedlichem Maß toleriert. Daher kann keine dieser Methoden für alle Arten der Mikroarthropoden in gleichem Maß effektiv sein. Trockenheit veranlaßt viele Arten, besonders die Oribatiden, erst bei sehr hohen Saugspannungen zwischen 4,2 und 5 pF zu einem geotaktischen Verhalten. Temperaturen unter 10 °C verlangsamen diese Reaktion, Temperaturen über 30 °C führen bei den meisten Arten auch dann zu Fluchtverhalten, wenn ausreichend Feuchtigkeit vorhanden ist (V a n n i e r 1970). Die Einwirkung des Lichtes kann bislang nicht quantitativ eingeschätzt werden. Grundziel der dynamischen Methoden ist es, einen Gradienten dieser Faktoren so einwirken zu lassen, daß die Mikroarthropoden die Bodenprobe gerichtet verlassen.

Ein einfacher „T u l l g r e n - A u s l e s e - A p p a r a t" besteht aus einem Trichter, der oben ein Drahtsieb mit der Bodenprobe und unten ein Auffanggefäß (Glasröhrchen) mit Alkohol trägt. Eine darüber angebrachte elektrische Birne sorgt für die Erwärmung und Austrocknung der Bodenprobe von oben her (Fig. 129). Mit einer solchen einfachen Vorrichtung sind leicht und bequem große Mengen von Mikroarthropoden zu erhalten. Als Licht- und Wärmequelle dienen elektrische Lampen, die nicht dichter als 25 cm an die Bodenprobe herangerückt werden sollten. Es ist vorteilhaft, die Intensität ihrer Einwikung über einen Regelwiderstand so zu regulieren, daß erst gegen Ende des Ausleseprozesses die volle Leistung erreicht wird. Welche Leistung die Lampen haben sollen, ist am besten danach zu bestimmen, daß die Oberflächentemperaturen der Bodenproben gemessen und anfangs auf etwa 25 °C eingeregelt, zu Ende auf 40 °C oder höher gesteigert wird. Hierfür sind je nach Bodenart und -feuchtigkeit unterschiedliche Heizleistungen erforderlich.

Die Siebe müssen aus nichtrostendem Material hergestellt werden und so über den

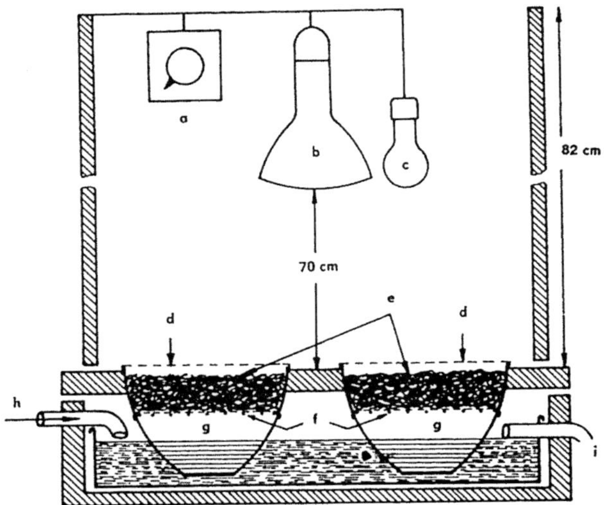

Fig. 131. Infrarot-Extraktor nach Kempson, Lloyd u. Ghelardi. a Schaltrelais, b 250-W-Infrarotlampe, c 100-W-Glühlampe, d Abdeckgaze, e Bodenprobe, f Sperrsieb (etwa 1 mm) mit Stützrost, g Auffanggefäß mit Pikrinsäurelösung (o. ä.), h, i Zufluß und Abfluß des Kaltwasserbades. Weitere Erläuterung s. Text

Trichtern befestigt werden, daß ein Luftspalt zwischen Sieb und Trichter bleibt, um Kondenswasserbildung zu vermeiden. Die Trichter können aus verschiedenem glattem Material bestehen. Einfach und vorteilhaft hat sich die Herstellung aus glattem Karton erwiesen, der das Haften von Kondenswasser nicht zuläßt. Wichtig ist, daß die Trichter vor jeder Benutzung gut gereinigt werden. Das Auffanggefäß kann direkt am Trichter befestigt werden. Günstiger ist es jedoch, die Gläschen in einer Halterung ohne direktem Kontakt mit dem Trichter anzubringen, da beim Abnehmen der Proben das dann trockene Bodenmaterial bei der leisesten Berührung durch das Sieb rinnt und die Verschmutzung der Proben stark zunimmt. Als Leiteinrichtung kann zur Sicherheit ein kleiner Glastrichter zwischen Trichterende und Auffangglas zwischengeschaltet werden. Bei ökologischen Arbeiten ist es oft erforderlich, mehrere Hundert Bodenproben gleichzeitig und unter gleichen Bedingungen auszulesen. Der beschriebene einfache Tullgren-Trichter läßt sich leicht zu „Auslese-Batterien" vereinigen (Fig. 130). Nur ist darauf zu achten, daß bei einer Anordnung der Trichter übereinander nicht eine Anwärmung der oberen Trichter-Reihen von unten resultiert oder daß eine unerwünschte Gesamt-Aufheizung des Raumes eintritt. Kellerräume sind für solche Auslese-Batterien am besten geeignet, auch wegen der hier minimalen Gefahr der Erschütterung der gesamten Einrichtung.

Der Infrarot-Extraktor nach Kempson, Lloyd u. Ghelardi 1963) (Fig. 131) nützt zwei Verbesserungsmöglichkeiten des Ausleseprozesses, die Steuerung der Erwärmung der Bodenoberfläche und die Kühlung der Probe von unten. Er besteht aus einem nach oben offenen Kasten aus Preßspanplatten, der nach vorn eine Tür zur Bedienung hat. Er gliedert sich in einen oberen Heizteil und einen unteren Kühlungs-Teil; beide sind durch eine Trennplatte geteilt. In dieser Trennplatte sind genau passende Löcher zur Aufnahme der Probenbehälter aus nicht wärmeleitfähigem Material eingeschnitten (im Original 12,5 cm Durchmesser). Gewöhnlich enthält ein Extraktor eine Doppelreihe von Probenbehältern, ingesamt etwa 20 Stück. Nach dem Heizraum zu werden die Proben durch ein Gazesieb abgegrenzt, das ein Entweichen der Tiere nach oben verhindert. Der Boden des Probenbehälters wird von einem Plastesieb gebildet, je nach Bedarf mit 1 mm oder größerer Maschenweite. Durch eine Gummimanschette direkt hiermit verbunden ist das Auffanggefäß in Form einer sich verjüngenden Schale, die eine gesättigte wäßrige Lösung von Pikrinsäure oder mit einer Natrium-Triphosphatlösung (80 g $Na_3PO_4 \cdot 12\,H_2O$ auf 1 Liter H_2O) enthält. Es ist darauf zu achten, daß die Bodenprobe den Probenbehälter voll bedeckt, anderenfalls sind offene Ränder in geeigneter Weise abzudecken, damit kein Luft- und Wärmeaustausch zwischen Heiz- und Kühlraum erfolgen kann. Ein Durchfluß von Leitungswasser kühlt die Auffangschalen von unten.

Die Bestrahlung der Proben erfolgt durch eine bzw. mehrere Infrarot-Lampen (250 W) in Kombination mit normalen 100-W-Glühbirnen. Ein Schaltrelais sorgt dafür, daß stets nur entweder die Infrarotlampe oder die Glühbirne eingeschaltet sind. Zu Beginn der Auslese erfolgt der Wechsel in Abständen von wenigen Sekunden, nach dem 3. Tag wird der Rhythmus verlangsamt und unter Kontrolle durch ein regulierbares Kontakt-Thermometer zugunsten der Infrarot-Heizung verschoben, bis ab dem 6. Tag (bis zum Ende am 8. Tag) die Infrarot-Heizung ständig allein brennt. Dann entwickelt sich an der Bodenoberfläche eine Temperatur von etwa 70 °C. Der Vorteil der Methode liegt in der langsamen abgestuften Erwärmung von oben und der Kühlung sowie einer gewissen Feuchthaltung der Probe (durch die wässrige Auffangflüssigkeit) von unten.

In Böden, die kaum organische Substanz enthalten, ist eine einfache Schwemm-Methode anwendbar: Die Bodenprobe wird in gesättigter Kochsalzlösung (NaCl) geschüttelt, bis sich die Aggregate dispergiert haben. Die Mikroarthropoden schwimmen nach Absetzen des mineralischen Anteils an der Oberfläche (zusammen mit organischen Teilchen) und können über einem feinen Sieb dekantiert werden. Zur Sicherheit wird diese Prozedur noch einmal wiederholt. Wird ein Filterpapier auf das Sieb gelegt (und das Wasser über ein Vakuumfilter abgezogen), so können die ausgeschwemmten Individuen leicht unter dem Binokular von dem Filterpapier abgelesen werden. Edwards u. Fletcher (XI) schlagen vor, das dekantierte Tiermaterial in Wasser von dem Salz zu reinigen und sodann mit etwas Wasser in eine konische 500-ml-Flasche zu spülen. Hierzu gibt man Xylol, schüttelt die verschlossene Flasche durch und bringt den Inhalt schließlich in ein breites Becherglas (1 l). Die Tiere sammeln sich an der Wasser-Xylol-Grenzschicht, von wo sie mit einer entsprechenden feinen Drahtöse leicht abzusammeln sind.

Zentrifugier-Methode. Mit einem einfachen Ausschütteln der Bodenprobe in Kochsalzlösung gelingt (vielleicht mit Ausnahme sehr leichter Sandböden) keine ausreichende Trennung der Mikroarthropoden von den Bodenaggregaten. Müller u. Naglitsch fanden folgende Methode für Acker- und Wiesenböden; auch auf Lehm und Schwarzerde erfolgreich. Es werden sehr kleine Bodenproben zu 5 g entnommen und in verschließbare Zentrifugengläschen von 40 ml gegeben, mit konzentrierter Kochsalzlösung überstaut und 15 min im Schüttelapparat geschüttelt. Zur besseren Trennung erfolgt sodann ein Zentrifugieren über 3 min

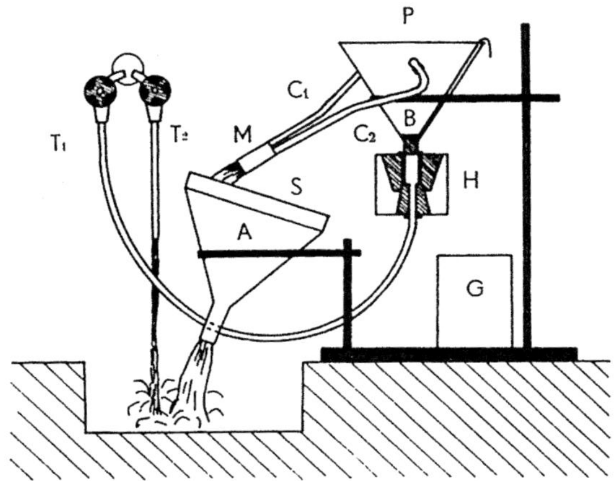

Fig. 132. Flotationsapparat nach B a c h e l i e r. P Probentrichter mit Verschlußstöpsel B und Halterung des Zulaufes H. C_1 und C_2 Überläufe mit gemeinsamen Mundstück M. A Auffangtrichter mit Sieb S. T_1, T_2 Anschlüsse an die Wasserleitung. G Gefäß zum Auffangen der sandigen Probenreste nach Abschluß der Flotation. Weitere Erläuterungen s. Text

bei 1 500 Umdrehungen. Danach kann das an der Oberfläche der Flüssigkeit konzentrierte Tiermaterial (hoher Anteil toter organischer Stoffe stört die Methode bis zur Unbrauchbarkeit) vorsichtig in ein Ausleseschälchen dekantiert werden. Das im Zentrifugengläschen verbliebene Bodenmaterial wird nochmals der gleichen Prozedur unterworfen. Eine dritte Aufschwemmung enthält erfahrungsgemäß weniger als 10 % der in den beiden ersten Aufschwemmungen gesammelten Anzahl von Individuen. Vor dem Fixieren sind die Mikroarthropoden in Wasser von der Kochsalzlösung zu reinigen. Auch zarthäutige Mikroarthropoden werden durch das Ausschütteln und Zentrifugieren nicht (immer) getötet; die Hautgerbung erschwert jedoch die Anfertigung brauchbarer mikroskopischer Präparate von diesen Exemplaren.

F l o t a t i o n s - M e t h o d e n. Anstelle der Trennung zwischen Bodenpartikeln und Tiermaterial durch Erhöhung der Schwerkraft (Zentrifugieren) sucht die Flotationsmethode durch Anwendung des Gegenstrom-Prinzips eine bessere Trennung zu erzielen. Ein sehr einfaches Verfahren beschreibt B a c h e l i e r (1978) (Fig. 132). Eine Bodenprobe von 200 cm^3 wird mit destilliertem Wasser auf ein Gesamtvolumen von 400 ml gebracht und mit 100 ml Natriumhexametaphosphat (2,5%ige Lösung) versetzt. Das Gefäß wird verschlossen und im Verlauf von 24 Stunden einige Male umgeschüttelt, um eine gute Dispersion der Bodenaggregate zu erzielen. Sodann wird diese Lösung in das Trichtergefäß der Extraktionsapparatur gespült. Nun werden gleichzeitg der Wasserhahn T 1 und der Stopfen B des Trichtergefäßes geöffnet, so daß die Bodenprobe von unten von Wasser durchströmt wird. Zwei Überlauf-Leitungen (C 1, C 2) führen das Oberflächen-Wasser mit den aufgewirbelten Substanzen und Bodentieren auf ein Sieb von 25 cm Durchmesser, das nur so fein sein sollte, daß die kleinsten erwarteten Tiere nicht durch die Maschen gespült werden (40 bis 80 Mikrometer Maschenweite). Anfangs wird der Durchfluß nur schwach geöffnet, nach dem Abfiltrieren der kolloidalen Substanzen (Klarwerden des Durchflußwassers) kann etwas stärker durchgespült werden. Das Sieb wird etwas schräg gestellt und der Wasserstrahl auf den oberen Siebteil gerichtet. Sollte das Sieb zu verstopfen drohen, wird mit einem zweiten Wasserstrahl (T 2) direkt kräftig durchgespült. Der Spülvorgang dauert etwa 5–10 min; gegen Ende wird das Sieb zunehmend flach gestellt, um die organischen Teilchen und die gefangenen Tiere gut abzuspülen. Sodann wird das Wasser abgestellt und der Siebinhalt mit einer Kalium- oder Bariumbromid-Lösung der Dichte 1,35 in ein Dekantierglas überführt. Hier lassen sich die etwa mit im Sieb enthaltenen Feinsand-Teilchen sedimentieren. Die an der Oberfläche schwimmenden Tier- und Pflanzenteile werden nun auf eine Fritte mittlerer Porosität, die mit Filterpapier abgedeckt und auf einer Vakuumflasche montiert ist, dekantiert. Beim Überführen bzw. Dekantieren bereiten einige Mikroarthropoden (besonders Collembolen) dadurch Schwierigkeiten, daß sie unbenetzbar auf der Oberfläche schwimmen. Einige Tropfen Essigäther erreichen schnell die Benetzbarkeit. Von dem Filterpapier kann der Probeninhalt leicht unter dem Binokular auf Mikroarthropoden abgesucht werden, falls nicht zu viele Pflanzenteile mit ausgeschwemmt wurden. In diesem Fall kann das Anfärben (immer auf dem Filterpapier der Fritte durchzuführen) helfen: eine Lösung von 0,5%igem Methylgrün mit 1%iger Essigsäure wirkt etwa 10 min ein, mit 1%iger Essigsäure wird durchgewaschen und anschließend mit Fuszin (1:500 in 1%iger Essigsäurelösung) gefärbt. Danach wird mit destilliertem Wasser durchgewaschen, dem 0,25%ige Essigsäure zugesetzt wurde. Pflanzenreste werden tief blau-grün gefärbt, nicht stark chitinisierte Mikroarthropoden, Eier und Zysten rosa. So ist es leichter möglich, auch bei erhöhtem Anteil von Pflanzenresten diese Flotationsmethode anzuwenden.

Neben den dargestellten ist eine große Zahl weiterer Methoden beschrieben worden, die in der Spezialliteratur nachzulesen sind. Aktuelle Zusammenfassungen geben Bachelier 1978 und Southwood 1978.

Das fachgerechte Fixieren der mit der Schwemmethode erhaltenen Kleinarthropoden setzt gewöhnlich erst ein Bad zum Entfernen des Kochsalzes voraus. Im übrigen können alle Kleinarthropoden, unabhängig von der Auslesemethode, in 70%igem Alkohol fixiert und konserviert werden. Der Spezialist, dem die Bestimmung der Art in den meisten Fällen vorbehalten sein wird, muß häufig noch zu anderen Mitteln greifen (Entfettung, spezifische Fixierung). Von zarthäutigen durchsichtigen Tieren wird manchmal schon im Alkohol ein hinreichendes mikroskopisches Bild erhalten. Es ist aber stets besser und meist unumgänglich, die Tiere aufzuhellen. Das geschieht am besten, indem sie in handelsübliche Milchsäure (einige Tropfen auf einen Hohlschliffobjektträger) oder eine Milchsäure-Glycerin-Mischung (besonders Oribatiden) gebracht und notfalls schwach erwärmt werden. Anfängliche Schrumpfungen gleichen sich schnell wieder aus. Die volle Klarheit gewinnt ein solches Präparat allerdings meist erst nach Stunden (über Nacht liegen lassen!). Stark pigmentierte oder chitinisierte Tiere können in etwa 5–10%iger Kalilauge entfärbt werden. Auch hierbei muß oft (Vorsicht!) erwärmt werden.

Dauerpräparate lassen sich von einigen Kleinarthropoden (z. B. Collembolen) herstellen, wenn die Tiere in ein Gummi-arabicum-Gemisch eingebettet werden, das Glyzerin und Chloralhydrat als Fixier- und Aufhellungszusatz enthält. Sie müssen nach einigen Monaten umrandet werden. Einige Rezepte zur Fixierung, Aufhellung und Einbettung von Kleinarthropoden sind in einer Tabelle zusammengestellt.

Sollen die Tiere zu Beobachtungszwecken im Labor lebend erhalten werden, so müssen die natürlichen Bedingungen des Bodens möglichst gut nachgeahmt werden. Für die meisten Arten steht die Frage der konstant hohen Luftfeuchtigkeit an erster

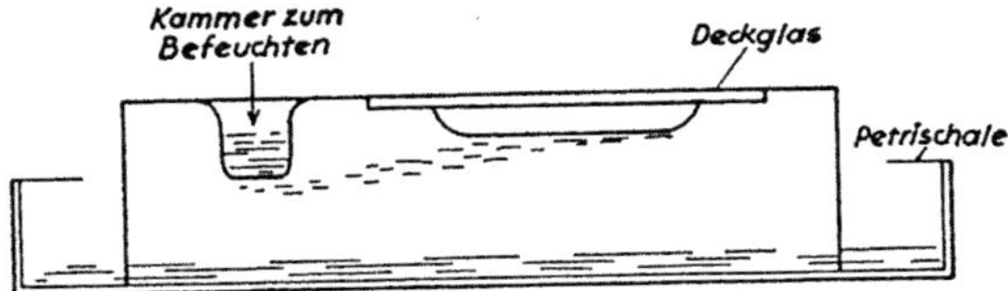

Fig. 133. Zucht- und Beobachtungskammer für kleine Bodenarthropoden aus porösem Material (Gips, unglasierter Ton). Die Tierkammer wird durch eine Glasscheibe (Deckglas) dicht abgedeckt. Das Befeuchten geschieht nach Bedarf durch Einsetzen in eine Petrischale oder durch Wasserzugabe in eine Vertiefung der Oberfläche des Blockes

Stelle. Kondenswasser ist meist ebenso schädlich wie Trockenheit. Angängige Verhältnisse werden erreicht, indem die Tiere in Glasgefäßen mit Substrat und Nahrung (bei Laubfressern genügt unter Umständen auch nur „Nahrung") in feuchte Kammern gebracht und die Glasgefäße nur mit einem Gitterdeckel verschlossen werden. Noch günstiger ist es, Zuchtkammern aus Gips oder ungebranntem Ton herzustellen, die mit einer Glasplatte verschlossen werden (Fig. 133). Der ganze Gips- oder Tonblock kann dann nach Bedarf befeuchtet werden und sorgt infolge seiner Porosität für gleichmäßige Feuchtigkeitsverteilung. Auf diese Weise sind auch sehr kleine Kammern für Kleinarthropoden herstellbar. Einige Arten lassen sich auch in flachen, möglichst fest schließenden Glasgefäßen (Petrischalen), die am Boden eine Schicht feinen Quarzsandes enthalten, gut züchten. Der Sand muß allerdings sorgfältig und regelmäßig feucht gehalten werden. Auch Wägegläschen mit Schliffdeckel eignen sich. Der Luftvorrat reicht für die meisten Arten über viele Tage. Verpilzung zeigt fast in jedem Fall das Ende der Kultur an. Es ist dann höchste Zeit, die Tiere in eine neue Schale umzusetzen.

Rezepte für Fixierung, Untersuchung und Einbettung von Kleinarthropoden

Fixierung
Äthylalkohol oder Isopropylalkohol 80%ig

bei Verdunstungsgefahr (Berlese-Apparat) 5 ml Glyzerin auf 100 ml

Oudemans sche Mischung

Alkohol 70%ig	87 ml
Eisessig	8 ml
Glyzerin	5 ml

bes. für Milben
nach einigen Tagen in essigsäurefreie Lösung überführen

Gisin sche Mischung

Alkohol 90%ig	750 ml
Äther	250 ml
Eisessig	30 ml
Formaldehyd 40%ig	3 ml

bes. für Collembolen;
nach 2 Tagen in 70%igen Alkohol oder Untersuchungsflüssigkeit überführen

mikroskopische Untersuchung

Untersuchungsflüssigkeit A nach Gisin

Milchsäure (handelsüblich)	100 ml
Glyzerin	20 ml
Formaldehyd 40%ig	4 ml

für frisch fixierte Tiere;
bes. für Collembolen

Untersuchungsflüssigkeit B nach Gisin		für älteres Alkoholmaterial; bes. für Collembolen
Milchsäure (handelsüblich)	100 ml	
Glyzerin	3 ml	
Formaldehyd 40%ig	1 ml	
Einbettung (als mikroskopisches Dauerpräparat)		in alle genannten Medien kann aus wäßriger oder alkoholischer Lösung direkt überführt werden
Berlese-Gemisch (mod.)		nach einigen Monaten umranden
Gummi arabicum in Stücken	30 g	
Aqua dest.	50 ml	
Glyzerin	20 ml	
Chloralhydrat	100 g	
Swansche Lösung		nach einigen Monaten umranden
Gummi arabicum in Stücken	15 g	
Aqua dest.	20 ml	
Glukose	3 g	
Chloralhydrat	60 g	
Eisessig	5 ml	
Milchsäure-Gelatine nach Gisin		sofort umranden; bes. für Collembolen
Milchsäure (handelsüblich)	100 g	
Gelatine	8 g	
Polyvinyl-Lactophenol nach Heinze		nach einigen Wochen umranden
Polyvinylalkohol	10 g	
Chloralhydrat	20 g	
Milchsäure (handelsüblich)	35 ml	
Karbolsäure 15%ig (Phenol)	25 ml	
Glyzerin	10 ml	
Aqua dest.	50 ml	

5.18. Wirbeltiere, Vertebraten

Nur sehr wenige Wirbeltiere (Vertebrata) Mitteleuropas können zu den Bodentieren gezählt werden. In tropischen und subtropischen Ländern leben dagegen sowohl einige Lurche (Gymnophiona) als auch Eidechsen (Amphisbaenidae) und Schlangen (Typhlopidae) unterirdisch. Sie wühlen sich ähnlich den Regenwürmern durch den Boden und leben von den hierbei erbeuteten Würmern oder Insekten. Unter den Säugetieren beanspruchen in dieser Hinsicht der Beutelmull *(Notoryctes typhlops)* in Australien sowie einige Insektenfresser und Nagetiere unser besonderes Interesse.

Am auffälligsten in mitteleuropäischen Böden ist der Maulwurf (*Talpa europaea*, Fig. 134). Allgemeine Gestalt, Kopfform, Augenschwund und besonders die großen Grabbeine zeichnen ihn deutlich als Bodentier aus. Er kommt freiwillig nur zur Paarungszeit (März–April) aus dem Boden. Die Erdgänge werden durch Zusammendrücken des Bodens angelegt, ohne daß Material nach oben gebracht wird. Die bekannten Maulwurfshaufen entstehen dann, wenn das Tier von seinen horizontalen Gängen aus auf der Jagd nach Kleintieren nach oben stößt. Die Tiefe der Maul-

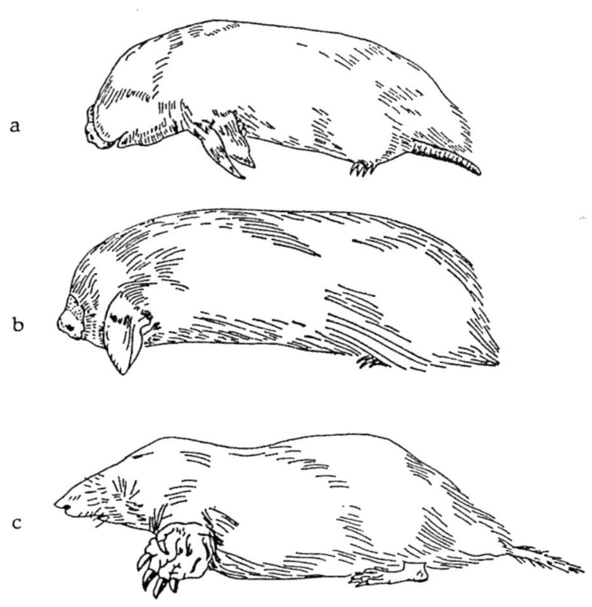

Fig. 134. Im Boden grabende Säugetiere: äußerliche Ähnlichkeit ohne nähere Verwandtschaft (Konvergenz). a Beutelmull, *Notoryctes typhlops* (Beuteltier); b Goldmull, *Chrysochloris capensis* (Insektenfresser); c Maulwurf, *Talpa europaea* (Insektenfresser) Länge a 12,5; b 11; c 15 cm. Nach Hesse-Doflein

wurfsgänge schwankt je nach Bodendichte und Jahreszeit. In Äckern liegt sie etwa bei 10–20 cm, in Wiesen bei 20–40 cm, im Winter aber bei 40–60 cm Tiefe. Um das Nest herum legt er ein System von Entlüftungskanälen an.

Am häufigsten ist der Maulwurf in Böden mit mittlerem Kulturzustand, z. B. auf Wiesen und Weiden. Trockene Sandböden, aber auch zu feuchte Böden sagen ihm nicht zu. Seine Beute fängt der Maulwurf nicht nur in seinem Gangsystem, sondern er gräbt von diesem aus ständig und stößt dabei neue Maulwurfshaufen hoch. In sommertrockenen Böden ist ihm dies allerdings nur im Frühjahr und im Herbst möglich. Den harten gefrorenen Boden wie auch das zu trockene Erdreich kann er nicht durchdringen. Deshalb wird er auf solchen Böden im Sommer wie auch im Winter nicht selten gezwungen, außerhalb des Bodens auf Nahrungssuche zu gehen. Häufig wechselt er auch im Sommer aus verhärteten Wiesenböden auf nahegelegene Äcker.

Der Maulwurf frißt fast alles Tierische, was ihm in den Weg kommt. So ist sein Mageninhalt ein guter Anhaltspunkt für die Zusammensetzung der Bodenfauna am Standort (Oppermann). Nur wenige Tiergruppen bleiben vor ihm verschont, so die ätzendes Wehrsekret ausscheidenden Diplopoden. Schaerffenberg fand in Maulwurfsgängen auf milden humosen Böden in gutem Kulturzustand vorwiegend Regenwürmer, auf armen flachgründigen Böden dagegen vorwiegend pflanzenfeindliche Insekten (Maikäfer, Schnellkäfer und ihre Larven). Entsprechende Untersuchungen auf bindigen, schweren bzw. feuchten Böden ergaben besonders Dipterenlarven (Bibioniden) und Käferlarven (Drahtwürmer, Rüsselkäferlarven, Weichkäferlarven). Auf leichten Böden herrschten schließlich Engerlinge, Drahtwürmer und Rüsselkäferlarven neben einigen Tipuliden-Larven vor. Da die hauptsächliche Verbreitung der Maulwürfe mit den vorwiegend von schädlichen Käfer- und Dipterenlarven befallenen Böden übereinstimmt, kann die Fraßtätigkeit des Maulwurfs im Durchschnitt als nützlich für den Boden angesehen werden.

Über das Anlegen von Nahrungsvorräten für den Winter gehen die Meinungen der Beobachter auseinander. So wurden aus einem Maulwurfsbau 578 Regenwürmer und 74 Insektenlarven ausgegraben. Einige dieser Tiere (Regenwürmer) können vielleicht von selbst in das Gangsystem eingedrungen sein. Es steht jedoch außer Zweifel, daß der Maulwurf Vorratskammern anlegt, in die er Regenwürmer einträgt. Häufig werden diese Vorräte offensichtlich einfach an die Gänge der Wände „geklebt". Die Regenwürmer werden vorher durch Abbeißen der ersten drei bis vier (nur selten mehr) Segmente bewegungsunfähig gemacht. Dies beeinträchtigt sie jedoch nicht in ihrer Lebensfähigkeit, wie Regenerationserscheinungen bei solchen „Vorratswürmern" zeigten. Eigenartig ist die Auswahl, die der Maulwurf beim Anlegen des Vorrates trifft. Es handelt sich vorwiegend um geschlechtsreife Regenwürmer und große Exemplare. Auch hinsichtlich der Art wird eine Auswahl getroffen: P l i s k o fand in Maulwurfsvorräten in einer Wiese zu 75 % *Lumbricus terrestris* und zu 25 % *Allolobophora caliginosa.* Einzeln waren nur noch *Allolobophora rosea* und *Octolasium lacteum* vertreten, obwohl im Wiesenboden selbst noch eine Reihe weiterer Arten (*Allolobophora chlorotica, Dendrobaena octaedra, Dendrobaena rubida, Lumbricus castaneus* und *Eiseniella tetraedra;* also vorwiegend kleine Arten!) vorkamen. Die Erklärung dieses Verhaltens kann nur zum Teil in der unterschiedlichen Tiefenverbreitung der Regenwurmarten gesucht werden. Es scheint vielmehr daraus hervorzugehen, daß der Maulwurf tatsächlich bevorzugt große Regenwürmer als Wintervorrat aufhebt, während die kleineren wahrscheinlich sofort gefressen werden.

Trotz dieser Fraßgewohnheiten können die Maulwürfe bei normaler Populationsdichte (etwa 10 Maulwürfe auf 1 ha) nur etwa 5 % der vorhandenen Regenwürmer vertilgen. Von einer Schadwirkung ist somit kaum zu sprechen. Anders liegen die Verhältnisse dort, wo in Kulturen oder bei zu dichtem Auftreten die Maulwürfe durch ihre Hügel hindernd oder schädlich werden. In bestimmten Böden können die Maulwurfsgänge nicht nur unschädlich, sondern sogar nützlich sein. So wurde bei Untersuchungen an kultivierten Staubböden der Newaniederung festgestellt, daß die Maulwurfsgänge eine günstige Regulierungswirkung auf den Wasser- und Lufthaushalt der Böden ausübten.

Häufig im Boden anzutreffen sind auch die Spitzmäuse (Soricidae). Da sie jedoch nie selbst graben und ihr eigentliches Jagdgebiet außerhalb des Bodens liegt, haben sie kaum bodenbiologische Bedeutung.

Unter den N a g e t i e r e n finden sich mindestens ebenso vollkommene Anpassungen an das Bodenleben wie beim Maulwurf. So sind die nord- und mittelamerikanischen Taschenratten („pocket-gophers"; Geomyidae) mit spatenförmigen Händen und großen Grabklauen ausgerüstet. Die riesigen Nagezähne dieser etwa hamstergroßen Tiere stehen gewissermaßen vor dem dahinter völlig abschließbaren Mund, eine Anpassung, die verhindert, daß beim „Freihacken" der Erde mit den Zähnen Bodenpartikel in den Mund geraten. Ihre Augen und Ohren verschwinden fast völlig im Pelz, der keinen „Strich" hat, also beim häufigen raschen Rückwärtslaufen im Gang, unter Benützung des Schwänzchens als Tastorgan, nicht hindert. Die durch Zahntätigkeit gelockerte Erde wird mit den Grabbeinen und Hinterbeinen weiterbefördert und schließlich mit dem ganzen Körper aus dem Gang gedrückt. Die hierzu gehörigen häufigen Arten der Gattungen *Geomys* und *Thomomys* haben ganze Landschaften auf der Suche nach Wurzeln immer wieder umgepflügt und damit zweifellos Böden und Vegetation intensiv beeinflußt. Ähnlich vollkommen an das Bodenleben sind die Blindmäuse (Spalacidae) Osteuropas und Asiens angepaßt. Bei diesen ebenfalls völlig unterirdisch lebenden Nagetieren sind jedoch die Beine verhältnismäßig schwach entwickelt. Zum Anlegen der Gänge in relativ lockerem Boden benutzen sie eine bürstenartige Haarkante, die vom Mund nach beiden Kopfseiten zieht und bei vertikalen Kopfbewegungen die Erde zur Seite befördert. Zur Lockerung der Erde werden sicher auch die großen Nagezähne benutzt. Über die Biologie selbst der europäischen *Spalax*-Arten ist noch wenig von bodenbiologischem Interesse bekannt. Die höchste Anpassung innerhalb der Familie der Wühler (Cricetidae) haben die Mull-Lemminge *(Ellobius)* Zentralasiens erreicht, die ebenso wie die zentralasiatischen Mullmäuse *(Myospalax)* völlig unterirdisch leben. Aber auch die ebenfalls in Europa häufigen Wühlmäuse *(Microtus)* können bei gehäuftem Auftreten gärtnerische Anlagen wie auch Wiesen und Felder nachhaltig durch ihre Bautätigkeit beeinflussen. In Wäldern übernimmt meist die Rötelmaus *(Clethrionomys glareolus)* diese Funktion, dabei durch z. T. starke Vertilgung von Insektenlarven auch nützlich werdend. Auch die südostasiatischen Wurzelratten (Rhizomyidae) können bodenbiologisch sehr bedeutsam sein. Dies ist auch von den zu den Hörnchen (Sciuridae) zählenden Zieseln festzustellen, besonders den zuweilen in sehr hoher Dichte auftretenden Steppenzieseln Zentralasiens (*Citellus pygmaeus* u. a.). Nicht mehr zu den echten Nagetieren zu zählen sind die ebenfalls voll dem Bodenleben angepaßten Sandgräber (Bathyergidae) Ostafrikas, die als Bleßmulle, Strandgräber oder Nacktmulle höchst auffällige Bodentiere geworden sind.

Die ungleichmäßige Verteilung der bodenbewohnenden Säuger erschwert eine quantitative Darstellung ihrer Leistungen. In Eichenwäldern auf Podsol-Boden der Moskauer Region bringen Maulwürfe jährlich 19 t Boden (Trockengewicht) aus 0–40 cm an die Oberfläche, in salzigen Halbwüsten der Uralregion auf Solonetz schaffen Steppenziesel aus 40–200 cm Tiefe immerhin 1,5 t an die Oberfläche. In beiden Fällen wird dem Oberboden dadurch mehr an wichtigen Mineralstoffen zugeführt als durch den Bestandesabfall (A b a t u r o v). Von Taschenratten *(Geomys, Thomomys)* werden Transportleistungen zwischen 11 und 85 t Boden je ha und Jahr angegeben, wobei die Vegetation bis zu 20 % reduziert und deren Artenzusammensetzung nachhaltig beeinflußt werden können (G r a n t u. M c B r a y e r). Die Einwirkung der Feldmaus *(Microtus arvalis)* hat K c h o d a c h o v a unter relativ natürlichen Bedingungen (Wiesensteppe der Zentralen Schwarzerdezone, Ukraine) untersucht. Eine Population von 150 bis 200 Individuen/ha verändert dort 30 % der verfügbaren Oberfläche mit ihren Gängen. Dabei erfährt die Vegetation eine deutliche Auflichtung, die Durchlüftung steigt, der Boden trocknet an der äußersten Oberfläche stärker aus, erhält aber insgesamt mehr Feuchtigkeit im Inneren. Die Zersetzungsrate des Bestandesabfalls erhöht sich, die mögliche Ernte an Gesamt-

Trockenmasse sinkt aber. Die Tätigkeit der genannten Nagetiere im Boden ist in unbewirtschafteten Böden, besonders dort wo Regenwürmer fehlen, oft sehr positiv zu beurteilen. In Wirtschaftsböden wirkt sie jedoch meist störend oder schädlich. Aber auch andere Säuger können bei Massenauftreten durch ihre Bautätigkeit den Boden und damit den gesamten Standort nachhaltig beeinflussen, so z. B. die Kaninchen *(Oryctolagus cuniculus)*.

Außer den im Boden lebenden Wirbeltieren nehmen auch noch andere Arten Einfluß auf die Bodenbildung. So bestimmen z. B. die Huftiere in Steppengebieten in starkem Maße den Bodenzustand durch Vertritt, Beweidung und Kotabgabe. Insektenfressende Vogelarten üben einen stark regulierenden Einfluß auf die Massenentwicklung von Insekten oder deren Larven im Boden aus. Ähnliche Wirkungen wurden bereits vom Wildschwein (Vertilgung der Engerlinge) genannt. Das Schwarzwild wird aber noch in anderer Richtung wichtig. Beim Wühlen nach Engerlingen und Eicheln vermischt es in Eichenbeständen das schwer zersetzliche Laub mit dem Boden. Wie bedeutungsvoll diese Tätigkeit für den Humuszustand des Waldbodens sein kann, zeigte sich in manchen Forsten nach Abschuß des Schwarzwildes. Das Laub blieb oberflächlich liegen, verrottete zu langsam und bildete bald eine rohhumusartige Auflageschicht.

6. Die Tiergemeinschaften der Böden

Der Botaniker ist es längst gewöhnt, Standortverhältnisse mit Hilfe von Pflanzengesellschaften charakterisieren zu können. Auch in der Bodenzoologie hat es nicht an Versuchen gefehlt, Gesellschaften von Bodentieren zu beschreiben. Das Ergebnis waren meist Artenlisten der Bodenfauna, die unter einer definierten Vegetation oder (seltener) in einem definierten Bodentyp gefunden wurde. Es zeigte sich aber, daß auf diesem Weg wirkliche Vergesellschaftungen von Bodentieren, die durch einen engen biozönotischen Konnex ausgezeichnet sind, nicht gefunden werden können. Hierzu ist vielmehr erforderlich, die jeweils wirksame Lebensumwelt (Minimalumwelt) der Bodentiere, die grob mit den Begriffen „eu-, hemi-, epedaphisch" angedeutet wird, sorgfältig gesondert zu untersuchen und stets primär von der Feingliederung der Bodenfauna auszugehen. Solche diffizilen Bearbeitungen sind bislang nur unter Beschränkung auf eine systematisch begrenzte Gruppe („Taxocönose") möglich gewesen. Sie haben z. B. bei Testaceen (Bonnet 1964), Oribatiden (Lebrun 1971) oder Collembolen (Cassagnau 1961, Dunger 1977) klar gezeigt, daß Bodentiergesellschaften Eigengesetzlichkeiten aufweisen, die nicht mit anderweit gewonnenen Ergebnissen (z. B. der Vegetationskunde) gleichgesetzt werden können. Insbesondere ist allenfalls an Standorten mit Klimaxcharakter zu erwarten, daß euedaphische Vergesellschaftungen von Bodentieren in den Arealgrenzen mit der Vegetationsgliederung übereinstimmen.

Unabhängig hiervon ist es jedoch möglich, allgemeine Grundzüge der Bodenfauna für die wichtigsten Bodenökosysteme anzugeben. Über die Tiergemeinschaften der Böden in diesem Sinn haben Franz (1975) und Wallwork (1976) ausführlich berichtet. Hier kann deren charakteristische Zusammensetzung nur in groben Zügen dargestellt werden.

6.1. Waldböden

Die Waldböden der gemäßigten Region bieten relativ ausgeglichene klimatische und Ernährungsbedingungen. Betrachten wir jedoch verschiedene Waldtypen, so treten beträchtliche, charakteristische Unterschiede zutage. Sie lassen sich gut am Anteil der Makrofauna ablesen. Die meisten Laubwaldböden ohne Rohhumusauflage sind ausgesprochene Regenwurmböden. Die Tätigkeit der Regenwürmer sorgt dann dafür, daß sich kein Rohhumus bildet. Solche Böden führen also „Mull-Humus", d. h. milden abgesättigten Humus. Der Anteil der Regenwürmer an der Fauna schwankt allerdings; er ist am höchsten in frischen (aber nicht staunassen!) Waldböden mit leicht zersetzlicher Streu. Bereits die Eiche, mehr noch die Buche, besonders aber die Nadelhölzer neigen dazu, unter nicht ausgesprochen günstigen Bedingungen durch ihre Streu sauren Rohhumus zu erzeugen. Hier finden sich nur noch unbedeutende Mengen von Regenwürmern (*Lumbricus rubellus* und *Dendrobaena*-Arten). Mit der Abnahme des Regenwurmanteils sinkt in der Regel auch das Gesamtgewicht der Fauna rapid. In feuchten Waldböden nehmen die Dipterenlarven oft einen recht großen Anteil ein (bis zu 30 %!). Auch die Gehäuseschnecken können in Laubwäldern besonders bei hohem Grundwasserstand recht stark vertreten sein. In Rohhumuswäldern fehlen sie wie die Asseln und Diplopoden meist ganz. Hier nehmen dann die Nacktschnecken (Pilzfresser!) und unter den Chilopoden die Steinläufer (Lithobiiden) neben Käfern (oft Schädlinge!) einen breiteren Raum ein. Die Chilopoden der milden Laubwälder sind dagegen zum großen Teil Erdläufer (Geophili-

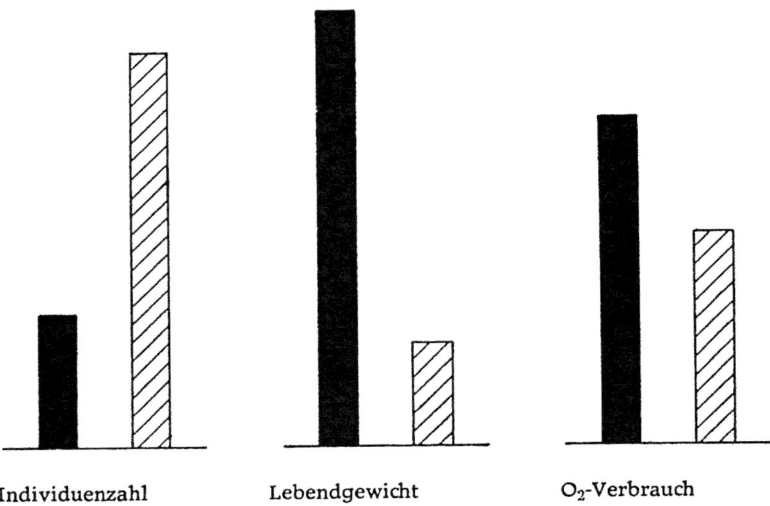

Fig. 135. Prozentuale Verhältnisse der Mesofauna und Makrofauna in Buchenwald-Boden mit Moderhumus (schwarze Säulen) und mit Rohhumus (gestreifte Säulen). Nach Daten von Bornebusch in Anlehnung an Murphy

den), die von Regenwürmern leben. Die Enchytraeiden zeigen eher eine Zuneigung zu Rohhumusböden, falls diese genügend feucht sind.

Auch die Mesofauna zeigt interessante Unterschiede zwischen Waldböden mit mullartigem Humus und solchen mit Rohhumus. Am auffälligsten ist hiervon der oft starke Anstieg der Besatzdichte bei Kleinarthropoden (Milben und Collembolen). Ihnen bietet die Rohhumusdecke günstigen Wohnraum mit großem Reichtum an Kleinhöhlen". Für die pilzfressenden Arten ist hier auch reichlich Nahrung vorhanden; denn im Rohhumus herrschen Pilze im Gegensatz zu der bakteriellen Zersetzung im Mull weitaus vor. Bei Nematoden finden wir eher die entgegengesetzte Tendenz, also eine stärkere Entwicklung in mineralischen Waldböden mit dünner Mullauflage, wohl wegen der leichteren Austrocknung der Rohhumusschichten. Auch an den Vertretern der Mesofauna kann demnach die Richtung der Humusbildung im Waldboden abgelesen werden. Wenn nun die gesamte Meso- und Makrofauna (einschließlich der Regenwürmer) berechnet wird, so ergibt sich die eigenartige Feststellung, daß die Laubwaldböden mit Mull (oder Moder-)zustand das weitaus größte Tiergewicht aufweisen, die Rohhumusböden aber ein Vielfaches an Individuen beherbergen (Fig. 135).

6.2. Heideböden

Die Heideböden stellen in mancher Beziehung einen Übergang zu Grünlandböden dar. Die klimatischen Schwankungen sind ganz allgemein viel stärker als im Wald und hemmen die Entwicklung empfindlicher Formen. Da sich unter den Zwergsträuchern (Heide, Heidelbeere, Erika u. a.) meist Rohhumus bildet, ist die Bodenfauna im übrigen derjenigen der Nadelwälder sehr ähnlich. So treten in der Mesofauna die Nematoden stark zurück und werden von den Kleinarthropoden weit überflügelt, obwohl diese selbst der starken Feuchtigkeits- und Temperaturschwankungen wegen geringere Zahlen als im Wald aufweisen. Hohe Besatzdichte zeigen gelegentlich auch die Enchytraeiden in der Heide. Auch Käfer und Steinläufer sind nicht selten; aber nach Regenwürmern, Asseln, Diplopoden oder Gehäuseschnecken wird vergebens gesucht werden.

6.3. Grünlandböden

Grünlandböden kommen als natürliche Bildungen nur dort vor, wo klimatische oder andere Bedingungen den Waldwuchs nicht zulassen, also vor allem in den amerikanischen Prärien, asiatischen Steppen oder tropischen Savannen. Europäische Wiesen sind dagegen in der Regel unter menschlichem Einfluß aus Wäldern entstanden. Es verwundert daher nicht, daß die Fauna dieser Grünlandböden grob als eine verarmte Waldfauna erscheint. Bei näherer Untersuchung zeigt sich aber, daß ein großer Teil der Grünlandfauna auf das offene Gelände spezialisiert ist und im Wald nicht oder kaum vorkommt. Die erwähnte Verarmung geht – wie bei den Heideböden – auf die stärkere Schwankung des Bestandesklimas zurück. Sie wirkt sich verständlicherweise dort am wenigsten aus, wo dichte und hohe Grasbestände den Boden decken. Hier fällt auch eine große Menge toter organischer Substanz – sowohl durch den dichten Wurzelfilz als auch durch die oberirdische Pflanzenmasse – an. Solche ertragsreichen Wiesenböden – meist auf frischen, also weder vernäßten noch zu trockenen Standorten – enthalten durchaus eine reiche Bodenfauna, die nur durch die besten Waldböden übertroffen werden kann. Regenwürmer sind auch hier dominierend. Bei hohem Grundwasserspiegel wird der Boden biologisch „flachgründig"; die Regenwürmer treten zurück, und schalentragende Schnecken und Dipterenlarven werden häufiger. Mit zunehmender Trockenheit (Trockenrasen!) verringert sich der Pflanzenertrag, also auch die Nahrungsgrundlage der Bodentiere und der Schutz gegen Austrocknung und Erwärmung. Es resultiert im ganzen eine deutliche Verarmung der Bodenfauna; der Anteil der Käfer und anderer trockenresistenter Formen steigt. Besonders an der Mesofauna kann dann immer deutlicher die jahreszeitliche Tiefenwanderungen im Sommer und im Winter beobachtet werden, die dem Ausweichen vor Trockenheit und Kälte dienen. Diese hier grob umrissenen Verhältnisse können im einzelnen noch durch die Zusammensetzung der Böden, das Kleinklima und andere Faktoren stark variiert werden.

6.4. Anfangs- und Rohböden

Den bislang besprochenen ausgereiften Landböden stellt der Bodenkundler junge „Anfangs"- oder Rohböden gegenüber, die sich durch ihre sehr geringe Mächtigkeit und durch den Mangel Humus auszeichnen. Ähnlich verhalten sich Gebirgsböden (Ranker, Rendsinen), die oft nur einen dünnen Überzug über dem Gestein bilden, Bodenbildungen in Wüstengebieten oder „anwachsende" Dünen am Meeresstrand. Auch die sich wiederbegrünenden Kippen- und Haldenböden gehören hierher – sie bilden besonders in den Braunkohlengebieten ein wichtiges aktuelles Problem. Solche Böden haben wenigstens zeitweise unter starker Trockenheit zu leiden, die den feuchtigkeitsbedürftigen Arten mindestens das aktive Leben unmöglich macht. Selbst wenn das tote „Gestein" des Untergrundes aus Sand, Ton oder anderen Lockermassen besteht, können diese Arten nicht in die Tiefe ausweichen. Die Ursachen liegen neben der häufigen Untergrundverhärtung und -verdichtung oft auch in den chemischen Verhältnissen. Schließlich sorgt auch die Nährstoffarmut dafür, daß sich in solchen Rohböden allgemein nur eine arme Fauna von Kleintieren entwickeln kann. In alpinen Böden finden sich z. B. unter Moos- und Flechtenrasen vorwiegend Collembolen und Milben mit widerstandsfähigen Entwicklungsstadien. Hier wird die spezielle Ausprägung der Fauna noch durch die Kälteperiode bestimmt, während in Küstennähe der allgemein höhere Feuchtigkeitsgehalt der Luft spürbar ist. Anspruchsvollere Arten, vor allem Regenwürmer, finden sich aber nirgends in solchen Böden.

Tatsächlich sind es die harten klimatischen Bedingungen der Rohböden, die viele Bodentiere fernhalten. Das zeigt sich an der reichen Bevölkerung der dünnen Bodenüberzüge auf einzelnen Felsen im dichten Waldbestand. Hier schützt einmal der Wald gegen extreme klimatische Schwankungen; zum anderen können schnellaufende größere Tiere sich jederzeit am Fuße des Felsens schützen. So finden sich hier selbst feuchtigkeitsbedürftige Asseln und Diplopoden neben vielen Enchytraeiden, Collembolen, Oribatiden und Dipterenlarven. An solchen Stellen kommen auch Regenwürmer in Bodenauflagen von nur 3–5 cm Dicke auf massivem Gestein vor.

6.5. Semiterrestrische Böden

In entgegengesetzter Richtung extrem verhalten sich die regelmäßig überfluteten oder stark grundwasserbeeinflußten Böden (semiterrestrische Böden). In den nassen Auböden mit regelmäßigem Wechsel von Überflutung durch fließendes Wasser und oberflächlichem Abtrocknen bei relativ hohem Grundwasserstand stellt sich eine Aufeinanderfolge von Wasserbewohnern (Wasserasseln, *Asellus aquaticus;* Flohkrebse, *Gammarus* spec.), überflutungsunempfindlichen Tieren (wie der Regenwurm *Eiseniella tetraedra)* und Landtieren (Gehäuseschnecken, Dipterenlarven, Asseln, Vielfüßer und Kleinarthropoden) ein. Die Wasserbewohner wandern in der Trokkenzeit mit dem Wasser ab oder verbleiben in den Resttümpeln. Die Landbewohner überdauern die Zeit der Überflutung meist im inaktiven Zustand oder an erhöhten, vom Wasser nicht erreichten Stellen. Es gibt also keine eigentlich „amphibische" Fauna.

Stauende Nässe behindert durch den Mangel an Sauerstoff die Bodenfauna wesentlich stärker. Je nach Dauer und Grad der Vernässung finden sich wenigstens oberflächlich noch einige Dipterenlarven, oder aber die Fauna geht ganz in eine Tiergemeinschaft der Unterwasser-Faulschlammböden über. Hier berühren sich die Landböden mit den Unterwasserböden, die wir hier nicht besprechen können. Auch die Fauna der unter ständigem Wassereinfluß stehenden Uferzonen, insbesondere die Tierwelt des Lückensystems sandiger oder kiesiger Ufer (Psammon), muß hier als Arbeitsgebiet der Hydrobiologie unberührt bleiben.

6.6. Moore

Unter den grundwasserbeeinflußten Landböden nehmen die Moore schließlich eine Sonderstellung ein. Im Moorboden herrschen schon wenige Zentimeter unter der Oberfläche absolut saure und anaerobe Bedingungen, die jedes Leben ausschalten und die Ursache der Anhäufung des Torfes sind. Nur in den Moospolstern können hier Bodentiere leben, insbesondere Kleinarthropoden und Arten der Mikrofauna. Das Artenspektrum dieser Moorbewohner wird durch die spezifischen Klimabedingungen, die das Moor schafft, diktiert. Größere humuserzeugende Bodentiere sind in jedem Fall nicht vorhanden.

6.7. Komposte

Mist- und Kompoststapel sind häufige, meist vom Menschen geschaffene Lebenssubstrate für Bodentiere. Sie können mit Auflagen von Bestandesabfall auf natürlichen Böden verglichen werden. Im Verlauf des Rotteprozesses im Kompost wechselt die Zusammensetzung der Fauna stark. Die Aufeinanderfolge der Besiedlungsstufen wird durch die ständige Veränderung der mikroklimatischen Bedingungen und des Nahrungssubstrates hervorgerufen. Die Tiere reagieren dabei nicht nur direkt auf diese Faktoren, sondern weitgehend auf den Wechsel der Entwicklung der Mikroorganismen. Der Tierbesatz in Stapelmist und Kompost kann daher als Anzeiger für die herrschenden Bedingungen bzw. den Grad der Verrottung dienen. Innerhalb der vielgestaltigen Fauna (Nematoden, Kleinarthropoden, Dipteren- und Käferlarven

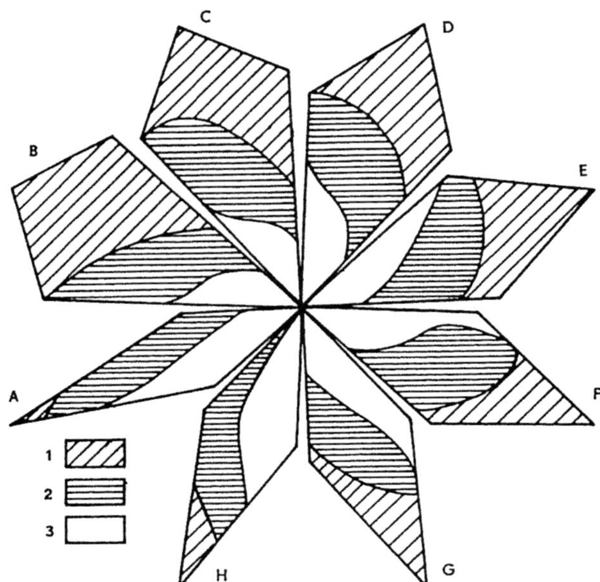

Fig. 136. Mittlere Individuendichten von Kleinarthropoden und Anteil der phoretischen (von größeren Tieren eingeschleppten) Arten im Verlauf der Sukzession bei der Zersetzung verschiedener organischer Stoffe. 1 phoretische Arten, 2 Kompost- und Streubewohner, 3 Bodenbewohner. A Waldstreu, B Pferdemist, C Leguminosen-Abfälle, D Rindermist, E Torf-Mist-Kompost, F verrottendes Heu, G Laubkompost, H Stroh. Schematische Darstellung nach Černova

u. a.) sind viele phoretische Arten anzutreffen, die auf die Ausnutzung solcher Nahrungssubstrate spezialisiert sind und Anpassungen zum schnellen Auffinden und Besiedeln solcher Substanzen entwickelt haben. Etwas später folgen gewöhnlich Streu- und Kompostbewohner, und erst in der letzten Phase mineralbodenbewohnende Arten (Fig. 136, Černova 1977). Als Charakterart der Regenwürmer ist hier der Mistwurm *(Eisenia foetida)* in zuweilen kaum glaublichen Mengen vorhanden: Rammner fand bis zu 110 000 Individuen mit einem Gewicht von 25 kg auf 1 m^3! Die Zusammensetzung des Stapelmistes (Rinder-Pferdemist usw., Beimengungen von Stroh, Erde, Laub u. ä.) und die Art der Lagerung üben einen sehr starken Einfluß auf die Art der tierischen Besiedlung aus. Der durch die Bodenorganismen hervorgerufene Rotteprozeß schreitet von außen nach innen fort. Er soll aus Gründen der Wirtschaftlichkeit und der Erhaltung wertvoller Nährstoffe möglichst rasch und gleichmäßig ablaufen. Zu starke Lüftung, wie sie durch sperrige Beimengungen, viel hartes Stroh u. ä. hervorgerufen werden kann, führt zur Austrocknung und Schimmelbildung – stets ein Zeichen der Behinderung der erwünschten Humifizierungsprozesse. Vom bodenzoologischen Standpunkt erscheinen die kombinierten Komposte mit dem besten tierischen Rotteeffekt am günstigsten. Vergorener, unter Sauerstoffabschluß gelagerter Stapelmist kann über lange Zeit nicht von Bodentieren besiedelt werden.

6.8. Böden außerhalb der gemäßigten Region

Ein allgemeiner Trend in der Besiedlung der Böden läßt sich besser erkennen, wenn auch die Faunen der Böden außerhalb der gemäßigten Zone zum Vergleich herangezogen werden. Die Tabelle 5 gibt hierzu einen groben Überblick. Die Besiedlung der Böden in den arktischen Tundren hängt im wesentlichen von den Feuchtigkeits- und Temperaturbedingungen während des kurzen Sommers ab. An in dieser Hinsicht günstig gelegenen Stellen kann sich in der flachen bewohnten Bodenschicht (etwa 5–6 cm) unter Moos, Flechten oder Zwergsträuchern kurzfristig eine Bodentierwelt entwickeln, die gewichtsmäßig kaum hinter derjenigen der gemäßigten Waldzone zurücksteht. Der Artenzahl nach erweist sie sich jedoch als außerordentlich arm. Am typischsten sind Larven der Schnaken und Haarmücken (Tipuliden und Bibioniden),

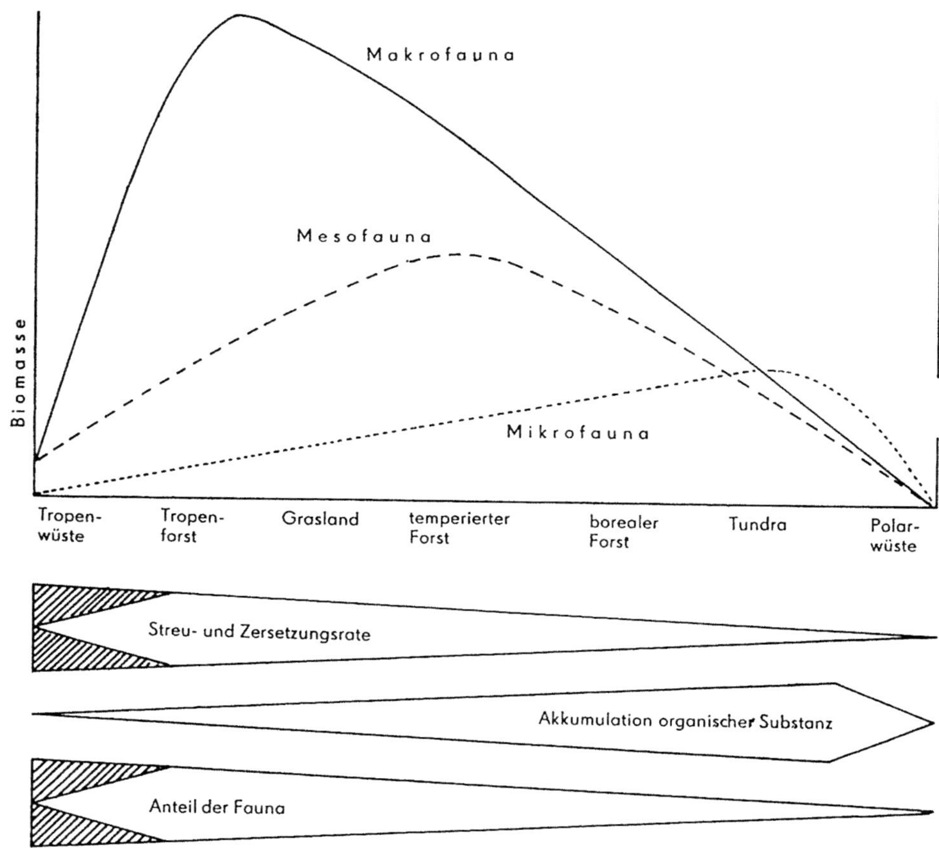

Fig. 137. Anteil der Mikro-, Meso- und Makrofauna an der Biomasse der Bodenfauna verschiedener Regionen der Erde (wahrscheinlicher Trend). Unten: Intensität der Streuzersetzung und Anteil der Bodenfauna (gemessen an der direkten Energiefreisetzung; schraffierte Teile gelten für Regenperioden) sowie Akkumulation der organischen Stoffe im Boden. Nach Swift, Heal u. Anderson 1979

Tabelle 5. Schätzungswerte der durchschnittlichen Individuendichte von Bodenorganismen in den wichtigsten Typen von Ökosystemen der Welt. Nach Swift, Heal u. Anderson 1979

Gruppe der Bodenorganismen		Tundra (arktisch, alpin)	Rohhumusböden (boreale Wälder)	Mullhumusböden (temperierte Wälder)	Grünlandböden (temperierte Wiesen)	Tropische Böden	
						Savanne	(Regen-) Wälder
Mikroflora	Bakterien (je Gramm Erde)	$7 \cdot 10^6$	$5 \cdot 10^6$	$6 \cdot 10^6$	$10 \cdot 10^6$	$55 \cdot 10^6$	$50 \cdot 10^6$
	Pilze (Hyphen je Gramm Erde)	1 200	4 000	3 000	3 000	?	6 000
Mikrofauna (Ind./m²)	Protozoen und Nematoden	$28 \cdot 10^6$	$270 \cdot 10^6$	$200 \cdot 10^6$	$500 \cdot 10^6$	30 000	65 000
Mesofauna (Ind./m²)	Collembolen und Milben	100 000	400 000	40 000	25 000	2 000	15 000
	Enchytraeiden	150 000	750 000	30 000	10 000	0–400	0–1 000
	Dipluren, Symphylen, Proturen, Dipterenlarven	1 000	1 000	500	1 000	500	1 000
	Termiten	0	0	0	0	4 000	5 000
	Mesofauna total	251 000	1 151 000	71 500	37 000	6 900	22 000
Makrofauna (Ind./m²)	Erdwürmer	10	20	2 000	750	1–100	0–250
	Diplopoden und Isopoden	0	500	1 000	500	1	400
	pterygote Insekten und Mollusken	0	300	200	200	100	1 000
	Makrofauna total	10	820	1 400	1 400	200	1 650

Enchytraeiden, Collembolen und Laufkäfer. Im Gegensatz zu diesen „Kältewüsten" sind für die trocken-heißen Wüstenböden grabende Wirbeltiere außerordentlich charakteristisch. Die Mesofauna der Wüsten und Halbwüsten bewohnt meist bevorzugt die tieferen Mineralbodenschichten. Meist sind es nur wenige Arten, die sich der langdauernden Trockenheit anpassen konnten. Ihre Populationsdichte kann jedoch in der kurzen Regenphase beachtlich hoch sein. Auch tropische Savannenböden unterliegen anhaltenden Trockenzeiten und damit auch einer kurzfristigen Begrenzung im Nahrungsangebot für die Bodentiere. Solchen Bedingungen können nur Tiergruppen mit besonderen Anpassungen, hier besonders die Termiten, ganzjährig widerstehen. Sehr günstige klimatische und ernährungsmäßige Verhältnisse sind dagegen in den tropischen Regenwäldern zu erwarten. Deshalb überrascht zunächst der Befund, daß die Meso- und Mikrofauna des Bodens hier nur schwach entwickelt ist. Das Fehlen einer eigentlichen Humusauflage infolge der außerordentlich raschen Zersetzung der organischen Substanz bietet die wesentliche Erklärung hierfür. Gut entwickelt ist dagegen die Makrofauna in einer Vielzahl von Tiergruppen, die in Böden der gemäßigten Klimate weitgehend unbekannt sind. Dies gilt für die z. T. sehr großen Erdwürmer verschiedener Familien, z. B. Megascoleciden ebenso wie für die üppig und teilweise ebenfalls in Riesenformen vertretene Fauna der Diplopoden und Isopoden. Von anderen großen Arthropoden sind besonders die Termiten, Schaben, Gryllacriden, Grillen, Ameisen, Ohrwürmer und Schnellkäfer (Drahtwürmer) zu nennen.

Den allgemeinen Trend in der Entwicklung der Bodenfauna der Welt versucht Fig. 137 in groben Zügen zu skizzieren. In den Tundren, in denen sich die größten Mengen an organischer Bodensubstanz akkumulieren, sind die Biomassenanteile der Mikro-, Meso- und Makrofauna etwa gleich. Die von Mikroorganismen lebende, auf das Ausnützen kurzfristig eintretender günstiger Bedingungen am besten eingerichtete Mikrofauna erreicht sogar ihre höchste Dichte in ausgesprochen arktischen Böden. Dieser Optimalpunkt ist für die Mesofauna etwa in der Taigazone oder auch in kühltemperierten Mischwäldern mit noch immer hoher Konzentration an organischen Stoffen in der Bodenauflage und im Boden gegeben. Die weitaus stärker bewegliche Makrofauna kann sich dagegen optimal in offenen warmtemperierten Böden und in ausreichend feuchten tropischen Böden besonders gut entwickeln. Hier erreicht die Zersetzungsgeschwindigkeit organischer Substanzen ebenso wie auch die Gesamteinwirkung der Bodenfauna auf diese Prozesse ein Maximum, wogegen die momentan vorhandene Masse an organischer Substanz des Bodens minimal wird.

7. Die Bedeutung der Bodenfauna für die Fruchtbarkeit der Böden

7.1. Die Mitwirkung der Tierwelt an der Bodenbildung und -entwicklung

7.1.1. *Bodenbildung auf Gestein*

Die Tätigkeit der Tierwelt in gut entwickelten Waldböden mit einem kaum noch übersehbaren Ineinanderspiel der vielfältigsten Faktoren ist oft nur mit Mühe und unter Zuhilfenahme von Laboruntersuchungen zu klären. Klarer und handgreiflicher wird ihre Funktion dagegen in den leicht überschaubaren Rohböden bzw. bei der Bildung von Böden auf nacktem Fels. Hierzu liegen ausgezeichnete Untersuchungen von Kubiena und Kühnelt sowie neuerdings Kubikova u. Rusek über die Bildung von Rendsinen (Humuskarbonatböden) vor, die im folgenden als instruktives Beispiel in ihren Grundzügen dargestellt werden sollen.

Rendsinen sind braune Waldböden, die direkt auf Kalkgestein entstehen und unter dem Einfluß des Kalkes zunächst keine Auswaschungserscheinungen zeigen. Sie haben also ein A-C-Profil. Verfolgen wir nun die Bildung und Entwicklung eines solchen Bodens!

Den nackten Fels, auf dem sich nur stellenweise durch mechanische Verwitterung kleine Grus- und Sandflächen oder Nischen gebildet haben, besuchen zunächst fliegende Insekten, besonders Fliegen, um sich zu sonnen. Ihnen folgen aber bereits Räuber, z. B. die Wolfspinnen, Springspinnen oder Feldwespen. Die Spinnen werden ihrerseits von Weg- und Grabwespen verfolgt, die ihre Nester in Felsspalten, Nischen oder im Grus anlegen. Auf solche Weise können die ersten organischen Stoffe auf den Fels gelangen.

In Nischen und Vertiefungen, wo sich die Feuchtigkeit etwas besser halten kann, bevorzugt aber dort, wo die genannten Tiere bereits organische Stoffe eingetragen haben, keimen Algen, Moose und Flechten aus. Ihre Fortpflanzungskörper werden vom Wind angeweht. Diese bescheidenen Anfänge einer Vegetation bieten bereits einigen Tieren Lebensraum. Es handelt sich um durch den Wind und durch Insekten verbreitete Arten, die durch Wasserabscheidung Dauerstadien bilden können, um die häufigen Trockenperioden zu überstehen (Protozoen, Nematoden, Rotatorien und Tardigraden). In dickeren Moospolstern, die etwas mehr und länger Feuchtigkeit halten, treten auch bereits die ersten trockenresistenten Oribatiden und Collembolen auf. Deren Fraßtätigkeit führt langsam zur Anhäufung einer dünnen Bodenschicht, die ausschließlich aus Exkrementen dieser Kleintiere, einigen Pflanzenresten und Kalkstaub besteht. Dieser Exkrementboden verbessert einerseits die Lebensbedingungen für die Pflanzen wie auch für die Tiere, so daß sich dort, wo es die Wasser- und Winderosion erlaubt, allmählich mächtigere Anhäufungen von einigen Zentimetern bilden können. Hier fassen die ersten anspruchslosen höheren Pflanzen Fuß. Dieses Entwicklungsstadium hat Kubiena als „Protorendsina" bezeichnet.

Wenn sich unter günstigen Bedingungen die höheren Pflanzen kräftiger entwikkeln, bieten sie mit ihrer größeren Menge an Abfall bereits anspruchsvolleren Bodentieren Existenzmöglichkeit. Durch die Horstbildung solcher Pflanzen, z. B. *Sesleria* oder *Globularia,* ergeben sich auch bessere Versteckmöglichkeiten bei stärkerer Austrocknung. Hier finden sich bereits Schnecken und Diplopoden ein, die bei höherer Luftfeuchtigkeit (nachts) Algen- und Flechtenüberzüge abweiden. Zwischen der Vegetation und der Tierwelt entwickelt sich eine deutliche Wechselwirkung: je mehr Kot produziert und damit die Bodenschicht erhöht wird, um so mehr Nährstoffe und Feuchtigkeit können festgehalten werden und um so mehr können die höheren Pflanzen noch kahle Felsstellen überwuchern. Ihr sich mehrender Abfall fördert wiederum die Tätigkeit der Bodentiere. In diesem Stadium stellen sich vor allem Verzehrer toter Pflanzensubstanz, z. B. Oribatiden, Collembolen, Diplopoden und schon Enchytraeiden, ein. Ihnen folgen Räuber, z. B. Lithobiiden, Ameisen und Käferlarven. Der Boden ändert sich nun auch in seiner Zusammensetzung. Die größeren Bodentiere verarbeiten nicht nur größere Mengen organischer Substanz, sondern vermengen sie auch mit anorganischen Teilchen, so daß ein koprogener Humus entsteht, der sich äußerlich kaum von Mull unterscheidet. Die nähere Untersuchung lehrt aber, daß den Aggregaten noch ein wesentlicher Bestandteil des „Ton-Humus-Komplexes" fehlt: der Ton. Kubiena spricht deshalb von „mullartiger Rendsina".

In der Folge der weiteren Entwicklung wächst das Bodenprofil stärker an, so daß die unteren Schichten schließlich auch in Trockenperioden noch eine gewisse Feuchtigkeit zu halten vermögen. Erst dann ist es den Regenwürmern, zunächst *Lumbricus rubellus* und *Dendrobaena*-Arten, möglich, diese Böden zu besiedeln. Die stärkere Wasserführung einerseits, das intensivere Bodenleben andererseits sorgen nun für eine verstärkte Lösung des Muttergesteins durch Kohlensäure. Der Überschuß an Kalziumkarbonat wird durch die Niederschläge ständig abgeführt, während die geringen Beimengungen toniger Substanzen unauswaschbar im Boden gebunden werden. Das ist zum großen Teil eine Auswirkung der Durchmischungstätigkeit der Regenwürmer. Hierbei entstehen bereits Ton-Humus-Komplexe. Der Boden kann in diesem Zustand als Mullrendsina bezeichnet werden. Eine Übersicht über diese Vorgänge und die mögliche weitere Entwicklung gibt Tabelle 6.

Tabelle 6. Schema der Entwicklung von Böden auf Gestein (vorrangig Kalkfels) mit Kennzeichnung der sich gegenseitig bedingenden Sukzessionen der Flora, Fauna und Boden-(Humus-)Bildungsprozesse. Die hier schematisch gekennzeichneten Stadien müssen sich nicht synchron entwickeln; oft eilt die Sukzession der Flora (und der epigäischen Fauna) der Sukzession der Bodenfauna und der Bodeneigenschaften voraus. (Nach Rusek, verändert)

Sukzessionsstadium	Sukzession der Flora	Sukzession der Bodenfauna	Sukzession des Bodens
Initialstadium	Mikroflora	Mikrofauna	Fels oder Lockergestein ohne Bodenbildung
Pionierphase	Mikroflora + Flechten + Moose	Mikrofauna + Kleinarthropoden	Protorendzina (Protoranker) mit Mikroarthropoden-Moder
Entwicklungsstadien	Mikroflora + Flechten + Moose + Gräser + Kräuter	Mikrofauna + Mikroarthropoden + Enchytraeiden + Insekten(larven)	Rendzina (Ranker) mit Moder oder mullartigem Moder
	Mikroflora + Flechten + Moose + Gräser + Kräuter + Sträucher	Mikrofauna + Kleinarthropoden u. a. Mesofauna + Makrofauna + Streu-Lumbriciden	entwickelte Rendzina (Ranker) mit Tendenz zu Mullhumus
Entwicklung in Richtung Klimaxstadium	Mikroflora + Flechten + Moose + Gräser + Kräuter + Sträucher + Bäume	alle Gruppen der Mikrofauna + Mesofauna + Makrofauna + Megafauna	Entwicklung zu Waldböden mit vollem Profil und Mullhumus

Unter relativ feuchten klimatischen Bedingungen kann sich die Mullrendsina zum Braunlehm weiterentwickeln. Hierbei steht die schon geschilderte Entkalkung und Anhäufung von Tonsubstanzen im Vordergrund. Ist der Prozeß der Degradierung des Bodens so weit fortgeschritten, daß der Basenvorrat nicht mehr zur Absättigung der Huminsäuren ausreicht, so beginnt die Auswaschung der Huminsäuren sowie der Eisensalze. Es bildet sich ein Auswaschungs- und ein Anreicherungshorizont, d. h. ein ABC-Profil. Die Tierwelt beschränkt sich dann in ihrer Verbreitung vorwiegend auf den humusreicheren Teil des nicht verschlämmenden A-Horizontes.

Wenn sich dagegen bei geringen Niederschlagsmengen auf Mullrendsinenböden eine Flora ausbreitet, deren Streu schwer zersetzlich ist (Schwarzkiefer, Wacholder, Latsche, Heide), so kann die Bodenentwicklung zur Tangel-(Rohhumus-)Rendsina weiterschreiten. In der unter diesen Pflanzen entstehenden Rohhumusdecke (bis 20 cm!) siedelt sich eine trockenresistente Tierwelt an. Diese ist nicht in der Lage, die Zersetzung des Rohhumus wesentlich zu fördern. Dennoch befindet sich unter der Auflageschicht echter Mullboden. Diese zunächst verwunderliche Tatsache geht auf das Wirken von Regenwürmern, eines sonst für Rohhumusböden gänzlich ungewöhnlichen Faunenelementes, zurück. Durch den Kalkreichtum des Gesteins finden hier die Regenwürmer noch ausreichende Lebensbedingungen. Sie untermischen von unten her die Rohhumusschicht dauernd mit Kalzitkörnchen, so daß sich echter säurefreier Mull bilden kann. Auf diese Weise wird der Podsolierung (Auswaschung) des Bodens entgegengewirkt und die Tangelrendsina stabilisiert.

Die Tiergemeinschaften, die sich in den einzelnen Stufen der eben geschilderten Entwicklungsreihe einstellen, unterscheiden sich nicht nur durch das Fehlen oder Hinzutreten bestimmter Gruppen. Auch die artenmäßige Zusammensetzung z. B. der Oribatiden- oder Collembolenfauna ändert sich von Entwicklungsstufe zu Entwicklungsstufe so charakteristisch, daß z. T. bereits aus dem Studium e i n e r Tiergruppe Aussagen über den Bodenzustand gemacht werden können. Umgekehrt ist es aber auch durch eine mikroskopische Untersuchung von Bodendünnschliffen durchaus möglich zu bestimmen, welche Tiergruppen den vorwiegenden Anteil an der Bildung dieser Böden hatten. Anhaltspunkte hierfür geben vor allem die charakteristischen Formen der Kotballen. Über diese produktionsbiologischen Erwägungen hinaus sind an solchen Bodenentwicklungsreihen auch interessante Beobachtungen über die Aufeinanderfolge von Tiergemeinschaften (Sukzessionen) anzustellen.

7.1.2. *Bodenbildung und -besiedlung auf Bergwerkshalden*

Die Bildung nachhaltig fruchtbarer Böden auf Kippen und Halden des Braunkohlenbergbaus ist großenteils ebenfalls ein bodenbiologisches Problem. Die Besiedlung der aus dem Deckgebirge frisch verstürzten Massen verschiedenen geologischen Alters, die primär fast organismenfrei sind, ist für den Bodenzoologen ein gewaltiges Experiment von wirtschaftlich bedeutsamen Dimensionen. Die Erfahrungen, die hierzu in England, der BRD und Australien gewonnen wurden, decken sich im wesentlichen mit der ausführlichen Untersuchung auf nordwest-sächsischen, niederund oberlausitzer Halden (D u n g e r 1968, 1974, 1979), deren Ergebnisse hier resümiert werden sollen.

Nach der Tierbesiedlung und der Entwicklung der Böden können allgemein

4 Stadien abgegrenzt werden, die zwar durch lokale Charakterarten und Unterschiede in den Rekultivierungsmaßnahmen (besonders durch landwirtschaftliche oder forstwirtschaftliche Nutzung) in der Erscheinungsform variieren können, im Grunde aber stets zu erkennen sind.

Das 1. Pionierstadium schließt direkt an der Haldenschüttung an. Die Besiedlung erfolgt durch Arten aus trocken-warmen Extremstandorten, oft erstaunlich schnell. Die Collembolen bilden im edaphischen Bereich eine *Proisotoma minuta*-Synusie, im epedaphischen Bereich eine *Lepidocyrtus lanuginosus*-Synusie. Auf pleistozänem Mischmaterial kann dieses Stadium in 1 bis 3 Jahren überwunden sein, auf saurem Tertiärmaterial aber länger als 20 Jahre bestehen. Solche xerothermen Sanddünen beherbergen dann kontinentale oder mediterrane wärmeliebende Arten wie den Sandohrwurm, *Labidura riparia*.

Das 2. Pionierstadium wird durch die Entwicklung einer ± deckenden Krautschicht eingeleitet, die oft staudenreich ist. Der vermehrte Bestandesabfall bildet eine schwache Moderschicht, in der sich eine *Hypogastrura-Synusie* der Collembolen, eine starke Besiedlung durch Dipterenlarven und in beider Gefolge bereits eine starke Carabiden-Population als Räuber entwickeln kann. Eine starke Entwick-

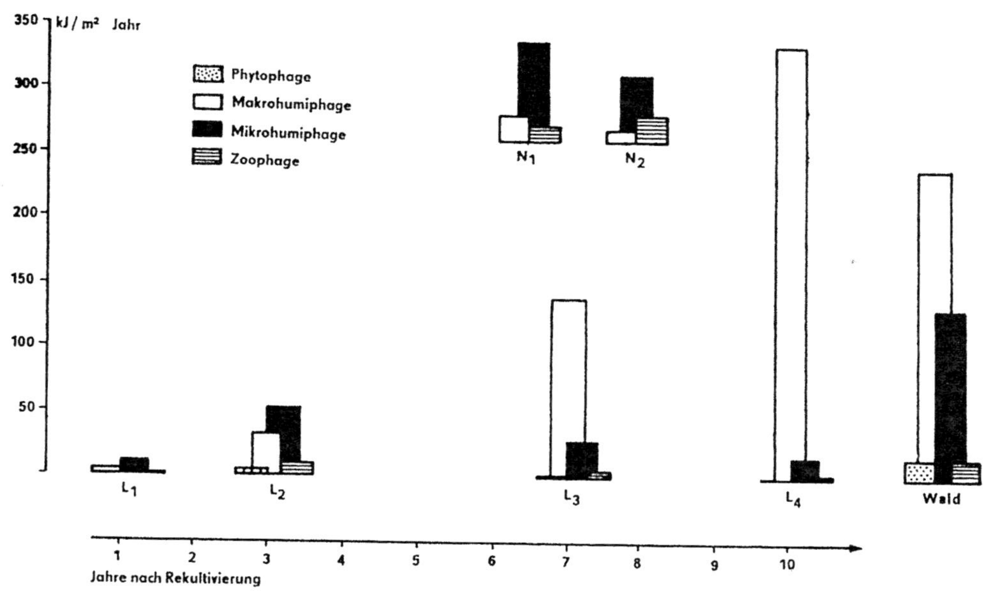

Fig. 138. Entwicklung der Bodenfauna auf rekultivierten Halden des Braunkohlenbergbaues, dargestellt am mittleren jährlichen Energieverbrauch der phytophagen und zoophagen Bodentiere sowie der saprophagen Arten der Makrofauna (Makrohumiphagen) und der Mesofauna (Mikrohumiphagen). L 1–L 4 verschieden alte Flächen des Braunkohlenreviers Berzdorf, die mit Laubhölzern *(Alnus, Populus, Robinia)* aufgeforstet wurden; N 1 Aufforstung mit *Pinus*, N 2 Aufforstung mit *Larix*; Wald: benachbartes Auenrestgehölz (Fraxino-Ulmetum), relativ naturnah. Nach Dunger 1968

lung der Bodenpilze führt zu einem Zwischenmaximum der zellulolytischen Aktivität. Unter Optimalbedingungen tritt das 2. Pionierstadium zwischen dem 3. und 5. Jahr nach der Rekultivierung ein.

Das 3. Stadium („W i e s e n s t a d i u m") wird durch die sprunghafte Entwicklung zunächst vermehrungskräftiger oberflächenbewohnender Lumbriciden, vor allem *Dendrobaena octaedra*, bestimmt. Die Vegetation zeigt (auch in Aufforstungen) vorrangig Wiesenelemente, dementsprechend bilden die Collembolen eine *Lepidocyrtus cyaneus*-Synusie in der Streuschicht, während *Isotomodes productus, Anurida pygmaea* oder *Friesea mirabilis* im Boden vorherrschen. Die beginnende Regenwurmtätigkeit verschiebt die Humusbildung vom Modertyp zunehmend zum Mulltyp. Die zellulolytische Aktivität nimmt vorübergehend ab. Unter günstigen Bedingungen kann das Wiesenstadium etwa 10 Jahre nach Beginn der Rekultivierung übergehen in das

4. Stadium („V o r w a l d s t a d i u m"). Es wird dadurch gekennzeichnet, daß sich mesophile Bedingungen stabil durchsetzen, die Umsetzung der organischen Substanz vorrangig durch Lumbriciden gewährleistet ist *(Allolobophora caliginosa, Lumbricus terrestris)*, die bakterielle zellulolytische Aktivität stark steigt und die Siedlungsdichten der Kleinarthropoden deutlich abnehmen. Der faunistische Charakter ändert sich, indem euryöke Waldarten hinzukommen und zunehmend häufig werden, so bei den Carabiden *(Pterostichus vulgaris)*, bei den Diplopoden *(Polydesmus inconstans)* oder auch Chilopoden *(Lithobius microps)*.

In Laubwald-Aufpflanzungen auf lößhaltigem Mischmaterial steigt der jährliche Bestandesabfall (gemessen am Energieinhalt) in den ersten 5 Jahren schnell auf etwa 8 000 kJ/m^2 und Jahr, sinkt aber im Wiesenstadium wieder bis auf etwa 5 000 kJ ab. Die saprophage Bodenfauna entwickelt sich rasch (Fig. 138) und kann im erwähnten Fall im 1. Jahr 1 %, im 3. Jahr 5 %, im 7. Jahr 30 % und im 10. Jahr 75 % der Streu verarbeiten. Unter Nadelholzanpflanzungen ist die Umsetzungsleistung der Bodenfauna 4mal, auf sauren Tertiärböden auch unter Laubhölzern sogar 10- bis 15mal geringer. Melioration und Rekultivierung lenken und beschleunigen den Besiedlungsprozeß: Schwerpunkte der Einwirkung sind die Stabilisierung des Wasserhaushaltes, die Eutrophierung der Flächen und die physiologische Entgiftung des Bodenmaterials. Auf tertiären Flächen ist das künstliche Einbringen von Lumbriciden (besonders *Allolobophora caliginosa)* nützlich und möglich, wenn z. B. Mulchungen als Starteutrophierung angelegt werden.

7.13. *Zustand reifer Böden*

An gut entwickelten Humusböden ist die Wirkung der Bodenfauna weniger leicht sichtbar. Dies ist hier am besten am negativen Beispiel zu erläutern, d. h. an der Verschlechterung des physikalischen Bodenzustandes nach Vernichtung der Fauna. Den stärksten Einfluß haben die grabenden und humusfressenden Bodentiere, vor allem Regenwürmer, Diplopoden, Dipterenlarven, Ameisen und – vorwiegend in tropischen oder subtropischen Böden – Termiten und Kleinsäuger. Bei der Besprechung dieser Tiergruppen wurde bereits im einzelnen ihre Beteiligung an der Lockerung, Durchlüftung, Durchmischung und Krümelung des Bodens geschildert. Hier genügt eine kurze Zusammenfassung.

Die Korngröße der Bodenpartikel (Bodentextur) wird vorwiegend auf chemischem Wege beeinflußt. Einmal kann die von den Tieren ausgeschiedene Atmungskohlensäure lösend und damit verkleinernd einwirken; zum anderen wird beim Passieren des Darmes größerer Substratfresser (Regenwurm, Diplopoden u. a.) die äußerliche Verwitterungsschicht anorganischer Teilchen gelöst. Hierdurch werden diese chemisch wieder reaktionsfreudig. Beides wäre als „biologische Verwitterung" aufzufassen. Ein mechanisches Zerkleinern anorganischer Teile kommt relativ selten vor, so z. B. bei Schnecken, die endolithisch wachsende Flechten fressen und dabei zunächst den Fels aufschaben. Die Zerkleinerung organischer Teilchen durch Bodentiere hat dagegen eine außerordentlich hohe Bedeutung sowohl für die weitere Zersetzung dieser Teile als auch für die physikalische Struktur des Bodens, die Wasser- und Luftführung und andere Eigenschaften.

Die Struktur der Böden ist häufig wesentlich mit der Leistung der Bodenorganismen verbunden. In Böden mit ausschlaggebender Beteiligung der Regenwürmer bildet sich ein ausgesprochener „Lumbriciden-Humus" (H a r t m a n n). Über Bildung und Struktur der Regenwurmkrümel wurde im Abschnitt „Regenwürmer" das Nötige berichtet. Fehlen große grabende Formen in der Fauna, so kann durch die Tätigkeit von kleinen Gliederfüßern, insbesondere der Oribatiden und Collembolen, eine ebenso charakteristische „Arthropoden-Humusbildung" eintreten. Wir haben sie bereits als Humusform der Protorendsina und mullartigen Rendsina kennengelernt. Alle diese Bildungen sind im Bodendünnschliff bereits morphologisch klar erkennbar. Sie beeinflussen durch ihre Gesamtstruktur, ihr Porenvolumen und ihre Stabilität entscheidend den physikalischen Zustand des Bodens. Die groben Poren und Gänge ermöglichen eine gute Durchlüftung des Bodens und ein rasches Absickern großer Niederschlagsmengen. Die feinen Poren besonders innerhalb der Krümel halten die Wasserkapazität des Bodens auf einer optimalen Stufe. Die Lebendverbauung durch Mikroorganismen, die ihrerseits in den Krümeln gute Lebensbedingungen finden, schützt die Krümel vor Zerfall und verhindert damit ein Verschlämmen des Bodens.

Die großen grabenden Arten sind schließlich auch noch dadurch wichtig, daß sie das Bodenprofil dauernd „in Bewegung halten". Sie transportieren ständig Material von den oberen Schichten in die tieferen und umgekehrt und sorgen so für einen ständigen Austausch mit dem Unterboden. Sie bringen dabei anorganische Nährstoffe in den Wurzelbereich. Damit in enger Verbindung steht meist das Vermischen organischer und anorganischer Stoffe im Tierdarm zu Ton-Humus-Komplexen (besonders bei Regenwürmern). Hiermit wird nicht nur eine günstige morphologische Struktur geschaffen, sondern auch die Grundlage für die Bindung von Nährstoffen (Sorption) in einer Form, die für die Pflanzenwurzel leicht aufnehmbar ist, ohne der Auswaschung durch starke Niederschläge ausgesetzt zu sein. Hier berühren sich also bereits physikalische und chemische Einwirkungen der Tierwelt.

7.2. Die Bedeutung der Bodentiere für den Stoffabbau

7.2.1. *Stoffabbau im Boden-Ökosystem (Dekomposition)*

Die von den grünen Pflanzen in einem Ökosystem erzeugte Biomasse (die Nettoprimärproduktion) kann im wesentlichen zwei Wege gehen, den der „Weidekette",

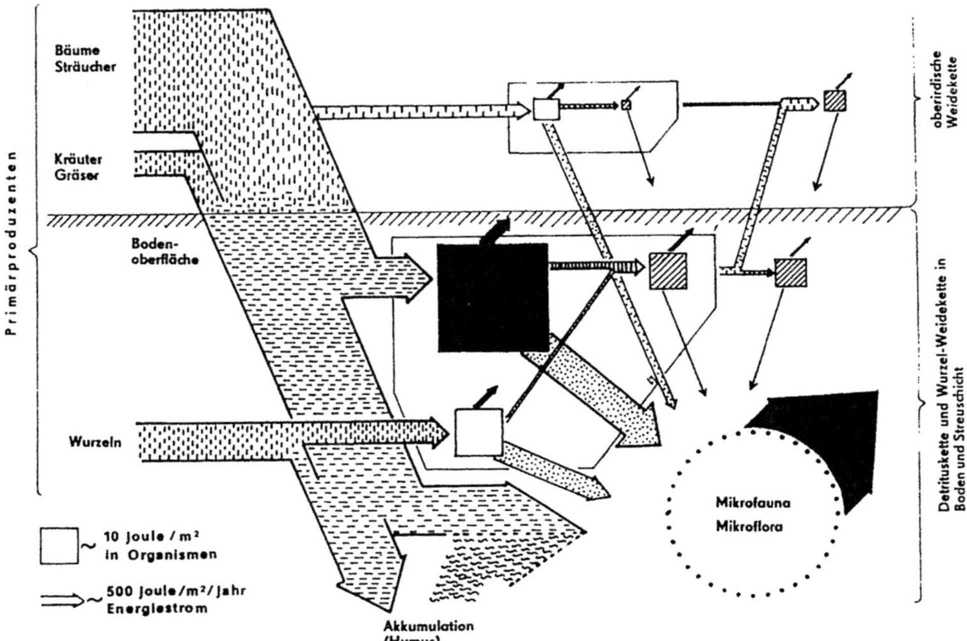

Fig. 139. Energetisches Teilmodell eines Ökosystems am Beispiel eines Kiefern-Eichen-Erlen-Waldes bei Warschau. Energie in lebender organischer Substanz senkrecht schraffiert, in abgestorbener Pflanzensubstanz waagerecht schraffiert, in Kotballen und Tierleichen punktiert, in Humus gewellt. Freisetzung der organisch gebundenen Energie durch Atmung (oder Gärung usw.): schwarze Pfeile. Weiße Kästen: Pflanzenfresser (Phytophage; Ausgang der ober- oder unterirdischen Weidekette); schwarzer Kasten: Fresser toter organischer Substanz (Saprophagen oder Detritophagen; Ausgang der Detrituskette); schräg schraffierte Kästen: Räuber (Zoophagen) verschiedener Stufen. Die Pfeilbreiten bzw. Kastengrößen entsprechen den geschätzten Energieanteilen. Nach Kaczmarek XVI, verändert

d. h. des Fraßes („Abweiden") der lebenden Pflanze durch Tiere oder den der „Detrituskette", d. h. den des Absterbens und nachfolgenden Abbaues. Dieser Abbau organischer Substanz, ein sehr komplizierter Vorgang, wird von einer umfangreichen Literatur unter dem Begriff der Dekomposition aus morphologischer, chemischer und energetischer Sicht untersucht. Der Stellenwert, den das Dekompositionsgeschehen im Vergleich zur Abweidung der lebenden organischen Substanz einnimmt, ist meist in terrestrischen Ökosystemen höher als in aquatischen (Fig. 139). Die Größenordnung läßt sich aus Eckzahlen von Untersuchungen des Internationalen Biologischen Programmes charakterisieren: In einer Bergweide werden 37 % der oberirdischen Nettoprimärproduktion (vor allem von Schafen und Schnecken) abgeweidet, und 63 % als Bestandesabfall und Dung abgebaut. In Laubmischwäldern des gemäßigten Klimabereiches werden sogar etwa 95 % des heterotrophen Stoffabbaues von der Dekompositionskette geleistet. Diese Werte sind vielleicht noch zu niedrig kalkuliert, weil der Wurzelbereich aus Gründen der methodischen Probleme meist ignoriert wurde.

Der Dekompositionsablauf zeigt bedeutende regionale Unterschiede. Rodin u. Bazilević (1967) weisen nach, daß im Bodenbereich eines ha der Zwergstrauchtundren 83,5 t tote organische Substanzen und in der südlichen Kiefern-taiga noch immer 50 t organische Substanz lagern, während der jährliche Bestandesabfall nur 2 t/ha hinzubringt. Umgekehrt fallen jährlich im tropischen Regenwald durchschnittlich 20 t/ha organische Substanz zu Boden, aber nur 2 t/ha überdauern bis zum nächsten Jahr. Diese Beziehungen auch im gemäßigten Klima zu beachten ist deshalb wichtig, weil die Stabilität und Entwicklung natürlicher Ökosysteme wesentlich von der Langzeit-Balance zwischen Wachstumsrate und Mineralisationsrate abhängt.

7.2.2. *Die direkte Beteiligung der Bodentiere an der Dekomposition*

An der Dekomposition im Boden sind vor allem Mikroorganismen und saprophage Bodentiere beteiligt, wie wir teils aus dem Nachweis ihrer Präsenz, teils aus Laborexperimenten schließen können. Wir wissen, daß Sukzessionen von Mikroorganismen in vitro in der Lage sind, praktisch alle organischen Stoffe abzubauen. Welche Rolle Bodentiere bei der Dekomposition unter natürlichen Bedingungen spielen, beginnen wir heute wohl langsam zu verstehen.

Aus zweierlei Sicht schien in den 40er und 50er Jahren die Beteiligung der Bodenfauna bedeutend, ja dominierend zu sein: Van der Drift fand, daß die Fauna eines holländischen Buchenwaldes jährlich ein Drittel des Bestandesabfalles frißt. Untersuchungen an Leipziger Auenwäldern (Dunger) machten wahrscheinlich, daß dort der gesamte Bestandesabfall teilweise sogar mehrmals den Tierdarm passiert. Hierzu kam, daß sich die These von Meyer und Franz u. Leitenberger hartnäckig hielt, nach welcher Huminstoffe ausschließlich im Tierdarm entstehen. Es hat sich allerdings durch humuschemische Untersuchungen bereits 1958 bestätigt (Dunger), daß die Neubildung stabiler Huminverbindungen im Tierdarm u. a. nahrungsabhängig und generell unbedeutend ist. Auch die Erfahrung, daß Saprophage ihre Nahrung nur wenig ausnutzen, schien eine geringere Rolle der Fauna anzuzeigen, als zunächst angenommen. Verglichen mit Herbivoren, beträgt die Effektivität der Assimilation bei saprophagen Bodentieren durchschnittlich nur 25–50 %. Besonders durch Arbeiten von Kozlovskaja wissen wir heute zwar, daß hierfür das spezifische Leistungsvermögen verschiedener Gruppen der Bodentiere zu berücksichtigen ist. Unsere Vorstellung über die quantitative Bilanz der Gesamtleistung der Bodenfauna wird hierdurch jedoch nicht wesentlich verändert.

Komplexuntersuchungen der letzten 10 Jahre auf der Grundlage des Ökosystemkonzepts ergaben schließlich, daß sich die Bodentiere nur mit etwa 1–10 % an der Energiefreisetzung durch Dekomposition beteiligen. Obwohl in diesen Bilanzen die energetisch sicher wesentlichen Protozoen und Nematoden meist vernachlässigt wurden, so wurden sie doch als „Bestätigung" für die falsche Auffassung gedeutet, daß Bodentiere nur schmückendes Beiwerk der Dekomposition darstellen.

Als Alternative zur energetischen Bilanzierung begründete Macfadyen (1963) die Hypothese der Steuerfunktion der Bodenfauna für den Abbau der organischen Substanz durch Mikroorganismen im Boden. Aus heutiger Sicht wird diese Vorstellung durch folgende 5 Erfahrungen gestützt:

1. Bodentiere zerkleinern besonders den pflanzlichen Bestandesabfall bei der Nahrungsaufnahme derart, daß dessen innere Oberfläche in den Kotballen („pellets") um den Faktor 10^3 bis 10^4 vergrößert wird; dieser Pelletierungseffekt erhöht die Einwirkungsmöglichkeit mikrobieller Enzyme wesentlich.

In einem Humusprofil (Fig. 140) ist die bodenmorphologische Situation leicht ablesbar. Pellets verschiedener Tiergruppen werden verschieden weit in das Profil eingetragen und dabei mikroklimatischen Extremeinflüssen, besonders der abbauhemmenden Austrocknung entzogen. Im obersten Mineralboden werden Kotballen von Kleinarthropoden erneut von Anneliden aufgenommen und mit Mineralteilen vermischt. Zerkleinerung, Eintragung und Vermischung der Pellets beeinflussen ohne Zweifel selektiv den Enzymausstoß und die Enzymwirksamkeit von Mikroorganismen.

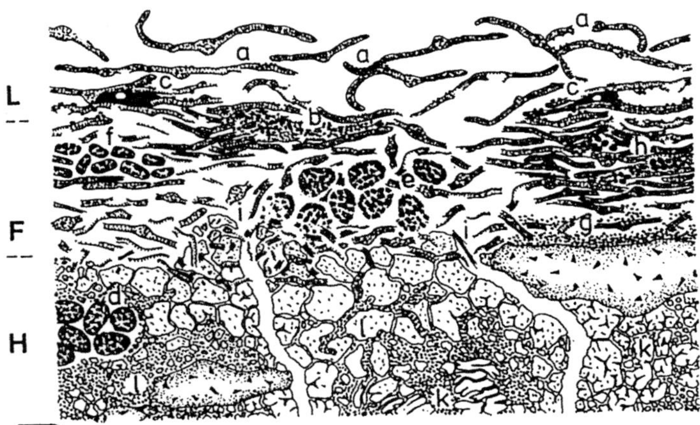

Fig. 140. Leicht schematisiertes Profil eines Buchenwaldbodens mit L-Schicht (Förna, kaum veränderte Streu), F-Schicht (Auflageschicht mit deutlich veränderter Streu) und H-Schicht (Humusschicht des Mineralbodens). a Blattquerschnitte mit Collembolen-Losung, b Fraß und Losung kleiner Dipterenlarven, c Losung und Kotröhren von *Dendrobaena* (streubewohnender Lumbricide), d Losung von Tipulidenlarven, die in der F-Schicht gefressen haben, e Losung großer Diplopoden, f *Dendrobaena*-Losung aus Arthropodenkot und Blattrümmern, g Enchytraeiden-Losung aus Arthropodenkot, über einem Stein angesammelt, h Fraßspuren und Losung von Phthiracariden (Oribatiden), i Gangmündungen von *Lumbricus terrestris*, links mit Kotansammlung, k Kotmassen von *Allolobophora* (Mineralboden-Lumbricide), Mitte: locker, rechts: gepreßt mit Trockenrissen, l Bohrgänge mit Losung von Enchytraeiden in älteren Regenwurmexkrementen (Mitte) und angereicherte Enchytraeidenlosung (links) über Steinen. Nach Zachariae, schwach verändert.

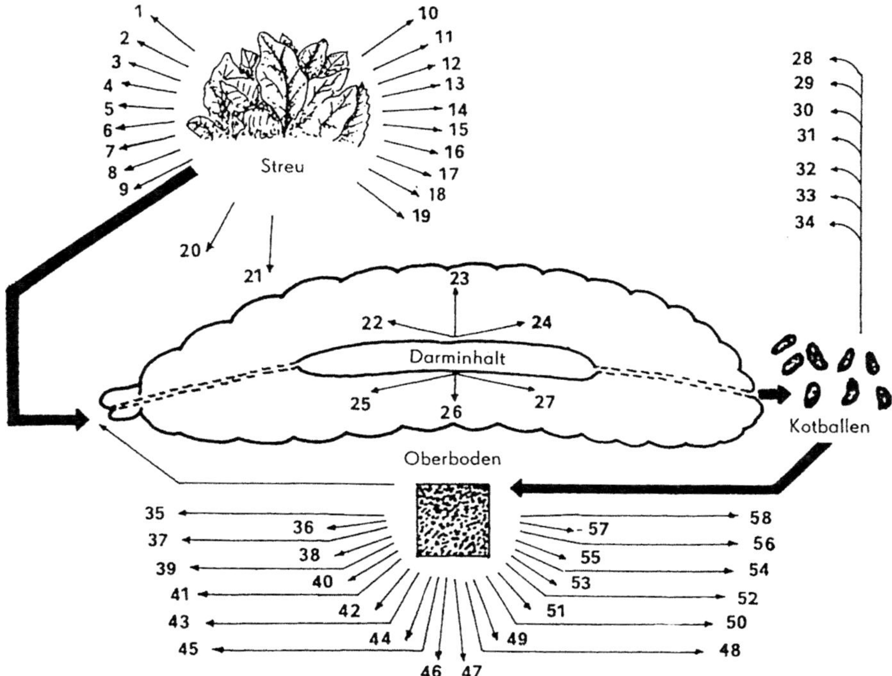

Fig. 141. Änderungen der Zusammensetzung der Mikroflora und Mikrofauna im Boden eines *Carpinus-Quercus-Corylus*-Bestandes auf Rendzina (Ungarn) in der Streu, nach Fraß im Darm der Märzfliege *(Bibio marci)*, in deren Kotballen und nach deren Zerfall im Humushorizont des Oberbodens. Nach Szabó 1974

In der Streu:
1 *Adineta gracilis*
2 *Habrotrocha constricta*
3 *Tillina magna*
4 *Colpoda cucullus*
5 *Difflugia globulus*
6 *Euglypha alveolata*
7 *Trinema enchelys*
8 *Amoeba terricola*
9 *Cercomonas longicauda*
10 *Macrotrachela*-Arten
11 Ascomycetes
12 Fungi imperfecti
13 *Streptomyces*-Arten
14 *Streptomyces aureofaciens*
15 fluoreszierende Pseudomonaden
16 *Bacillus cereus* v. *mycoides*
17 *Bacillus subtilis*
18 Blaugrüne Algen
19 Diatomeen
20 *Tetramitus rostratus*
21 *Bodo ovatus*

Im Darminhalt:
22 *Paracolobactrum* sp.
23 *Pseudomonas fluorescens*
24 *Actinomyces vulgaris*
25 *Streptomyces finlayi*
26 *Brevibacterium* sp.
27 *Enterobacter aerogenes*

In den Kotballen:
28 *Streptomyces finlayi*
29 *Zygolipomyces tetrasporus*
30 *Actinomyces vulgaris*
31 *Bacillus cereus* v. *mycoides*
32 *Pseudomonas fluorescens*
33 Algenpilze
34 *Penicillium*-Arten

Im Humushorizont:
35 *Bacillus subtilis*
36 *Bacillus cereus*
37 *Bacillus cereus* v. *mycoides*
38 *Bacillus sphaericus*
39 *Achromobacter*-Arten
40 Mycobacterien
41 Myxobacterien
42 *Micrococcus luteus*
43 *Agrobacterium radiobacter*
44 *Rhizobium*-Arten
45 *Nocardia*-Arten
46 *Azotobacter chroococcum*
47 *Zygolipomyces tetrasporus*
48 *Streptomyces tendae*
49 Basidiomyceten-Hyphen
50 *Streptomyces viridochromogenes*
51 *Streptomyces sterilis ruber*
52 *Streptomyces antibioticus*
53 *Streptomyces olivaceus*
54 Schleimpilze
55 Sterile Pilze
56 Fungi imperfecti
57 *Monas vulgaris*
58 *Bodo edax*

2. Besonders Protozoen, Nematoden und Kleinarthropoden ernähren sich häufig fakultativ oder obligatorisch von Mikroorganismen. Die Zugabe von Rhizopoden zu einer *Azotobacter*-Kultur (N i k o l j u k) vermindert zwar deren Dichte, erhöht jedoch deren Fähigkeit zur N-Bindung. Die Einwirkung von Mikrophytophagen auf die Leistung der Beutepopulation zur Mineralisation von Nährstoffen ist als s e l e k t i v e r A b w e i d e e f f e k t bekannt. Hierfür erscheint charakteristisch (C o l e m a n), daß durch Zugabe von Bakterienfressern die CO_2-Produktion nur wenig, vielleicht nur um den Beitrag dieser Tiere erhöht wird.

Die Mineralisation von P und N wird durch die Fraßtätigkeit der Tiere dagegen entscheidend gefördert. Als Ursachen dieses Effekts kommen in Betracht: selektives Abweiden alternder Mikroben, so daß evtl. dichteabhängig schnellwachsende junge Stämme gefördert werden; Freisetzen von Nährstoffen, die in der Mikrobenbiomasse festgelegt sind, und Abgabe wachstumsstimulierender Substanzen.

3. Für die Beziehungen zwischen Mikroorganismen und Bodentieren wurden lockere oder festere Formen von E k t o - u n d E n d o s y m b i o s e n nachgewiesen. Sie äußern sich häufig in einer selektiven Eliminierung organischer oder anorganischer Hemmwirkungen auf Mikroben, also der Mycostasis oder Bacteriostasis, durch die Aktivität von Tieren. So wies A u s m u s nach, daß bei der Holzzersetzung in Abwesenheit von Tieren eindeutig Pilze dominieren. Das Zusetzen von Diplopoden oder Lumbriciden fördert im Verlauf des Versuches das Wachstum der Bakterien und – relativ betrachtet noch stärker – der Aktinomyzeten.

Unter natürlichen Bedingungen fand Szabó, daß frische Laubstreu von fluoreszierenden Pseudomonaden, *Streptomyces, Bacillus,* Blau- und Grünalgen sowie Protozoen und Turbellarien besiedelt wird. Die Aufnahme der Streu in den Darm der Märzfliegenlarve *(Bibio marci)* ändert diese Gemeinschaft drastisch (Fig. 141). 6 Arten sind endosymbiontisch, davon können *Pseudomonas fluorescens, Actinomyces vulgaris* und *Streptomyces finlayi* über die frischen Pellets auch direkt am Streuabbau teilnehmen. Die alternden Pellets werden von einer völlig anderen, von *Azotobacter* charakterisierten Gemeinschaft besiedelt.

4. Bodentiere verändern ständig das Substrat der Mikroorganismen. Als Teil dieser Aktivität haben wir die Pelletierung bereits erwähnt. Darüber hinaus aber transportieren Bodentiere – nicht nur Lumbriciden – Mineralbodenteile senkrecht zum Profil, nicht selten 5–15 kg/m^2 und Jahr. Regenwürmer legen in einer durchschnittlich besiedelten Wiese nach B o u c h é unter 1 m^2·Bodenoberfläche Gänge von 400 m Gesamtlänge an und schaffen so zusätzlich 5 m^2 innere Oberfläche. Am untersuchten Beispiel zeigte sich, daß 43 % der nichtsymbiontischen N-Fixierer in diesen Gangauskleidungen leben. Ein Grenzfall der S u b s t r a t m o d i f i k a t i o n tritt bei der Zersetzung von morschem Holz durch die Larven der tropischen Zuckerkäfer (Passalidae) auf. Diese Larven pelletieren das Holz gewissermaßen im ersten Arbeitsgang, überlassen ihre Kotballen in den Fraßgängen der mikrobiellen Besiedlung und Aufschließung und ernähren sich dann durch erneute Aufnahme der Kotballen. C r o s s l e y bezeichnet daher diese Fraßgänge als „äußeren Magen der Passaliden". Die wiederholte Aufnahme von Kotballen als Form der sukzessiven Beteiligung verschiedener Arten und Gruppen der Bodentiere am Dekompositionsprozeß ist durchaus die Regel und sichert eine wirkungsvolle Steuerung der mikrobiellen Aktivität durch Bodentiere.

5. Bodentiere sind fast nie gleichmäßig im Boden verteilt, sondern meist deutlich aggregiert. Von Törne bezeichnet für saprophage und mikrobiophage Bodentiere die Aggregation als erfolgreichste Verhaltensweise, um die Erhaltung der Population in einem raumzeitlich begrenzten Ausschnitt des Ökosystems zu sichern. In solchen Phagosystemen, die sich aufgrund der spezifischen Nahrungswahl und der ökologischen Potenz der beteiligten Art(en) bilden, prägen die Bodentiere ihre mikrobielle Umwelt, solange dies die äußeren Bedingungen ermöglichen. Dabei können alle die zuvor genannten Formen der Wechselwirkung zusammentreffen und eine zoogene Systemsteuerung des Stoffwechsels bewirken.

7.2.4. *Dekomposition unter verminderter Aktivität der Bodentiere*

Wie verändert sich nun tatsächlich der Ablauf der Dekomposition, wenn die Aktivität der Bodentiere eingeschränkt oder ausgeschlossen ist? Der Schlüssel zur Lösung dieser Frage liegt offenbar in der vergleichenden Untersuchung von Abbauprozessen mit und ohne Beteiligung von Bodentieren. Gerade dies ist aber leider methodisch recht schwierig zu erfassen.

Im Laborexperiment werden einfache organische Substanzen auf rein mikrobiellem Weg meist anfangs sehr rasch (priming effect), dann aber in rasch absinkender Geschwindigkeit abgebaut. Werden die gleichen Substanzen vorher von Tieren (Isopoden u. andere) gefressen und wird dann der Abbau ihrer Kotballen untersucht, so zeigt sich eine Rhythmusänderung: deren Abbau beginnt langsam, zeigt aber eine länger anhaltende Intensität; der Abbau wird kontinuierlicher.

Überzeugender sind Ausschlußversuche in der Natur, die den Abbau der Streu in ihrer charakteristischen Struktur untersuchen. Klassisch wurde der Versuch von Kurčeva (1960) in einem *Quercus robur*-Bestand. Sie behandelte Streu und Boden mit Naphthalin, um die Bodenfauna möglichst ohne Schädigung der Mikroorganismen auszuschalten (was im strengen Sinn nicht gelingt). Nach 140 Tagen zeigte die Streu in tierfreien Flächen nur 9 % Gewichtsverlust, in Kontrollflächen mit Tieren aber 55 %. Wiederholungen unter anderen Bedingungen erbrachten weniger dramatische Differenzen.

Interessante Ergebnisse erbringen auch Abbauexperimente unter Feldbedingungen mit Netzbeuteln, deren Maschenweiten zwischen 0,05 und 10 mm so gewählt werden, daß sukzessiv zunehmende Größen der Bodentiere vom Fraß ausgeschlossen werden. In einem australischen Eukalyptus-Wald hat Wood 1974 auf diese Weise feststellen können, daß die rein mikrobielle Dekomposition nur bei sehr günstigen Temperatur-Feuchtigkeits-Konstellationen hohe Werte erreicht, während die zootische Dekomposition bereits bei niederer Temperatur und Feuchtigkeit optimal verläuft (Fig. 142). Daraus resultiert eine wesentliche Erweiterung des Dekompositionsverlaufs im Temperatur-Feuchtigkeits-Gefälle durch Beteiligung bzw. Steuerung durch Bodentiere.

Ökologisch aussagekräftiger als die Anwendung so drastischer Mittel, insbesondere der nicht scharf selektiv wirkenden Biozide, ist der Vergleich sich entwickelnder Ökosysteme hinsichtlich ihrer Dekomposition. Bei der Neubesiedlung z. B. von Halden ist vorauszusetzen, daß der Aufbau der potentiellen Mikroorganismen-Gesellschaften wesentlich rascher vor sich geht als derjenige des Tier-

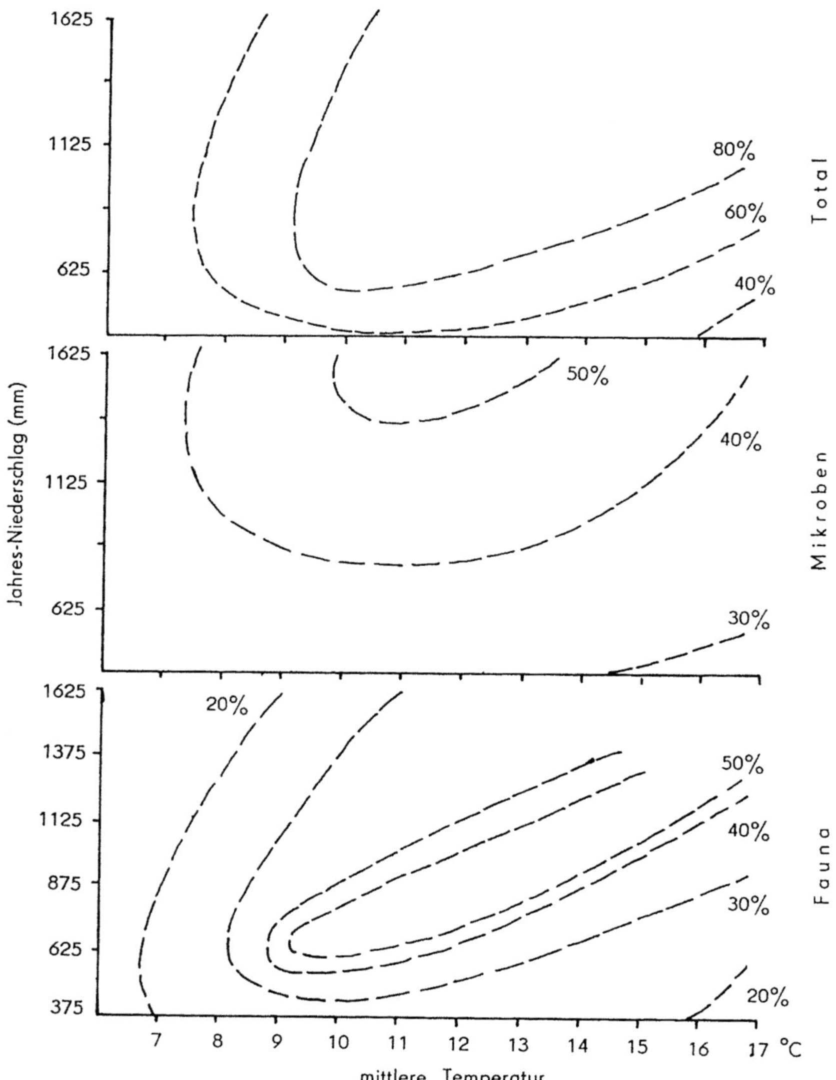

Fig. 142. Blattzersetzung in Eukalyptuswäldern Südostaustraliens in Abhängigkeit von der mittleren Temperatur und der jährlichen Niederschlagshöhe. Oben: totale Zersetzung von *Eucalyptus delegatensis*-Blättern in Prozent der Gesamtmenge je Jahr; Mitte: Anteil der mikrobiellen Zersetzung; unten: Anteil der Zersetzung durch die Bodenfauna. Die Einwirkung der Fauna gewinnt höchste Bedeutung bei relativ niederen Temperaturen und geringen Niederschlägen. Nach W o o d 1974

bestandes. Diese natürliche, durch Immigrationshemmnisse (besonders für Regenwürmer) hervorgerufene Besiedlungslücke äußert sich sehr deutlich im Ablauf der Zelluloserotte. Diese setzt zunächst unter Ausnutzung der leicht verfügbaren Nährstoffe in der Initialphase rasch ein, gerät aber im untersuchten Fall einer mineralsäurearmen lößreichen Halde bei Görlitz (Dunger 1968) nach 3 bis 5 Jahren ins Stocken, bis eine dauerhafte Annelidenbesiedlung etwa ab 7. Jahr einsetzt und eine offenkundig neue Qualität der mikrobiotischen Tätigkeit auslöst. Von diesem Zeitpunkt an erreicht die Konsumtion der Bodenfauna 30 % des Bestandsabfalls. Dies ist offensichtlich ein Grenzwert, der hier für die zootische Förderung des Bakterien-Aktinomyzeten-Komplexes erforderlich ist und damit den Übergang vom Moderhumus zum Mullhumus einleitet.

7.2.5. *Vergleich des Leistungsvermögens der Bodenfauna in benachbarten Ökosystemen*

Eine bislang kaum genutzte Informationsquelle über den zootischen Anteil am Dekompositionsverlauf bietet schließlich die ökologische Analyse aufeinanderfolgender Lebensräume (Catena). In der Catena der Halbtrocken- und Trockenrasen eines Hanges im Leutratal bei Jena besteht beispielsweise ein sehr unterschiedliches Verhältnis zwischen der Nettoprimärproduktion bzw. dem davon ableitbaren Bestandsabfall und dem theoretischen (physiologischen) Leistungsvermögen der saprophagen Bodenfauna, d. h. dem zootischen Dekompositionspotential. Die Netto-

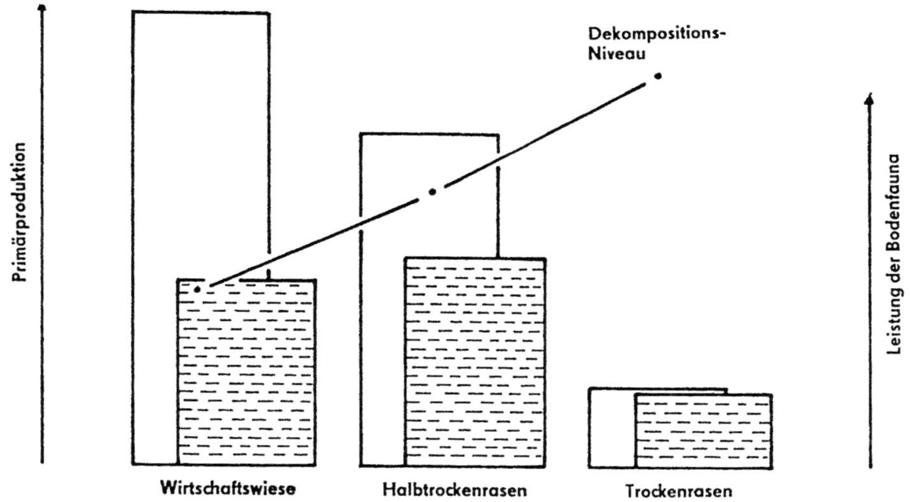

Fig. 143. Verhältnis der Produktion von Pflanzenabfall (weiße Säulen) und (theoretischer) Umsetzungsleistung der Bodenfauna (schraffiert) in angrenzenden Lebensräumen eines warm-trockenen Rasenhanges in Thüringen (Leutratal). Das Dekompositionsniveau steigt von der Wirtschaftswiese zum Trockenrasen (s. Text). Nach Dunger 1978

primärproduktion sinkt von den unteren frischen Hangteilen bis zu den oberen Trockenrasen wesentlich schneller als das Leistungsvermögen der Saprophagen. Wenn wir dieses Dekompositionspotential im Verhältnis zum jährlichen Bestandesabfall betrachten, so erhalten wir ein Maß für das am Untersuchungsort mögliche Dekompositionsniveau (Fig. 143). Im Leutratal steigt es deutlich mit zunehmender Xerothermie. Ähnliche Erfahrungen haben auch Ghilarov, Striganova u.a. mit Isopoden und Diplopoden unter seminariden Bedingungen gemacht. Es ist offensichtlich, daß hierbei nicht nur die steuernde Wirkung der Bodenfauna andere Qualitäten aufweist, sondern eine aktive Kompensation der besonders durch Trockenheit gehemmten mikrobiellen Mineralisierung durch die Bodenfauna eintritt.

7.3. Die Zersetzung der Streu – ein Beispiel

Ein günstiges und bereits relativ gut untersuchtes Beispiel für den natürlichen Humifizierungsverlauf bietet die Laubstreuzersetzung im Waldboden. Es läßt sich leicht beobachten, daß das herbstliche Fallaub in einem Auwald oder Eschen-Erlenwald bereits zu Beginn des darauffolgenden Sommers fast restlos „verschwunden" ist, während den Boden des Buchenwaldes, mehr noch der Nadelwälder, ein dicker Filz halbzersetzter Blätter oder Nadeln bedeckt (Rohhumus). Verfolgen wir die Streuzersetzung in einem Laubmischwald!

7.3.1. *Erstzersetzung*

Erfolgt der Laubfall bei feuchter Witterung, so werden die frisch gefallenen Blätter am Boden sofort mit einer feinen Flüssigkeitsschicht überzogen. In ihr entwickeln sich sehr bald die verschiedensten Mikroorganismen, vor allem solche, die Stoffe der Blattepidermis verarbeiten können (z. B. Pektinvergärer u. a.). Ihnen folgen aber rasch bestimmte Protozoen, Rotatorien und Nematoden nach. Fallen die Blätter dagegen bei trockenem Wetter auf trockenen Boden, so unterbleibt die Besiedlung so lange, bis genügend Feuchtigkeit eintritt oder größere Tiere die Blätter ganz oder zerkleinert in den Boden einziehen bzw. Bodenteilchen oder Kotkrümel auf die Blätter bringen. Fehlt auch die Einwirkung größerer Tiere, so tritt Verpilzung ein und lenkt den Streuabbau in eine ganz andere Bahn (Moder, Rohhumus).

Die hier erwähnten größeren Bodentiere werden gewöhnlich – in Anbetracht der meist vorhergehenden Tätigkeit der Mikroflora und -fauna eigentlich nicht ganz exakt – als Erstzersetzer bezeichnet. Es handelt sich um Regenwürmer, Diplopoden, Asseln, Dipterenlarven, Schnecken, gelegentlich auch einige Enchytraeiden und Kleinarthropoden. Sie ernähren sich während dieser Jahreszeit vorwiegend oder ausschließlich von Fallaub. Dieses wird jedoch nicht wahllos gefressen, sondern nach einer bestimmten – erstaunlicherweise für alle Erstzersetzer einheitlichen – Regel (Präferenzregel) ausgewählt. Bevorzugt werden weiche Blattarten mit hohem Wasseraufnahmevermögen, die in der Regel auch einen hohen Stickstoffgehalt, ein niedriges Kohlenstoff-Stickstoff-Verhältnis und eine geringe Huminsäurekonzentration aufweisen. So stehen Holunder, Esche, Erle und Linde ganz am Anfang, Eiche und Rotbuche am Ende des Speisezettels. Der Grund für diese Auswahl wird klar, wenn untersucht wird, welche Blattarten ohne Einwirkung von Tieren im Versuch am schnellsten zersetzt werden. Es ergibt sich dann die gleiche (oder fast die gleiche) Aufeinanderfolge. Weiter kann beobachtet werden, daß etwa Eichenblätter, die nach 2 bis 3 Jahren Rottezeit schließlich doch von Mikroorganismen abgebaut werden, genauso gern gefressen werden wie z. B. frisch gefallene Lindenblätter. Dies alles weist darauf hin, daß die „Erstzersetzer" eine bestimmte mikrobiologische „Zubereitung" der Blätter verlangen. Die Präferenzreihe drückt also – grob gesagt – gleichzeitig die Geschwindigkeit aus, mit der die Blätter durch Mikroorganismen angegriffen werden. Ändern sich diese Verhältnisse mit dem Alter des Laubes (z. B. im nächsten Frühjahr), so tritt auch eine Änderung der Nahrungswahl der Bodentiere ein. Ein solches Beispiel zeigt Fig. 144 (vgl. Abb. 26, 27, S. 145).

Die Art, in der die Blätter befressen werden, ist recht unterschiedlich und oft sehr charakteristisch. Sie hängt zunächst vom Blatt selbst ab. Weiches, rasch verrottendes Laub, z. B. von Holunder, wird meist im ganzen, höchstens unter Zurücklassen der dickeren Mittelrippe vertilgt. An anderen Blattarten, wie Ulme, Hainbuche oder Bergahorn, entsteht gewöhnlich ein feinverzweigtes „Blattskelett" (Abb. 26, S. 145). In Eichen- oder Buchenblättern findet man schließlich im ersten Jahr nach dem Blattfall meist nur kleine Löcher, die wie ausgestanzt aussehen. Regenwürmer, Asseln, Schnecken und Diplopoden unterscheiden sich in ihren Fraßbildern nur wenig, so daß man dem Blatt nur schwer ansehen kann, von welchem Tier es befressen wurde. Am ehesten gibt die Bißgröße Auskunft. Hierin unterscheiden sich besonders die Kleinarthropoden wie Collembolen oder Oribatiden von den zuvor genannten Erstzersetzern. Sie verursachen in mittelharten Blättern oft viele winzige Löcher dicht nebeneinander („Gitterfraß"); bei schwerer angreifbarem Laub dagegen lassen sie gewöhnlich die obere, harte Epidermis stehen, so daß Kästchen entstehen („Kästchenfraß"; Abb. 27, S. 145).

Leichter ist die Frage, welche Tierart in der Streu gefressen hat, an den zurückgelassenen Kotballen zu entscheiden. Sie haben, den Enddarmverhältnissen der verschiedenen Tiergruppen entsprechend, sehr charakteristische Gestalt. Auch die Größe bietet dem Kenner der Verhältnisse gute Anhaltspunkte (Abb. 29, S. 145).

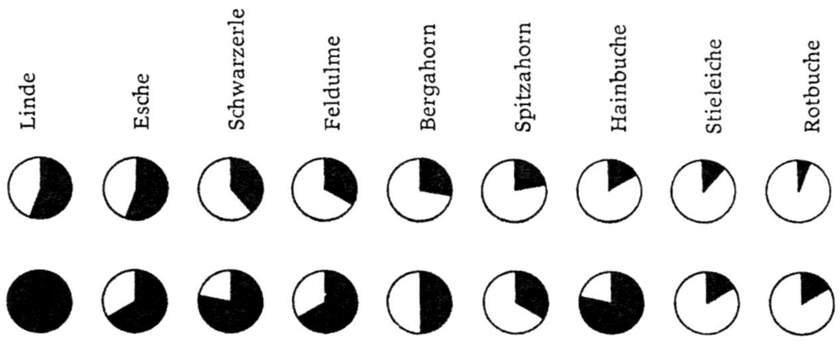

Fig. 144. Ergebnisse von Nahrungswahlversuchen an Diplopoden (5 Arten) mit verschiedenen Laubarten. Obere Reihe: frisch gefallenes Laub (Herbst); untere Reihe: überwintertes Fallaub (Frühjahr). Die schwarzen Sektoren geben die relative Fraßmenge an. Original

7.3.2. *Folgezersetzung*

Die Erstzersetzter können in den meisten Böden nur einen Teil – oft allerdings über die Hälfte – des Fallaubes „durch ihren Darm wandern" lassen. Die nicht gefressenen Teilchen werden aber häufig mit zerkleinert und in den Boden einbezogen, so daß auch an ihnen – den störenden Einwirkungen der äußeren klimatischen Einflüsse entzogen – intensive mikrobiologische Zersetzungsprozesse ablaufen können. Sowohl diese stärker aufbereiteten Blatteilchen als auch die Kotballen der Erstzersetzer bilden nun wiederum die Nahrung kleiner Bodentiere, vor allem der Oribatiden, Collembolen und Enchytraeiden (Abb. 28, S. 145). Wir können sie als Zweitzersetzer bezeichnen. Auch diese Tiere wählen ihre Nahrung deutlich aus, und zwar nach dem gleichen Prinzip wie die Erstzersetzer. Dies gilt erstaunlicherweise sogar für den Befraß der Kotballen, auch wenn diese inzwischen durch eine Vielzahl von pflanzlichen Mikroorganismen besiedelt wurden. Werden also z. B. an einen Diplopoden *(Julus)* verschiedene Blätter (Holunder, Bergahorn, Stieleiche verfüttert und werden dann die Kotballen Kleintieren wie Collembolen zum Fraß vorgelegt, so werden zunächst die „Holunderballen", zuletzt die „Stieleichenballen" gefressen.

Damit ist aber der Prozeß der Laubzersetzung noch nicht abgeschlossen. Es ist zu beobachten, daß z. B. Kotballen von Asseln erst von größeren Collembolen *(Tomocerus)* aufgenommen werden, deren Kotballen wiederum kleineren Collembolen als Nahrung dienen *(Folsomia)* und an deren Ausscheidungen schließlich Jungtiere fressen. Angesichts dieser vielfachen Darmpassage ist es besser, die Bezeichnung „Zweitzersetzung" in „Folgezersetzung" zu ändern. Die Erklärung dieser eigenartigen Erscheinung der vielfachen Darmpassage ist darin zu suchen, daß die Bodentiere – die Erstzersetzer wie die Folgezersetzer – die aufgenommene Nahrung nur zu einem sehr geringen Teil ausnutzen. Besonders schwer verdauliche (d. h. ungern gefressene!) Blattstückchen werden in nur wenig verändertem Zustand wieder ausgeschieden. In einem Stieleichenballen eines Diplopoden z. B. lassen sich die Epidermis, Palisadenzellen und Leitbündel des Blattes mit fast der gleichen Deutlichkeit nachweisen wie in einem Mikrotomschnitt durch das Blatt vor dem Fraß (Abb. 25, S. 144).

7.3.3. *Humusformen*

Überschauen wir den Vorgang der Laubstreuzersetzung noch einmal im groben, so ergibt sich eine fortwährende Wechselwirkung zwischen Bodentieren und Mikroorganismen (Fig. 145). Das Ergebnis stellt eine feinkrümelige humose Masse dar, die noch von Regenwürmern mehrfach durchgearbeitet und mit Tonmineralen zu stabiler Krümelstruktur aufgebaut werden kann. Wir kennen sie gut vom Laubkompost aus dem Garten und bezeichnen sie meist als Lauberde. Um die Ähnlichkeit des Vorgangs im Waldboden hiermit zu betonen, spricht man auch von einer „Flächenkompostierung" im Walde.

Wir haben in unserem Beispiel vorausgesetzt, daß ein leicht zersetzlicher Bestandsabfall (z. B. Holunder, Esche, Linde) vorliegt. Eine gut entwickelte Fauna mit überwiegendem Regenwurmanteil sorgt hier dafür, daß zu Ausgang des auf den Blattfall folgenden Frühlings keine unzersetzten Reste mehr zu sehen sind und die

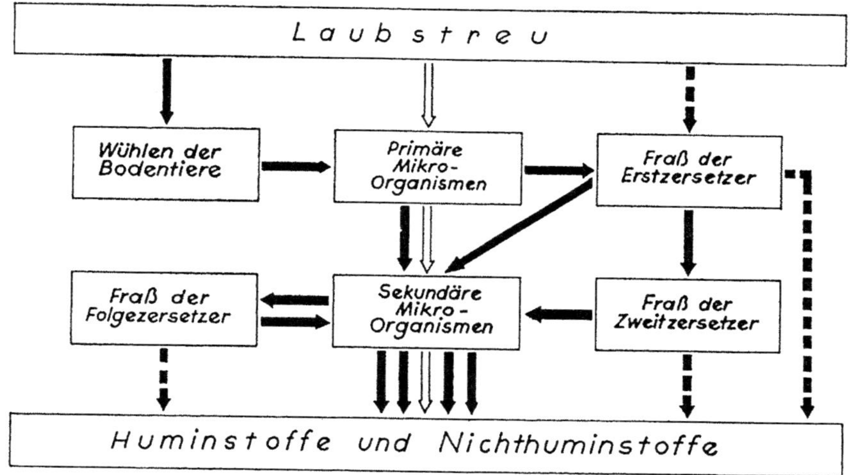

Fig. 145. Schematische Darstellung der Wechselwirkung zwischen Mikroorganismen und Bodentieren bei der Zersetzung der Laubstreu. Weiße Pfeile: Zersetzungsprozesse ohne Beteiligung der Fauna; schwarze Pfeile: Prozesse mit Beteiligung der Fauna. Original

Humusschicht durch intensive Durchmischung kontinuierlich in den mineralischen Boden übergeht. Diese günstigste Humusform bezeichnen wir als Mull. Sie findet sich auch in guten Grünland- und Ackerböden. Ist die Streu etwas schwerer zersetzlich und der Boden weniger stark biologisch tätig, wie etwa in einem trockenen Pappel-Birken-Wäldchen, so sind noch im zweiten Herbst erkennbare Blattreste zu finden. Die Zersetzung verläuft hier langsamer, aber dennoch vollständig. Wir bezeichnen diese lockere Waldhumusform als Moder. Er ist durch eine deutlich sichtbare Beteiligung von Pilzen gekennzeichnet. Typisch ist das Vorherrschen der Pilze jedoch für den Rohhumus. Hier häuft sich schwer zersetzbare Streu (Nadelstreu, Abfälle von Zwergsträuchern, auch Eichen- und Buchenlaub) auf einem Boden mit schwacher biologischer Aktivität an. Zur direkten Zersetzung des Rohhumus tragen nur wengie Tiere bei (Oribatiden). Die hier häufigen Collembolen sind überwiegend Pilzfresser. Schon beim Moder, viel deutlicher ausgeprägt aber beim Rohhumus zeigt sich eine scharfe Grenze zwischen Humusschicht und mineralischem Boden. Die durchmischenden Tierarten fehlen in solchen Humusformen.

8. Einwirkung des Menschen auf die Bodenfauna

In Europa findet sich kaum ein Stück Boden, das nicht in irgend einer Weise durch die Tätigkeit des Menschen beeinflußt wurde. Diese Einwirkungen sind sehr vielgestaltig und haben in Wechselwirkung mit den jeweiligen natürlichen Faktoren auch sehr unterschiedliche Wirkungen auf verschiedene Glieder der Fauna. Sie alle

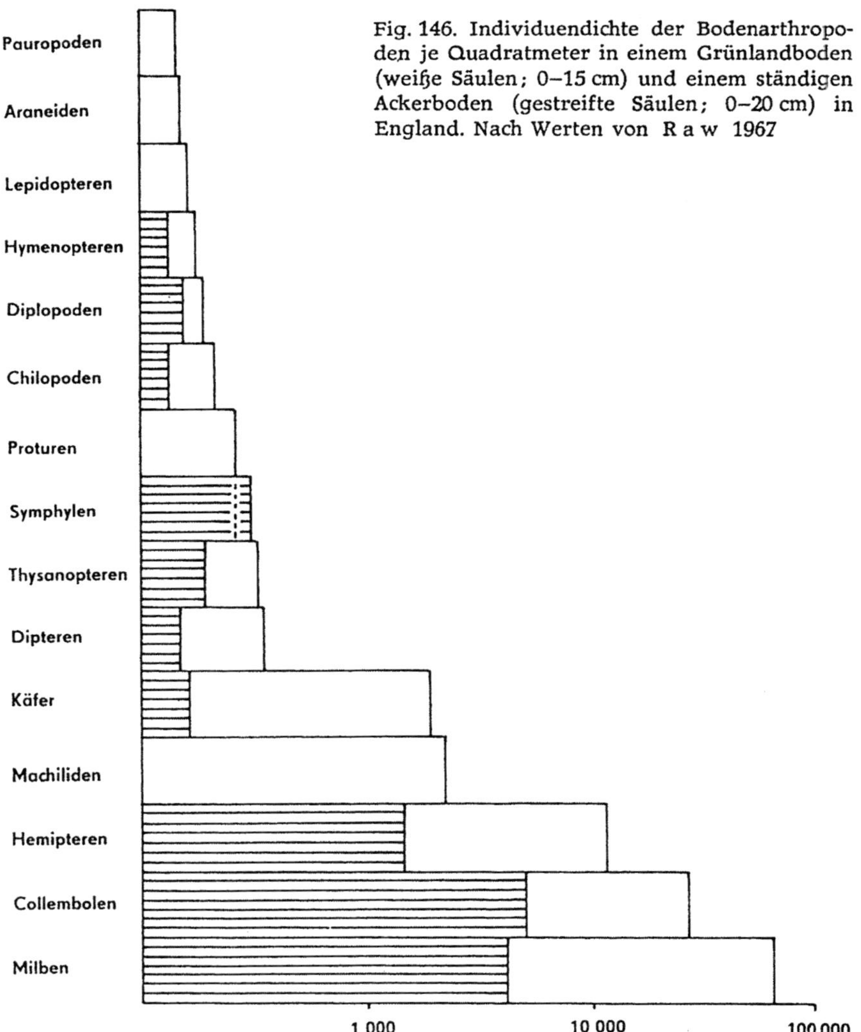

Fig. 146. Individuendichte der Bodenarthropoden je Quadratmeter in einem Grünlandboden (weiße Säulen; 0–15 cm) und einem ständigen Ackerboden (gestreifte Säulen; 0–20 cm) in England. Nach Werten von Raw 1967

tendieren generell zu dem Effekt, die ursprünglich vorhandene Vielfalt der Artenzusamensetzung zu verringern und eine kleine Zahl von Arten, die sich den neuen Bedingungen am besten anpassen können, einseitig zu fördern. Daneben verbleiben aber besonders in den tieferen Kleinhöhlen des Bodens Rudimente der ursprünglichen Fauna in geringer Individuenzahl, die zuweilen noch nach Jahrzehnten oder Jahrhunderten den Ausgangszustand anzeigen. Solche Erfahrungen wurden bei der Umwandlung naturnaher Laubwälder in (standortsfremde) Nadelwälder oder in

Grünland und schließlich in Ackerböden gemacht (Fig. 146). Zum Verständnis dieser pauschalen Aussage ist es jedoch erforderlich, den Effekt der wichtigsten Einwirkungsarten getrennt zu betrachten.

8.1. Der Einfluß der Bodenbearbeitung

Jede Bodenbearbeitung bedeutet eine Störung im normalen Ablauf des Bodenlebens oder eine „Elementarkatastrophe" (Franz) für die Bodentiere. Wie einschneidend sie ist, hängt jedoch sehr von äußeren Umständen ab. So kann ein Aufpflügen des Ackers im trockenen Spätfrühling den Bestand an Kleinarthropoden weitgehend vernichten, weil sich diese Tiere dann der plötzlichen Trockenheit ausgesetzt sehen, ohne rasch genug von neuem nach unten wandern zu können. Der Landwirt vermeidet das Pflügen in dieser Jahreszeit schon wegen der entstehenden Feuchtigkeitsverluste. Im feuchten Herbst dagegen ergeben sich durch das Pflügen kaum nachhaltige Schäden für diese Kleintiere. Regenwürmer werden besonders dann dezimiert, wenn einem Pflügen im Spätherbst zu rasch scharfer Frost folgt. Im allgemeinen fördert aber eine intensive Bodenlockerung die Besatzdichte der Lumbriciden, besonders der Mineralbodenformen. Edwards u. Lofty (1977) fanden ein Ansteigen der Biomasse im Vergleich zu ungepflügten Böden bis zu 164 %. Das Pflügen im zeitigen Frühjahr reduziert wiederum vor allem die als Imago überwinternden teils schädlichen, teils aber auch nützlichen Insekten, z. B. Laufkäfer. Bei Kleinarthropoden ist im allgemeinen zu beobachten, daß auf einen kurzfristigen Rückgang der Fauna direkt nach dem Pflügen ein Anstieg der Individuenzahlen folgt. Das darf als Ausdruck der besseren Durchlüftungsverhältnisse des Bodens gewertet werden. Oft ist diese Wirkung aber durch gleichzeitige Düngung überlagert. Nematoden lassen sich durch Bodenbearbeitungsmaßnahmen kaum beeinflussen, da sie infolge ihrer geringen Körpergröße auf Änderungen des Porenvolumens kaum reagieren.

Eine sehr nachteilige Wirkung übt besonders auf schweren lehmigen Böden der Einsatz schwerer Maschinen zur Bodenbearbeitung und bei der Ernte aus. Experimentelle Untersuchungen solcher Bodenverdichtungen ergaben, daß die Mesofauna, besonders Milben und Collembolen, direkt durch den Druck geschädigt wird. Auch eine sekundäre Lockerung dieser Druckbereiche konnte daher den Schaden nicht wieder aufheben; diese Stellen wurden erst nach 3 bis 6 Monaten wieder aus der Umgebung durchschnittlich normal besiedelt (Aritajat, Madge u. Gooderham). Je dichter die Druckspuren auf einem Acker sind, um so geringere Teile der Fauna stehen für eine Wiederbesiedlung zur Verfügung, um so nachhaltiger also sind die Schäden.

Seit 1963 breitet sich in der Praxis eine pfluglose Kultur in Form der Direkteinsaat besonders von Wintergetreide immer weiter aus. Hierfür wird ein Herbizid eingesetzt, das die Erntereste und Unkräuter abtötet und selbst möglichst bereits inaktiviert ist, wenn es in den Boden gelangt. Das Getreide wird zeitiger als gewöhnlich mit einem Spezialdrill in einen flachen Erdschlitz gebracht. Entscheidend für den Erfolg ist hier die volle Aktivität der Bodenfauna, besonders der Regenwürmer, um die Böden locker und in guter Struktur zu erhalten und das Wurzelwachstum zu sichern. Edwards u. Lofty (V) haben die Entwicklung der Bodenfauna bei dieser „minimal cultivation" in England gründlich untersucht. Im Vergleich zu normal gepflügten Böden erhöhen sich die Besatzdichten von Milben, Collembolen, Diplopoden und anderen Makroarthropoden ebenso wie die der Lumbriciden, von denen Tiefgräber wie *Lumbricus terrestris* besonders gefördert wurden. Ein ähnlicher Versuch in Nigeria ergab die 24fache Produktion von Regenwurmkrümeln verglichen mit normaler Pflugkultur. Die wachsende Anwendung der Direkteinsaat in Europa und Nordamerika beruht auf der ebenbürtigen Produktionsleistung bei geringerem Aufwand. Im Zuge der Energieeinsparung auf der ganzen Welt wie auch der bewußten Nutzung der kostenlosen Leistung der Bodenorganismen eröffnet sich hier ein neues, reales, zukunftsträchtiges Anwendungsfeld des von der österreichischen Schule seit den 30er Jahren und z. T. bis heute (Seifert 1977) verfochtenen Gedankens des biologischen Ackerbaues.

8.2. Der Einfluß der Kulturpflanzen

Die Pflanzendecke entscheidet in zweifacher Hinsicht über die Ausbildung der Bodenfauna. Einmal ist von ihr das Mikroklima abhängig, zum anderen bieten ihre Abfälle den Tieren direkt oder auf dem Umweg über Mikroorganismen Nahrung. Auch können Wurzelausscheidungen der Pflanzen die Mikroflora stark beeinflussen. Tatsächlich hat G. Müller auch im Feldversuch einwandfrei den Einfluß der Kulturart nachweisen können. Nach ihm bevorzugen einige Collembolen (bes. „*Tullbergia*") Leguminosen, während sich einige Milbengruppen besonders stark unter Gräsern entwickeln. Ähnliche Beobachtungen sind auch bereits an anderen Tiergruppen gemacht worden. Sie weisen darauf hin, daß sich im Verlauf der Fruchtfolge eine ständige Veränderung im Charakter der Fauna vollzieht. Die Fauna kann sich auf diese willkürlichen menschlichen Eingriffe nicht einstellen, bleibt also immer labil, ohne dauerhafte Lebensgemeinschaften bilden zu können. Eine starke Entwicklung können unter diesen Umständen vor allem solche Arten erfahren, die anspruchslos und weniger eng spezialisiert sind. Die anderen Arten werden mehr oder weniger unterdrückt; die Bodenfauna der Äcker wird einseitig. In gewissem Maße beabsichtigt dies der Landwirt sogar, indem er die Fruchtfolge als Mittel gegen Schädlinge einsetzt, deren Entwicklung an eine bestimmte Feldfrucht gebunden ist. Die Fähigkeit vieler Schädlinge, z. B. Nematoden, Dauerstadien zu bilden oder aber auf Ersatznahrung überzuwechseln, schmälert nur zu oft den Erfolg dieser Maßnahme, die jedoch unabhängig hiervon z. B. auch infolge der unterschiedlichen Ausnützung des Nährstoffvorrates des Bodens durch verschiedene Kulturarten erforderlich ist.

Der Artenverlust der Bodenfauna zeigt sich sehr nachdrücklich auch bei der Wiederumwandlung von Ackerböden in Grünland oder Wald. Oft treten bei derartigen frischen Grünlandböden „Hungerjahre" ein, die einen Rückgang der Erträge und die Verbreitung von Unkraut zeigen. Franz sieht hierin die Folgen der mangelnden Tätigkeit der einseitig gewordenen Bodenorganismen-Gemeinschaften. Auch bei der Wiederaufforstung künstlich entwaldeter Gebiete benötigt die Bodenfauna der „Kultursteppe" oft geraume Zeit, um sich bei langsamer Verbesserung der klimatischen Bedingungen wieder aktiv an einem geregelten Nährstoffkreislauf beteiligen zu können.

8.3. Die Auswirkungen der Ernte

Die Ernte wirkt sich auf die Bodentierwelt gewöhnlich katastrophaler aus als die meisten anderen Bearbeitungsmaßnahmen. Am deutlichsten zeigt dies eine über 60 bis 100 Jahre organisch gebildete, in sich stabile Lebensgemeinschaft, wie sie den Forstböden eigen ist. Im Kahlschlag wird diese Gemeinschaft kurzfristig und weitgehend vernichtet. Das betrifft besonders die an Feuchtigkeit, Schatten und kühlere Temperatur angepaßten Arten. Die sich nun langsam einstellende epedaphische Tiergemeinschaft solcher Böden entspricht der sich gleichzeitig bildenden „Kahlschlaggesellschaft" der Pflanzen. Sie haben beide Verwandtschaft zu Gemeinschaften der Ruderalstellen und der Heideböden. Sie verursachen eine starke Zehrung des milden Humus auf der einen Seite, eine Anhäufung von Rohhumus auf der anderen Seite.

Folgt dem Kahlschlag eine zügige Aufforstung, so können viele Elemente der euedaphischen Fauna bis zum erneuten Kronenschluß in verringerter Individuenzahl überdauern, so daß hier eine gewisse Kontinuität möglich bleibt. Einschneidender wirkt eine früher verbreitet angewendete Nutzungsform des Waldes, die Entnahme der Waldstreu. Fig. 147 zeigt, wie verheerend die Folgen einer solchen unüberlegten Handlung für die Bodenorganismen und damit für den biologischen Zustand des Bodens sind. Langfristig streugenutzte Böden können sich kaum wieder von selbst erholen. Sie bleiben „arm".

Grundsätzlich gleiche Vorgänge laufen bei der Ernte auf Äckern und Mähwiesen ab. Hierbei wird meist gleichzeitig durch Beseitigung der Pflanzendecke ein klimatischer Schock hervorgerufen und durch Entnahme der Pflanzensubstanz die natürliche Nährstoffbasis entzogen. Auch dies trägt dazu bei, daß die Bodentierwelt beson-

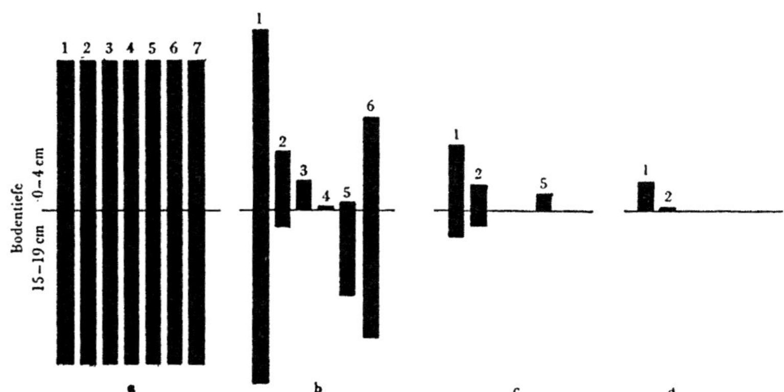

Fig. 147. Prozentualer Vergleich der Meso- und Makrofauna von streugenutzten und unberührten Buchenwaldböden; vergleichbare Standorte im Spessart. a seit 300 Jahren nicht streugenutzt; b seit 100 Jahren nicht streugenutzt; c seit 50 Jahren nicht streugenutzt; d streugenutzt. Individuenzahlen in a (Vergleichswerte) in allen Tiergruppen = 100 gesetzt. Tiergruppen: 1 Collembolen, 2 Milben, 3 Myriopoden, 4 Nematoden, 5 Insektenlarven, 6 Lumbriciden, 7 Isopoden. Nach Werten von Ronde

ders der Äcker (Mähwiesen werden durch das verbleibende Wurzelgeflecht weniger in Mitleidenschaft gezogen) einseitig ausgelesen wird.

8.4. Die Auswirkungen der Düngung

Wird in einem einige Jahre einseitig genutzten (ungedüngten) Boden Stallmist eingebracht, so tritt eine unbeabsichtigte Wirkung ein: die Tierwelt, die sich im Laufe der Zeit im Boden eingestellt hat, wird in der Umgebung der meist ungleich verteilten Mistfladen durch die bei der Frischmistrotte gebildeten Substanzen regelrecht vernichtet. Die Fauna des Mistes, die mit in den Boden eingebracht wurde, ist aber ihrerseits nicht in der Lage, in den Boden überzugehen. Der Stallmist liegt also zunächst als Fremdkörper im Boden. So kann es bis zu einem Jahr dauern, bis sich eine Stallmistgabe positiv auf die Anzahl der Bodentiere auswirkt, d. h. bis sich eine den neuen Verhältnissen angepaßte Gemeinschaft entwickelt. Rascher stellt sich die gewünschte Wirkung bei Verwendung gut verrotteten Stapelmistes ein, besonders wenn er auf regelmäßig gedüngten Böden angewendet wird.

Die Besiedlung der frisch eingebrachten Mistballen wird nach Untersuchung von Höller und Höller-Land von räuberischen prostigmaten Milben (*Protereunetes* spec.) eingeleitet, die sich wohl noch von der ursprünglichen Mistfauna ernähren. Bald aber folgen humiphage Collembolen (*„Tullbergia krausbaueri", Folsomia fimetaria, Isotoma notabilis* u. a.) und schließlich auch Oribatiden *(Oppia clavipectinata)*. Eine intensive Erhöhung des Tierbesatzes im Acker durch Stallmistzugabe ist bei Regenwürmern, Enchytraeiden, Nematoden, Dipterenlarven, Collembolen und Milben festgestellt worden. Die sich in der Gesamtzahl der Individuen ausdrückende Steigerung dürfte auf eine Massenvermehrung einzelner Arten zurückzuführen sein, während andere sogar zurückgedrängt werden. So meiden z. B. einige Oribatiden *(Oppia minus, Tectocepheus velatus)* stallmistgedüngte Ackerflächen, obwohl sie andererseits durchaus humusreiche Böden bevorzugen. Bei Regenwürmern hat Wilcke nicht nur eine Erhöhung der Individuenzahl, sondern auch eine stärkere Kotballenproduktion und Vermehrung der Gänge im Boden mit Mistgabe feststellen können. Hiermit verband sich in seinen Untersuchungen das Auftreten eurybionter Humusformen, die in ungedüngten, sonst aber gleichen Mineralböden gewöhnlich fehlten.

Der Aktivierung der Bodenfauna entspricht eine intensivere Tätigkeit der Mikroorganismen. Durch die Mistdüngung erfolgt also eine Anregung der biologischen Tätigkeit überhaupt und damit eine Erhöhung der Fruchtbarkeit des Bodens. An den Kleinarthropoden ist die Wirkung einer Düngung oft nur ein halbes Jahr, in seltenen Fällen bis zu 3 Jahren nachweisbar. Die Aktivierung der Regenwürmer hält im Durchschnitt ebenfalls nicht über ein Jahr an.

Rinder- und Schweinegülle wirkt in konzentrierter Form auf Regenwürmer wie auch auf die Mesofauna toxisch. Giftige Bestandteile sind Ammoniumcarbonat, Benzoesäure und Natriumsulfid (Curry). Auch Gaben von Ammoniakwasser (200–250 l/ha) als Stickstoffdünger wirken toxisch, am wenigsten auf epedaphische Arthropoden, stärker auf Lumbriciden und Enchytraeiden, am intensivsten und nachhaltigsten auf Collembolen und Milben (Utrobina). Auf einem englischen Dauergrünland prüften Bolger u. Curry die Wirkung folgender Güllegaben: (jeweils in t/ha und Jahr): 1) 1mal 55 t, 2) 6mal 110 t, 3) 2mal 550 t. Ausgewählte Populationen von Collembolen und Milben wurden im Vergleich zur Kontrolle durch die schwache Gabe (1) gefördert, durch die mittlere Gabe (2) meist nur gering geschädigt und durch die intensive Gabe (3) über mehr als 9 Monate praktisch vernichtet. Ähnlich nahm die Biomasse der Regenwürmer bei schwacher Gabe (1) um 33 %, bei mittlerer Gabe (2) um 95 % zu, wurde aber durch die Intensivgabe (3) um 37 % dezimiert. Die Schädigung betraf besonders die dominierenden *Allolobophora*-Arten, während Oberflächenbewohner wie *Dendrobaena rubida, Lumbricus castaneus, L. festivus* und *L. rubellus* relativ zunahmen. Ähnliche Erfahrungen teilen Debry u. Lebrun von der Güllebehandlung in Waldböden (belgische Lärchenpflanzung) mit. Enchytraeiden wurden bereits bei Gaben von 50 t/ha anhaltend geschädigt, während Collembolen und einige pterygote Insektengruppen auch noch bei Einmischung von 450 t/ha in die Streu eine verstärkte Entwicklung zeigten. Oribatiden verhielten sich sehr differenziert, z. B. erreichte *Platynothrus peltifer* bei 100 t Gülle/ha die doppelte, bei 450 t/ha nur die halbe Abundanz gegenüber der Kontrolle.

Eine mineralische Düngung kann auf sehr verschiedenem Weg auf die Bodentiere einwirken. Stark konzentrierte Düngemittel erzeugen bei direkter Berührung tödliche Hautschädigungen. Dies ist aber für die Menge der Bodentiere nur selten von Bedeutung. Franz stellte einige Zeit nach mineralischer Düngung einen Rückgang der Nematoden-Bevölkerung fest. Vielleicht liegen hier derartige direkte Schädigungen vor, vielleicht ist aber auch, wie Franz vermutet, eine Verminderung der Bakteriendichte die Ursache. Nach Beobachtungen von Höller flieht die prostigmate Milbe *Nanorchestes arboriger* anorganische Stickstoffdünger. Auch eine Zugabe von Klärschlamm, der 4 % Stickstoff enthält, zum Boden und sogar die Stickstoffanreicherung durch den Anbau von Leguminosen beeinträchtigt die Entwicklung dieser Milbenart. Sie bevorzugt aber stallmistgedüngte Böden, ohne in die Mistpakete selbst einzudringen. Dieses Verhalten kann kaum auf eine direkte Empfindlichkeit gegen Stickstoff zurückgeführt werden, sondern wohl eher darauf, daß diese Milbe (nach dem Bau der Mundwerkzeuge ein Mikrophytenfresser) von Mikroorganismen lebt, die sich bei Anwesenheit bestimmter Stickstofformen nicht entwickeln.

In einer kürzeren oder längeren Zeitspanne nach einer mineralischen Düngergabe wurde häufig (je nach Art des Bodens und des Düngers in verschiedenem Maße) eine stärkere Entwicklung der meisten Bodentiergruppen nachgewiesen. Hierfür kann möglicherweise eine stärkere Produktion absterbender Pflanzenwurzeln oder die Vermehrung des oberirdischen Bestandsabfalls die Ursache sein. Bedeutungsvoller scheint aber die Aktivierung der Mikroorganismen durch die Mineraldüngung zu sein. Damit entsteht eine bessere Nahrungsgrundlage für viele Bodentiere. So kann auch am besten erklärt werden, daß sich eine kombinierte Gabe von Stallmist und mineralischer Volldüngung auf Regenwürmer am günstigsten auswirkt (Wilcke). Ein gewisser, stark von der Bodenart abhängiger Einfluß bestimmter mineralischer Düngemittel auf den physikalischen Bodenzustand kann schließlich ebenfalls zu einer Veränderung der tierischen Besiedlung führen.

Allen diesen Düngungsmaßnahmen ist gemeinsam, daß sie nur für kurze Zeit wirksam sind und bei ständiger Entnahme von Pflanzenmasse vom Kulturboden

(Ernte) auch ständig nach einem bestimmten Plan wiederholt werden müssen, um eine optimale Aktivität der Lebewesen im Boden und damit die Bodengare zu erhalten. Nachhaltig wirksam sind dagegen in Verbindung mit anderen Meliorationsmaßnahmen vorgenommene Bestandskalkungen vor allem in sauren Forstböden. Sie können eine grundsätzliche Änderung des gesamten biochemischen Geschehens und der Lebensprozesse hervorrufen. Noch sind aber bei weitem nicht alle Faktoren sicher genug bekannt, um jeder solchen Kalkungsmaßnahme den Grad des Erfolges voraussagen zu können. Die positive Wirkung kann jedoch leicht an dem Auftreten von Regenwürmern bzw. deren Kotkrümeln im gekalkten Rohhumusboden geprüft werden. Im Maße des Auftretens der Regenwürmer geht gewöhnlich die Besatzdichte der Oribatiden und Collembolen merklich zurück.

Eine heute vielfach angewendete Düngungsart ist die Abwasserverrieselung oder -verregnung. Sie ist praktisch nur bei leichten und genügend durchlässigen Böden anwendbar. Die Tierwelt abwasserberieselter Böden stellt sich allmählich in ihrer Artenzusammensetzung auf feuchtigkeitsliebende Formen um, wird aber im ganzen meistens stark gefördert. Besonders gilt dies von Regenwürmern, deren Siedlungsdichte im Vergleich zu sonst gleichartigen, aber unberieselten Flächen um 30–40 % steigt. Bei richtiger Abwassergabe kann hier ein wirkliches Optimum geschaffen werden. Das geht daraus hervor, daß nicht nur die Individuenzahl, sondern auch die Artenzahl der Regenwürmer in solchen Böden steigen kann. So fand Neumann in berieselten Wiesenböden bei Freiburg i. Br. 14 Arten. Bei zu starken Gaben werden allerdings besonders die empfindlicheren Arten (*Lumbricus*) nach oben getrieben und fallen in vermehrter Zahl den Vögeln anheim. Entsteht schließlich durch die Abwasserlandbehandlung über längere Zeit stauende Nässe, so kann diese die Vernichtung des größten Teils der Bodenfauna nach sich ziehen. Mit Zunahme der Belastung städtischer Abwässer durch Detergentien u. a. toxische Stoffe mehren sich auch negative Erfahrungen bereits bei normaler Dosierung. Die Summeneffekte lassen sich vorwiegend durch eine Artenverarmung solcher Flächen beschreiben (Dindal et al.).

Endlich sei noch einer besonders in Baumschulen und Plantagen häufig angewendeten Bodenabdeckung gedacht, des „Mulchens". Hierbei wird zur Verhinderung zu dichten Graswuchses und zu starker Verdunstung recht unterschiedliches Material (geschnittenes Gras, Stroh, Laub u. ä.) auf den kahlen Boden gebracht. Dieses Material wirkt zunächst wie eine natürliche Förnadecke. In ihr vermehren sich besonders Collembolen und Oribatiden sehr intensiv. Solange aber kein stark säuerndes Material zum Mulchen verwendet wird, schädigt es auch die Regenwurmfauna nicht und erhält bzw. fördert ein intensives Bodenleben.

8.5. Einwirkungen von Fremdstoffen und Strahlen

Die Böden und damit die Bodenorganismen werden heute zunehmend mit Fremdstoffen und anderen anthropogenen Einwirkungen belastet, die unter natürlichen Bedingungen nicht auftreten. Die Reaktion der Bodentiere hierauf ist noch vielfältiger, als die ständig wachsende Zahl verschiedener Wirkstoffe vermuten läßt. Dosis, Einwirkungszeit und -ort, Entwicklungsstadium der betroffenen Organismen und Reaktionen anderer Glieder der Gemeinschaft eröffnen einen weiten Spielraum, der die Vorhersage der Verhaltensweise der Bodentiere erschwert. Fast nie werden alle Bodentiere (schon gar nicht alle Bodenorganismen) gleichmäßig geschädigt oder vernichtet, meist können sich einige Arten der Einwirkung entziehen, oft profitieren einige Mitglieder des Ökosystems von der Schädigung anderer. Als wichtige Einwirkungsraten sollen hier die Anwendung chemischer Wirkstoffe (Pestizide), die Immission von Gasen und Stäuben und die Einwirkung von Strahlung besprochen werden. Grundsätzlich gleiche Probleme kamen bereits im Abschnitt Düngung (Gülle, Mineraldüngung) zur Sprache.

Pestizide. Der Einsatz breit wirkender Entseuchungsmittel wie Methylbromid, Chloropikrin u. a. vernichtet meist diejenigen Tiergruppen am nachhaltigsten, denen die Anwendung nicht gilt, während phytopathogene Arten oft widerstandsfähige Dauerstadien bilden können (z. B. Nematoden). Kupferhaltige Fungizide, vor allem Kupfersulfat, die bevorzugt im Wein- und Obstbau verwendet werden, schädigen vor allem die Regenwürmer durch Blockieren der Atmung. Die Folge kann die Anhäufung unzersetzter Streu und die Degradation des darunter liegenden Bodens in intensiv behandelten Obstplantagen sein (Westeringh). Die als Insektizide eingesetzten chlorierten Kohlenwasserstoffe (DDT, Lindan, HCH, Aldrin, Dieldrin u. a.) wirken als Nervengifte und sind meist wegen ihrer hohen Persistenz gefürchtet. Noch ist unklar, warum einige Arten (z. B. der Carabide *Trechus quadristriatus)* im Gegensatz zu anderen Arten der gleichen Familie oder aber ganze Arthropodengruppen (so die Onychiuriden und die *Folsomia*-Arten im Gegensatz zu Entomobryiden oder auch die Gamasina im Gegensatz zu den Astigmata) weitgehend oder ganz resistent erscheinen. Diese differenzierte Reaktion ist darüber hinaus auch an der Mikroflora festzustellen (Dindal et al. VI). Nur so sind überraschende Ergebnisse zu erklären, die sich in der Literatur finden. So können bei mäßiger DDT-Anwendung Oribatiden und Collembolen gefördert, Gamasiden, prostigmate Milben, Lumbriciden und auch der Streuabbau geschädigt sein; hohe DDT-Dosen am gleichen Standort schädigen schließlich alle Tiergruppen, intensivieren aber den Streuabbau (d. h. sie aktivieren auf unbekannte Weise bestimmte Mikroben). Noch komplizierter wird die Situation durch den Einsatz weiterer Gruppen von Wirkstoffen, z. B. der als Cholinesterasehemmer wirkenden Carbamate und Organophosphate (Edwards, Voronova). Im Grund ist aber auch hier eine abgestufte differenzierte Reaktion verschiedener Bodentiere festzustellen. Oft überwiegt der indirekte Einfluß, wie Prasse dies für die Anwendung von Herbiziden (2,4 D, Simazin, MCPA) nachwies: die Collembolen-Milben-Besiedlung der behandelten Felder ändert sich bei manueller Unkrautbekämpfung gleichsinnig wie bei Herbizidanwendung in praxisüblichen Dosen. Wie unterschiedlich die Nebenwirkung von Pflanzenschutzbehandlungen einzuschätzen sein kann, schildert Karg an intensiv kontaminierten Obstanlagen (DDT, Lindan, Phosphorinsektizide). Vor allem durch selektive Dezimierung der Raubmilben ergab sich eine Übervermehrung von Collembolen innerhalb des Bodens, was für die Streuzersetzung förderlich ist, aber auch eine Übervermehrung der phytopathogenen Spinnmilben im epigäischen Bereich.

Die Akkumulation von Pestiziden im Körper von Bodentieren ist am besten an Regenwürmern untersucht (Edwards u. Lofty 1977). Alle im Boden vorhandenen Fremdstoffe fanden sich auch in den Regenwürmern, jedoch durchschnittlich in 5- bis 10facher Konzentration. Gish wies chlorierte Kohlenwasserstoffe in der mittleren Konzentration von 1,5 ppm im Boden und von 13,8 ppm in Regenwürmern nach; Maximalwerte im Boden waren 19,1 ppm, in Regenwürmern dagegen 159,4 ppm. Die Folgen der weiteren Konzentration dieser Stoffe in der an die Regenwürmer anschließenden Nahrungskette (z. B. Vögel) ist gut bekannt.

Der Abbau von Pestiziden kann bereits im Tierkörper beginnen. Untersuchungen von Butcher und Mitarbeitern ergaben, daß der Collembole *Folsomia candida* durch DDT nicht geschädigt wird, offensichtlich weil er über eine Dehydrochlorinase verfügt, die DDT zu DDE abbaut. Durch Einführen solcher mit DDT „gefütterter" *Folsomia candida* in die Nahrungskette zoophager Bodenarthropoden konnte geklärt werden, daß auch Spinnen, Chilopoden, verschiedene Käferlarven und Ameisen zu diesem Abbau fähig sind. Als resistentes Endprodukt verbleibt das noch immer toxische pp DDE, das tatsächlich auch in hoher Konzentration im Boden nachweisbar ist. Das Verhalten anderer Tiergruppen, insbesondere der Raubmilben oder der Regenwürmer hinsichtlich der Abbaufähigkeit ist noch unklar.

Immission von Gasen und Stäuben. Die Einwirkung von Industrie- und Verkehrsabgasen sowie von Flugasche auf Böden und ihre Bewohner hat ebenfalls ständig zugenommen. Einer direkten Einwirkung sind vor allem zeitweilig epigäisch lebende Bodentiere, z. B. rindenbewohnende Kleinarthropoden (Lebrun) ausgesetzt. Innerhalb des Bodens sind direkte Schädigungen nur durch hochtoxische Immissionen wie Stickstoffoxide (Górny), Fluor (Peter) oder Chlorgase (Vanek) bekannt geworden. Unter solchen Einflüssen verschwinden gewöhnlich einige Arten völlig, andere werden relativ oder sogar absolut gefördert. Die Mehrzahl der Industrie-Emissionen (vor allem aus der Kohleverbrennung) erreicht jedoch die Bodentiergemeinschaften nicht direkt, sondern über die geänderten physikalisch-chemischen Bodeneigenschaften, über die Änderung des Bestandsabfalls bzw. der Vegetation, über die andersartige Tätigkeit der Mikroorganismen oder andere biologische Wechselbeziehungen. Dies kann am Beispiel des Regenwurmbesatzes von unterschiedlich geschädigten Böden gezeigt werden (Fig. 148). Im Vergleich mit normalen (d. h. schwach beeinflußten) Waldböden (C) wurden lausitzer Waldböden mit hoher (20–25 cm) Aschenauflage, aber ohne Rauchschäden an der Baumschicht (B) und Böden unter intensiv geschädigten (A) Waldbeständen untersucht. Die in (B) seit 60 Jahren anwachsende Flugaschenschicht wirkte (auch auf andere Bodentiergruppen) nicht toxisch, verringerte aber sowohl Besatzdichte als auch Artendichte der Regenwürmer. Im Schadzentrum (A) sind 2 Faktoren besonders wichtig: einerseits schädigt das Rauchgas (SO_2) besonders die Nadelhölzer und erhöht damit den Bestandsabfall und den Lichteinfall auf den Boden, andererseits ruft die Flugasche infolge ihres Kalkgehaltes eine Erhöhung der pH-Werte von 3,5 (im Kiefernforst) auf etwa pH 7 hervor. Hieraus folgt eine Kette tiefgreifender Änderungen besonders im Kiefernforst. So entwickeln sich Kräuter und Sträucher *(Fragaria, Melampyrum, Taraxacum, Sambucus)*, die einem gesunden Kiefernbestand fremd sind. Die Dichte der Mykorrhiza-bildenden Pilze nimmt stark ab, die Rohhumusdecke wird zunehmend abgebaut, bakterielle Humifizierungsprozesse in Mullhumusrichtung werden gefördert. Die Nematodenfauna zeigt eine Umschichtung durch Zurücktreten der Semiparasiten und Zunahme der bacteriophagen Arten, entsprechend treten auch

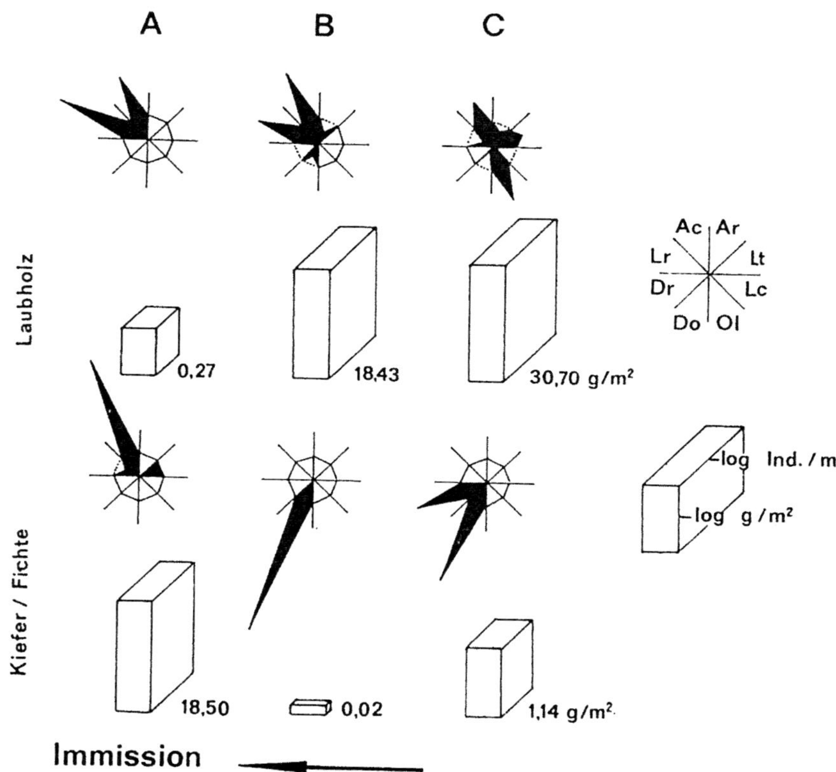

Fig. 148. Lumbricidenbestände in Böden mit unterschiedlicher Belastung durch Immissionen aus Kohlekraftwerken. A hochbelasteter Buchenforst und intensiv geschädigter Kiefernforst (Dübener Heide), B Arunco-Aceretum und Fichtenforst unter hohem Flugascheneinfluß, aber ohne Rauchschädigung (Neißetal bei Görlitz), C Fraxino-Ulmetum und Fichtenforst ohne meßbare Immission. Nach Dunger 1982
Artenabkürzungen:
Ac *Allolobophora caliginosa*, Ar *Allolobophora rosea*, Lt *Lumbricus terrestris*, Lr *Lumbricus rubellus*, Lc *Lumbricus castaneus*, Ol *Octolasium lacteum*, Do *Dendrobaena octaedra*, Dr *Dendrobaena rubida*.

die pilzfressenden Kleinarthropoden zurück. Diese Prozesse sind schon an Böden zu beobachten, die noch keine erhöhte Regenwurmbevölkerung zeigen. Sie scheinen daher eine Voraussetzung für die Ansiedlung anspruchsvollerer Arten wie *Allolobophora caliginosa* oder *Lumbricus terrestris* zu sein, die dann aber bald das Bodengeschehen durch ihre Tätigkeit mitbestimmen. Ein unter gleicher Immission stehender Buchenbestand zeigt diese Vorgänge nicht: die Aufkalkung allein löst demnach die prägnante Änderung des Bodentierbesatzes nicht aus, die im Nadelwald erfolgt. Entscheidend ist die Veränderung der zur Verfügung stehenden Nahrung, besonders die Bildung gut zersetzbarer Streu in der Kraut- und Strauchschicht. Der intakt bleibende Buchenwald läßt jedoch eine solche Untervegetation nicht aufkommen.

In der Nähe von Kraftwerken wirkt also die Kombination von SO_2-Einfluß und kalkhaltiger Flugasche. Der alleinige Effekt der weit verdrifteten schwefligen Säure („Sauerregen") wurde vor allem in Nordeuropa untersucht. Soweit die Simulation des Sauerregens mit den großflächigen Vorgängen vergleichbar ist, kann vermutet werden, daß allgemein eine Reduktion der biologischen Aktivität der Böden die Folge ist. Einige Arten scheinen aber bei mäßiger Versauerung relativ oder auch absolut gefördert zu werden, z. B. unter den Oribatiden (Brachychthoniinae) und Collembolen *(Neanura muscorum, „Tullbergia krausbaueri")*, während andere zurückgehen *(Isotoma notabilis, Lepidocyrtus cyaneus) (Hågvar)*.

Auch die Verkehrsabgase gewinnen zunehmend Bedeutung. An Straßenrändern bilden sich Immissionszonen, in denen einige höhere Pflanzen intensiv und schnell, die epigäische Fauna etwas langsamer und die edaphischen Kleinarthropoden zunächst überhaupt nicht reagieren (Lapinja et al.). Regenwürmer akkumulieren jedoch am Straßenrand Schadstoffe, insbesondere Schwermetalle. So enthielten *Lumbricus terrestris*-Exemplare aus der Randzone im Vergleich zu Kontrolltieren 11mal mehr Blei, 5,9mal mehr Cadmium, 5,5mal mehr Kupfer und 2,8mal mehr Zink (Czarnowska u. Jobkiewicz).

Strahlung. Auch die Verseuchung der Böden mit radioaktiven Stoffen aus Atomanlagen und Kernwaffenversuchen ist Anlaß für Untersuchungen geworden, welche Reaktionen von Bodentieren hierauf zu erwarten sind. Regenwürmer speichern mit der Nahrung aufgenommene Radioisotope offensichtlich nicht und tragen so allenfalls zu deren Verteilung im Boden bei (Edwards u. Lofty 1977). Eine Kontamination von Versuchsböden mit 1,8–3,4 Cu/m^2 durch $Strontium^{90}$ hatte zur Folge, daß edaphische Arten (Lumbriciden, Myriapoden) stark geschädigt wurden, während blattfressende epedaphische Insekten ihre Siedlungsdichte sogar steigern konnten (Krivolutskij et al.).

9. Bodentiere als Zeigerorganismen

Von Zeigerorganismen (Indikatoren) erwarten wir allgemein, daß sie komplexe Zustände signalisieren, die auf anderem Weg erst später oder mit wesentlich höherem Aufwand erkannt werden können. Bodentiere sind hierbei gegenüber leicht sichtbaren Organismen wie höheren Pflanzen oder auch Wirbeltieren im Nachteil. Auch der Kenner sieht „auf den ersten Blick" noch wenig. Wird jedoch die Frage nach der biologischen Aktivität von Böden gestellt, so lassen Bodentiere ungleich schnellere und umfassendere Urteile zu als mikrobiologische Untersuchungen. Nicht zu Unrecht beurteilt der Landwirt oder Gärtner Böden z. B. nach ihrer Regenwurmfauna. Noch bessere Auskünfte sind von den Kleinarthropoden des Bodens zu erwarten, da sie weitgehend die Idealanforderungen für Indikatoren im Boden erfüllen: sie zeigen eine hohe Korrelation zur kurzlebigen mikrobiotischen Aktivität, lassen sich nach Lebensform, Ernährungstyp und ökologischem Anspruch oft gut charakterisieren, sind infolge ihrer hohen Individuendichte und ihrer Ortstreue leicht und an einem eng umschriebenen Habitat erfaßbar, sind unterschiedlich gegenüber Störungen und Noxen empfindlich, haben keine hochwiderstandsfähigen Dauerstadien und können infolge mäßig rascher Vermehrung von 1 bis 4 Generationen je Jahr auf Umweltänderungen hinreichend schnell, aber dennoch summierend und in methodisch günstigen Zeiträumen reagieren. Dennoch macht die Praxis hiervon nur in Ausnahmefällen Gebrauch, weil die Arterkennung der Kleinarthropoden noch immer dem Spezialisten vorbehalten und die autökologische Kenntnis der Arten gewöhnlich noch wenig fundiert ist. Der grundsätzliche Wert solcher Untersuchungen wird jedoch z. B. aus der Bedeutung der Fauna bei der Bodenbildung oder der Reaktion auf agrotechnische und Pflanzenschutzmaßnahmen deutlich.

Die Basis der Indikatorfunktion auch der Bodentiere ist die „Konstanz der ökologischen Valenz" (Kühnelt) dieser Arten. Ghilarov hat gerade für Bodentiere darauf aufmerksam gemacht, daß es einen „regionalen Biotopwechsel" gibt. So bewohnen manche Arten der Arthropoden, gerade weil sie ihre ökologischen Ansprüche beibehalten, in der Tundra nur offene Landschaften, dringen mit dem Übergang in die trocken-warmen Bedingungen immer mehr in Wälder ein und finden sich schließlich in Steppenwäldern nur noch in tieferen Bodenschichten, die ihnen noch ausreichend kühlfeuchte Lebensbedingungen sichern. Ähnliches ist z. B. vom Waldregenwurm, *Lumbricus rubellus*, bekannt, der in Trockenwäldern nur die unterste Lage der Humusschicht bewohnt, die stets noch die nötige Feuchtigkeit behält. In den Auwäldern ist er dagegen fast ausschließlich an der Bodenoberfläche bzw. in den oberen 5 cm des Bodens zu finden. In den subalpinen Urwäldern steigt er schließlich bis weit in die Baumschicht hinauf; denn hier herrscht stets eine hohe allgemeine Luftfeuchtigkeit, und die absterbenden Baumriesen bieten auch in größerer Höhe reichlich zersetzbare Humussubstanz. Der Waldregenwurm, der hier als Beispiel für viele Bodentiere steht, sucht sich also in jedem Waldtyp die seinen Ansprüchen genügende Lebensschicht (Biostratum) heraus – und zeigt damit wiederum die jeweils herrschenden Verhältnisse an.

Eine andere Indikatoreigenschaft der Bodentiere, die wohl noch bedeutsamer ist, gründet sich auf ihr konservatives Verhalten. Wird die Nutzung eines Bodens verändert (z. B. Wald in Weide, Weide in Acker), so stellt sich die Vegetation schnell auf die neuen künstlichen Bedingungen ein. Die Tiere des Bodeninneren sind jedoch weit mehr an Eigenschaften des Bodens gebunden, die dessen Langzeitgedächtnis bewirken: an die mineralische Grundausrüstung wie auch an die biologisch mitgeprägten Eigenschaften wie Horizontbildung oder Ton-Humus-Komplexe, die ebenfalls eine lange Löschzeit haben (Ehwald). Die Untersuchung dieser Bodeneigenschaften ist jedoch aufwendig und nicht immer eindeutig, so daß tierische Leitformen geeignete und wertvolle Indikatoren für die Bodengeschichte sind. Dies gilt in erster Linie für Kleinhöhlenbewohner, also Tiere des Bodeninneren, und läßt sich für hemiedaphische und schließlich epedaphische Arten in dem Maße ihrer Unabhängigkeit von den genannten Bodeneigenschaften immer weniger feststellen (Dunger 1982). So fanden Müller et al. und Dunger (1978) an einem südexponierten Kalkhang bei Jena, der vom 14. bis 18. Jahrhundert als Weinberg genutzt worden war, die epigäische und auch die epedaphische Fauna entsprechend der heutigen Vegetation gegliedert (hier in Gemeinschaften der Wirtschaftswiese, des Halbtrockenrasens, und des Gebüschgürtels). Euedaphische Artengruppen, z. B.

der Collembolen, bilden dagegen noch nach 2. Jahrhunderten eine einheitliche, von den aktuellen Nutzungsformen nicht beeinträchtigte „alte Weinbergsynusie", die aber scharf gegenüber der Collembolengemeinschaft des angrenzenden Trockenrasens abgegrenzt ist. Wären hier die historischen Dokumente nicht ausreichend, könnte das Studium dieser Bodentiergruppen die Nutzungsgeschichte des Bodens klären.

Einen solchen Gebrauch von dem Langzeitgedächtnis der Bodenfauna hat G h i l a r o v (1965) seit langem und in großem Umfang gemacht, um die Entwicklung und die Geschichte der Böden besonders im Steppen- und Waldsteppengebiet der UdSSR zu erkunden und die bodengenetischen Analysen durch Klärung der wirksamen bodenbiologischen Faktoren zu ergänzen. Hierfür eignen sich nicht nur aktuelle Befunde der Bodenfauna, sondern auch Röhren, Gangsysteme, Diapausen- und Puppenwiegen, Losung und Vorratskammern, die sich z. B. in grauen Wüstenböden (Sierozemen) Mittelasiens auch fossil und subfossil erhalten haben *(Valiachmedow)*.

10. Bodentiere als Schädlinge

Im speziellen Teil dieses Buches wurden auch die als Schädlinge in Betracht kommenden Bodentiergruppen besprochen und die Art und die ökologischen Bedingungen ihrer Schadwirkung soweit möglich dargestellt. Hier sollen deshalb nur noch einige allgemeine Betrachtungen zum Schadauftreten von Bodentieren angefügt werden. Der Bekämpfung von Schädlingen im Boden gilt ein bedeutender Teil der Arbeit des Phytopathologen. So kommt es, daß wir allgemein über die Schädlinge im Boden bislang wesentlich besser unterrichtet waren als über die Nützlinge, von denen im Vorstehenden hauptsächlich die Rede war. Wir wollen die Schädlingsfrage deshalb hier nur kurz umreißen, zumal sich bald zeigen wird, daß zwischen „schädlich" und „nützlich" in der Bodentierwelt kein scharfer Strich zu ziehen ist. Wir können die Schädlinge im Boden grob in vier Gruppen teilen:

1. Schädliche Tiere, die im Boden nur ein Ruhestadium (Überwinterung, Verpuppung u. ä.) durchmachen, im übrigen aber nicht als Bodentiere anzusehen sind. Sie interessieren hier insofern, als auch sie im Boden bekämpft werden.
2. Bodentiere, die nur dadurch schädlich werden, daß sie Zwischenwirte für Parasiten darstellen. Die wichtigste hierher gehörige Gruppe sind die Oribatiden als Zwischenwirte von Bandwürmern der Haustiere.
3. Bodentiere, die wenigstens in einem Lebensstadium auf lebende Pflanzenteile (insbesondere Wurzeln) als Nahrung angewiesen sind. Hierzu zählen viele (Kartoffel-, Rüben- u. a.) Nematoden, Larven von Schnellkäfern (Drahtwürmer) und Maikäfern (Engerlinge) sowie die Raupen mancher Schmetterlinge (Erdraupen, Wurzelbohrer). In bindigen Böden feuchter Klimalagen (Küstengebiete) treten auch Nacktschnecken als starke Schädlinge auf.
4. Bodentiere, die sich normalerweise saprophag (als „Humusfresser") ernähren, unter bestimmten Bedingungen (Überbevölkerung, Nahrungsmangel oder verringerte Widerstandsfähigkeit der Pflanzen) aber auch lebende Pflanzenteile in schädlichem Maß verzehren können. Zu dieser problematischen Gruppe zählen fast alle nicht räuberischen Bodentiergruppen, so besonders Collembolen, Diplopoden, Schnecken, Larven vieler Zweiflügler, ein großer Teil der („semiparasitischen") Nematoden und andere.

Gerade die vierte Gruppe macht es deutlich, daß die eigentlich schädigende Ursache in einer Störung des normalen Lebensgefüges der Bodenbiozönose, weniger dagegen in der schädlichen Eigenschaft der einen oder anderen Tierart zu suchen ist. In solchen Fällen ist es grundfalsch, mit radikalen Methoden wie Bodenbegiftungsmitteln vorzugehen. Der Erfolg wird durch das gleichzeitige Ausmerzen natürlicher Feinde in den meisten Fällen negativ sein. Nur eine Untersuchung der Umstände auf bodenbiologischer Basis verspricht hier nachhaltigen Nutzen.
Wie steht es aber bei den Schädlingen der Gruppe 3? Die ökologischen Untersuchungen in natürlichen und gesunden Böden (vgl. im speziellen Teil unter den jeweiligen Tiergruppen) sagen eindeutig aus, daß die wichtigsten Schädlinge unserer Kulturen in natürlichen Biozönosen eine ganz untergeordnete Rolle spielen. Erst die Monokultur, die Behinderung ihrer natürlichen Feinde und die Verbreitung der Schädlinge durch den Menschen mit Saat- und Pflanzgut schafft die Voraussetzung für eine Schadwirkung dieser Tiere. Sie beruht also auf den gleichen Ursachen wie die Verarmung der Fauna intensiv beeinflußter Böden bzw. ist eine Folge dieser menschlichen Einwirkung. Gleichzeitig müssen diese Schädlinge bekämpft werden. Das Wie ist jedoch eine noch heute vielumstrittene Frage. Aus den eben angeführten Überlegungen heraus wird es vom bodenzoologischen Standpunkt her klar, daß eine nicht genau überlegte und wissenschaftlich nicht fundierte Anwendung von Giftmitteln gegen Bodenschädlinge weit mehr Nachteile als Nutzen erbringen muß. Dagegen sind neuerdings erfolgreiche Untersuchungen darüber angestellt worden, wie z. B. die Bodenbearbeitung (Art und Zeitpunkt des Ackerns u. a.) das Schädlingsauftreten beeinflußt. Ist z. B. bekannt, in welcher Tiefe die Drahtwürmer überwintern und bringt beim Ackern gerade diese Schicht nach oben, so werden – den richtigen Zeitpunkt vorausgesetzt – viele dieser Schädlinge durch Frost und Trokkenheit getötet. Andererseits wurden auch indirekte Erfolge dadurch erzielt, daß bei der Bodenbearbeitung besondere Rücksicht auf die natürlichen Feinde der Schädlinge, z. B. die Laufkäfer, genommen wurde. Schließlich hat sich der Landwirt heute bereits daran gewöhnt, daß durch die Einhaltung einer bestimmten Fruchtfolge der Entwicklung von Schädlingen gesteuert werden kann. Soweit die Schädlinge auf bestimmte Pflanzenarten angewiesen sind, kommt der Anbau einer von ihnen nicht befressenen Frucht für diese Schädlinge einem Brachejahr gleich, in dem keine Nahrung für sie anfällt. Wann die gefährdete Frucht wieder von neuem angebaut werden kann, hängt dann von der Lebenszähigkeit des Schädlings bzw. seiner Dauerstadien ab (vgl. Nematoden!).

Es ist hier nicht der Platz, die vielfältigen und für die Praxis oft ausschlaggebend wichtigen Probleme der Schädlingsbekämpfung im einzelnen zu behandeln. Die Betrachtung der Schädlinge im Boden als unnatürlich geförderte Glieder einer gestörten Biozönose wird in Zukunft mehr und mehr die Methodik der Phytopathologie bestimmen; denn auch hier ist „Vorbeugen besser als Heilen". Der Bodenzoologie werden auch in dieser Richtung in Zukunft noch sehr wesentliche Aufgaben gestellt werden.

11. Bestimmungstabelle der wichtigsten Bodentiergruppen

Die folgenden Übersichtstabellen sollen es vor allem dem Nichtspezialisten ermöglichen, die wichtigsten Bodentiere zu erkennen bzw. soweit leicht möglich in die engeren Verwandtschaftsgruppen einzureihen. Berücksichtigt werden vor allem in mitteleuropäischen Böden häufig auftretende Arten. Es ist hier nicht möglich, die jeweils weiterführende weitverzweigte Spezialliteratur zu benennen, die ohnehin gewöhnlich nur für den Spezialisten sicher zu handhaben ist.

Die Bestimmungshilfen gliedern sich in 3 Teile: Teil A dient der Bestimmung von mikroskopisch kleinen Arten in wäßrigen Bodenaufschwemmungen. Liegen dagegen mit bloßem Auge erkennbare Bodentiere vor (etwa ab 1 mm), so ist der Teil B zu benutzen. In jedem Fall empfiehlt sich für Teil B die Zuhilfenahme einer Lupe (wenigstens 10fach) oder – für sehr kleine Arten unumgänglich – eines Stereomikroskops („Binokular", Vergrößerung wenigstens 25fach). Kleine Tiere werden am besten in ein Schälchen mit Alkohol (oder Wasser) gelegt und so betrachtet. Sehr kleine zarte Arten müssen zur näheren Bestimmung, oft sogar zum Feststellen der Gruppenzugehörigkeit zu einem mikroskopischen Präparat verarbeitet werden. Gelegentlich sind auch größere Tiere, wie Dipterenlarven, lediglich nach Aufhellen bestimmbar. Methodische Hinweise finden sich für jede Gruppe im speziellen Teil (wichtig besonders für Kleinarthropoden!).

Teil C stellt einige relativ leicht erkennbare Bodentiergruppen als visuelle Schlüssel dar (Bestimmungstafeln 1 bis 7). Auch diese können nur die wichtigsten und auffälligsten Artengruppen berücksichtigen und sind mehr zum Vorsortieren und möglichst weitgehenden Aufgliedern des Materials gedacht als zur gültigen Bestimmung, die stets nach Spezialliteratur erfolgen muß.

Teil A

Bodenaufschwemmung unter dem Mikroskop (Tiere bis etwa 1 mm groß)

1 Bewegliche, deutlich strukturierte Tiere

— Unbewegliche, rundliche oder langgestreckt eiförmige, auch anders gestaltete Gebilde, Innenstruktur meist undeutlich
Eier, Eikokons, Dauerstadien von Bodentieren; Bestimmung oft nach Schlüpfen des Tieres möglich.

2 Ohne Zellgrenzen, meist sehr klein; Grundformen wie in Fig. 12–17
Einzeller (Protozoa) 3

— Vielzellig, anderer Grundbauplan 12

3 Ohne schwingende, fadenförmige Anhänge (Fig. 13–15)
Wurzelfüßer (Rhizopoda) 5

— Mit solchen Anhängen (Wimpern oder Geißeln), oft diese schwer sichtbar! (Fig. 12, 16, 17) 4

4 Mit nur wenigen, körperlangen oder längeren Geißeln (Fig. 12)
Geißeltierchen (Mastigophora) 6

— Mit zahlreichen, wesentlich kürzeren Wimpern (Fig. 16, 17)
Wimpertierchen (Ciliata) 9

5 Gesamter Körper formveränderlich; ohne Schale (Fig. 13)
Schalenlose Amöben (Amoebina), S. 35

— Körper mit Schale (oft auch leere Gehäuse!) (Fig. 14–15)
Testaceen (Testacea), S. 36

6 Mit meist grünem Pigment in Chromatophoren
Phytoflagellaten (Phytomastigina), S. 34

— Ohne Pigment, stets ohne Schale — Zooflagellaten (Zoomastigina) 7

7 Mit 3 oder mehr Geißeln, Körperbau kompliziert — Polymastigina

— Meist nur 1–2 Geißeln — 8

8 Körper dauernd formveränderlich (amöboid) — Rhizomastigina

— Körpergestalt meist annähernd konstant (Fig. 12) — Protomonadina, S. 34

9 Keine verstärkten oder verklebten (Membranellen) Wimpern am Zellmund — Holotricha 10

— Eine verstärkte Wimpern- oder Membranellenzone zum Zellmund führend (Fig. 16, 17) — 11

10 Mund geschlossen, ohne „Schlund" — Gymnostomata; hierzu Prostomata, Pleurostomata, Hypostomata, S. 40

— Zellmund offen am Grunde eines Schlundes; mit undulierenden Membranen — Trichostomata und Hymenostomata

11 Körper dorsoventral abgeflacht; Bauchseite mit beweglichen Borsten (Fig. 17) — Hypotricha, S. 39

— Keine Rücken- oder Bauchseite erkennbar; außer der Wimpernspirale am Mund nur 1 Wimpernring am Hinterende; oft festsitzend (Fig. 16) — Peritricha, S. 39

12 Körper ± langestreckt; ohne Beine — 14

— Körper gedrungener, mit Beinen oder beinartigen Anhängen — 13

13 Beine gegliedert; Mundwerkzeuge meist gut sichtbar — Jugendstadien von Gliederfüßern, s. Tabelle B, 11

— 8 beinartige Anhänge, nicht deutlich gegliedert; ohne Mundwerkzeuge (Fig. 41, 42) — Bärtierchen (Tardigrada), S. 86

14 Körper segmentiert, äußerlich geringelt; Bewegung durch wellenförmige Körperkontraktionen — Oligochaeten (meist Jugendstadien) s. Tabelle B, 7

— Körper nur selten äußerlich geringelt, nie innerlich segmentiert — 15

15 Ganzer Körper oder wenigstens das Vorderende bewimpert — 16

— Ohne Wimpern, lang wurmförmig, meist mit rundem Querschnitt und glatter Körperoberfläche; Bewegung nur schlängelnd! (Fig. 24, 25) — Fadenwürmer (Nematodes), S. 49

16 Nur das Vorderende mit Wimpern (einstülpbares „Räderorgan"); Vorderdarm mit deutlichem Kauapparat (Fig. 21–23) — Rädertiere (Rotatoria) 18

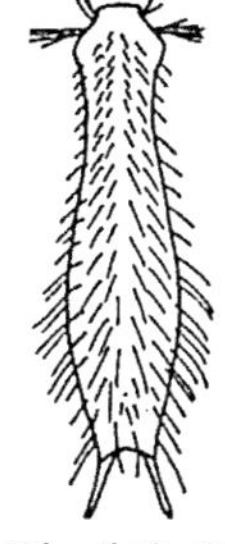

Fig. 149. *Chaetonotus* (Gastrotricha)

— Größere Körperflächen bewimpert (stärkere Vergrößerung!) — 17

17 Wimpern nur am Bauch und am Vorderende; Körper abgeflacht, meist mit zweiteiligem „Schwanz"; nur in sehr feuchten Böden (Fig. 149) — Bauchhärlinge (Gastrotricha), S. 48

— Ganzer Körper bewimpert; ohne Schwanz; (Fig. 20) kleine Formen der Strudelwürmer (Turbellaria), s. Tab. B, 6

18 Körperende fernrohrartig gegliedert und einstülpbar, Bewegung schwimmend oder egelartig spannend; auch festsitzend (Fig. 21–23) — Bdelloidea, S. 46

— Körperende nicht feinrohrartig gegliedert; festsitzend oder schwimmend; in feuchten Böden — Monogononta, S. 46

Teil B

Makroskopisch sichtbare Tiere; gewöhnlich über 1 mm groß; Bestimmung mit Lupe oder Binokular

1 Wirbellose Tiere (Körper weich oder mit Außenskelett) 2
— Wirbeltiere (mit Innenskelett) Bestimmung nach Brohmer, Stresemann
2 Beine meist vorhanden; wo fehlend, Körper mit weniger als 15 Segmenten; Kopfkapsel meist deutlich, seltener fehlend Gliederfüßer (Arthropoda) 11
— Beine fehlen stets; Körper unsegmentiert oder aus mehr als 20 gleichartigen Segmenten bestehend; stets ohne Kopfkapsel Schnecken und Würmer 3
3 Ventralseite des Körpers zu einem flachen, muskulösen Kriechfuß umgebildet; mit oder ohne Kalkschale; ohne äußere Segmentierung; Atemöffnung und After seitlich am Körper Schnecken (Gastropoda) 9
— Ohne Kriechfuß, wurmförmig; wenn Körper abgeflacht nacktschneckenähnlich, dann ohne After, bewimpert, mit ausstülpbarem Schlund (Pharynx) auf der Ventralseite Würmer 4

Würmer

4 Körper segmentiert, Haut deutlich, teilweise dicht geringelt Ringelwürmer (Annelida) 7
— Körper unsegmentiert 5
5 Körper rund, meist glatt; Bewegung schlängelnd; mit After (Fig. 24, 25) Fadenwürmer (Nematodes), S. 49
— Körper oft abgeflacht, bewimpert, ohne After, Mundöffnung (vorstülpbarer Pharynx) ventral (Fig. 20) Strudelwürmer (Turbellaria) 6
6 Darmkanal dreiästig, Körper zuweilen flach; Mundöffnung meist in der Mitte der Ventralseite (Fig. 20 a) „Landplanarien" (Tricladida; Terricola), S. 44
— Darmkanal unverzweigt; Körper nicht abgeflacht; Mundöffnung weiter vorn liegend (Fig. 20 b, c) Rhabdocoelida, S. 45
7 Mit Saugnapf (wenigstens am Körperende); Körper dicht geringelt Egel (Hirudinea), S. 66
— Ohne Saugnapf; äußere Ringelung mit Segmentierung übereinstimmend 8
8 Unter 40 mm lang, Durchmesser kaum 2 mm (meist nicht über 20 × 1 mm); meist weißlich bis gelblich Enchytraeiden (Enchytraeidea), S. 67
— Größer; meist deutlich rötlich, violett, bräunlich o. a. gefärbt Regenwürmer (Lumbricidae) Bestimmungstafel 1

Schnecken

9 Schale spiralig gewunden, stark gerippt, durch einen bleibenden (hornigen) Deckel verschließbar „Landdeckelschnecken", Pomatias u. a. S. 60
— Schale vorhanden oder fehlend, nie mit hornigem (bleibendem) Deckel verschließbar 10
10 Kopf mit 2 Paar einziehbaren Fühlern; Schale sehr verschieden gestaltet oder fehlend Landlungenschnecken (Stylommatophora), S. 60

— Kopf nur mit 1 Paar höchstens schwach zusammenziehbaren Fühlern; Gehäuse bei bodenbewohnenden Formen (nur feuchte Böden!) meist bis 2 mm hoch, 1 mm breit; glashell oder weiß
Wasserlungenschnecken (Basommatophora), Carychium u. a. S. 59

Gliederfüßer

11 Mit gegliederten, beweglichen Beinen 13
— Gegliederte, bewegliche Beine fehlen (zuweilen beinähnliche Anhänge vorhanden) 12
12 Tiere unbeweglich oder nur Hinterkörper beweglich; zuweilen Extremitäten erkennbar, aber wie an den Körper gegossen oder in einer Umhüllung ± abstehend; seltener ganze Tiere in einer Hülle (Puparium)
Puppen von Insekten; Bestimmung schwierig, man versuche Haltung bis zum Schlüpfen!
— Tiere beweglich, meist kriechend madenartige Insektenlarven
Bestimmungstafel 7
13 Mit 2 Paar Fühlern; zuweilen (Landasseln) erstes Fühlerpaar sehr klein, dann mit 7 Laufbeinpaaren und abgeflachtem Körper Krebse (Crustacea) 24
— Mit 0–1 Paar Fühlern und 3 bis sehr vielen Beinpaaren 14
14 Kopf und Brust nicht getrennt; mit 4, nur junge Larven mit 3 Beinpaaren; stets ohne Fühler Spinnentiere (Arachnida) 16
— Kopf und Brust getrennt; mit 3 bis sehr vielen Beinpaaren; mit Ausnahme der sehr kleinen Proturen (Fig. 98) stets mit 1 Paar Fühler 15
15 Mit 3 Beinpaaren; mit oder ohne Flügel; zuweilen (Raupen!) mit zusätzlichen, ungegliederten „Afterfüßen" am Hinterleib
Insekten (Hexapoda) 34
— Mit wenigstens 9 (erwachsenen!) annähernd gleichartigen Beinpaaren; nie mit Flügeln; Jugendstadien ab 3 Beinpaaren Vielfüßer (Myriapoda)
Bestimmungstafel 2–3

Spinnentiere

16 Hinterleib unsegmentiert Spinnen, Milben 18
— Hinterleib segmentiert; breit an das Kopfbruststück anschließend
Afterskorpione, Weberknechte 17
17 Zweites Paar der Mundgliedmaßen (Pedipalpen) mit auffallend großer Schere (Fig. 46) Afterskorpione (Pseudoscorpiones), S. 92
— Pedipalpen normal (kleiner, bein- oder tasterartig); Körper mittelgroß, oval; Beine normal (Fig. 47) oder lang, dünn Weberknechte (Opiliones), S. 92
18 Hinterleib mit schmalem Ansatz am Kopfbruststück (gestielt), mit Spinnapparat
Spinnen (Araneae), S. 90
— Hinterleib breit mit Vorderkörper verbunden; ohne Spinnwarzen; Körper meist klein bis sehr klein, gedrungen Milben (Acarina) 19

Hilfstabelle zum Erkennen der wichtigsten bodenlebenden Milbengruppen

Technische Voraussetzung: Mit etwas Übung kann man die Gruppenzugehörigkeit von Milben nach diesem Schlüssel bei Betrachtung einer Probe in einem Alkoholschälchen unter dem Stereomikroskop bei 20- bis 40facher Vergrößerung erkennen. Für den Anfänger (wie selbstverständlich für jede genauere Untersuchung) ist eine Betrachtung im

Durchlichtmikroskop zu empfehlen. Hierzu ist eine Aufhellung der Milben erforderlich, die man durch Einlegen (am besten auf einem Hohlschliff-Objektträger) in Milchsäure, in ein Gemisch von 1 Teil Glyzerin und 4 Teilen Eisessig oder in 10%ige Kalilauge erreicht. Das Aufhellen kann beschleunigt und verstärkt werden durch vorsichtiges Erwärmen des mit einem Deckglas abgedeckten Präparates.

19 Ein Paar Stigmen in der Region der Hüften der Beine II–IV, ventro- oder dorsolateral gelegen, meist mit langgestreckter Rinne (Peritrema); Bauchseite zwischen dem 1. Beinpaar mit gefiederter Borste (Tritosternum) (Fig. 50). Oft 1. Beinpaar lang, dünn, 2. Beinpaar relativ kurz, dick. Körper meist oval, erwachsen meist braun oder gelbbraun, juvenil weiß bis gelb. Rücken mit 1–2 Schilden (Fig. 53), Bauchseite der Weibchen mit mehreren Schilden. Tarsus der Pedipalpen mit Gabelborste. Mesostigmata (= Gamasina und Uropodina) 20

— Stigmen oft kaum sichtbar oder fehlend bzw. anders gelagert, mit oder ohne Peritrema. Anderer Körperbau. Tarsus der Pedipalpen ohne Gabelborste 21

20 Beine relativ lang (Bein IV etwa Rumpflänge), Hüften des 1. Beinpaares weit auseinanderstehend. Mundwerkzeuge vorstreckbar. Körper oval bis langoval (Fig. 50, 53), Stigmen hinter den Hüften des 3. Beinpaares. Gamasina, Raubmilben, S. 97

— Beine kurz, schildkrötenartig unter den Körper einziehbar, Hüften des 1. Beinpaares trapezförmig, sich meist mit den Hinterecken berührend. Körper flach, oval bis rund. Stigmen neben oder hinter den Hüften des 2. Beinpaares Uropodina, Schildkrötenmilben, S. 101

21 Stigmen an den Hüften des 4. Beinpaares, meist mit Stigmenschild, ohne Peritrema. Hypostom zu einem gezähnten harpunenförmigen Organ umgebildet. Ektoparasiten an Wirbeltieren Ixodida (Metastigmata), Zecken, S. 96

— Stigmen unterschiedlich, oft fehlend oder schwer sichtbar, Hypostom nicht harpunenförmig, keine Ektoparasiten 22

22 Körper rhombisch, drachenförmig oder auch oval, sehr verschieden gefärbt (rot, gelb, weiß, grünlich, schwarzgefleckt u. a.), meist schwach sklerotisiert. Tibien I und II meist ohne lange peitschenförmige Borste. Pedipalpen meist frei und stark entwickelt. Chelizeren oft als Stechorgane modifiziert (Fig. 55, 56) Trombidiformes (Prostigmata und Tarsonemida)), S. 101

— Körper meist oval mit hochgewölbtem Rücken, schwach oder stark sklerotisiert. Tibien I und II oft mit langer peitschenförmiger Borste. Pedipalpen einfach (Sarcoptiformes) 23

23 Körper weiß, meist mit wenigen langen Borsten. Haut weich (außer an Chelizeren und Beinen). Chelizeren und Pedipalpen meist frei sichtbar. Ohne typische Pseudostigmalorgane (Fig. 57, 58) Astigmata (Acaridida), S. 103

— Körper meist bräunlich, hart gepanzert, seltener auch weich. Chelizeren und Pedipalpen oft verdeckt. Pseudostigmalorgane charakteristisch, aber sehr unterschiedlich gestaltet (Fig. 49). (Fig. 59 bis 63, 65) Hornmilben, Oribatida (Cryptostigmata), S. 104

Krebse

24 Klein, weniger als 1 mm lang; Körperform wie Fig. 67 Ruderfußkrebse (Copepoda; Harpacticoidea), S. 112

— Größer, Körperform anders 25

25 Große Krebse, über 60, meist über 100 mm lang Zehnfußkrebse (Decapoda), S. 114

— Mittelgroß, nicht über 30 mm lang 26
26 Dorsoventral abgeflacht (Fig. 69 a); 7 Brustbeinpaare seitlich gerichtet (Laufbeine); Beine des Hinterleibes platt an den Körper gedrückt Asseln (Isopoda) 27
— Seitlich zusammengedrückt (Fig. 69 b); Beine des Hinterleibes z. T. lang, zum Springen dienend Flohkrebse (Amphipoda) 33
27 Beide Fühlerpaare deutlich sichtbar, nur in Gewässern oder deren Nähe Wasserasseln (Asellota), S. 115
— Nur 1 Fühlerpaar leicht sichtbar (Fig. 70) Landasseln (Oniscoidea) 28
28 Endabschnitt der Fühler (Fühlergeißel) mit mehr als 3 Gliedern, die Glieder zuweilen undeutlich getrennt; wenn nur 2–3 Glieder, dann das Geißelende pinselartig beborstet 29
— Fühlergeißel mit (1) 2 oder 3 deutlich getrennten Gliedern, das Endglied nie pinselartig beborstet (Fig. 70) 30
29 Größere, bis 10 mm lange Tiere, Augen groß, aus vielen Ocellen zusammengesetzt Ligiidae, S. 115
— Klein, gewöhnlich 3 – höchstens 7 mm lang; blind oder mit kleinen, nur aus 1–3 Ocellen zusammengesetzten Augen Trichoniscidae, S. 116
30 Klein (bis 4 mm); weiß; blind; oft in Ameisennestern *Plathyarthrus hoffmannseggii*, S. 120
— Größer, stets mit Augen, meist deutlich pigmentiert 31
31 Fühlergeißel besteht aus 3 Gliedern; Tiere können sich nicht einkugeln (Fig. 70) Oniscidae, S. 116
— Fühlergeißel besteht aus 2 Gliedern (Fig. 74) 32
32 Tiere können sich unvollkommen oder nicht einkugeln; Außenäste des letzten Beinpaares (Uropoden) nach hinten über das Körperende hinausragend (Fig. 74); Hinterleib ventral im Leben mit 2, 3 oder 5 Paar „Weißen Körpern" Porcellionidae, S. 116
— Tiere können sich vollkommen einkugeln; die Uropoden fügen sich als verbreiterte Platten in die hintere Umrißlinie des Körpers ein; 2 Paar „Weiße Körper" (Abb. 4 a–c, S. 97) Rollasseln (Armadillidiidae), S. 116
33 Zweites Fühlerpaar kurz, höchstens so lang wie der Stiel des ersten Talitridae, S. 114
— Zweites Fühlerpaar lang, fast so lang wie das erste (Fig. 68) Gammaridae, S. 114

Insekten

34 Mit Flügeln oder wenigstens Flügelstummeln; geflügelte Insekten; Bestimmung nach S t r e s e m a n n, B r o h m e r, D a h l
— Ohne jede Andeutung von Flügeln 35
35 Ohne bewegliche gegliederte Beine; Maden B e s t i m m u n g s t a f e l 7
— Mit 3 Beinen; ohne Afterfüße 36
— Außer den 3 Beinpaaren der Brust mit ungegliederten Anhängen (Afterfüßen, Fig. 154, 155) am Hinterleib; Raupen, Afterraupen 51
36 Mundwerkzeuge in eine Tasche eingesenkt, äußerlich nicht sichtbar (Fig. 151 a); Tiere klein, zart, 0,5–7 mm (Fig. 150 a–c) entognathe Urinsekten (Entognatha) 37
— Mundwerkzeuge sehr verschieden, stets äußerlich sichtbar (Fig. 151 b) ektognathe Urinsekten und geflügelte Insekten (Ectognatha) 39
37 Fühler fehlen; erstes Beinpaar wird tasterartig nach vorn getragen (Fig. 98, 150 a); Tiere weißlich, blind, kaum über 1 mm Proturen (Protura), S. 159
— Fühler vorhanden 38

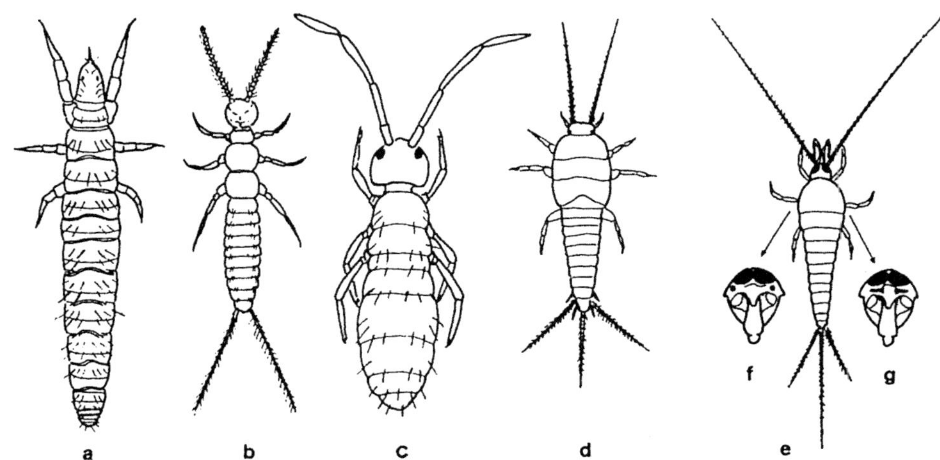

Fig. 150. Flügellose Urinsekten (Apterygoten). a Proture, b Diplure *(Campodea)*, c Collembole *(Isotoma)*, d Fischchen (Zygentoma, *Lepisma*), e Felsenspringer (Archaeognatha: f *Dilta*, g *Machilis, Lepismachilis, Petrobius*; f und g Kopfansicht ohne Fühler)

38 Hinterleib mit 6 oder (scheinbar) weniger Segmenten, oft mit ventralen Anhängen (Sprunggabel, Ventraltubus); Schwanzanhänge fehlen; Habitus sehr variabel (Fig. 87–94, 150 c); Tiere weiß oder pigmentiert, 0,5–7 mm
Springschwänze (Collembola) Bestimmungstafel 4–6

— Hinterleib mit 11 Segmenten; mit 2 Schwanzanhängen (Fig. 99, 100, 150 b); Tiere weiß, blind, 3–6 mm Doppelschwänze (Diplura), S. 161

39 Mit 3 langen Schwanzanhängen; Körper meist beschuppt, weichhäutig, silbrig oder pigmentiert; ohne Anhänge meist etwa 10 mm lang (Fig. 101, 150 d, e) „Borstenschwänze" 40

— Nicht so; meist Larven der geflügelten Insekten (Pterygota) 44

40 Tiere springen lebhaft; mehrere Hinterleibssegmente mit ungegliederten Anhängen (Styli) auf der Bauchseite; große Fazettenaugen; Fühler dicht beieinander eingefügt; meist stark pigmentiert (Fig. 101, 150 e–g)
Felsenspringer (Archaeognatha) 41

Fig. 151 (links oben). Mundwerkzeuge bei Urinsekten. a in Tasche versenkt (entognath; *Collembola*); b frei sichtbar (ektognath; *Archaeognatha*)

Fig. 152 (rechts oben). Rüsselähnliche Bildungen. a Zikadenlarve *(Auchenorrhyncha)* schräg von unten; b Landwanze *(Heteroptera)*, von der Seite; c Blasenfuß *(Thysanoptera)*; d Rüsselkäfer *(Coleoptera)*, Mundwerkzeuge beißend (hier nicht sichtbar!)

Fig. 153 (3. Reihe v. oben u. links unten). Insekten. a Schabe (*Ectobius*, Blattaria); *b* Flechtling, flügellose Form (*Liposcelis*, Psocoptera); c Blasenfuß, geflügelte Form *(Liothrips*, Thysanoptera); d Blattlaus, flügellose Form *(Aphidina)*; e Schildlaus *(Coccina)*; f Landwanze *(Heteroptera)*; g Ameisenlöwe (*Myrmeleon*, Planipennia).

Fig. 154 (rechts unten). Afterfüße von Schmetterlingsraupen. a Häkchen bilden Halbmond; b Häkchen bilden vollen Kreis

— Tiere springen nicht; Hüftgriffel (Styli) nur an den 2 letzten Hinterleibssegmenten; Augen fehlen oder klein und einfach; Fühler weit getrennt eingefügt; im Haus Fischchen (Zygentoma) 42

41 Ocellen klein, weit getrennt (Fig. 150 f); 10–12 mm *Dilta* spec. S. 163

— Ocellen breit, einander genähert (Fig. 150 g)
Machilis, Lepismachilis, Petrobius u. a. S. 163

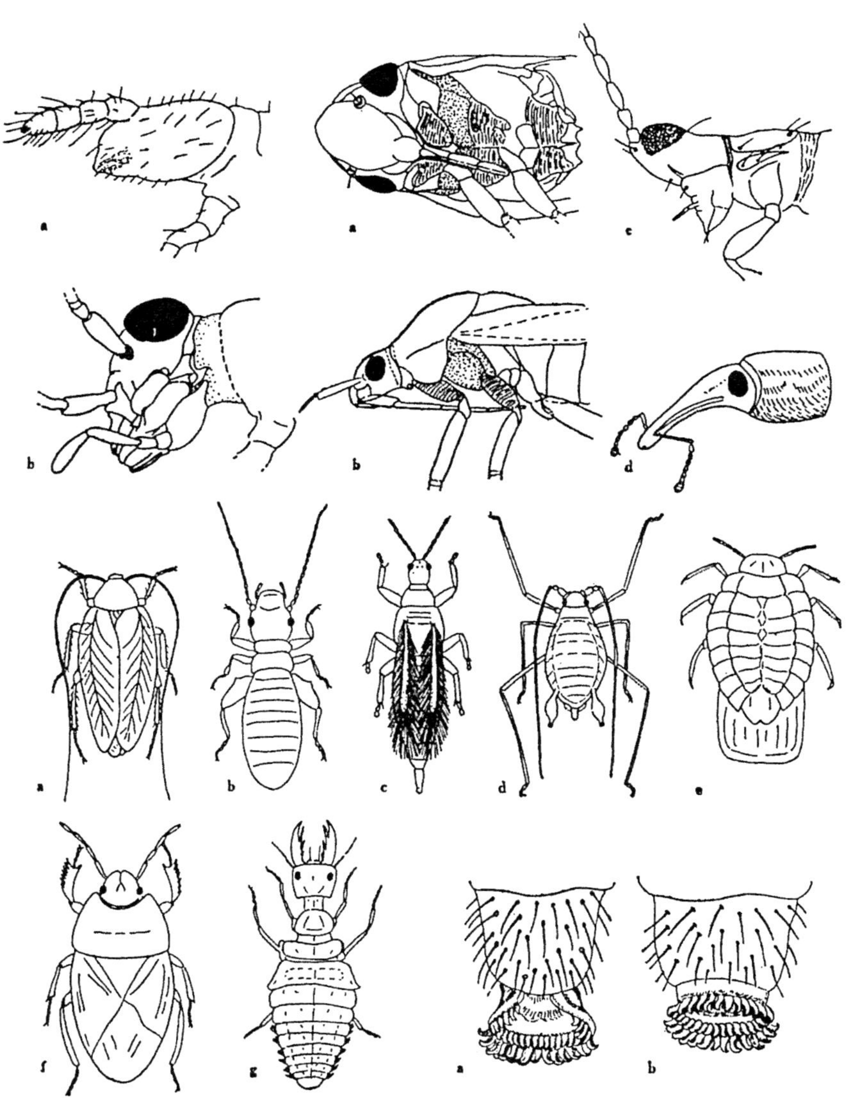

42 Im Hause; Länge ohne Anhänge 10–11 mm 43
— Bei Ameisen; bis 4–6 mm lang; goldgelb
Ameisengast *(Atelura formicaria)*
43 ganzer Körper glänzend silbergrau
Silberfischchen *(Lepisma saccharina)*, S. 162
— Körper schwarz mit gelber Zeichnung
Ofenfischchen *(Thermobia domestica)*

Pterygota

44 Mundwerkzeuge stechend; bilden einen deutlichen, oft langen, gegliederten Rüssel (Fig. 152 a, b)
flügellose Larven und Reifetiere von Schnabelkerfen (Hemiptera) 57
— Mundwerkzeuge stechend; bilden einen kleinen Zapfen weit hinten an der Kopfunterseite (Fig. 152 c), Fühler kurz, Endglieder der Beine mit ausstülpbarer Blase; Tiere meist 1–2 mm lang (Fig. 153 c)
flügellose Larven und Reifetiere der Blasenfüße (Thysanoptera) S. 169
— Mundwerkzeuge bilden ein Paar gebogene, kieferförmige Saugröhren (Fig. 153 g); Larve in trichterförmiger Sandgrube (nicht verwechseln mit Larve des Sandlaufkäfers, Fig. 107!) Ameisenlöwe *(Myrmeleon)*, S. 187
— Mundwerkzeuge kauend 45
45 Klein (meist 1–5 mm); zart; Fühler lang, 13–50gliedrig; Füße 2- bis 3gliedrig; ohne Schwanzanhänge (Fig. 153 b)
flügellose Larven und Reifetiere der Flechtlinge (Psocoptera), S. 169
— Diese Merkmale nicht vereinigt 46
46 Hinterleib stark abgeschnürt („gestielt"); Fühler mit langem ersten Glied („gekniet") Ameisen (Formicidae), S. 187
— Hinterleib nicht vom Vorderkörper abgeschnürt 47
47 Schwanzanhänge kräftig, bilden bei erwachsenen Tieren eine Zange (Fig. 102)
flügellose Larven und Reifetiere der Ohrwürmer (Dermaptera), S. 165
— Schwanzanhänge anders oder fehlend 48
48 Hinterbeine zu verdickten Sprungbeinen umgewandelt
flügellose Larven und Reifetiere der Springschrecken *(Ensifera* und *Caelifera)*
— Ohne Sprungbeine 49
49 Körper weich, raupenähnliche Larven 50
— Körper verschieden gestaltet, nicht raupenähnlich
Käferlarven Bestimmungstafel 8
50 Larve in einem Köcher, mit endständigen Haken am Hinterleib
Köcherfliegenlarven (Trichoptera; Enoicyla, S. 188)
— Tier frei, ohne Haken am Hinterleib
Larven der Schnabelfliegen (Mecoptera; *Boreus* u. a.) S. 189
51 Mit 5 oder weniger Afterfußpaaren (Fig. 155 a, b); am Ende der Afterfüße Häkchenreihen (Fig. 154)
Raupen der Schmetterlinge (Lepidoptera) 52
— Meist mit mehr als 5 Paar Afterfüßen (Fig. 155 c, d); diese stets ohne Häkchenreihen an der Spitze Afterraupen 55
52 Klein, 10. Hinterleibssegment ohne Afterfüße
Raupen der Miniersackmotten (Incurvariidae) u. a., S. 189
— Größer, 10. Hinterleibssegment mit Afterfüßen 53

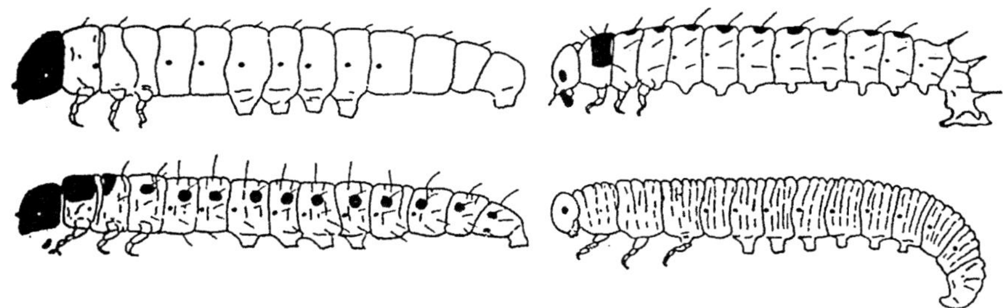

Fig. 155. Schmetterlingsraupen (a und b) und Afterraupen (c und d). a Erdraupe (Noctuidae); b Wurzelbohrer (Hepialidae); c Skorpionsfliege (Mecoptera); d Blattwespe (Symphyta)

53 Häkchen der Afterfüße in mehreren Kreisen (Fig. 154 b); blaß bis weißlich; Haut runzelig; vereinzelte lange Borsten

Raupen der Wurzelbohrer (Hepialidae), S. 189

— Häkchen der Afterfüße nicht so 54

54 Häkchenreihe an den Afterfüßen bildet keinen Halbmond; kleine Raupen (flugunfähige Weibchen ohne Afterfüße); oft in einem selbstgesponnenen Sack

Raupen der Sackträgermotten (Psychidae) u. a., S. 189

— größere Formen verschiedener Gestalt und Beborstung (Fig. 155 a); Häkchenreihe an den Afterfüßen bildet einen Halbmond (Fig. 154 a)

Erdraupen = Raupen der Erdeulen (Noctuidae) u. a., S. 189

55 Mehrere, einen Haufen bildende Ocellen jederseits; 8 Paar Afterfüße; erstes Hinterleibssegment stets mit 1 Paar Afterfüßen (Fig. 155 c)

Larven der Skorpionsfliegen (Mecoptera: Panorpidae), S. 189

— Nur 1 Ocelle jederseits; oft weniger als 8 Paar Afterfüße; bei grabenden Formen erstes Hinterleibssegment ohne Afterfüße (Fig. 155 d)

Larven der Blattwespen (Symphyta) u. a., S. 187

56 Rüssel vorn am Kopf, weit vor den Vorderbeinen ansetzend (Fig. 152 b); meist mit Flügelstummeln Larven von Landwanzen (Heteroptera: Geocorisae), S. 170

— Rüssel dicht vor oder (scheinbar) zwischen den Vorderbeinen ansetzend (Fig. 152 b) 57

57 Rüssel deutlich vor den Vorderbeinen entspringend (Fig. 152 a); Füße 3gliedrig, Fühler kurz; meist mit Flügelstummeln

Larven der Zikaden (Cicadiformes), S. 170

— Rüssel weiter hinten, scheinbar zwischen den Vorderbeinen entspringend 58

58 Rüssel lang; Füße 2gliedrig; Fühler gut entwickelt; am 5. oder 6. Hinterleibsring oft mit 1 Paar Siphonen (= der Wachsausscheidung dienende Röhrchen) (Fig. 153 d) Blattläuse (Aphidina), S. 170

— Rüssel und Fühler kurz; Füße ungegliedert; ohne Siphonen; Körperanhänge und Segmentierung oft stark rückgebildet (Fig. 153 e) Schildläuse (Coccina), S. 170

Bestimmungstafel 1: Häufige zentraleuropäische Regenwürmer (Lumbricidae)

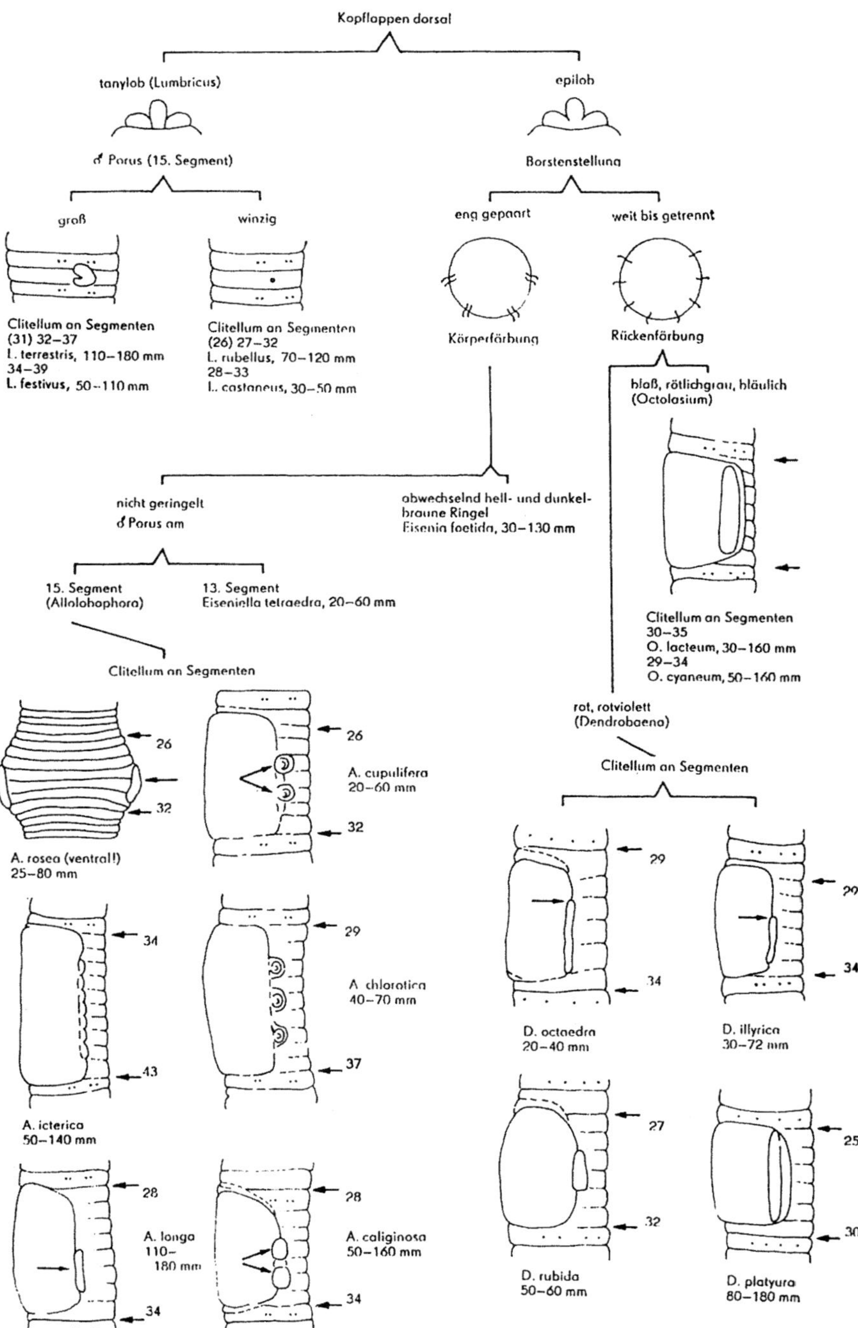

Bestimmungstafel 2: Häufige zentraleuropäische Myriapoden (I)

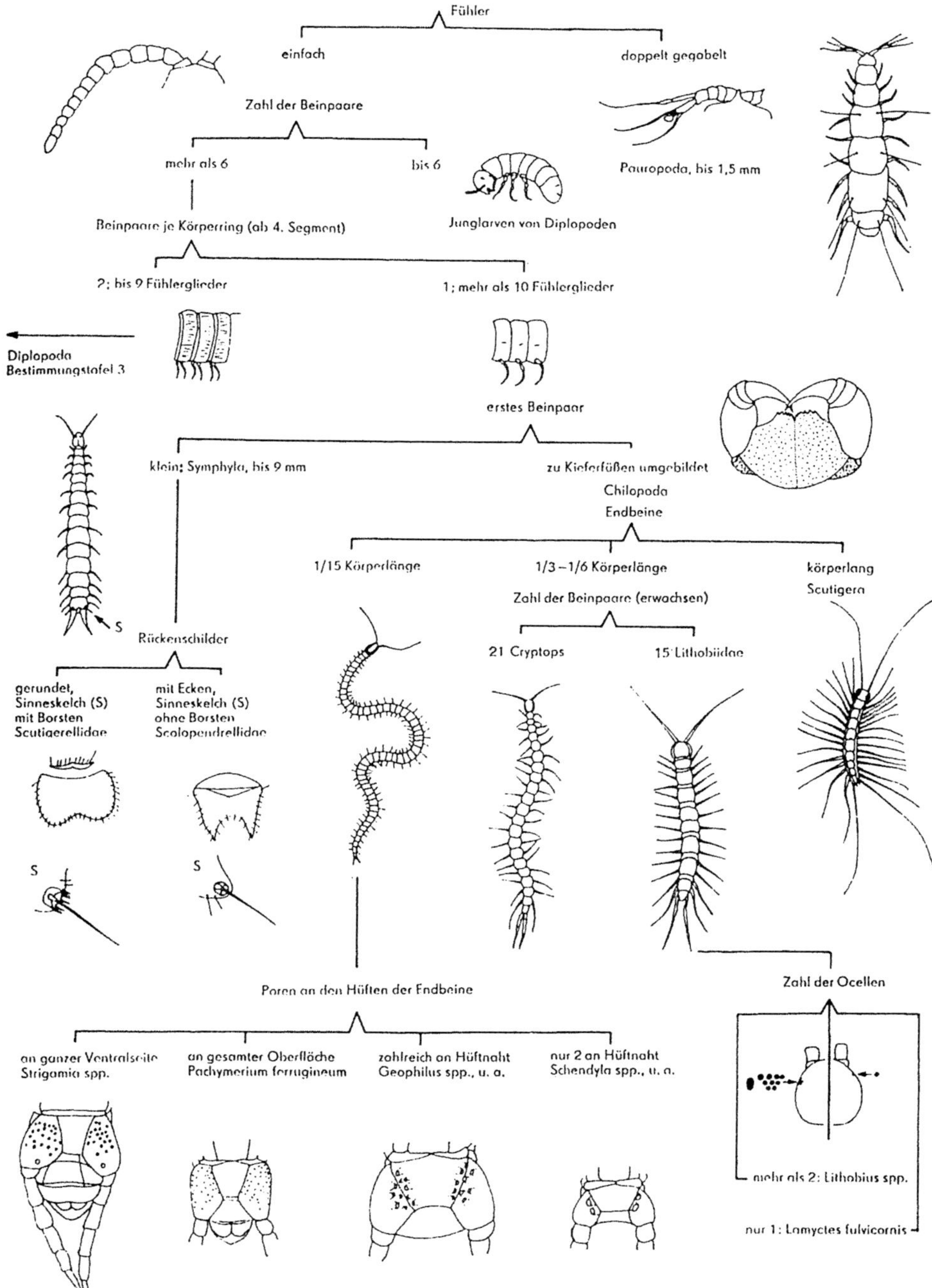

Bestimmungstafel 3: Häufige zentraleuropäische Myriapoden (II): Diplopoden

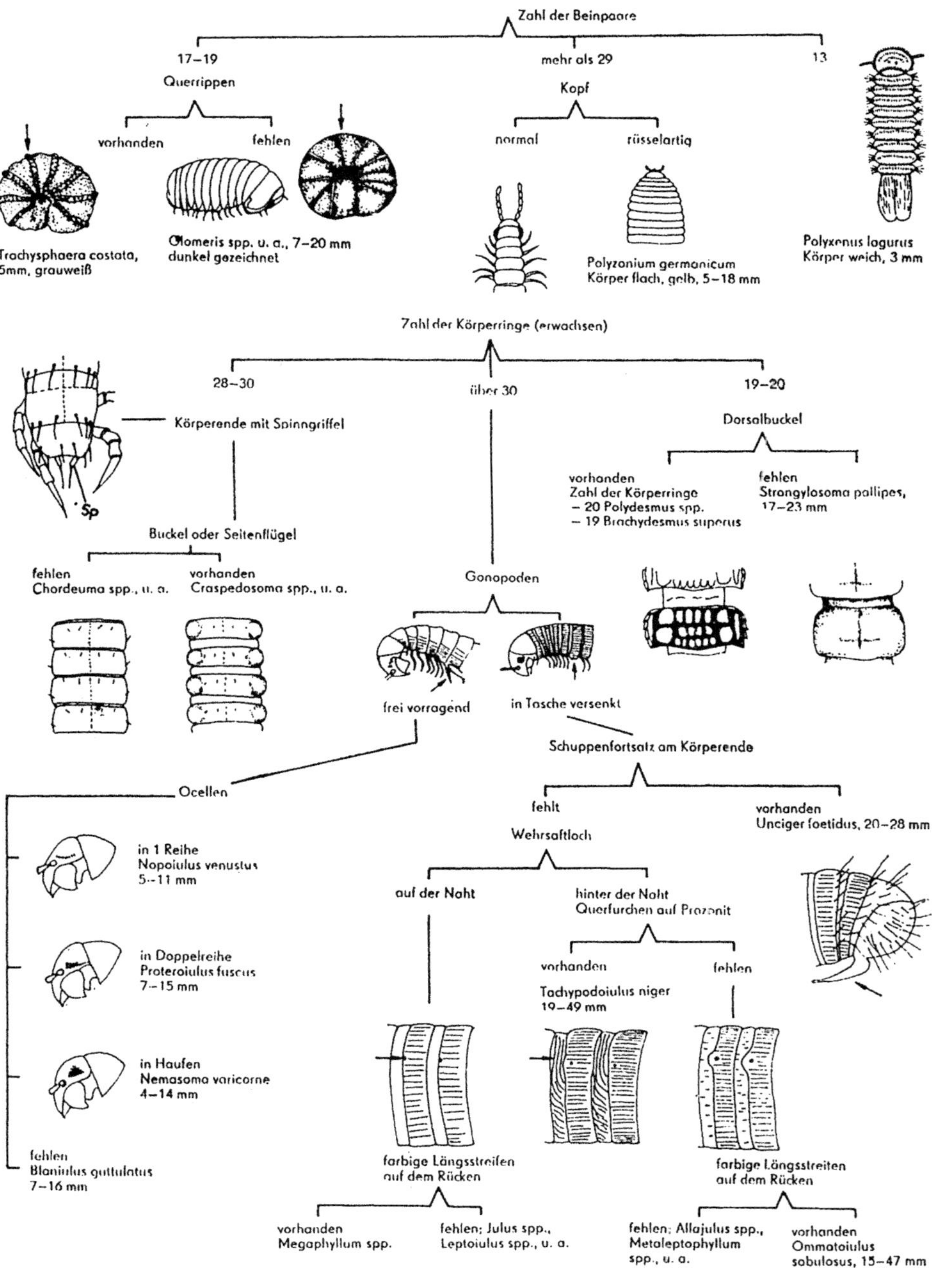

Bestimmungstafel 4: Häufige Collembolen zentraleuropäischer Böden I

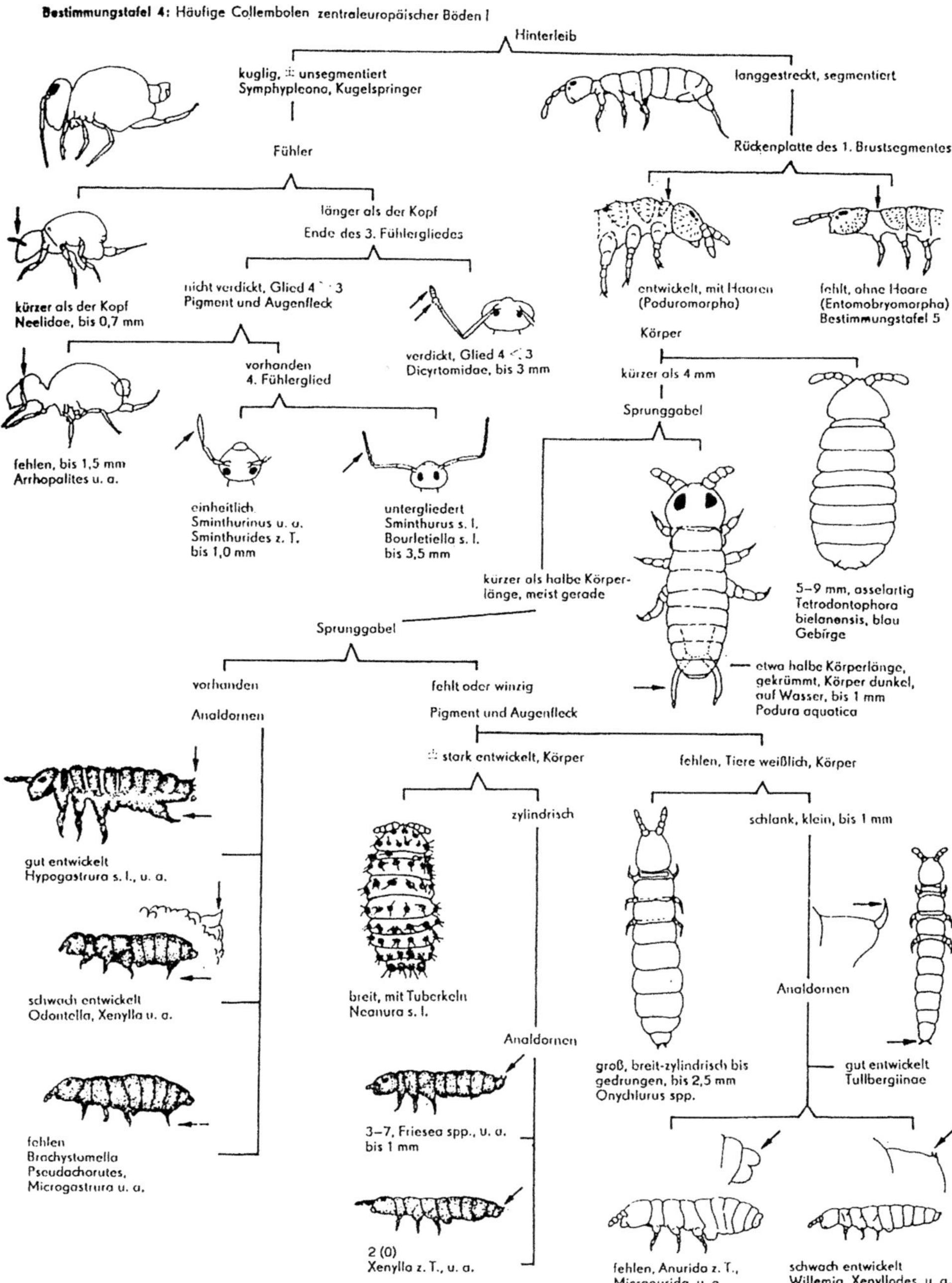

Bestimmungstafel 5: Häufige Collembolen zentraleuropäischer Böden II

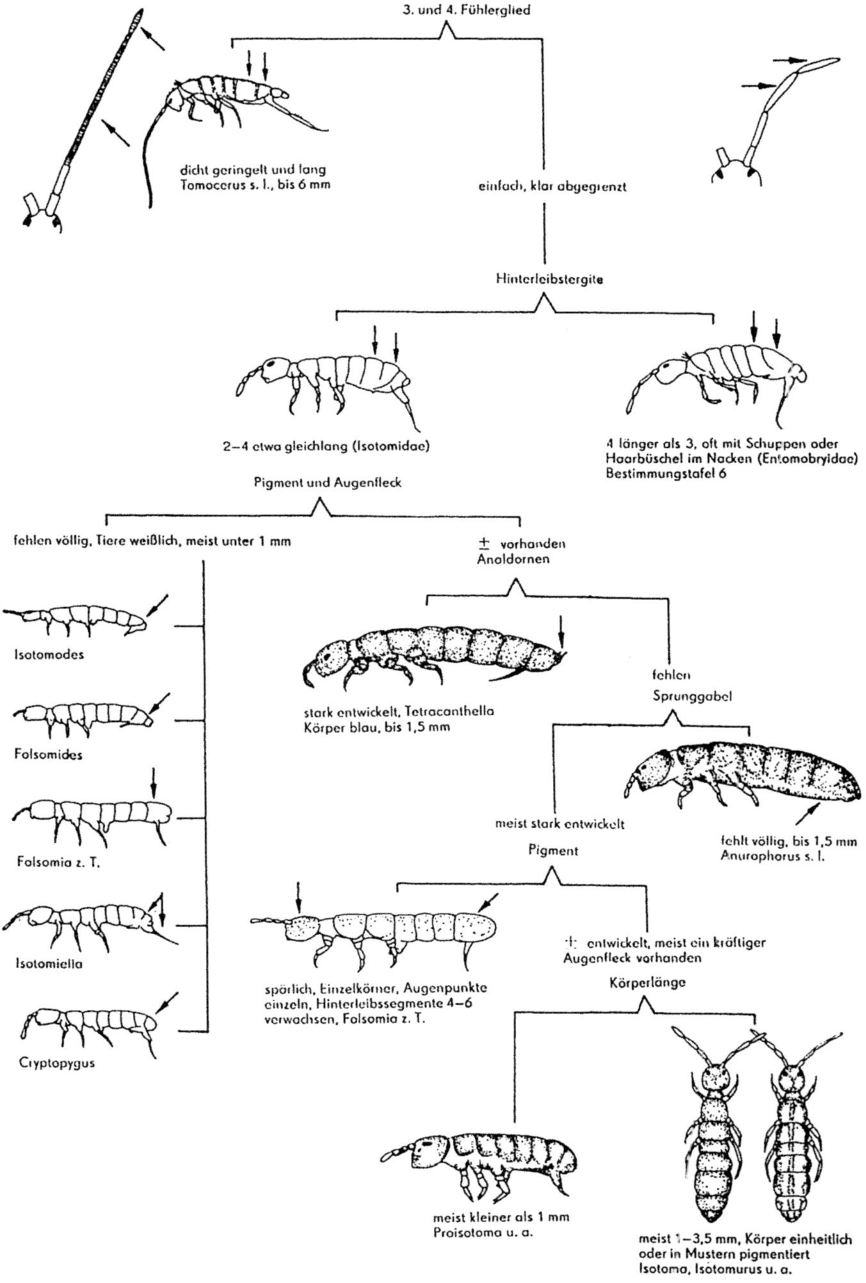

3. und 4. Fühlerglied

dicht geringelt und lang
Tomocerus s. l., bis 6 mm

einfach, klar abgegrenzt

Hinterleibstergite

2–4 etwa gleichlang (Isotomidae)

4 länger als 3, oft mit Schuppen oder Haarbüschel im Nacken (Entomobryidae)
Bestimmungstafel 6

Pigment und Augenfleck

fehlen völlig, Tiere weißlich, meist unter 1 mm

Isotomodes

Folsomides

Folsomia z. T.

Isotomiella

Cryptopygus

± vorhanden

Analdornen

stark entwickelt, Tetracanthella
Körper blau, bis 1,5 mm

fehlen

Sprunggabel

fehlt völlig, bis 1,5 mm
Anurophorus s. l.

meist stark entwickelt

Pigment

spärlich, Einzelkörner, Augenpunkte einzeln, Hinterleibssegmente 4–6 verwachsen, Folsomia z. T.

± entwickelt, meist ein kräftiger Augenfleck vorhanden

Körperlänge

meist kleiner als 1 mm
Proisotoma u. a.

meist 1–3,5 mm, Körper einheitlich oder in Mustern pigmentiert
Isotoma, Isotomurus u. a.

Bestimmungstafel 6: Häufige Collembolen zentraleuropäischer Böden III

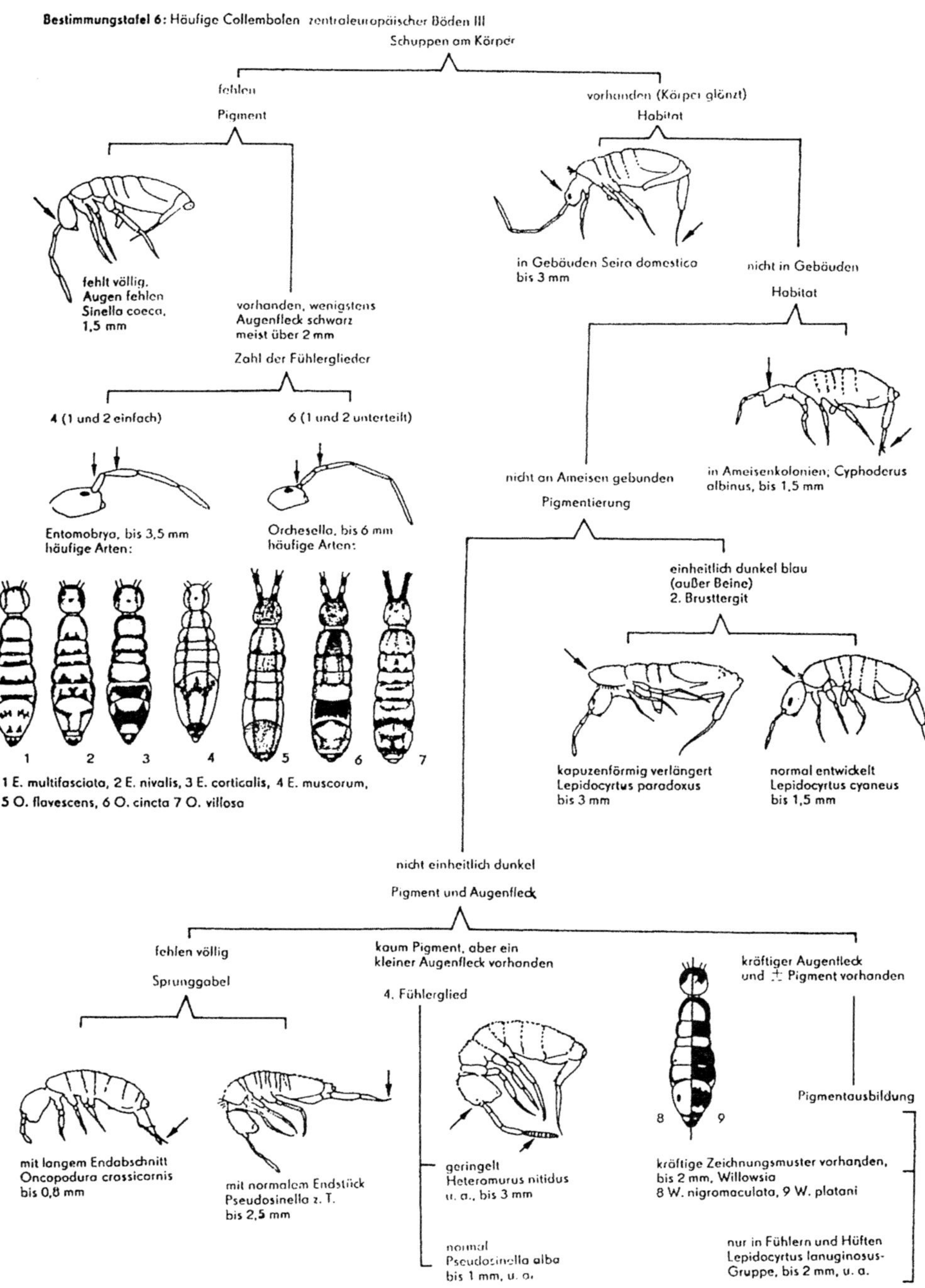

Bestimmungstafel 7: Häufige beinlose Insektenlarven zentraleuropäischer Böden

Körpergestalt

gekrümmt, dick, fleischig

Rüsselkäfer (Curculionidae)

abgeplattet, Mandibel vorgestreckt (in Holz)

Stigmen

Sp

einfach, Bockkäfer: Cerambycinae, Lamiinae

mit Siebplatte (Sp) Prachtkäfer (Buprestidae)

gerade, zylindrisch mit oder ohne Anhängen und Wülsten

Kopfkapsel

vollständig entwickelt kaum einziehbar

1. Brustsegment

ohne Fußstummeln Stigma am 3. Brustsegment

fehlt; 5–12 mm

Kopfplatten auf der Ventralseite

I II III 1 2

in 2 Punkten zusammenstoßend Kopf glänzend schwarz Lycoriidae

I II III 1 2 3

breit zusammenstoßend ohne Kriechwülste, in Schleimröhren; Sciophilidae

I II III 1 2

nur in 1 Punkt zusammenstoßend, mit Kriechwülsten, oft in Pilzen; Fungivoridae

vorhanden, 10–250 mm Haarmücken (Bibionidae) (Fig. 123)

I II III 1

mit Fußstummeln (F) Zuckmücken (Chironomidae) bis 4 mm (Fig. 119)

F

Nachschieber

unvollkommen entwickelt ventral offen, einziehbar

2–3 mm, oft gelb-rötlich Gallmücken (Cecidomyidae)

mit Sternalspatula

10–40 mm, meist weißlich, Fühler kaum sichtbar

Körper mit

zapfenförmigen Anhängen Moosmücken (Cylindrotomidae)

glatter Haut Schnaken (Tipulidae) (Fig. 122)

nur dorsale Reste oder fehlend, weit einziehbar

Reste der Kopfkapsel

fehlen gänzlich Mundhaken frei sichtbar

Körpergestalt

assel- oder schneckenartig Lonchopteridae, Platypezidae (Fig. 121a) Fannia (Fig. 121b) Microdon u. a.

Lonchoptera

zylindrisch

chitinige Bohrwülste

vorhanden Temnostoma (in Holz)

fehlen

weißlich, Hinterstigmen nicht auf pilzförmigen Trägern

Körperlänge

8–10 mm Buckelfliegen (Phoridae)

10–20 mm Muscidae; Phaonia u. a.

auffällig farblich gezeichnet, Hinterstigmen auf pilzförmigen Trägern; blattlausfressende Schwebfliegen (Syrphidae) 10–18 mm

dorsal erhalten, Fühler entwickelt Hinterstigmen

Afterfeld

sich berührend, versteckt

Körper

glatt, mit Kriechwülsten, 12–25 mm; Bremsen (Tabanidae)

1 2 3

rauh, ohne Kriechwülste, 10–50 mm, Waffenfliegen (Stratiomyidae) (Fig. 124)

deutlich getrennt, freiliegend

Hinterstigmen auf dem

drittletzten Segment 12–30 mm; Luchsfliegen (Therevidae)

vorletzten Segment 12–24 mm; Raubfliegen (Asilidae)

letzten Segment 6– 8 mm Langbeinfliegen (Dolichopodidae) 10–20 mm Schnepfenfliegen (Rhagionidae) u. a. (Fig. 120)

Bestimmungstafel 8: Häufige beintragende Käferlarven zentraleuropäischer Böden

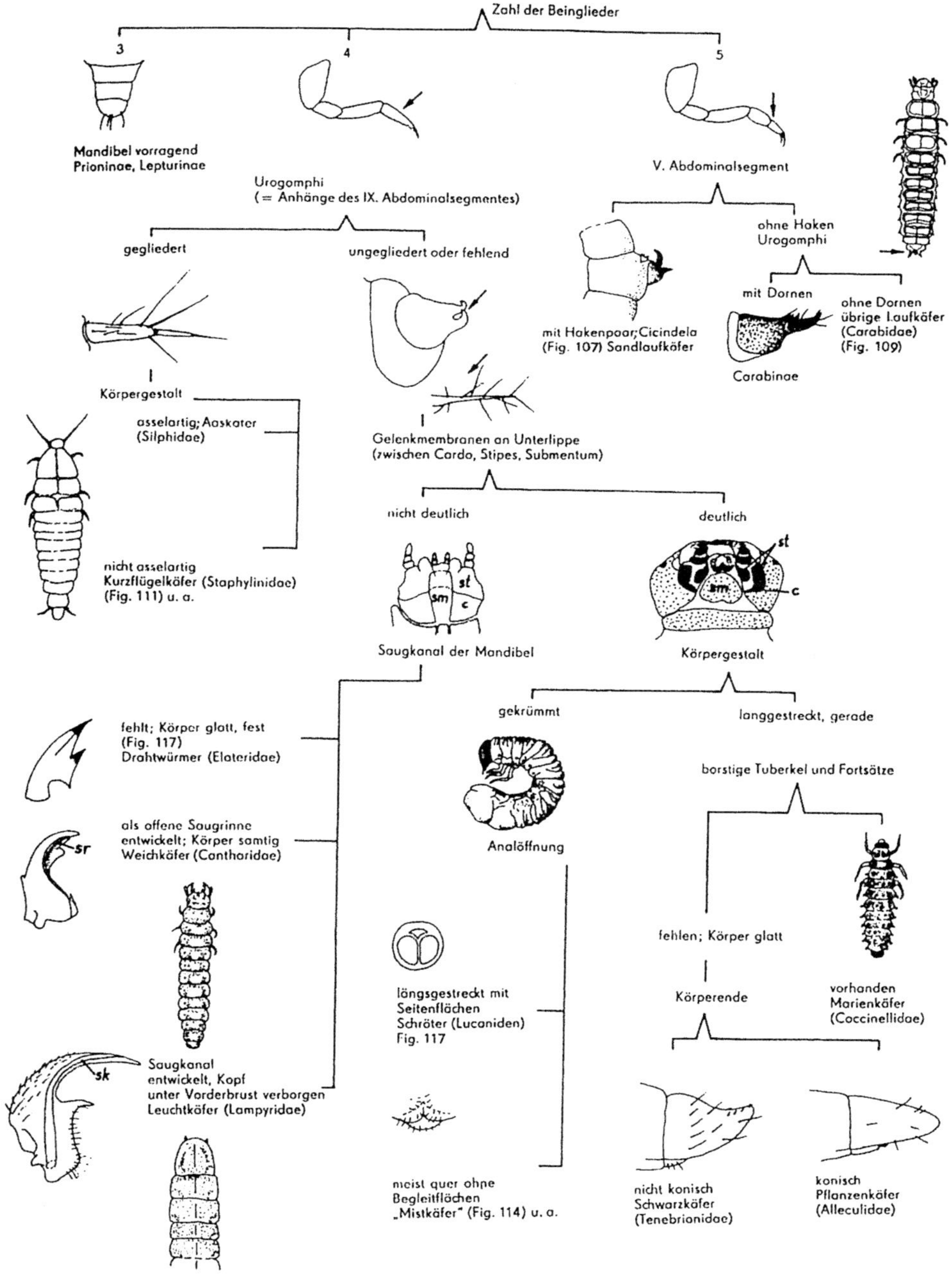

Zahl der Beinglieder

3

Mandibel vorragend
Prioninae, Lepturinae

4

Urogomphi
(= Anhänge des IX. Abdominalsegmentes)

gegliedert

Körpergestalt

asselartig; Aaskäfer
(Silphidae)

nicht asselartig
Kurzflügelkäfer (Staphylinidae)
(Fig. 111) u. a.

ungegliedert oder fehlend

Gelenkmembranen an Unterlippe
(zwischen Cardo, Stipes, Submentum)

nicht deutlich

st
sm
c

Saugkanal der Mandibel

fehlt; Körper glatt, fest
(Fig. 117)
Drahtwürmer (Elateridae)

sr

als offene Saugrinne
entwickelt; Körper samtig
Weichkäfer (Cantharidae)

sk

Saugkanal
entwickelt, Kopf
unter Vorderbrust verborgen
Leuchtkäfer (Lampyridae)

deutlich

st
sm
c

Körpergestalt

gekrümmt

Analöffnung

längsgestreckt mit
Seitenflächen
Schröter (Lucaniden)
Fig. 117

meist quer ohne
Begleitflächen
„Mistkäfer" (Fig. 114) u. a.

langgestreckt, gerade

borstige Tuberkel und Fortsätze

fehlen; Körper glatt

Körperende

nicht konisch
Schwarzkäfer
(Tenebrionidae)

konisch
Pflanzenkäfer
(Alleculidae)

vorhanden
Marienkäfer
(Coccinellidae)

5

V. Abdominalsegment

mit Hakenpaar; Cicindela
(Fig. 107) Sandlaufkäfer

ohne Haken
Urogomphi

mit Dornen

Carabinae

ohne Dornen
übrige Laufkäfer
(Carabidae)
(Fig. 109)

12. Literatur

12.1. Sammelwerke

Autorenzitate im Text mit nachgestellter römischer Zahl beziehen sich auf die nachfolgenden Sammelwerke:

Verhandlungen der internationalen Kolloquien über Bodenzoologie

I Murphy, P.W. (Hrsg.) (1962): Progress in Soil Zoology. London, 398 S.

II Doeksen, J., u. J. van der Drift (Hrsg.) (1963): Soil Organisms. Amsterdam, 453 S.

III Graff, O., u. J.E. Satchell (Hrsg.) (1967): Progress in Soil Biology. Braunschweig u. Amsterdam, 656 S.

IV d'Aguilar, J., C. Athias-Henriot, A. Bessard, M.B. Bouché, u. M. Pussard (Hrsg.) (1971): Organismes du sol et production primaire. – Ann. Zool.-Ecol. animale, Num. hors-série, 590 S.

V Vaněk, J. (Hrsg.) (1975): Progress in Soil Zoology. Prag, 630 S.

VI Lohm, U., u. T. Persson (Hrsg.) (1977): Soil Organisms as Components of Ecosystems.-Ecol. Bull. 25, 614 S.

VII Dindal, D.L. (Hrsg.) (1980): Soil biology as related to land use praktice.-Proc. VIIth Int. Soil Zool. Coll. Int. Soc. of Soil Sci.(ISSS). Washington, 880 S.

weitere Sammelwerke

VIII Baker, K.F., u. W.C. Snyder (Hrsg.) (1965): Ecology of Soil Borne Plant Pathogens. London, 571 S.

IX Burges, A., u. F. Raw (Hrsg.) (1967): Soil Biology. London u. New York, 352 S.

X Dobrovol'skij, G.V. (Hrsg.) (1976): Problemy i metody biologičeskoj diagnostiki i indikacii počv. Moskau, 359 S.

XI Ejtminavičjute, I. (Hrsg.) (1974): Vlijanie agrotechniki na počvennych bespozvonočnych životnych. Vilnius, 380 S.

XII Ghilarov, M. S. (Hrsg.) (1973): Ekologija počvennych bespozvonočnych. Moskau, 227 S.

XIII - (Hrsg.) (1977): Adaptacija počvennych životnych k uslovijam sredy. ebd., 191 S.

XIV Parkinson, D. (Hrsg.) (1982): Decomposition and soil processes. Cambridge

XV Pesson, P. (Hrsg.) (1971): La vie dans les sols. Paris, 471 S.

XVI Petrusewicz, K. (Hrsg.) (1967): Secondary Productivity of Terrestrial Ecosystems (Principles and Methods). Warschau u. Krakau, Bd. I u. II.

XVII Stebaev, I. V. (1968): Životnoe naselenie počv v bezlesnych biogeocenozach Altae-Sajanskoj Gornoj sistemy. Novosibirsk, 253 S.

12.2. Internationale Zeitschriften der Bodenbiologie

Pedobiologia, Verlag VEB Gustav Fischer, Jena, ab 1961.

Revue d'Ecologie et de Biologie du Sol, Verlag Gauthier-Villars, Paris, ab 1964.

Soil Biology and Biochemistry, Verlag Academic Press, London-New York, ab 1969.

Bodenbiologie, Internationales Mitteilungsblatt der Internat. Bodenkundlichen Gesellschaft, Kommission III. Bodenbiologie, Paris, ab 1957 (enthält Mitteilungen über Literatur und Aktivitäten der Kommission III).

Literaturübersichten für spezielle Tiergruppen werden auf halbprivater Basis publiziert z. B. in Paris (Apterygota, Myriapoda) und Görlitz (Oribatei).

12.3. Zusammenfassende Darstellungen zur Methodik der Bodenzoologie

Ghilarov, M. S. (Hrsg.) (1975): Metody počvenno-zoologičeskich issledovanij. Moskau, 280 S.

Górny, M., u. L. Grüm (1981): Metody stosowane w zoologii gleby. Warschau, 483 S.

Phillipson, J. (Hrsg.) (1971): Methods of Study in Quantitative Soil Ecology: population, production and energy flow. IBP Handbuch Nr. 18, Oxford u. Edinburgh, 297 S.

Southwood, T. R. E. (1978): Ecological Methods with particular reference to the study of insect populations. 2. Aufl. London, 524 S.

12.4. Monographien und Artikel

Altmüller, R. (1979): Untersuchungen über den Energieumsatz von Dipterenpopulationen im Buchenwald (Luzulo-Fagetum). - Pedobiol. 19, S. 245–278; Atlavinite, O. P. (1975): Ekologija doždevych červej i ich vlijanie na plodorodie počvy v Litovskoj SSR. Vil'njus, 199 S.

Bachelier, G. (1978): La faune des sols - Son écologie et son action. 2. Aufl. Paris, 391 S. + IV Tafeln; Baker, E. W., u. G. W. Wharton (1952): An Introduction to Acarology. New York, 465 S.; Balogh, J. (1958): Lebensgemeinschaften der Landtiere. Berlin, 560 S.; dgl. (1972): The Oribatid Genera of the World. Budapest, 180 S., 71 Taf.; Baring, H.-H. (1956/57): Die Milbenfauna eines Ackerbodens und ihre Beeinflussung durch Pflanzenschutzmittel. I und II. - Z. angew. Entomol. 39 (1), S. 410–444 und 41 (1), S. 17–51; Bockemühl, J. (1956): Die Apterygoten des Spitzberges bei Tübingen, eine faunistisch-ökologische Untersuchung. - Zool. Jb. Abt. 3, 84 (2–3), S. 113–194; Bode, E. (1973): Beiträge zu den Erscheinungen einer Sukzession der terricolen Zoozönose auf Rekultivierungsflächen. Diss. Braunschweig, 114 S., 36 Tab., 53 Abb.; Bonnet, L. (1964): Le peuplement thécamoebien des sols. - Rev. Ecol. Biol. Sol 1, S. 123–408; Bornebusch, C. (1930): The fauna of the forest soil. – forstlige Forsøgsvaes. Kopenhagen, 158 S.; Bouché, M. B. (1972): Lombriciens de France. Ecologie et Systématique. Paris, I.N.R.A., 671 S.; Brauns, A. (1954): Terricole Dipterenlarven. Göttingen, 180 S.; dgl. (1968): Praktische Bodenbiologie. Stuttgart, 470 S.; Brucker, G. u. D. Kalusche (1976): Bodenbiologisches Praktikum. Heidelberg, 215 S.

Cassagnau, P. (1961): Ecologie du sol dans les Pyrénées centrales. Les biocénoses des Collemboles. - Probl. écol. Cah. géobiol. écol. 1283, Paris, 235 S.; dgl. (1965): Sur la signification des écomorphoses et sur l'origine possible de l'holométabolie. – Ann. Biol. 4, S. 404–417; Čekanovskaja, O. V. (1960): Regenwürmer und Bodenbildung. Moskau, 206 S. (russ.); Černova, N. M. (1966): Zoologičeskaja charakteristika kompostov. ebd., 154 S.; dgl. (1977): Ekologičeskie sukcessii pri razloženii rastitel'nych ostatkov. ebd., 200 S.; Chitwood, B. G., u. M. B. Chitwood (1974): Introduction to nematology. Baltimore; Coiffait, K. (1958): Contribution à la connaissance des Coléopteres du sol. - Vie Milieu, Suppl. 7, S. 1–204.

Darwin, Ch. (1840): On the formation of mould. - Trans. geol. Soc. London (2) 5, S. 505–509 (Arbeit vorgelegt 1837); dgl. (1881): The formation of vegetable mould through the action of worms. London, 326 S. (Nachdruck London, 1945, 153 S.); Dastych, H. (1980): Niesporczaki (Tardigrada) Tatrzanskiego Parku Narodowego. - Monogr. Faun. Pol. 9, 232 S.; Decker, H. (1969): Phytonematologie. Berlin, 526 S.; Delamare-Deboutteville, C. (1951) Microfauna du sol des pays temperés et tropicaux. - Vie Milieu, Suppl. I. 360 S.; Diem, K. (1903): Untersuchungen über die Bodenfauna in den

Alpen. - Jb. Naturw. Ges. St. Gallen 1901–1902, S. 234–414; Dobroruka, L. J. (1961): Hundertfüßler. - N. Brehm-Büch. 281, 49 S.; Donner, J. (1956): Rädertiere (Rotatorien). Stuttgart, 54 S.; dgl. (1965): Ordnung Bdelloidea (Rotatoria, Rädertiere). Berlin, 267 S.; Drift, J. van der (1951): Analysis of the animal community in a beachforest floor. - Tijdschr. Entomol. 94, S. 1–118; Dunger, W. (1956): Untersuchungen über Laubstreuzersetzung durch Collembolen. - Zool. Jb. Syst. 84, S. 75–98 dgl. (1958): Über die Veränderung des Fallaubes im Darm von Bodentieren. - Z. Pflanzenern. Düng. Bodenk. 82, S. 174–193; dgl. (1958): Über die Zersetzung der Laubstreu durch die Boden-Makrofauna im Auenwald. - Zool. Jb. Syst. 86, S. 139–180; dgl. (1964): Die Bedeutung der Bodenfauna für die Streuzersetzung. - Tag. ber. DAL Berlin 1963, 60, S. 99–114; dgl. (1968): Die Entwicklung der Bodenfauna auf rekultivierten Kippen und Halden des Braunkohlentagebaues. - Abh. Ber. Naturk. Mus. Görlitz 43 (2), 256 S.; dgl. (1970): Unbekanntes Leben im Boden. Leipzig, 150 S.; dgl., I. Dunger, H.-D. Engelmann, u. R. Schneider (1972): Untersuchungen zur Langzeitwirkung von Industrie-Emissionen auf Böden, Vegetation und Bodenfauna des Neißetales bei Ostritz/Oberlausitz. - Abh. Ber. Naturk. Mus. Görlitz 47 (3), S. 1–40; dgl. (1977): Strukturelle Untersuchungen an Collembolengesellschaften des Hruby Jesenik-Gebirges (Altvatergebirge, ČSSR), - ebd. 50 (6), S. 1–44; dgl. (1978): Parameter der Bodenfauna in einer Catena von Rasen-Ökosystemen. - Pedobiol. 18, S. 310–340; dgl., H.-U. Peter, u. S. Tobisch (1980): Eine Rasen-Wald-Catena im Leutratal bei Jena als pedozoologisches Untersuchungsgebiet und ihre Laufkäferfauna (Coleoptera, Carabidae). - Abh. Ber. Naturk. Mus. Görlitz 53, (2), S. 1–78; dgl., u. K. Steinmetzger (1981): Ökologische Untersuchungen an Diplopoda einer Rasen-Wald-Catena im Thüringer Kalkgebiet. - Zool. Jb. Syst. 108, S. 519–553; dgl. (1982): Die Tiere des Bodens als Leitformen für anthropogene Umweltveränderungen. Decheniana, Beih. 26, S. 151–157.

Edwards, C. A., u. J. R. Lofty (1977): Biology of Earthworms. 2. Aufl. London, 333 S.; Eglitis, V. K. (1954): Die Fauna der Böden der Lettischen SSR. Riga, 263 S. (russ.); Evans, A. C., u. W. J. Guild (1948): Studies on the relationship between earthworms and soil fertility (IV, V). – Ann. appl. Biol. 35, S. 471–484 u. 485–493

Fehér, D., L. Varga, u. O. Hank (1954): Talajbiológia. Budapest, 1263 S.; Fenton, G. R. (1947): The soil fauna: with special reference to the ecosystem of forest soil. - J. Anim. Ecol. 16, S. 76–93; Forsslund, K.-H. (1944): Studier över det lägre djurlivet i nordsvensk skogsmark, (Studien über die Tierwelt des nordschwedischen Waldbodens). - Medd. Stat. Skogsforsöksanst. 34, S. 1–283; Fourman, K. L. (1936): Kleintierwelt, Kleinklima und Mikroklima in Beziehung zur Kennzeichnung des forstlichen Standortes und der Bestandesabfallzersetzung auf bodenbiologischer Grundlage. - Mitt. Forstwirtsch. Forstwiss. 7, S. 596–615; dgl. (1938): Untersuchungen über die Bedeutung der Bodenfauna bei der biologischen Umwandlung des Bestandesabfalles forstlicher Standorte. - ebd. 9 (2), S. 144–169; dgl. (1951): Angewandte Bodenbiologie und ihre Grundlagenforschung. - Angew. Pflanzensoziologie Bd. 3, Wien, S. 149–188; Francé, R. H. (1921): Das Edaphon. München, 100 S.; Franz, H., u. L. Leitenberger (1948): Biologisch-chemische Untersuchungen über Humusbildung durch Bodentiere. - Österr. zool. Z. 1, S. 498–518; dgl. (1950): Bodenzoologie als Grundlage der Bodenpflege. Berlin, 316 S.; dgl. (1960): Feldbodenkunde als Grundlage der Standortbeurteilung und Bodenbewirtschaftung. Mit besonderer Berücksichtigung der Arbeit im Gelände. Wien u. München, XII, 583 S.; dgl. (1975): Die Bodenfauna der Erde in biozönotischer Betrachtung. Wiesbaden, 2 Teile, 796 + 485 S.; Frenzel, G. (1936): Untersuchungen über die Tierwelt des Wiesenbodens. Jena, 130 S.; Frömming, E. (1956): Quantitative Untersuchung über die Bedeutung bodenbewohnender Landschnecken für den Abbau des Fallaubes. - Biol. Zbl. 75, S. 705

bis 711; dgl. (1958): Die Rolle unserer Landschnecken bei der Stoffumwandlung und Humusbildung. - Z. angew. Zool. 45, S. 341–350

Gellért, J. (1957): Ciliatenfauna im Humus einiger ungarischer Laub- und Nadelholzwälder. - Ann. Inst. biol. Hungar. Ac. Sci. 24, S. 11–34; Gel'cer, J. G. (1960): Über die Methode der unmittelbaren Beobachtung der Bodenamöben in der Rhizosphäre der Pflanzen. - Naučn. Dokl. Vysš. Skoly Biol. Nauk. 1960, Nr. 4, S. 195–200 (russ.); dgl., G. A. Korganova, M. I. Mavlanova, u. V. F. Nikoljuk (1980): Počvennye prostejšie (The Soil Protozoa). Leningrad, 168 S.; Ghilarov, M. S. (1949): Die Besonderheiten des Bodens als Lebensraum und seine Bedeutung für die Evolution der Insekten. Moskau, Leningrad, 279 S. (russ.); dgl. (1964): Opredelitel' obitajuščich v počve ličinok nasekomych. Moskau, 919 S.; dgl. (1965): Zoologičeskij metod diagnostiki počv. ebd. 276 S.; dgl. (1970): Zakonomernosti prisoosoblenij členistonogich k žizni na suše. ebd. 276 S.; Gisin, H. (1943): Ökologie und Lebensgemeinschaften der Collembolen im Schweizer. Exkursionsgebiet Basels. - Rev. Suisse Zool. 50, S. 131–224; dgl. (1960): Collembolenfauna Europas. Genf, 312 S.; Godan, D. (1979): Schadschnecken und ihre Bekämpfung. Stuttgart, 467 S.; Górny, M. (1975): Zooekologia gleb lesnych. Warschau, 311 S.; Graff, O. (1953): Die Regenwürmer Deutschlands. - Schr. R. d. Forsch.anst. Braunschweig, 81 S.; dgl. (1970): Der Einfluß verschiedener Mulchmaterialien auf den Nährelementengehalt von Regenwürmröhren im Unterboden. - Pedobiol. 10, S. 305–319; Greven, H. (1980): Die Bärtierchen. - N. Brehm-Büch. 537, 101 S.; Guttmann, R. (1979): Untersuchungen zur Entwicklung der Bodenfauna rekultivierter Schutthalden eines Stahlwerkes. Diss. Braunschweig, 140 S., 29 Tab.

Haarløv, N. (1960): Microarthropods from Danish Soils. Ecology, Phenology. - Oikos, Suppl. 3, 176 S.; Halkka, R. (1958): Life history of Schizophyllum sabulosum (L.) (Diplopoda, Julidae). - Ann. Soc. zool.-bot. Vanamo 19 (4), S. 1–72; Hartmann, F. (1952): Forstökologie. Wien, 461 S.; Hartmann, P. (1979): Biologisch-Ökologische Untersuchungen an Staphylinidenpopulationen verschiedener Ökosysteme des Solling. Diss. Univ. Göttingen, 173 S.; Healy, B. (1980): Distribution of terrestrial Enchytraeidae in Ireland. - Pedobiol. 20, S. 159–175; Hirschmann, W. (1966): Milben (Acari). Stuttgart, 76 S. Hoese, B. (1982): Der Ligia-Typ des Wasserleitungssystems bei terrestrischen Isopoden und seine Entwicklung in der Familie Ligiidae. – Zool. Jb. Anat. 108: 225 bis 261.

Jacot, A. P. (1936): Soil structure and soil biology. - Ecology 17, S. 359–379; Janetschek, H. (1970): Protura (Beintastler). - In: Kükenthal, Handbuch der Zoologie, Berlin, 4 (2) 2/3, 72 S.

Kämpfe, L. (1978): Der Sauerstoffverbrauch von Nematoden als Ausdruck zootischer Aktivität. - Pedobiol. 18, S. 355–365; Karg, W. (1961): Ökologische Untersuchungen von edaphischen Gamasiden (Acarina, Parasitiformes). 1. u. 2. Teil. - ebd. 1, S. 53–74 u. 77 bis 98; dgl. (1962): Räuberische Milben im Boden. - N. Brehm-Büch. 296, 64 S.; dgl. (1971): Acari (Acarina) Milben, Unterordnung Anactinochaeta (Parasitiformes), Die freilebenden Gamasina (Gamasides), Raubmilben. In: F. Dahl u. F. Peus, Die Tierwelt Deutschlands, Nr. 59. Jena; Kevan, D. K. McE (1962): Soil animals. London, 237 S.; Kinkel, H. (1955): Zur Biologie und Ökologie des getüpfelten Tausendfußes Blaniulus guttulatus Gerv. - Z. angew. Ent. 37 (4), S. 401–436; Klapp, E., u. H. Wurmbach (Hrsg.) (1962): Die Beeinflussung der Bodenfauna durch Düngung. - Beih. Z. angew. Ent. 18, 167 S.; Klausnitzer, B. (1978): Ordnung Coleoptera (Larven). Bestimmungsbücher zur Bodenfauna Europas 10. Berlin, 378 S.; Klingler, J. (1975): Beobachtungen zur Reaktion bodenbewohnender Tiere auf einige wirksame Gase. - Mitt. Schweiz. Ent. Ges. 48, S. 99–106; Koffmann, M. (1934): Die Mikrofauna des Bodens, ihr Verhältnis zu anderen Mikroorganismen und ihre Rolle bei den mikrobiologischen Vorgängen im Boden. - Arch. Mikrobiol. 5 (2), S. 246–362; K o n o n o v a , M. M. (1958): Die Humusstoffe des Bodens. Berlin, 341 S.; K o z l o v s k a j a , L. S. (1976): Rol' bespozvonočnych v transformacii organičeskogo vesčestva bolotnych počv. Leningrad, 212 S.; dgl., V. M. M e d v e d e v a , u. N. I. P j a v č e n k o (1978): Dinamika organičeskogo vesčestva v processe torfoobrazovanija. ebd., 171 S.; K u b i e n a , W. (1943): Die mikroskopische Humusuntersuchung. - Forschungsdienst, Sonderh. 17, S. 62–70; dgl. (1948): Entwicklungslehre des Bodens. Wien, 215 S.; dgl. (1955): La eficacia de la actividad de la fauna del suelo, desde el punto de vista edafologico. - An. edafol. fisiol. veget. 14 (11), S. 601–622; K u b i k o v á , J., u. J. R u s e k (1976): Development of xerothermic rendzinas. - Rozpr. Mat. Prirod. Prag 86 (6), 78 + 16 S.; K ü h n e l t , W. (1948): Mikroskopie der Bodentiere. - Mikroskopie 3, S. 210–128; dgl. (1950): Bodenbiologie. Mit besonderer Berücksichtigung der Tierwelt. Wien, 368 S.; dgl. (1957): Die Tierwelt der Landböden in ökologischer Betrachtung. - Verh. Dtsch. Zool. Ges. Graz, S. 39–103; dgl. (1961): Soil biology. London, 397 S.; K u r č e v a , G. F. (1960): The role of invertebrates in the decomposition of the oak leaf fall. - Počvovedenie 4, S. 16–23 (russ.); dgl. (1971): Rol' počvennych životnych v razloženii i gumifikacii rastitel'nych ostatkov. Moskau, 155 S.

L a m i n g e r , H. (1980): Bodenprotozoologie. - Mikrobios (Innsbruck) 1, S. 1–142; L a w r e n c e , R. F. (1953): The biology of the cryptic fauna of forests. Cape Town u. Amsterdam, 408 S.; L e b r u n , Ph. (1971): Ecologie et biocénotique de quelques peuplements d'arthropodes édaphiques. - Mém. Inst. Sci. Nat. Belgique, Nr. 165, 203 S.; L e e , K. E., u. T. G. W o o d (1971): Termites and Soils. London u. New York, 251 S.; L e n g e r k e n , H. v. (1951): Der Pillendreher (Scarabaeus). - N. Brehm-Büch. 38, 52 S.; L i e b e r o t h , I. (1969): Bodenkunde - Bodenfruchtbarkeit. 2. Aufl. Berlin, 336 S.; L u x t o n , M. (1972–1981): Studies on the oribatid mites of a Danish beech wood soil. I–VII. – Pedobiol. 12–22; dgl. (1981): Studies on the prostigmatic mites of a Danish beech wood soil. – ebd. 22, S. 277–303

M a c f a d y e n , A. (1961): Improved funnel-type extractors for soil arthropods. - J. An. Ecol. 30, S. 171–184; dgl. (1962): Soil Arthropod Sampling. In: C r a g g , Advances in Ecological Research 1, London u. New York, S. 1–34; M e y e r , L. (1943): Experimenteller Beitrag zur makrobiologischen Wirkung auf Humus- und Bodenbildung. - Bodenk. Pflanzenern. 29 (74), S. 119–140; M ü l l e r , E. W. (1960): Milben an Kulturpflanzen. Ihre Biologie und wirtschaftliche Bedeutung. - N. Brehm-Büch. 270, 72 S.; M ü l l e r , G., u. F. N a g l i t s c h (1957): Vergleichende Prüfung bodenzoologischer Auslesemethoden für Kleinarthropoden. - Zool. Jb. Syst. 85 (3), S. 177–210; dgl. (1959): Untersuchungen über das Nahrungswahlvermögen einiger im Ackerboden häufig vorkommenden Collembolen und Milben. - ebd. 86 (3), S. 231–256; dgl. (1965): Bodenbiologie. Jena, 889 S.; M ü l l e r , P. E. (1879): Studier over Skovjord, som bidrag til skovdyrkningens theori. I. Om bøgemuld og bøgemor paa sand og ler. - Tidsskr. skovbr. 3, S. 1–124

N e f , L. (1957): Etat actuel des connaissances sur le rôle des animaux dans la décomposition des litières de forets. - Agricultura V, 2 Sér., S. 245–316; dgl. (1960): Comparaison de l'effecacité de différentes variantes de l'appareil de Berlese-Tullgren. - Z. angew. Ent. 46 (2), S. 178–199; N i c h o l a s , W. L. (1975): The biology of freeliving nematodes. Oxford; N i e l s e n , C. Overgaard (1955): Studies an Enchytraeidae. 2. Field Studies. - Natura Jutlandica 4, S. 1–58; dgl., u. B. C h r i s t e n s e n (1959): The Enchytraeidae, Critical Revision and Taxonomy of European Species. - ebd. 8–9, 160 S.; N i k o l j u k , W. F. (1956): Die Bodenprotozoen und ihre Rolle in den Kulturböden Usbekistans. Taschkent, 144 S. (russ.); N o s e k , J. (1969): The investigation on the Apterygotan Fauna of the Low Tatras. - Acta Univ. Carol. Biol. 5/6, S. 349–528; dgl. (1973): The European Protura. - Mus. Hist. Nat. Geneve, 345 S.

O'Connor, F. B. (1957): An ecological study of the enchytraeid worm population of a coniferous forest soil. - Oikos 8, S. 161–199; Otto, D. (1961): Die Roten Waldameisen. - N. Brehm-Büch. 293, 150 S.

Paclt, J. (1956): Biologie der primär flügellosen Insekten. Jena, 128 S.; Palissa, A. (1964): Bodenzoologie. Berlin, 180 S.; Perel', T. S. (1979): Rastprostranienie i zakonomernosti raspredelenija doždevych červej fauny SSSR (Range and regularities in the distribution of earthworms of the USSR Fauna). Moskau, 272 S.; Persson, T., u. U. Lohm (1977): Energetical Significance of the Annelids and Arthropods in a Swedish Grassland Soil. – Ecol. Bull. 23, 211 S.; Perttunen, V. (1953): Reactions of Diplopods to the relative humidity of the air. – Ann. Soc. Zool.-bot. Vanamo 16 (1), S. 1–69

Rajski, A. (1961): Studium ekologiczno-faunistyczne nad mechowcami (Acari, Oribatei) w kilku Zespołachroslinnych. I. Ekologia. - Pow. Przyzac. Nauk Poznan 24 (2), S. 1 bis 140; Raw, F. (1960): Earthworm populations studies: a comparison of sampling methods. - Nature London 187 (4733), S. 257; Reisinger, E. (1954): Edaphische Kleinturbellarien als bodenkundliche Leitformen. - Carinthia II. 64, S. 105–123; Rodin, L. E., u. N. I. Basilevic (1968): World distribution of plant biomass. - In: F. E. Eckardt (Hrsg.), Functioning of terrestrial ecosystems at the primary production level. Paris, S. 45–66; Ronde, G. (1951/53): Vorkommen, Häufigkeit und Arten von Regenwürmern in verschiedenen Waldböden und unter verschiedenen Bedingungen. - Forstwiss. Cbl. 70, S. 521; 72, S. 37–56, 286–296, 296–301; dgl. (1957): Studien zur Waldbodenkleinfauna. - ebd. 76 (3–4), S. 95–126

Sachse, J. (1960): Vergleichende Untersuchungen der Tierwelt bei verschiedenen Kompostierungsverfahren während des gesamten Rotteprozesses. Büdingen-Oettenbach, 77 S.; Satchell, J. E. (1969): Methods of sampling earthworm populations. - Pedobiol. 9, S. 20–25; Schaerffenberg, B. (1940): Die Nahrung des Maulwurfs. - Z. angew. Ent. 27, S. 1–70; Schaller, F. (1950): Biologische Beobachtungen an humusbildenden Bodentieren, insbes. Collembolen. - Zool. Jb. Syst. 78 (5–6), S. 506–525; dgl. (1962): Die Unterwelt des Tierreiches. Kleine Biologie der Bodentiere. Berlin, 125 S.; dgl. (1970); 1. Collembola (Springschwänze). - In: Kükenthal, Handb. Zool. Bd. IV (2), S. 1–72; Scheerpeltz, O. (1950): Der Maikäfer. - N. Brehm-Büch. 16, 43 S.; dgl. (1951): Ameisen. - ebd. 32, 32 S.; Scheffer, F., u. P. Schachtschabel (1956): Lehrbuch der Agrikulturchemie und Bodenkunde. 1. Teil: Bodenkunde. - 4. Aufl. Stuttgart, 250 S.; dgl. u. B. Ullrich (1960): Lehrbuch der Agrikulturchemie und Bodenkunde. III. Humus und Humusdüngung. 1. Morphologie, Biologie, Chemie und Dynamik des Humus. - 2. Aufl. ebd., 266 S.; Scherney, F. (1959): Unsere Laufkäfer, ihre Biologie und wirtschaftliche Bedeutung. - N. Brehm-Büch. 245, 79 S.; Schmidt, H. (1953): Termiten. - ebd. 13, 42 S.; Schönborn, W. (1966): Beschalte Amöben (Testaceae). - ebd. 357, 112 S.; Schremmer, F. (1957): Singzikaden. - ebd. 193, 47 S.; Seifert, A. (1977): Gärtnern, Ackern – ohne Gift. München, 210 S.; Seifert, G. (1961): Die Taúsendfüßler. - N. Brehm-Büch. 273, 76 S.; Singh, B. N. (1955): Culturing soil Protozoa and estimating their numbers in soil. - In: Kevan, Soil Zoology. London, S. 403–411; Soudek, S. (1928): Fauna of the forest soil. - Bull. Ecol. agr. Brno, Fac. silv. 8, S. 1–24; Stach, J. (1947–1960): The apterygotan fauna of Poland in relation to the world fauna of this group of insects. 8 Teile. Krakau; Stebaev, J. V. (1958): Animal population of the primary rock soils and its role in the soil formation. - Zool. Žurn. 37, S. 1433–1448 (russ.);

Stöckli, A. (1946): Der Boden als Lebensraum. - Vjschr. naturf. Ges. Zürich 21 (1), S. 1–17; dgl. (1949): Der Einfluß der Mikroflora und Fauna auf die Beschaffenheit des Bodens. - Z. Pflanzenern. Düng. Bodenk. 45 (90), S. 41–53; Strenzke, K. (1949): Die biozönotischen Grundlagen der Bodenzoologie. - ebd. 45 (90), S. 245–262; Striganova, B. R. (1980): Pitanie počvennych saprofagov. Moskau, 243 S.; Sutton, S. L. (1972): Woodlice. London; Swift, M. J., O. W. Heal, u. J. M. Anderson (1979): Decomposition in Terrestrial Ecosystems. Studies in Ecology Bd. 5, London, 372 S.; Szabó, I. M. (1974): Microbial communities in a forest-rendzina ecosystem. Budapest, 415 S.

Teichert, M. (1959): Die bodenbiologische Bedeutung der coprophagen Lamellicornier. - Wiss. Z. Univ. Halle–Wittenberg, Math. Naturw. R. 8, S. 879–882; Thiele, H. U. (1977): Carabid beetles in their environments. A study on habitat selection by adaptions in physiology and behaviour. Berlin, 369 S.; Tietze, F. (1973/74): Zur Ökologie, Soziologie und Phänologie der Laufkäfer (Coleoptera, Carabidae) des Grünlandes im Süden der DDR. Teil I–IV. – Hercynia NF 10, S. 3–76, 111–126, 337–365; 11, S. 47–68; Tischler, W. (1955): Synökologie der Landtiere. Stuttgart, 414 S.; dgl. (1980): Biologie der Kulturlandschaft. ebd., 253 S.; Törne, E. von (1974): Experimentelle Motivation systemökologischer Deutungen von zootischen Aggregationen im Boden. - Pedobiol. 14, S. 324 bis 338; Trolldenier, G. (1971): Bodenbiologie. Stuttgart; Tuxen, S. L. (1964): The Protura. Paris, 360 S.

Vannier, G. (1970): Réactions des Microarthropodes aux variations de l'état hydrique du sol. Technique relatives à l'extraction des Arthropodes du sol. - Ed. CNRS Nr. 40, Paris; Varga, L. (1958): Über die in der Wurzelzone der Zuckerrüben lebenden Protozoen. - Agrokém. talaj. 7 (4), S. 393–400 (ung.); Volz, P. (1929): Studien zur Biologie der bodenbewohnenden Thekamöben. - Arch. Protistenk. 68, S. 349–408; dgl. (1934): Untersuchungen über die Mikroschichtung der Fauna von Waldböden. - Zool. Jb. Syst. 66 (3–4), S. 153–210; dgl. (1951): Quantitative Untersuchungen über die Mikrofauna von Waldböden. - Verh. dtsch. Zool. Marburg 28, S. 229–233; dgl. (1962): Beiträge zu einer pedozoologischen Standortslehre. - Pedobiol. 1, S. 242–290; dgl. (1957): Über Bodentyp und Bodentierwelt in der südlichen Vorderpfalz. - Pfälzer Heimat 8 (4), S. 130–135

Wallwork, J. A. (1970): Ecology of soil animals. London, 281 S.; dgl. (1976): The distribution and diversity of soil fauna. ebd., 355 S.; Wasilewska, L. (1979): The structure and function of soil nematode communities in natural ecosystems and agrocenoses. - Pol. ecol. Stud. 5, S. 97–145; Weil, E. (1958): Zur Biologie der einheimischen Geophiliden. - Z. angew. Ent. 42, S. 173–209; Weygoldt, P. (1966): Moos- und Bücherskorpione. - N. Brehm-Büch. 365, 84 S.; Wittich, W. (1953): Untersuchungen über den Verlauf der Streuzersetzung auf einem Boden mit starker Regenwurmtätigkeit. - Schr. R. Forstl. Fak. Göttingen 9, S. 1–33; dgl. (1963): Bedeutung einer leistungsfähigen Regenwurmfauna unter Nadelwald für Streuzersetzung, Humusbildung und allgemeine Bodendynamik. - ebd. 30, S. 1–60; Wood, T. G. (1974): Field investigations on the decomposition of leaves of Eucalyptus delegatensis in relation to environmental factors. - Pedobiol. 14, S. 343-371; Wygodzinsky, P. W. (1940): Beiträge zur Kenntnis der Dipluren und Thysanuren der Schweiz. - Verh. Naturf. Ges. Basel 51 (1), S. 40–64

Yeates, G. W. (1981): Nematode populations in relation to soil environment factors: a review - Pedobiol. 22, S. 312–338

Zicsi, A. (1975): Zootische Einflüsse auf die Streuzersetzung in Hainbuchen-Eichenwäldern Ungarns. - Pedobiol. 15, S. 432–438; Zraževskij, A. J. (1957): Regenwürmer als Faktor der Fruchtbarkeit von Waldböden. Kiew, 135 S. (russ.)

13. Verzeichnis der Tiernamen

Mit Stern versehene Seitenzahlen weisen auf Abbildungen hin